U0243709

轻合金及其工程应用

王渠东　王俊　吕维洁　编著

机械工业出版社

本书系统地介绍了轻合金的性能及其工程应用。其主要内容包括：轻合金概述、铝合金的性能、镁合金的性能、钛合金的性能、轻合金在航空航天中的应用、轻合金在机械工程中的应用、轻合金在电子电气工程中的应用、轻合金在化工中的应用、轻合金在建筑中的应用。本书针对工程应用主要以表格形式介绍了各种轻合金的牌号和性能，以工程实例介绍了各种轻合金的工程应用，实用性强。

本书可供航空航天、机械、电子电气、化工、建筑等领域的工程技术人员使用，也可以供相关院校师生和研究人员参考。

图书在版编目（CIP）数据

轻合金及其工程应用/王渠东，王俊，吕维洁编著. —北京：
机械工业出版社，2015.7
ISBN 978 – 7 – 111 – 50920 – 2

Ⅰ.①轻… Ⅱ.①王…②王…③吕… Ⅲ.①轻有色金属合金 Ⅳ.①TG146.2

中国版本图书馆 CIP 数据核字（2015）第 165592 号

机械工业出版社（北京市百万庄大街22号　邮政编码100037）
策划编辑：陈保华　责任编辑：陈保华　高依楠
版式设计：霍永明　责任校对：李锦莉　程俊巧
封面设计：马精明　责任印制：康朝琦
北京京丰印刷厂印刷
2015 年 9 月第 1 版·第 1 次印刷
169mm×239mm·22.75 印张·505 千字
0 001—3 000 册
标准书号：ISBN 978 – 7 – 111 – 50920 – 2
定价：59.00 元

凡购本书，如有缺页、倒页、脱页，由本社发行部调换
电话服务　　　　　　　　　　　网络服务
服务咨询热线：010-88361066　　机工官网：www.cmpbook.com
读者购书热线：010-68326294　　机工官博：weibo.com/cmp1952
　　　　　　　010-88379203
策 划 编 辑：010-88379734　　金 书 网：www.golden-book.com
封面无防伪标均为盗版　　　　　教育服务网：www.cmpedu.com

前　言

　　轻金属一般是指密度小于 4.5g/cm³ 的金属。其中，铝、镁、钛（密度分别为 2.7g/cm³、1.7g/cm³、4.5g/cm³）应用最广泛，通常所称的轻金属即指铝、镁、钛，其相应的铝合金、镁合金、钛合金则被称为轻合金。轻合金是国民经济建设和国防建设中的重要物质基础。

　　铝合金具有密度小、导热性好、易于成形、价格低廉等优点，已广泛应用于航空航天、交通运输、轻工建材等领域，是轻合金中应用最广、用量最大的合金。

　　镁合金具有密度小，比强度、比刚度高，阻尼性、切削加工性、导热性好，电磁屏蔽能力强，尺寸稳定，资源丰富，易回收，无污染等优点，在汽车、通信电子和航空航天等领域正得到日益广泛的应用。近年来镁合金在世界范围内的年增长率高达 10%～20%，显示出了广阔的应用前景。

　　钛合金具有密度小、耐蚀性好、耐热性高、比刚度和比强度高等优点，是航空航天、石油化工、生物医学等领域的理想材料；同时，钛的无磁性、钛铌合金的超导性、钛铁合金的储氢能力等，使其在高技术方面发挥着重要作用。

　　近年来，国内外在轻合金研究、生产技术、工程应用方面都获得了迅速的发展，推动我国轻合金研究开发、生产技术和工程应用的进一步发展，迫切需要为广大科技人员、院校师生及应用人员提供轻合金及其应用的专业书籍，有鉴于此，我们组织编写了本书。

　　本书参阅了国内外众多的文献和专著，也包含作者的部分成果，在书中附有大量的图例，数据翔实，在每章后面都附有大量参考文献，为读者进一步查阅提供了便利条件。本书由上海交通大学材料科学与工程学院王渠东教授组织编写，参加编写的有王渠东（第 1、3、5、6、7 章）、王俊（第 2、4、7 章）、吕维洁（第 8、9 章）。全书由王渠东负责统稿和审校。此外，周浩、王立强、蔡西川参加了本书的资料收集、整理等工作。

　　在本书编著过程中，参阅和列出了国内外众多的参考文献和著作，在此作者向参阅文献的所有作者表示感谢！本书涉及的内容广泛，由于作者水平及时间有限，难免存在缺点和不足之处，敬请读者批评指正。

作　者

目　　录

第1章 轻合金概述

轻金属通常是指密度小于 $4.5g/cm^3$ 的金属。其中，铝、镁、钛的密度分别为 $2.7g/cm^3$、$1.7g/cm^3$、$4.5g/cm^3$，应用最广泛，通常所称轻金属即指铝、镁、钛，其相应的铝合金、镁合金、钛合金则被称为轻合金。轻合金具有密度小，比强度、比模量高，力学性能优良，是国民经济建设和国防建设中的重要物质基础，在航空航天、交通运输、机械、电子电气、化工、建筑等工程中已经得到了广泛应用，其应用领域和生产量还在迅速增加。

铝合金具有密度小、导热性好、易于成形、价格低廉等优点，已广泛应用于航空航天、交通运输、轻工建材等部门，是轻合金中应用最广、用量最大的合金。

镁合金具有密度小，比强度、比刚度高，阻尼性、切削加工性、导热性好，电磁屏蔽能力强，尺寸稳定，资源丰富，易回收，无污染等优点，在汽车工业、通信电子工业和航空航天工业等领域正得到日益广泛的应用。近年来镁合金在世界范围内的年增长率高达 $10\% \sim 20\%$，显示出了极好的应用前景。

钛合金密度小，耐蚀性好，耐热性高，比刚度和比强度高，是航空航天、石油化工、生物医学等领域的理想材料。同时，钛的无磁性、钛铌合金的超导性、钛铁合金的储氢能力等，使其在高技术方面发挥着重要作用。

1.1 轻合金的分类

根据金属的种类，可以将轻合金分为铝合金、镁合金、钛合金等；根据合金的组元数目，可以将轻合金分为纯金属、二元合金、三元合金、多元合金；根据制备和加工方法，可以将轻合金分为铸造合金、变形合金；根据用途，可以将轻合金分为焊接合金、中间合金、轴承合金、医用合金等。下面分别介绍铝合金、镁合金、钛合金的分类情况。

1.1.1 铝合金的分类

铝合金按加工方法可以分为铸造铝合金和变形铝合金。

铸造铝合金按其化学成分可以分为铝硅系合金、铝铜系合金、铝镁系合金和铝锌系合金等。

变形铝合金又分为不可热处理强化型铝合金和可热处理强化型铝合金。不可热处理强化型铝合金不能通过热处理来提高力学性能，只能通过冷加工变形来实现强化，主要包括高纯铝、工业纯铝以及防锈铝等。可热处理强化型铝合金可以通过淬火和时效等热处理手段来提高力学性能，主要包括硬铝、锻铝、超硬铝和特殊铝合金等。

1. 铸造铝合金

（1）**Al-Si 系铸造铝合金**　这类合金即著名的硅铝明，具有优良的铸造工艺性和气密性，中等强度，适合在常温下使用，可生产形状复杂的铸件，应用很普遍。Al-Si 系合金是航空工业应用最广泛的一类铸造铝合金，具有良好的工艺性和耐蚀性。简单二元Al-Si 系合金，如 ZAlSi12，铸造性很好，但强度较低，大多用于金属型铸造和压力铸造，生产形状复杂、受力小的仪表壳体。除了上述简单二元 Al-Si 系外，其他合金均单独或同时加入 Cu、Mg 生成强化相 Mg_2Si、$CuAl_2$ 或 W 相（$Al_xMg_5Si_4Cu_4$），赋予合金以热处理强化的能力。Al-Si-Mg 系铸造铝合金，如 ZAlSi7Mg、ZAlSi9Mg 等。在 Al-Si 二元合金中添加 Mg，形成强化相 Mg_2Si，能显著提高合金的时效强化能力，改善合金的力学性能。ZAlSi7Mg 合金铸造性能接近 ZAlSi12，主要用于铸造壁薄、形状复杂和承受中等负载的零件。ZAlSi9Mg 在铝硅合金中，强度高，铸造性能也好，但吸氢性强，容易生成气孔，因此需在压力下结晶，用于铸造承受大负载的复杂零件。Al-Si-Mg-Cu 系铸造铝合金和前述铝硅合金相比，降低了硅含量并增添了铜，改善了合金的耐热性，如 ZAl-Si5Cu1Mg。ZAlSi5Cu1Mg 合金一般在人工时效状态下使用，强化相为 Mg_2Si 及 $CuAl_2$，室温性能与 ZAlSi9Mg 合金相当，但高温性能超过 ZAlSi9Mg，除可在常温下使用外，也适于制作 250℃ 以下工作的零件，ZAlSi5Cu1Mg 合金的缺点是耐蚀性差。

（2）**Al-Cu 系铸造铝合金**　该系合金的主要强化相是 $CuAl_2$，它本身具有较强的时效硬化能力和热稳定性，适合在高温工作，同时也有较高的室温强度，缺点是铸造工艺性及耐蚀性较差。航空领域常用的此类合金有 ZAlCu4、ZAlCu5Mn。ZAlCu4 合金属于简单的 Al-Cu 二元合金，该合金耐蚀性较差，人工时效状态尤为明显，适用铸造 200℃ 以下的承受中等负荷的形状简单零件。ZAlCu5Mn 属于添加了少量 Ti 的 Al-Cu-Mn 系合金，基本相组成为 $\alpha(Al) + CuAl_2 + T(Al_{12}CuMn_2)$。$CuAl_2$ 是主要时效强化相，T 相有很高的热稳定性，固溶在 α 相中的 Mn，有降低基体原子扩散速度、延缓时效过程的作用，使合金的沉淀硬化效果保持到更高的温度，从而使合金具有优良的常温和高温性能，可在 250℃ 以下使用。该合金的缺点是铸造工艺性较差，气密性较低。为了进一步提高 Al-Cu 系铸造铝合金的耐热性，同时改善合金的综合性能，在 Al-Cu 系合金中，发展出了一系列的新型高强或耐热铝合金，如属于 Al-Cu-Mn-Cd 系的 ZAlCu5MnCd 及 ZAlCu5MnCdV 合金，属于 Al-Cu-RE 系的 ZAlCu8RE2Mn1 及 ZAlRE5Cu3Si2 合金，属于 Al-Cu-Ni 系的 ZAlCu5NiCoZr 合金等。

（3）**Al-Mg 系铸造铝合金**　Al-Mg 系铸造铝合金又称耐蚀铸造铝合金，属于高强和高耐蚀性合金，具有良好的切削加工性能，在造船工业和食品、化工部门应用较多。缺点是耐热性和铸造工艺性差。属于此系的常用合金有 ZAlMg10 与 ZAlMg8Si1。ZAlMg10 是高镁铝合金，固溶处理和淬火后（T4），具有高的综合力学性能，并具有良好的耐蚀性能，但组织和性能的稳定性差。ZAlMg8Zn1 针对上述缺陷，添加了 Zn，降低了 Mg 的含量，提高了铸造性能和时效稳定性，淬火后自然时效 10 年，塑性也不降低。适合于铸造强度高、耐蚀性好、承受较大载荷的铸件，如海水泵壳体、舷窗框和支架等。

（4）**Al-Zn 系铸造铝合金**　Al-Zn 系铸造铝合金的特点是具有自淬火效应，铸造成形后即可直接进行人工时效，因而省去了淬火工序，铸件的内应力大为减少。它适于制造尺寸稳定性要求高的铸件，其缺点是密度较大，耐热性很差，耐蚀性也比铝硅系合金差，故其应用受到限制。属于此系的常用合金有 ZAlZn11Si7。这种合金的耐热性差，强度不高，耐蚀性中等，适于压铸工作温度低于 200℃ 的压铸件。ZAlZn6Mg 合金取消了 Si，增加了 Mn 和 Ti，改善了耐蚀性，提高了强度和塑性，适于砂型铸造空压机活塞、气缸座和仪表壳等。

2. 变形铝合金

(1) 不可热处理强化型铝合金

1) 高纯铝。美国通常把纯度（铝的质量分数）大于 99.80% 的铝就叫作高纯铝（high pure aluminium）并细分为次超高纯铝（铝的质量分数 99.95% ~99.949%）、超高纯度铝（铝的质量分数 99.996% ~99.999%）和极高纯度铝（铝的质量分数 99.999% 以上）。我国则将纯度超过 99.996% 的纯铝称为高纯铝。高纯铝呈银白色，表面光洁，具有清晰结晶纹，不含有夹杂物。高纯铝具有低的变形抗力、高的电导率及良好的塑性等性能，主要被应用于科学研究、电子工业、化学工业及制造高纯合金、激光材料及一些其他特殊用途。

2) 精铝。一般指纯度为 99.95% ~99.996% 的铝。我国塑性变形加工工业纯铝的牌号有（括号前为新牌号、括号内为曾用牌号）1A99（LG5）、1A97（LG4）、1A95、1A93（LG3）、1A90（LG2）、1A85（LG1），我国以 1A99 的纯度最高（99.99%），依次下降，1A85 的纯度为 99.85%。主要杂质为铁、硅和铜。

精铝除具有铝的一般特性外，由于纯度高，还具有以下特点：导电导热性好，退火状态 20℃ 时的电导率为 64.5% IACS；经电解抛光的表面对可见光的反射率高，可达 85% ~90%；耐蚀性和焊接性能极好；切削性能差；强度比工业纯铝的低，并随冷变形量的增大而提高，以 1A99 为例，冷变形量为 10% ~75% 时，抗拉强度 R_m = 59 ~120MPa，规定塑性延伸强度 $R_{p0.2}$ = 57 ~115MPa，断后伸长率 A = 40% ~50%。强度差别取决于晶粒的大小和杂质铁、硅、铜的含量。铝的纯度越高，再结晶温度越低，纯度 ≥99.99% 的高纯铝，在 16℃ 即可发生再结晶，因而容易引起晶粒粗大化。此外，纯度较高的铝在熔炼时也容易受杂质污染。

3) 工业纯铝。一般指纯度为 99.00% ~99.85% 的铝。我国塑性变形加工工业纯铝牌号有 1080、1080A、1070、1070A（L1）、1370、1060（L2）、1050、1050A（L3）、1A50（LB2）、1350、1145、1035（L4）、1A30（L4-1）、1100（L5-1）、1200（L-5）、1235 等。铁和硅是其主要杂质，并按牌号数字增加而递增。

工业纯铝不能热处理强化，可通过冷变形提高强度，唯一的热处理形式是退火，再结晶开始温度与杂质含量和变形度有关，一般在 200℃ 左右。退火板材的抗拉强度 R_m = 80 ~100MPa，规定塑性延伸强度 $R_{p0.2}$ = 30 ~50MPa，断后伸长率 A = 35% ~40%，硬度为 25 ~30HBW。经 60% ~80% 冷变形，虽然 R_m 能提高到 150 ~180MPa，但 A 值却下降到 1% ~1.5%。增加铁、硅杂质含量能提高强度，但会降低塑性、导电性和耐蚀性。

4) 防锈铝。这类合金的曾用牌号以 LF 为字头表示，包括不能热处理强化的铝-锰系 3A21 合金和铝-镁系 5A02（LF2）、5A03（LF3）、5A06（LF6）、5B05（LF10）合金，在退火和冷加工硬化状态下应用，具有高塑性、低强度、优良的耐蚀性及焊接性，通常用于油箱、容器、导管等零件。这类合金还包括可热处理强化的 7A33 合金（属铝-锌-镁-铜系），它在防锈铝合金中强度最高，与 5A12 合金相当，具有优良的耐海水腐蚀性能，良好的断裂韧度，低的缺口敏感性和良好的工艺成形性能，适用于制造水上飞机的蒙皮和其他要求耐蚀性好和强度高的钣金零件，可以部分代替 5A12 合金钣金件，从而解决了应力腐蚀和晶间腐蚀问题。

（2）可热处理强化型铝合金

1）硬铝合金。硬铝合金属于可热处理强化合金，曾用牌号均以 LY 为字头表示，包括铝-铜-镁系 2A01（LY1）、2A02（LY2）、2A10（LY10）、2A11（LY11）和 2A12（LY12）合金，以及铝-铜-锰系的 2A16 和 2B16 合金。这类合金的主要特点是，主要组分铜、镁、锰都处在铝的饱和溶解或过饱和溶解状态，因此合金的强度较高，通常抗拉强度 R_m 为 400 ~ 460MPa，而且有较好的高温性能和满意的塑性，广泛用于飞机的承力构件。在硬铝型合金中，最重要的是 2A12 合金，其抗拉强度是这类合金中最高的，成形性能好，除了锻件和模锻件外，该合金可以生产所有的半成品。但以板材和型材为最多。合金的耐热性比铝-镁系、铝-镁-硅和铝-锌-铜系合金高，可在高温下使用。该合金主要在固溶自然时效状态下应用，但也可在固溶后过时效状态下使用，具有较好的抗应力腐蚀性能，特别是当合金中的铁、硅杂质含量降低时，抗应力腐蚀性能及断裂韧度随之提高，由于上述一系列的特点，所以在航空工业中应用最广泛，主要用于制造飞机的蒙皮、隔框、翼肋、翼梁和骨架等重要受力构件。硬铝型合金的缺点是耐蚀性差，故对这类合金的制品需要进行防腐保护，如包铝、阳极氧化和涂漆等。

2）锻铝合金。这一类合金也是属于可热处理强化合金，曾用牌号均以 LD 为字头表示，包括三个系列：铝-镁-硅系合金 6A02（LD2）具有很好的耐蚀性和塑性，高的抗疲劳性能和好的焊接性能，用于直升机的旋翼梁和焊接构件；铝-铜-镁-硅系合金 2A50（LD5）、2B50（LD6）、2A14（LD10），具有良好的锻造性能和工艺塑性，可以制造大型和复杂的锻件和模锻件，如叶轮等，该合金强度中等，但耐蚀性差，在国外逐渐被铝-铜-镁-锌系的合金所代替；铝-铜-镁-铁-镍系合金 2A70（LD7）含有铁和镍，具有较好的耐热性能，可在 200 ~ 250℃下使用，合金中不含锰与铬，无挤压效应，零件在各方向上具有一致的性能，常用于制造活塞、叶轮和轮盘等零件。

3）超硬铝合金。以 Al-Zn-Mg-Cu 系为主，是变形铝合金中强度最高的一类，热处理后室温强度可超过 600MPa，超过硬铝，故有超硬铝之称。超硬铝的曾用牌号以 LC 为字头，属于此系的常用合金有 7A03（LC3）、7A04（LC4）、7A09（LC9）。超硬铝的发展历史较硬铝短，20 世纪 40 年代才有定型产品，20 世纪 50 年代开始大批生产和应用。这类合金除强度高外，在相同强度水平下，断裂韧度也优于硬铝，同时具有很好的热加工性能，适合生产各种类型和规格的半成品。因此，在航空工业中，特别是飞机制造业中，超硬铝是主要结构材料之一。其主要缺点是抗疲劳性较差，对应力集中敏感，有明显的应力腐蚀倾向，耐热性也低于硬铝。近十几年来，通过调整成分，提高冶金质量和采用一系列新的加工工艺和热处理制度，其综合性能有了明显改善。常用超硬铝的主要相组成为 $\alpha(Al) + MgZn_2 + T(Mg_3Zn_3Al_2) + S(CuMgAl_2)$。此外尚有少量含 Fe、Si、Cu、Mn 等元素的杂质相。7A04 合金与俄罗斯的合金牌号 B95 相当，是应用最早和最广泛的一种超硬铝，可生产板、型材和模锻件，用作飞机结构，如翼梁、蒙皮、起落架等，但 7A04 及其他超硬铝的一个共同缺点是耐热性差，例如在 125℃ 环境下工作超过 100h，强度降低 10%，在 175℃ 环境下工作则降低 70%。7A03 属铆钉用铝，强度与 7A04 相同，但塑性较高。7A05 是在 7A04 合金基础上发展起来的超硬铝，由于不含 Cr，又降低了 Mg、Cu 含量，故提高了塑性，适合于锻造螺旋桨叶。7A06 是含有大量锌、镁、铜的高合金化超硬铝，是强度最高的一种铝合金。7A06 的缺点是热强性差，对应力集中敏感。7A09 合金与美国的合金牌号 7075 合金相当，它在人工时效状态的强度最高，可生产各种尺寸的板材、棒材、型材、厚壁管材及锻件。近年来研究出的时效制度，可使 7A09 合金同时具有高的强度和高的耐应力腐蚀性能。7A09 合金的热强性低，一般长期使用温度不应超过 125℃。

4) 耐热铝合金。属 Al-Cu-Mg-Ni 系和 Al-Cu-Mn 系。属于 Al-Cu-Mg-Ni 系耐热铝合金的常用合金有 2A70(LD7)、2A80(LD8) 和 2A90(LD9)，一般用作锻件，因此也可归入锻铝一类。其中应用最广泛的是 2A70，可在 150～225℃ 使用。这类合金的化学成分复杂，除含铜、镁外，还含较多的铁和镍。在 2A80 和 2A90 合金中，还含硅，2A70 则含钛。和硬铝比较，这类合金的铜与镁含量有所降低，使合金成分处于 Al-Cu-Mg 系三元相图的 ($\alpha + S$) 相区内，以获得足够数量的 S 相，从而得到良好的耐热性能。铁、镍对提高合金的耐热性能是有益的，但是单独加入铁或镍，反而会使高温性能下降。若只加入铁，则在低铁时形成 Cu_2FeAl，高铁时形成 $CuFeAl_3$ 相；只加镍，则形成 $AlCuNi$ 或 $(CuNi)_2Al_3$，这些都是难溶相，它们的形成消耗了铜，使固溶体铜含量及 S 相数量减少，因而耐热性能降低。同时加入铁和镍，当铁、镍比等于 1 时，则形成 $FeNiAl_i$ 相。此相不含铜，而且本身有很好的热稳定性，在热处理过程中不参与溶解析出过程，但在工作温度下能阻止晶界滑移，提高合金的耐热性。2A70 合金的主要相组成为 $\alpha(Al)$、S($CuMgAl_2$)、FeNiAl 及少量 AlCuNi、Mg_2Si 相。2A70 等合金皆在人工时效状态下使用，它们的室温强度与 2A12 接近，但高温性能则超过 2A12。在航空工业中用于制作叶片、叶轮、盘类等高温工作零件。

Al-Cu-Mn 系耐热铝合金是 20 世纪 50 年代发展起来的，属于此系的常用合金有 2A16 和 2A17，可加工成板材、棒材、型材和模锻件等半成品。挤压和模锻制品可在 200～300℃ 正常工作，板材用作常温和高温使用的焊接件。在铝合金中，除了铜以外，锰也是提高合金耐热性比较显著的元素。锰在铝中扩散系数小，能明显提高合金的再结晶温度及减少固溶体分解倾向，此外锰在合金中形成 T($CuMn_2Al_2$) 相，热稳定性较高。这些因素对改善合金耐热性都能发挥良好的作用。2A16 和 2A17 合金在人工时效状态下使用，主要时效强化相为 $CuAl_2$。在淬火加热过程中，同时进行两个过程：$CuAl_2$ 相溶入基体；T($CuMn_2Al_2$) 相从基体析出，并呈点状弥散分布。两者均有助于增加合金的高温强度。2A16 和 2A17 的缺点是由于铜含量高，耐蚀性比硬铝还差，使用前应采用阳极氧化和涂漆等保护措施。这类合金可制作发动机零件，如叶片、盘，还可用作焊接容器等。

5）铝锂合金。属于可热处理强化合金，在铝中加入锂可以提高合金的弹性模量，降低密度。若强度相当，铝锂合金的密度比常用铝合金的密度低约 10%，而弹性模量却高约 10%。铝锂合金具有高强度、高弹性模量、低密度，耐蚀性好等优点，是一种理想的航空航天结构材料。

1.1.2　镁合金的分类

镁合金的分类方法很多，各国不尽统一。但总的来说，不外乎根据镁合金中所含的主要元素（化学成分）、成形工艺（或产品形式）和是否含锆等三种原则来分类。

1. 按化学成分分类

根据镁合金中的第一主要合金元素，可以将镁合金划分为多种二元合金系：Mg-Al、Mg-Mn、Mg-Zn、Mg-RE、Mg-Th、Mg-Ag 和 Mg-Li 系。在此基础上，还可以进一步划分为多元合金系：Mg-Al-Mn、Mg-Al-Zn-Mn、Mg-Zr、Mg-Zn-Zr、Mg-RE-Zr、Mg-Ag-RE-Zr、Mg-Y-RE-Zr 等。按有无 Al，镁合金可以分为含 Al 镁合金和不含 Al 镁合金。按有无 Zr，镁合金可以分为含 Zr 镁合金和不含 Zr 镁合金。不含 Zr 镁合金有 Mg-Al、Mg-Mn、Mg-Zn 系。含 Zr 镁合金和不含 Zr 镁合金中既有铸造镁合金，也有变形镁合金。

2. 按成形工艺分类

工业镁合金可分为铸造镁合金和变形镁合金两大类，参见图 1-1。两者没有严格的区分，铸造镁合金中的 AZ91、AM20、AM50、AM60、AE42 等也可以作为变形镁合金。

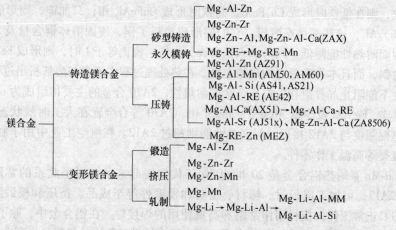

图 1-1　工业镁合金的分类

3. 按使用性能分类

按照镁合金使用性能特点，则可分为耐热镁合金、耐蚀镁合金、阻燃镁合金、高强高韧镁合金和变形镁合金五类。

（1）耐热镁合金　耐热性差是阻碍镁合金广泛应用的主要原因之一，当温度升高时，它的强度和抗蠕变性能大幅度下降，使它难以作为关键零件（如发动机零件）材料在汽车等工业中得到更广泛的应用。已开发的耐热镁合金中所采用的合金元素主要有稀土元素（RE）和硅（Si）。稀土是用来提高镁合金耐热性能的重要元素。含稀土的镁合金 QE22 和 WE54 具有与铝合金相当的高温强度，但是稀土合金的高成本是其被广泛应用的一大障碍。

Mg-Al-Si(AS) 系合金是德国大众汽车公司开发的压铸镁合金。175℃时，AS41 合金的蠕变强度明显高于 AZ91 和 AM60 合金。但是，AS 系镁合金由于在凝固过程中会形成粗大的汉字状 Mg_2Si 相，损害了铸造性能和力学性能。研究发现，微量 Ca 的添加能够改善汉字状 Mg_2Si 相的形态，细化 Mg_2Si 颗粒，提高 AS 系列镁合金的性能。

从 20 世纪 80 年代以来，国外致力于利用 Ca 来提高镁合金的高温抗拉强度和抗蠕变性能。例如美国开发的 ZAC8506(Mg-8Zn-5Al-0.6Ca)、AXJ530(Mg-5Al-3Ca-0.12Sr)，以及加拿大研究的 Mg-5Al-0.8Ca 等镁合金，其抗拉强度和蠕变性能都较好。

2001 年，日本东北大学井上明久等采用快速凝固法制成的具有 100 ~ 200nm 晶粒尺寸的高强镁合金 Mg-2%Y-1%Zn（摩尔分数），其强度为超级铝合金的 3 倍，还具有超塑性、高耐热性和高耐蚀性。

(2) 耐蚀镁合金 镁合金的耐蚀性问题可通过两个途径来解决：

1）严格限制镁合金中的 Fe、Cu、Ni 等杂质元素的含量。例如，高纯 AZ91HP 镁合金在盐雾试验中的耐蚀性大约是 AZ91C 的 100 倍，超过了压铸铝合金 A380，比低碳钢好得多。

2）对镁合金进行表面处理。根据不同的耐蚀性要求，可选择化学表面处理、阳极氧化处理、有机物涂覆、电镀、化学镀、热喷涂等方法处理。例如，经化学镀的镁合金，其耐蚀性超过了不锈钢。

(3) 阻燃镁合金 镁合金在熔炼浇注过程中容易发生剧烈的氧化燃烧。实践证明，熔剂保护法和 SF_6、SO_2、CO_2、Ar 等气体保护法是行之有效的阻燃方法，但它们在应用中会产生严重的环境污染，并使得合金性能降低，设备投资增大。纯镁中加钙能够大大提高镁液的抗氧化燃烧能力，但是由于添加大量钙会严重恶化镁合金的力学性能，使这一方法无法应用于生产实践。铍可以阻止镁合金进一步氧化，但是铍含量过高时，会引起晶粒粗化和增大热裂倾向。上海交通大学轻合金精密成形国家工程研究中心通过同时加入几种元素，开发了阻燃性能和力学性能均良好的轿车用阻燃镁合金，成功地进行了轿车变速器壳盖的工业试验，并生产出了手机壳体、MP3 壳体等电子产品外壳。

(4) 高强高韧镁合金 现有镁合金的常温强度和塑韧性均有待进一步提高。在 Mg-Zn 和 Mg-Y 合金中加入 Ca、Zr，可显著细化晶粒，提高其抗拉强度和屈服强度；加入 Ag 和 Th，能够提高 Mg-RE-Zr 合金的力学性能，如含 Ag 的 QE22A 合金具有高室温拉伸性能和抗蠕变性能，已广泛用作飞机、导弹等的优质铸件；通过快速凝固粉末冶金、高挤压比及等通道角挤（ECAE）等方法，可使镁合金的晶粒处理得很细，从而获得高强度、高塑性甚至超塑性。

(5) 变形镁合金 虽然目前铸造镁合金产品用量大于变形镁合金，但变形镁合金材料可获得更高的强度，更好的延展性及更多样化的力学性能，可以满足不同场合结构件的使用要求。因此，开发变形镁合金，是未来更长远的发展趋势。

　　新型变形镁合金及其成形工艺的开发，已受到国内外材料工作者的高度重视。美国成功研制了各种系列的变形镁合金产品，如通过挤压＋热处理后的 ZK60 高强变形镁合金，其强度及断裂韧度相当于时效状态的 Al7075 或 Al7475 合金，而采用快速凝固（RS）＋粉末冶金（PM）＋热挤压工艺开发的 Mg-Al-Zn 系 EA55RS 变形镁合金，其性能不但大大超过常规镁合金，比强度甚至超过 7075 铝合金，且具有超塑性（300℃，断后伸长率 436%），腐蚀速率与 2024-T6 铝合金相当，还可同时加入 SiCp 等增强相，成为先进镁合金材料的典范。日本 1999 年开发出超高强度的 IM Mg-Y 系变形镁合金材料，以及可以冷压加工的镁合金板材。英国开发出 Mg-Al-B 挤压镁合金，用于 Magnox 核反应堆燃料罐。以色列也研制出了用于航天飞行器上的兼具优良力学性能和耐蚀性能的变形镁合金，法国和俄罗斯开发了鱼雷动力源变形镁合金阳极薄板材料。

　　在我国，镁合金的使用牌号与美国镁合金牌号不同，其对比见表 1-1。

表 1-1　我国镁合金牌号与美国镁合金牌号对比

种类	系列	牌　　号		化学成分（质量分数，%）			
		中国	美国	Al	Mn	Zn	其他
变形镁合金	Mg-Mn	M2M	M1	0.20	1.30 ~ 2.50	0.30	—
		ME20M	M2	0.20	1.30 ~ 2.20	0.30	0.15 ~ 0.35Ce
	Mg-Al-Zn	AZ40M	AZ31	3.00 ~ 4.00	0.15 ~ 0.50	0.2 ~ 0.8	—
		AZ41M	—	3.70 ~ 4.70	0.30 ~ 0.60	0.8 ~ 1.4	—
		AZ61M	AZ61	5.50 ~ 7.00	0.15 ~ 0.50	0.5 ~ 1.5	—
		AZ62M	AZ63	5.00 ~ 7.00	0.20 ~ 0.50	2.0 ~ 3.0	—
		AZ80M	AZ80	7.80 ~ 9.20	0.15 ~ 0.50	0.2 ~ 0.8	—
	Mg-Zn-Zr	ZK61M	ZK60	0.05	0.10	5.0 ~ 6.0	—
铸造镁合金	Mg-Zn-Zr	ZM-1	ZK51A	—	—	3.5 ~ 5.5	0.5 ~ 1.0Zr
		ZM-2	ZE41A	—	0.7 ~ 1.7RE	3.5 ~ 5.0	0.5 ~ 1.0Zr
		ZM-4	EZ33	—	2.5 ~ 4.0RE	2.0 ~ 3.0	0.5 ~ 1.0Zr
		ZM-8	ZE63	—	2.0 ~ 3.0RE	5.5 ~ 6.5	0.5 ~ 1.0Zr
	Mg-RE-Zr	ZM-3	—	—	2.5 ~ 4.0RE	0.2 ~ 0.7	0.3 ~ 1.0Zr
		ZM-6	—	—	2.0 ~ 2.8RE	0.2 ~ 0.7	0.4 ~ 1.0Zr
	Mg-Al-Zn	ZM-5	AZ81A	7.50 ~ 9.00	0.2 ~ 0.8	0.15 ~ 0.5	—

1.1.3　钛合金的分类

　　按照合金在平衡和亚稳定状态的相组成，钛合金可分为 α、近 α、α + β、近 β、β 五类；但习惯上将钛合金分为 α、α + β 和 β 三大类。若按照使用性能特点，则可分为结构钛合金、耐热（热强）钛合金和耐蚀钛合金等类。我国钛合金国标牌号中，TA 系

列代表 α 型钛合金；TB 系列代表 β 型钛合金；TC 系列代表 α + β 型钛合金。

1. 按相组成分类

钛具有两种同素异构体，在882.5℃以下为 α 钛，具有密排六方晶格（hcp）结构；在882.5℃以上直到熔点1668℃±5℃之间为 β 钛，具有体心立方晶格（bcc）。钛合金也可以分为铸造钛合金和变形钛合金，变形钛合金可以加工成板、带、箔、管、棒、锻件，铸造钛合金可以采用铸造工艺生产铸件。表 1-2 列出了世界各国典型钛合金的牌号、成分、特点及主要用途。

表 1-2 世界各国典型钛合金的分类、牌号、特点及用途

分类		牌号	名义成分	铝当量	热处理类型	工作温度/℃	特 点	主要用途
α 钛合金		TA1	工业纯钛		退火	<300	焊接性好，拉伸塑性好，耐蚀	飞机蒙皮及受力不大的锻件，焊件
		TA2	工业纯钛					
		TA3	工业纯钛			<450		
		TA7	Ti-5Al-2.5Sn	5.8				
近 α 钛合金	低铝当量	TA13	Ti-2.5Cu		退火	<400	工艺塑性略高于 α 钛合金	类似于 α 钛合金
		TA21	Ti-1.0Al-1.0Mn	1.0				
	高铝当量	TA14	Ti-2.3Al-11Sn-5Zr-1Mo-0.2Si	7.8	退火或强化热处理	450 ~ 600	有最高的蠕变抗力；焊接性及热塑性良好，耐热性好，拉伸塑性较低	压气机盘、叶片等
		IMI829	Ti-5.5Al-3.5Sn-3Zr-1Nb-0.3Mo-0.3Si	8.0				
		TC19	Ti-6Al-2Sn-4Zr-6Mo	7.3				
		TA11	Ti-8Al-1Mo-1V	8.0				
		Ti-6211	Ti-6Al-2Nb-1Ta-1Mo	6.0				
		BT18	Ti-8Al-11Zr-0.6Mo-1Nb	9.5				
		TA15	Ti-6.5Al-2Zr-1Mo-1V	6.3				
		IMI685	Ti-6Al-5Zr-0.5Mo-0.3Si	8.0				
		Ti-11	Ti-6Al-2Sn-1.5Zr-1Mo-0.35Bi	6.9				
α + β 钛合金	低铝当量	TC1	Ti-2Al-1.5Mn	2.0	退火或强化热处理	300 ~ 400	中强，中耐热性，韧性较高	坚固件，小型锻件，压气机盘、叶片等
		TC2	Ti-4Al-1.5Mn	3.0				
		BT14	Ti-5Al-3Mo-1.5V	4.5				
		BT16	Ti-2.8Al-5Mo-5V	2.5				
		BT23	Ti-5Al-5V-2Mo-0.7Cr-0.7Fe	5.0				
		Ti-451	Ti-4.5Al-5Mo-1.5Cr	4.5				
		IMI550	Ti-4Al-4Mo-2Sn-0.5Si	5.9				

（续）

分类		牌号	名义成分	铝当量	热处理类型	工作温度/℃	特点	主要用途
α+β钛合金	高铝当量	TC4	Ti-6Al-4V	6.0	退火或强化热处理	400~500	高温强度最高,耐热淬透性差	压气机盘导向器,隔圈等
		TC6	Ti-6Al-2.5Mo-1.5Cr-0.3Si-0.5Fe	6.0				
		TC10	Ti-6Al-6V-2Sn-0.5Cu-0.5Fe	6.7				
		TC8	Ti-6.5Al-3.5Mo-0.25Si	7.8				
β钛合金	近β	BT22	Ti-5.5Al-5Mo-5V-1Fe-1.5Cr	5.0	强化热处理	<350	高室温强度,断裂韧性好,耐热差	紧固件及冷成型好的结构件
	亚稳β	BT30	Ti-11Mo-6Sn-4Zr	2.7				
		TB1	Ti-3Al-8Mo-11Cr	3.0				
		TB2	Ti-3Al-5Mo-5V-8Cr	3.0				
		BT32	Ti-8Mo-8V-2Fe-3Al	3.0				
	β	TB7	Ti-32Mo		退火			

2. 按使用性能分类

（1）高温钛合金　世界上第一个研制成功的高温钛合金是 Ti-6Al-4V，使用温度为 300~350℃。随后相继研出使用温度达 400℃ 的 IMI550、BT3-1 等合金，以及使用温度为 450~500℃ 的 IMI679、IMI685、Ti-6246、Ti-6242 等合金。目前已成功地应用在军用和民用飞机发动机中的新型高温钛合金有英国的 IMI829、IMI834 合金，美国的 Ti-1100 合金，俄罗斯的 BT18Y、BT36 合金等。近几年国外把采用快速凝固/粉末冶金技术、纤维或颗粒增强复合材料研制钛合金作为高温钛合金的发展方向，使钛合金的使用温度可提高到 650℃ 以上。美国麦道公司采用快速凝固/粉末冶金技术成功地研制出一种高纯度、高致密性钛合金，在 760℃ 下其强度相当于目前室温下使用的钛合金强度。表 1-3 为部分国家新型高温钛合金的最高使用温度。

表1-3　部分国家新型高温钛合金的最高使用温度

类别	合金	牌号	使用温度/℃
美国	Ti-6Al-2Sn-4Zr-2Mo-0.1Si	Ti-6242S	520
	Ti-6Al-2.7Sn-4Zr-0.4Mo-0.4Si	Ti-1100	600
	Ti-5.5Al-4Sn-4Zr-0.3Mo-1Ta-0.5Si-0.06C	IMI834-Ta	600
英国	Ti-5.5Al-3.5Sn-3Zr-0.3Mo-1Nb-0.3Si	IMI829	580
	Ti-5.5Al-4Sn-0.3Mo-1Nb-0.5Si-0.06C	IMI834	590
俄罗斯	Ti-6.5Al-2.5Sn-4Zr-0.7Mo-1Nb-0.25Si	BT18Y	550~600
	Ti-6.2Al-2Sn-3.6Zr-0.7Mo-0.15Si-5.0W	BT36	600
中国	Ti-5.3Al-4Sn-2Zr-1Mo-0.25Si-1Nd	Ti55	550~600
	Ti-6Al-2Zr-5Sn-1Mo-1Nb	Ti60	600

（2）钛铝化合物为基的钛合金　与一般钛合金相比，钛铝化合物为基的 $Ti_3Al(\alpha_2)$ 和 $TiAl(\gamma)$ 金属间化合物的最大优点是高温性能好（最高使用温度分别为 816 和 982℃）、抗氧化能力强、抗蠕变性能好和质量轻（密度仅为镍基高温合金的 1/2），这些优点使其成为未来航空发动机及飞机结构件最具竞争力的材料。目前，已有两个 Ti_3Al 为基的钛合金 Ti-21Nb-14Al 和 Ti-24Al-14Nb-3V-0.5Mo 在美国开始批量生产。其他近年来发展的 Ti_3Al 为基的有 Ti-24Al-11Nb、Ti-25Al-17Nb-1Mo 和 Ti-25Al-10Nb-3V-1Mo 等。$TiAl(\gamma)$ 为基的钛合金受关注的成分范围为 Ti-(46~52)Al-(1~10)M（摩尔分数），此处 M 为 V、Cr、Mn、Nb、Mn、Mo 和 W 中的至少一种元素。最近，以 $TiAl_3$ 为基的钛合金开始引起人们的注意，如 Ti-65Al-10Ni 合金。

（3）高强高韧 β 型钛合金　β 型钛合金最早是 20 世纪 50 年代中期由美国 Crucible 公司研制出的 B120VCA 合金（Ti-13V-11Cr-3Al）。β 型钛合金具有良好的冷热加工性能，易锻造，可轧制、焊接，可通过固溶-时效处理获得力学性能、环境抗力及强度与断裂韧度的良好配合。新型高强高韧 β 型钛合金具有代表性的有如下几种：

1）Ti1023（Ti-10V-2Fe-3Al）。该合金与飞机结构件中常用的 30CrMnSiA 高强度结构钢性能相当，具有优异的锻造性能。

2）Ti153（Ti-15V-3Cr-3Al-3Sn）。该合金冷加工性能比工业纯钛还好，时效后的室温抗拉强度可达 1000MPa 以上。

3）β21S（Ti-15Mo-3Al-2.7Nb-0.2Si）。该合金是由美国钛金属公司 Timet 分部研制的一种新型抗氧化、超高强钛合金，具有良好的抗氧化性能，冷热加工性能优良，可制成厚度为 0.064mm 的箔材。

日本钢管公司（NKK）研制成功的 SP-700（Ti-4.5Al-3V-2Mo-2Fe）钛合金强度高，超塑性伸长率高达 2000%，且超塑成形温度比 Ti-6Al-4V 低 140℃，可取代 Ti-6Al-4V 合金用超塑成形-扩散连接（SPF/DB）技术制造各种航空航天构件；俄罗斯研制出的 BT-22（Ti-5V-5Mo-1.5Cr-5.5Al-1.0Fe），其抗拉强度可达 1105MPa 以上。

（4）阻燃钛合金　常规钛合金在特定的条件下有燃烧的倾向，这在很大程度上限制了其应用。针对这种情况，各国都展开了对阻燃钛合金的研究并取得一定突破。美国研制出的 Alloy C（也称为 Ti-1720），名义成分为 Ti-35V-15Cr（质量分数），是一种对持续燃烧不敏感的阻燃钛合金，已用于 F119 发动机。BTT-1 和 BTT-3 为俄罗斯研制的阻燃钛合金，均为 Ti-Cu-Al 系合金，具有相当优良的热变形工艺性能，可用其制成复杂的零件。

（5）医用钛合金　钛无毒、质轻、强度高且具有优良的生物相容性，是非常理想的医用金属材料，可用作植入人体的植入物等。目前，在医学领域中广泛使用的仍是 Ti-6Al-4V ELI 合金，但它会析出极微量的钒和铝离子，降低了其细胞适应性，且有可能对人体造成危害，这一问题早已引起医学界的广泛关注。美国早在 20 世纪 80 年代中期便开始研制无铝、无钒、具有生物相容性的钛合金，将其用于矫形术。日本、英国等也在该方面做了大量的研究工作，并取得一些进展。例如，日本已开发出一系列具有优良生物相容性的 α + β 钛合金，包括 Ti-15Zr-4Nb-4Ta-0.2Pd、Ti-15Zr-4Nb-4Ta-0.2Pd-0.20~0.05N、Ti-15Sn-4Nb-2Ta-0.2Pd 和 Ti-15Sn-4Nb-2Ta-0.2Pd-0.20，这些合金的腐蚀强度、疲劳强度和耐蚀性能均优于 Ti-6Al-4V ELI。与 α + β 钛合金相比，β 钛合金具有更高的强度水平和更好的切口性能和韧性，更适于作为植入物植入人体。在美国，已有 5 种 β 钛合金被推荐至医学领域，即 TMZF™ (Ti-12Mo-6Zr-2Fe)、Ti-13Nb-13Zr、Timetal 21SRx (Ti-15Mo-2.5Nb-0.2Si)、Tiadyne1610 (Ti-16Nb-9.5Hf) 和 Ti-15Mo。在将来，此类具有高强度、低弹性模量、优异成形性和耐蚀性的铌钛合金有可能取代目前医学领域中广泛使用的 Ti-6Al-4V ELI 合金。

1.2　轻合金的物理、化学性质

1.2.1　铝合金的物理、化学性质

1. 纯铝的物理、化学性质

(1) 纯铝的物理性质　铝元素在地壳中的储量排第 3 位，仅次于氧元素和硅元素，其总储量占地壳质量的 7.45%，其产量仅次于钢铁，成为价廉和应用广泛的金属。铝的密度为 $2.7g/cm^3$，具有比强度高，塑性、耐蚀性、导电、导热性好，没有铁磁性，反光能力强等优点，纯铝的物理性质见表 1-4。若与同质量的铜比较，铝的电导率为铜的 188%，如与同体积的铜相比，则铝的电导率为铜的 57%。铝的导热性为铜的 56%，几乎比铁大三倍，所以铝被广泛用来制造导电材料和热传导器件。

表 1-4　纯铝的物理性质

物 理 性 能		高纯铝(质量分数为 99.996%)	工业纯铝(质量分数为 99.5%)
原子序数		13	13
相对原子质量		26.9815	26.9815
晶格常数(20℃)/m		4.0494×10^{-10}	4.04×10^{-10}
密度	(20℃)/(g/cm³)	2.698	2.710
	(700℃)/(g/cm³)	—	2.373
熔点/℃		660.24	约 650
沸点/℃		2060	
溶解热/(J/kg)		3.961×10^5	3.894×10^5
燃烧热/(J/kg)		3.094×10^7	3.108×10^7
凝固体积收缩率(%)		—	6.6
比热容(100℃)/[J/(kg³·℃)]		934.92	964.74
热导率(25℃)/[W/(m³·℃)]		235.2	222.6(O 状态)
线胀系数(20~100℃)/10⁻⁶K⁻¹		24.58	23.5
(100~300℃)/10⁻⁶K⁻¹		25.45	25.6
弹性模量/GPa		—	70
剪切模量/GPa		—	2625

（续）

物理性能		高纯铝(质量分数为99.996%)	工业纯铝(质量分数为99.5%)
声速/(m/s)		—	约4900
电导率/(S/m)		64.94	59(O 状态)
			57(H 状态)
电阻率(20℃)/μΩ·m		0.0267(O 状态)	0.02922(O 状态)
		—	0.03002(H 状态)
电阻温度系数/(μΩ·m/℃)		0.1	0.1
体积磁化率		6.27×10^{-7}	6.26×10^{-7}
磁导率/(H/m)		1.0×10^{-5}	1.0×10^{-5}
反射率	($\lambda = 2500 \times 10^{-10}$ m)(%)	—	87
	($\lambda = 5000 \times 10^{-10}$ m)(%)	—	90
折射率(白光)		—	0.78 ~ 1.48
吸收率(白光)		—	2.85 ~ 3.92

（2）纯铝的化学性质　铝的化学性质比较活泼，20℃时的标准电位为 -1.69V，在空气中能与氧气结合，形成致密、坚固的氧化铝薄膜，保护下层金属不再继续氧化，故铝在大气中有极好的耐蚀性。铝的耐蚀性取决于氧化膜在该介质中的稳定性。铝在水中的耐蚀性主要取决于水温、水质和铝的纯度。在水温低于50℃时，随水质和铝纯度的提高，铝的耐蚀性提高。如果水中含有少量活性离子，如 Cl^-、Cu^{2+} 等，铝的耐蚀性会急剧下降。铝在酸或碱中的耐蚀性见表1-5。

表1-5　铝在酸或碱中的耐蚀性

介　质	耐蚀性	介　质	耐蚀性
海水	弱	浓硝酸、浓醋酸	好
氨气、硫气体	好	碱、氨水、石灰水	不好
氟、氯、溴、碘	不好	有机酸	略微
盐酸、氢氟酸、稀醋酸	不好	稀硝酸	较好
硫酸、磷酸、亚硫酸	好		

2. 铝合金的物理、化学性质

（1）铝合金的物理性质　铝合金的物理性能主要取决于合金的成分和使用环境，根据成分不同，可以将铝合金分为铝铜类合金、铝硅类合金、铝锌类合金和铝镁类合金等。

1）铝铜类合金。铝铜类合金的物理性能见表1-6，铜含量8% ~12% （质量分数）的合金。列表中牌号为 АЛ1、（Y 或 142）RR53、122、АЛ12 都是各国开发的性能较高的耐热合金。升温进行抗拉强度试验后可以看出其高温性能显著高于其他一般合金。特别是在200 ~300℃时，只有耐热合金才能保持较好的强度。

表1-6　铝铜类合金的物理性能

类	系别	牌号	物理性能				
			密度/(g/cm³)	线收缩(%)	凝固温度/℃	最高熔化温度/℃	浇注温度/℃
铝铜类合金	铝铜二元系合金	AЛ7	2.78	1.3～1.5	646～548	790	650～750
		AЛ13	2.8～2.9	1.2～1.4	625～548	780	650～750
	铝铜硅三元系合金	108	2.75	—	—	—	—
		B195	2.75	—	—	—	—
		AЛ12	2.8～2.9	1.3	635～548	790	650～750
	铝铜锌三元系合金	112	2.85		621～510	790	650～750
	铝铜镁三元系合金	AЛ1（Y）	2.75	1.3～1.4	630～535	790	690～770
		142、122	2.85	1.2～1.4	620～540	780	650～750
	铝铜镁硅四元系合金	RR53	2.73	1.3～1.4	—	—	—

2）铝硅类合金。铝硅类合金的物理性能见表1-7。根据硅含量的不同，大致可分成以下三组：①硅的质量分数小于5%——此组合金可不需变质处理，但力学性能很差，工业上已很少采用。②硅的质量分数为6%～8%——此组合金需作变质处理。③硅的质量分数为9%～14%——此组合金必须作变质处理。

表1-7　铝硅类合金的物理性能

类	系别	牌号	物理性能				
			密度/(g/cm³)	线收缩(%)	凝固温度/℃	最高熔化温度/℃	浇注温度/℃
铝硅类合金	铝硅二元系合金	AЛ15	2.66	1.3～1.4	630～577	780	650～750
		AЛ2	2.65	1.1	—	820	680～780
	铝硅铜三元系合金	AЛ6	—	—	—	—	—
		AЛ8	2.77				
	铝硅镁三元系合金	AЛ9	2.66	1.3	610～580	790	680～780
		AЛ4	2.65		—	830	700～780
	铝硅铜镁四元系合金	RR50	2.70	1.25	—		700～720
		RR53C	2.72	1.25			700～720
		AЛ11	2.73				650～750
		AЛ5	2.76	0.9～1.1		790	680～760
		AЛ3	—				—
		LOW-EX	2.80	1.1～1.3		750	700～750
		AЛ10	—				

3）铝锌类合金。铝锌类合金的物理性能见表1-8。由于锌的密度较高，所以铝锌类合金的密度比其他类型合金的略高。此类合金，在铸态时，一般都具有较高的力学性能，能自发而又缓慢地产生时效，使合金的硬度和极限强度逐步增加。但是随着锌含量的增加，合金密度升高，合金的流动性降低，合金的塑性变得很差。

表1-8 铝锌类合金的物理性能

类	系别	牌号	物理性能		
			密度/（g/cm³）	线收缩（%）	最高熔化温度/℃
铝锌类合金	铝锌硅三元系合金	ZL40X	2.95	1.2~1.4	680~750
	铝锌铜三元系合金	AC1	2.95	1.3	750~760
	铝锌镁三元系合金	FrE	2.81	—	—

4）铝镁类合金。铝镁类合金的物理性能见表1-9。此类合金的密度为 $2.55g/cm^3$，除铝锂类合金外，在铝合金中最轻。镁在铝中的溶解度很大，当温度为449℃时可高达17.4%，但在100℃时就只有1.9%。铝镁合金强度随着镁含量的增加而提高，不过镁的质量分数达到7%的合金已经很脆了，通过均匀化处理后再淬火，可使镁含量高的合金具有较高塑性。

表1-9 铝镁类合金的物理性能

类	系别	牌号	物理性能			
			密度/（g/cm³）	线收缩（%）	凝固温度/℃	浇注温度/℃
铝镁类合金	铝镁二元系合金	214	2.61	—	579~640	—
		AЛ8	2.55	1.2~1.4	—	640~700
	铝镁硅三元系合金	6Z63	2.60	1~1.3	560~630	—

（2）铝合金的化学性质 铝合金的耐蚀性能随着合金化学成分的不同而存在一定差异。表1-10为应用得最广泛的工业铝合金耐蚀性能的比较数据。耐蚀性的试验一般是在温度不超过70℃的条件下进行的。

表1-10 各种铝合金耐蚀性能的比较

合金系	合金及状态	一般耐蚀性	晶间腐蚀倾向	腐蚀破裂倾向	说　明
Al	AЛ1	5	5	5	基体金属和焊接接头
Al-Mn	AMu	5	5	5	基体金属和焊接接头

（续）

合金系	合金及状态	一般耐蚀性	晶间腐蚀倾向	腐蚀破裂倾向	说　明
Al-Mg	АМГ1	5	5	5	基体金属和焊接接头
	АМГ2	5	5	5	基体金属和焊接接头
	АМГ3	5	5	5	基体金属和焊接接头
	АМГ4	5	5	5	基体金属和焊接接头
	АМГ5М	5	5	5	基体金属和焊接接头
	АМГ5Н	5	5	4	基体金属和焊接接头
	АМГ6М	5	5	5	基体金属
	АМГ6Н	5	5	4	基体金属
	АМГ6М	5	4	4	焊接接头
	АМГ6Н	5	3	3	焊接接头
	АМГ6М	5	3	3	焊接接头（在70℃加热3000小时以上）
	АМГ6Н	5	3	3	焊接接头（在70℃加热1000小时以上）
Al-Mg-Si	АЛ35	5	4	5	基体金属和焊接接头
	АЛ31	5	4	5	基体金属和焊接接头
	АЛ33	5	4	5	基体金属和焊接接头
	АБ	4	3	5	基体金属和焊接接头
Al-Mg-Si-Cu	АК6Т1	2	2	2	—
	АК8Т1	2	2	2	—
Λ-Mg-Cu	Л1Т	3	3	3	—
	Л16Т	3	3	3	—
	Л16Т1	3	3	4	—
	Л1Т	2	2	2	大规格半成品
	Л16Т	2	2	2	大规格半成品
	Л16Т1	2	2	3	—
Al-Cu	Л20Т1	3	3	4	基体金属
	Л20Т	2	2	3	焊接接头
Al-Mg-Cu-Fe-Ni	АК4-1Т1	3	3	4	
	АК4-1Т1	2	2	3	大规格半成品
Al-Mn-Cu-Li-Cd	БАЛ23Т1	3	4	4	—
Al-Zn-Mg	01913Т1	4	5	5	基体金属
	1915Т	4	4	5	基体金属
	1915	4	4	3	焊接接头

（续）

合金系	合金及状态	一般耐蚀性	晶间腐蚀倾向	腐蚀破裂倾向	说　明
Al-Zn-Mg-Cu	Б93Т1	4	3	3	—
	Б95Т1	3	3	3	—
	Б96Л	3	3	2	—

注：5 表示耐蚀性最高；4 表示耐蚀性较高；3 表示耐蚀性合格；2 表示耐蚀性低。

1.2.2　镁合金的物理、化学性质

1. 纯镁的物理、化学性质

镁的晶体结构和原子核外层的电子构造决定了镁及其合金具有特殊的物理化学性质。

（1）纯镁的物理性质　表 1-11 列出了镁常见的物理性质。外层为 3s2 的自由价电子结构使镁不具有任何共价键的特性，导致了镁具有最低的平均价电子结合能和金属中最弱的电子间结合力。镁的这种电子结构使得镁具有较低的弹性模量 $E = 45GPa$。与镁的原子核外层电子构造形成对比，纯铝原子核外层附加的 3p1 共价键导致其具有更高的弹性模量 $E = 71GPa$。

表 1-11　镁的物理性质

物 理 性 能		数　值	物 理 性 能		数　值
原子序数		12	沸点/K		1380 ± 3
原子价		2	汽化潜热/(kJ/kg)		$5150 \sim 5400$
相对原子质量		24.3050	升华热/(kJ/kg)		$6113 \sim 6238$
原子体积/(cm³/mol)		14.0	燃烧热/(kJ/kg)		$24900 \sim 25200$
原子直径/nm		0.32	镁蒸气比热容 c_p/[kJ/(kg·K)]		0.8709
泊松比		0.33	MgO 生成热 Q_p/(kJ/mol)		0.6105
密度/(g/cm³)	室温	1.738	结晶时的体积收缩率(%)		$3.97 \sim 4.2$
	熔点	1.584	磁化率 φ/10^{-3}MKS		$6.27 \sim 6.32$
电阻温度系数(273~373K)/10^{-3}		3.9	声音在固态镁中的传播速度/(m/s)		4800
电阻率 ρ/(nΩ·m)		47	标准电极电位/V	氢电极	-1.55
热导率 λ/(W/m·K)		153.6556		甘汞电极	-1.83
273K 下的电导率/[1/(Ω·m)]		23	对光的反射率(%)	$\lambda = 0.500$	72
再结晶温度/K		423		$\lambda = 1.000$	74
镁单晶的平均线胀系数 (288~308K)/10^{-6}K^{-1}	沿 a 轴	27.1		$\lambda = 3.000$	80
	沿 c 轴	24.3		$\lambda = 9.000$	93
熔化潜热/(kJ/kg)		$360 \sim 377$	收缩率(%)	固-液	4.2
945K 下的表面张力/(N/m)		0.563		熔点至室温	5

(2) 纯镁的化学性质

1) 镁与氧的化学反应。镁是极活跃的金属元素，在固态时就可以氧化。在大气下熔炼时，镁熔体与空气中的氧直接接触，将产生强烈的氧化作用，生成氧化镁，其反应式为

$$2Mg + O_2 = 2MgO \tag{1-1}$$

镁一经氧化，就变成氧化物，通常称为氧化烧损。镁与氧的化学亲和力很大，而且生成的氧化膜是疏松的（致密度系数 $\alpha = 0.79$）。虽然在较低温度下镁的氧化速度不大，但当温度超过熔点，镁处于液态时，其氧化速度大大加快，镁液遇氧时即发生氧化而燃烧，放出大量的热，而生成的 MgO 层绝热性又很好，使反应生成的热量不能很好地散出去，因而提高了反应界面的温度，温度的提高又反过来加速了镁的氧化，使燃烧加剧。如此循环下去，将使反应界面的温度越来越高，最高可达 2850℃，此时已引起镁的大量汽化，使燃烧大大加剧，引起爆炸。

2) 镁与氢的化学作用。镁与氢不起化学反应，而是以离子状态存在于晶体点阵的间隙内，形成间隙式固溶体。但它与镁合金中某些活性强的元素能形成化合物，如 BeH_2、TiH_2、CaH_3、ZrH_2 等。

镁与氢的作用分为以下几个过程：

①吸附过程。氢分子在金属表面聚集，气态分子以极小的作用力完成其物理吸附，而化学吸附是在更高的温度下进行的。

②扩散过程。扩散是气体原子进入金属内部的一个基本过程，吸附是扩散的前提。向金属内部扩散的气体中，只有那些具有化学吸附能力的气体才能溶解于金属中。氢在金属中的扩散速度比其他气体快得多，因为氢是以原子和离子的形式进行扩散的，它的原子半径小于金属的晶格常数。氢在镁合金熔体中的扩散速度与温度、压力、熔体表面状态等有关。

③溶解。氢是简单的双原子气体，原子半径很小，故易溶于金属中。在镁合金中的溶解也是依着吸附→扩散→溶解过程进行的，即 $H_2 \rightarrow 2H \rightarrow 2[H]$。

3) 镁与水蒸气的反应。镁无论是固态还是液态均能与水发生反应，其反应方程式为

$$Mg + H_2O = MgO + H_2\uparrow + Q \tag{1-2}$$
$$Mg + 2H_2O = Mg(OH)_2 + H_2\uparrow + Q \tag{1-3}$$

式中 Q——热量。

室温下，反应速度缓慢，随着温度升高，反应速度加快，并且 $Mg(OH)_2$ 会分解为 H_2O 及 MgO，在高温时只生成 MgO。在其他条件相同时，镁与水汽间的反应将较 Mg-O 间的反应更为激烈。

4) 镁与氮的作用。镁与氮的反应方程式为

$$3Mg + N_2 = Mg_3N_2 \tag{1-4}$$

上述反应在室温下速度极慢，当镁处于液态时，反应速率加快，生成多孔性 Mg_3N_2 膜，该膜不能阻止反应的继续进行，不能防止镁的进一步蒸发，因此氮气不能阻止镁熔

体的氧化和燃烧。Mg 与 N_2 反应的激烈程度比 Mg-O、Mg-H_2O 间的反应要弱得多。

5）镁与 CO_2、CO 间的反应。镁与 CO_2、CO 反应生成（Mg_2C + MgO）复合物。在低温下，反应进行十分缓慢。因此可以认为，这两种气体对固态镁是惰性气体。但是在高温下，镁与 CO_2、CO 气体间的反应将会加速。不过，其程度远较 Mg-H_2O、Mg-O 反应小。反应生成的表面膜有一定的防护作用。

6）镁与硫及 SO_2 的反应。

①镁与硫的作用。硫与镁接触时，一方面受热蒸发（硫的沸点为 444.6℃），形成 SO_2 保护性气体，另一方面硫与镁熔体反应，在熔体表面形成较致密的 MgS 膜（致密度系数 $\alpha = 0.95$），减缓了镁熔体的氧化。

②镁与 SO_2 的作用。反应方程式为

$$3Mg + SO_2 = 2MgO + MgS \qquad (1\text{-}5)$$

生成的 2MgO + MgS 复合表面膜近似致密，因此 SO_2 对镁熔体有一定的防护作用。

7）镁的其他化学反应。此外，镁与一些碳氢化合物、氯气和盐熔剂均会发生化学反应。这些反应在镁的覆盖和精炼中起着重要作用。

2. 镁合金的物理、化学性质

（1）镁合金的物理性质　镁合金的物理性质主要取决于合金成分和使用环境，表 1-12 列出了国内一些常用镁合金的物理性质参数。表 1-13 列出了部分镁合金的电性质参数。

表 1-12　常用镁合金的物理性质参数

合　　金		M2M	AZ40M	AZ41M	AZ61M	AZ62M	AZ80M	ME20M	ZK61M
密度/(g/cm³)		1.77	1.78	1.79	1.80	1.82	1.806	1.78	1.8
液相线与固相线温度/K	液相线	922	—	—	883	883	883	—	—
	固相线	921			798	728	763	—	—
线胀系数/$10^{-6}K^{-1}$	293~373K	22.29	26.0	26.1	24.4	23.4	26.3	23.61	20.9
	293~473K	24.19	27.0		26.5	25.43	27.1	25.64	22.6
	293~573K	32.01	27.9	—	31.2	30.18	27.6	30.58	—
比热容/[kJ/(kg·K)]	373K	1.01	1.13	1.09	1.13		1.13		
	473K	1.05	1.17	1.13	1.21		1.21		
	573K	1.13	1.21	1.21	1.26		1.26	—	—
	623K	1.17	1.26	1.26	1.30	—	1.30		
	293~373K	1.05	1.05	1.05	1.05	1.05	1.05	1.05	1.03
热导率/[W/(m·K)]	298K	125.60	96.4	83.8	69.08	—	58.62	126	117.23
	373K	125.60	101	88	73.27			130	121.42
	473K	138.68	105	92.2	79.55	—		134	125.60
	573K	133.98	109	101	79.55	67.41	75.36	136	125.60
	673K	—	113	105				138	—

（续）

合　　金	M2M	AZ40M	AZ41M	AZ61M	AZ62M	AZ80M	ME20M	ZK61M
电解电势/V	1.64	—	—	1.58	1.57	1.57		
燃烧潜热/(J/g)	373	—	—	373	373	—		

注：1. 密度指 293K 时的值。

　　2. 比热容指 298K 时的值。

　　3. 电解电势对应饱和的甘汞电极。

表 1-13　部分镁合金的电性质参数

合　　金		电阻率/$10^{-9}\Omega \cdot m$						电导率(%IACS)					
		温度/K						温度/K					
		293	323	373	423	473	523	293	311	366	422	477	533
M2M		54	58	67	75	84	91	—	—	—	—	—	—
AZ40M		92	95	103	109	120	129	18.8	18.2	16.8	15.8	14.4	13.3
AZ41M		120	—	—	—	—	—	—	—	—	—	—	—
AZ61M		125	—	—	—	—	—	—	—	—	—	—	—
AZ62M		122	—	—	—	—	—	—	—	—	—	—	—
AZ80M	F	156	160	167	173	180	182	—	—	—	—	—	—
	T5	122	126	136	144	154	161	—	—	—	—	—	—
ME20M		51	—	64	—	80	—	—	—	—	—	—	—
ZK61M		56.9	59.9	70.1	80.3	90.2	99.1	30.4	28.8	24.6	31.5	19.2	17.4

（2）镁合金的化学性质　镁合金的抗氧化性和耐蚀性随合金化学成分的不同而存在一定差异。高纯镁具有较好的耐蚀性，但合金中的 Fe、Cu、Ni 等杂质元素会降低镁的耐蚀性，对其含量应严格控制。Mn、RE 等元素能改善镁合金的耐蚀性，通过合理控制 Fe、Mn 含量比，可使镁合金耐蚀性得到明显提高。尽管如此，由于镁合金表面生成的氧化膜不致密，因此未经表面处理的镁合金抗氧化能力较差，通常需要进行表面钝化或涂漆处理。此外，AZ40M、AZ41M、MB25 等合金有一定的应力腐蚀倾向，而 ME20M、MB22 合金则无应力腐蚀倾向，ZK61M 合金的应力腐蚀倾向也不大。表 1-14 和表 1-15 分别给出了镁合金 MB22 和 MB25 合金的拉伸应力腐蚀试验结果。尽管 AZ40M、ME20M 等合金具有良好的耐蚀性，但是在工业、海洋和潮湿环境下，仍容易被腐蚀，因此也需要进行表面抗氧化处理。

表 1-14　MB22 镁合金拉伸应力腐蚀参数

品种	状　态	屈服强度/MPa	试验应力/MPa	断裂时间/h
板材	热轧态	182	127	708 ~ 1588
型材	人工时效态	264	185	33,34,35,38,66

注：腐蚀介质为 0.5%（质量分数）氯化钠溶液，温度为 308 ±1K，试验应力为 $0.7R_{p0.2}$。

表 1-15　MB25 镁合金应力腐蚀试验结果

品种	状态	屈服强度/MPa	试验应力/MPa	断裂时间/h
型材	人工时效态	304	152	>92, >106, >119, >120
		303	182	>71,87,94,133
		295	177	53, >34,74, >82, >89
		294	206	25, >34,48,49, >76,95

注：腐蚀介质为 0.5%（质量分数）氯化钠溶液，参照 GB/T 5153—2003 方法。

1.2.3　钛合金的物理、化学性质

1. 纯钛的物理化学性质

钛的原子序数为 22，主要物理性质：密度为 $4.54g/cm^3$，熔点为 1668℃，线胀系数为 $8.5 \times 10^{-6} K^{-1}$，热导率为 $14.63W/(m \cdot K)$，弹性模量为 113GPa。

钛的导热性差，摩擦系数大（$\mu = 0.42$），切削加工时易粘刀，刀具温升快，因而切削加工性能较差，应使用特定刀具切削。另外，钛的耐磨性能也较差，具有较高的缺口敏感性，对加工及使用均不利。

纯钛在 882.5℃ 时发生同素异构转变 α-Ti↔β-Ti，所以将 882.5℃ 称为纯钛的 β 转变温度或 β 相变点。在 882.5℃ 以下为 α 钛，具有密排六方晶格结构，$a = 0.2950nm$，$c = 0.4683nm$；自 882.5℃ 直到熔点温度称为 β 钛，具有体心立方结构，β-Ti 的点阵常数 $a = 0.3282nm(20℃)$ 或 $a = 0.3306nm(900℃)$。

纯钛在众多的介质中有很强的耐蚀性，尤其是在中性及氧化性介质中的耐蚀性很强。钛在海水中的耐蚀性优于不锈钢及铜合金，在碱溶液及大多数有机酸中也耐蚀。纯钛一般只发生均匀腐蚀，不发生局部和晶界腐蚀现象，其抗腐蚀疲劳性能也较好。

钛在 550℃ 以下空气中能形成致密的氧化膜，并具有较高的稳定性。但温度高于 550℃ 后，空气中的氧能迅速穿过氧化膜向内扩散使基体氧化，这是目前钛及钛合金不能在更高温度下使用的主要原因之一。

2. 钛合金的物理、化学性质

（1）钛合金的物理性质　同铝合金、镁合金相似，随着合金成分、加工工艺和热处理工艺等的不同，钛合金的物理性质也各不相同。表 1-16 列出了我国常用钛合金的物理性质。

表 1-16　我国常用钛合金的物理性质

性　能		牌　号										
项目	温度/℃	TA6	TA7	TA8	TB1	TB2	TC1	TC2	TC4	TC5	TC6	TC8
弹性模量/GPa	20	105	110	—	100	—	105	115	113	110	115	117
	100	—	—	116.7	—	—	—	—	—	105	104.5	—
	200	—	—	112.8	—	—	—	—	—	99	95	—

（续）

性能		牌　号										
项目	温度/℃	TA6	TA7	TA8	TB1	TB2	TC1	TC2	TC4	TC5	TC6	TC8
弹性模量/GPa	300	—	—	—	—	—	—	—	—	95	90	102
	400	—	—	—	—	—	—	—	—	85	85.50	96
	500	—	58.50	—	—	—	—	—	—	—	80	90
比热容/[J/(g·K)]	20	—	—	—	—	0.129	—	—	—	—	—	—
	100	0.14	0.129	0.12	0.12	0.129	0.137	0.16	0.162	0.12	0.12	0.12
	200	0.16	0.136	0.14	0.13	0.132	—	0.166	0.165	0.14	0.14	—
	300	0.17	0.111	0.15	—	0.136	0.153	0.174	0.168	0.15	0.16	—
	400	0.19	0.148	0.15	0.15	0.152	0.167	0.183	0.177	0.17	0.17	—
	500	0.21	0.156	0.16	0.16	0.143	0.174	0.194	0.180	0.18	0.18	0.19
热导率 λ/W/(m·K)	20	7.54	8.79	7.54	—	—	9.63	—	5.44	7.12	7.95	7.12
	100	8.79	9.63	8.37	7.95	12.14	10.47	—	6.70	7.95	8.79	8.37
	200	10.05	10.89	9.63	9.63	12.56	11.72	—	8.79	9.21	10.05	9.63
	300	11.72	12.14	10.89	11.30	12.98	—	—	10.47	10.47	11.30	11.30
	400	13.40	13.40	12.14	12.98	16.33	13.82	—	12.56	12.14	12.56	12.56
	500	15.07	—	—	—	—	—	—	—	—	—	—
线胀系数 $\alpha/10^6 \text{K}^{-1}$	20	—	—	—	—	—	—	—	—	—	—	—
	100	8.3	9.36	8.88	9.02	8.53	8.0	8.0	8.53	8.4	8.6	8.4
	200	8.9	9.4	9.34	—	—	—	8.6	9.34	—	—	8.8
	300	9.5	9.5	9.46	—	—	—	9.1	9.52	—	—	8.9
	400	10.4	9.54	9.53	—	—	—	9.6	9.79	8.53	—	9.4
	500	10.6	9.68	9.62	—	—	—	9.4	9.83	—	11.6	10.4

（2）**钛合金的化学性质**　钛的标准极电位为 -1.63V，是热力学上很活泼的金属。钛合金优良的耐蚀性源于钛合金表面致密稳定的氧化物保护膜，由于钛与氧有很强的亲和力，钛合金一旦置于空气或潮湿环境之中就瞬间产生了氧化膜，并且在大气或水溶液中这一膜层若有所损坏，也会得到即时修复。在大气或水溶液中，钛表面能迅速形成很稳定的钝化膜，使其平衡电位远远地偏向正值。并且钛的钝化膜具有非常好的愈合性，它在水溶液中的再钝化作用可在不到 0.1s 内完成。

钛合金表面的膜层，其性质、组成、厚度取决于环境因素。在大多数的水环境下，氧化物一般为 TiO_2、Ti_2O_2、TiO。高温氧化趋向于形成具有较高抗化学能力、高度结晶的红金石（TiO_2）；反之低温下会产生多孔的红金石和锐钛矿或两者的混合物。虽然这些化合物薄膜不足 10nm 厚，肉眼不可见，但这一薄膜仍只被少数化学物腐蚀，并且这一氧化物薄膜对抵抗氢的渗透十分有效。从 Pourbax 图上可看出 TiO_2 有较大的热力学稳定区，并且在阴极强还原区可预见钛的氢化物出现。因此，在弱还原性环境中钛合金的使用较为成功，在强还原酸中特别是高温时钛合金会受到较大的腐蚀，并且钝化膜不易自然恢复。从表 1-17 可以看出，在通常情况下，钛对中性、氧化性、弱还原性的介质具有较好的耐蚀性；而对于强还原性和无水强氧化性的介质则不耐腐蚀。除了上述一些介质因素外，尚有以下几种局部腐蚀形式：点蚀、缝隙腐蚀、电偶腐蚀、焊区腐蚀、氢吸收、自燃、应力腐蚀开裂（Stress Corrosion Cracking，简称 SCC）。

表 1-17　钛在介质中的腐蚀倾向

腐蚀倾向	介　　　质
有	发烟硝酸、氢氟酸、草酸、浓度大于 3%（质量分数）的盐酸、浓度大于 4%（质量分数）硫酸、10%（质量分数）以上的三氯化铝、35°C 以上的磷、氟化物、溴等
无	淡水、海水、湿氯气、二氧化氯、硝酸、铬酸、醋酸、氯化铁、氯化铜、熔融硫、氯化烃类、次氯酸盐、尿素、浓度低于 3%（质量分数）的盐酸、浓度低于 4%（质量分数）的硫酸、王水、乳酸等

1.3　轻合金的力学性能

1.3.1　铝合金的力学性能

1. 铸造铝合金的力学性能

铸造铝合金分为四类，它们分别是铝铜类合金、铝硅类合金、铝锌类合金和铝镁类合金。由于合金成分不同，它们在力学性能上存在显著差异。

（1）铝铜类合金　铝铜类合金在工业上最先得到应用，故列为四类合金之首。此类合金具有以下优点：具有较高的强度；具有较好的铸造工艺性能；合金在温度变化时，具有良好的稳定性。

铝铜类合金组成元素的选择可以使合金在热处理过程中，改变合金的金相组织，从而获得良好的效果。

1）为了改善铸造性能和耐水压的性能，在铝铜系合金中加入硅元素，砂型铸造时，硅的质量分数为 0.9% ~ 1.2%，若用金属型铸造时，可允许提高到 3.0%。

2）为了改善力学性能，在铝铜系合金中，可加入钛、镍、锰等元素，一般用量不大。锰的质量分数在 0.3% 以下时，能增加合金的耐蚀性。

3）为了提高热处理后合金的力学性能，在铝铜系合金中加入 1.5%（质量分数）的镁，镁元素与铜铝形成复杂化合物（Al_2CuMg），使合金中相的成分改变。

4）为了提高合金的耐热强度和减少氧化，在铝铜系合金中加入 1% ~ 2%（质量分数）的镍。镍兼有耐热及减摩两种作用。但有些学者认为，镁与铜在合金中所起的耐热效用大，而镍则尚无定论。

5）为了改善铸件的切削加工性能，在铝铜系合金中，可加入少量的锌。

6）为了增加铸件的致密度，在铝铜系合金中，可以加入 0.2% ~ 2%（质量分数）的锡。

7）为了减少铸件的开裂倾向和高温脆性，在铝铜系合金中加入铁，加入量达 1.5%（质量分数）时最显著，过高则将降低热处理效果。为抑制铁的有害作用，合金中的硅含量，应比铁量高 0.2%（质量分数）。

8）为了获得细晶组织，在铝铜系合金中加入钛及铁，钛与铝能形成（Al_3Ti）难熔化合物，对铝的初晶产生很大的影响，故能使晶粒细化。

此外，加入金属钒也能使合金的晶粒细化，并使合金具有高的断后伸长率、硬度和抵抗冲击的性能。金属铈可以减少合金的脆性，改变含铁的组织，提高液态流动性，并且也能够使晶粒组织细化。在含铁的铝合金中，镍可以阻止铁的粗晶析出，具有一定的细化作用。

在整个铝铜类合金中，常利用铜的质量分数小于 5% 的第一组合金，加入镁、硅、锰、镍、锌、钛、铈等元素，以制成多种多样能够热处理的高强度合金。表 1-18 所列举的是铝铜硅、铝铜镁、铝铜锌以及铝铜镁硅等多元系合金的力学性能。

表 1-18　铝铜类合金的力学性能

类	系　列	牌　号	铸造方法	热处理方法	力学性能(至少)		
					R_m/MPa	A(%)	硬度　HBW
铝铜类合金	铝铜二元系合金	АЛ7，АЛ13	砂型，金属型 砂型，压铸，金属型	淬火或	200	6	60
				淬火 + 时效	220	3	70
				—	110	—	50
	铝铜硅三元系合金	108	砂型	—	130	1.5	—
		B195	金属型	淬火或	230	4.5	60
				淬火 + 时效	245	2	70
		АЛ12	砂型，金属型	淬火完再完全时效达最大硬度	170	—	100
	铝铜锌三元系合金	112	砂型	—	134	3	70
	铝铜镁三元系合金	АЛ(У)，142	砂型，金属型	淬火 + 时效	200	0.5	95
		122	砂型，金属型	淬火 + 时效	160	0.5	60
	铝铜镁硅四元系合金	RR53	砂型，金属型	淬火 + 时效	250	0.5	100

（2）铝硅类合金　铝硅类合金，根据硅含量的不同，大致可分成以下三组：硅的质量分数小于 5%——此组合金可不需变质处理，但力学性能很差，工业上已很少采用。硅的质量分数为 6% ~ 8%——此组合金需作变质处理。硅的质量分数为 9% ~ 14%——此组合金必须作变质处理。

对于铝硅合金来说，虽然变质处理可提高其力学性能，但还远远不能满足工业生产的要求。为了充分发挥铝硅合金的优点，必须进一步提高其强度。提高的方法之一是对合金进行热处理。但是由于铝硅合金的热处理强化效果不大，为此不得不在合金的组成内，加入一些新的组元，目的在于使其溶解度能随着温度的改变而有显著的变化。这些组元当中，最有效用的是镁和铜。铜在铝中能形成二铝化铜化合物（$CuAl_2$）；镁能产生镁二硅化合物（Mg_2Si），而这两种化合物都是铝合金热处理的强化相。如果把镁和铜同时加入合金中，就会产生三元"S"相（Al_2CuMg），此种复杂化合物，也是铝合金热处理时的强化相。不过在合金中加入镁和铜时，必须要遵守一定的法则。我们知道铜在铝硅合金中，能提高其抗拉强度、屈服强度与硬度，并能改善其切削加工性能。但也必须注意，铜同时也会降低合金的塑性和耐蚀性。为此在铝硅类合金中，若要求硬度高，铜最多加至5%（质量分数）；若要求塑性高，铜的加入量不得超过3%（质量分数）。一般工业合金中，常常限制铜与硅的总和不大于10%（质量分数），否则性能会遭到破坏。镁在其中作为杂质成分的含量，不得超过0.1%（质量分数），否则塑性将会大为降低，并使铸件产生气孔。但是在铝硅合金中，添加镁比铜对提高力学性能更有效，不过加入量不能超过1%（质量分数）。如果合金中硅的含量高了，镁应相对降低，而铜在其中最好不要超过1%（质量分数），否则会降低合金的塑性与耐蚀性。在所有的铝硅合金中，最大的问题还是铁。铁是铝硅类合金危害最大的杂质，因为它在结晶时能形成粗大片状晶体，严重损伤合金的断后伸长率和强度。铁元素常常是跟随金属炉料，或者由熔炼工具熔入而进入铝硅合金中的。消除这种有害作用的最有效的方法是给合金加入足以使脆性组成物转变为球状或近似球状的组元，这些组元是锰、铬、钴等。锰能促使铝、硅、铁、锰四元相的形成，减小铁的有害影响，但锰的加入量不可超过1%（质量分数）。有时，还在合金中添加0.2%～0.25%（质量分数）的钛，以使晶粒细化。此外，在加锰的铝硅合金中，可以二氯化铅的形式把铅加入合金内，从而进一步提高合金的强度和硬度。表1-19所列举的有关铝硅类合金的牌号，大都利用硅的质量分数小于5%的第一组合金，在合金中添加镁、铜以及添加钴、锰、铬、镍、钛等金属元素，把铝硅合金变成各式各样的既能变质又能接受热处理的高强度合金。

表1-19　铝硅类合金的力学性能

类	系列	牌号	铸造方法	热处理方法	R_m/MPa	A(%)	硬度 HBW
铝硅类合金	铝硅二元系合金	АЛ15	砂型,金属型	—	120	3	40
		АЛ2	砂型,金属型,变质		150	4	50
			金属型,压铸		160	2	50
	铝硅铜三元系合金	АЛ6	砂型,金属型,压铸	退火	150	1	45
		А108	金属型		160		
	铝硅镁三元系合金	АЛ9	金属型		160	2	50
			压铸		150	1	50
			砂型,金属型	淬火	180	4	50

（续）

类	系列	牌号	铸造方法	热处理方法	力学性能（至少）		
					R_m/MPa	A(%)	硬度　HBW
铝硅类合金	铝硅镁三元系合金	АЛ9	砂型，金属型	淬火及部分时效	200	2	50
		АЛ4	砂型，变质	—	150	2	50
			金属型	时效	200	1.5	70
			砂型，变质	淬火及完全时效	230	3	65
			金属型	淬火及完全时效	230	3	70
	铝硅铜镁四元系合金	RR50	砂型，金属型	时效	170	2.5	70
		RR53C	砂型，金属型	淬火及部分时效	300	1.0	120
		АЛ11	砂型，金属型，压铸	—	120		65
			砂型，金属型	时效	170	1	70
			砂型，金属型，压铸	退火	120		65
			砂型，金属型	淬火及部分时效	210		75
			砂型，金属型	淬火与稳定回火	200	1	70
			砂型，金属型	淬火与软化回火	180	2	65
		АЛ5	砂型，金属型	时效	160		65
			砂型	淬火及部分时效	200		70
			砂型，金属型	淬火与稳定回火	180	1	65
		АЛ3	砂型，金属型	淬火及时效处理	240	1	85
		LOW-EX	金属型	淬火及部分时效	220	0.4~1.0	120
		АЛ10	砂型	淬火与完全时效	130	—	70
			金属型	淬火与完全时效	200		100

（3）铝锌类合金　铝锌类合金在铸态时，一般具有较高的力学性能，能自发而又缓慢地发生时效，使合金的硬度和极限强度提高，在工业上曾得到广泛应用，适于制造工作温度不超过100℃的零件。但随着锌含量的增加，合金密度升高，合金的流动性变差，而合金的塑性则变得很差，所以用此种合金浇注的铸件，在冷却过程中产生热裂的倾向特别大。为此，人们改变合金的成分配比，添加其他一些元素，合金的性能就能得到很大改善。比如，在铝锌二元合金中，加入一定量的硅元素和少量的镁、铜、锰、铁等元素，合金的铸造性能和力学性能以及切削加工等性能就会大幅度改善。铜和镁可提高合金的极限强度，而锰和铁还能提高合金的热强度，即使合金在反复加热的情况下，也能保持力学性能不变。表1-20列举了铝锌类合金中最主要的几种牌号合金的力学性能。

（4）铝镁类合金　一般来说，铝镁合金的强度随着镁含量的增加而提高，不过当镁的质量分数达到7%时，合金会变脆，必须通过均匀化后再淬火处理。但是均匀化需要较长的保温时间才能使部分脆性化合物溶于固溶体中。镁的含量越高，固溶越困难。所以工业上不采用临近于化合物区域的成分，而是把镁的质量分数限制在 12% 以下。此类合金的主要优点如下：密度为 $2.55\mathrm{g/cm^3}$，在铝合金中最轻；强度比其他三类铝合金都高，而抗冲击负荷能力尤佳；耐蚀性非常好。

表 1-20　铝锌类合金中最主要的几种牌号合金的力学性能

类	系列	牌号	铸造方法	热处理方法	力学性能（至少）		
					$R_\mathrm{m}/\mathrm{MPa}$	$A(\%)$	硬度　HBW
铝锌类合金	铝锌硅三元系合金	ZAlZn11Si7	砂型，变质	—	200	2	80
			金属型，变质	—	250	1.5	90
	铝锌铜三元系合金	AC1	砂型		150	—	68
	铝锌镁三元系合金	FrE	砂型		210	3	—

由于铝镁类合金的很多优点，用铝镁合金所制成的铸件可承受较大的负荷，并能耐海水与河水的腐蚀作用。但是它也存在一些缺点，首先是熔化困难，合金在熔化过程中极其容易氧化，氧化物常混悬在液体金属内而被带入铸件，使铸件的各个断面上出现暗灰色的渣孔；其次是合金的结晶间隔很大，铸件容易形成分散缩松，在收缩应力作用下很快就会断裂；还有靠近液相线温度的热处理，往往会使铸件产生烧毁的危险。为了解决这些问题，在熔炼时常和熔炼镁合金一样，坩埚中必须加入由氯化钾、氯化镁与氯化钠组成的脱水熔剂；在型砂中还必须拌和硼酸、硫黄粉、氟化铝一类的保护剂；在铸型上采用双流排的隔渣浇注系统，即使这样也不一定能保证获得健全的铸件。因此还得在合金中配制一定量的铍元素（加入量约为 0.004% ~ 0.03%，质量分数）或钛元素，以抑制合金被氧化的倾向。此外，铜、锰等元素，能削弱合金的耐蚀性，都不宜混入。铸件在热处理时，应涂上耐火泥，防止氧化与过热。此类合金的力学性能见表 1-21。

表 1-21　铝镁类合金的力学性能

类	系列	牌号	铸造方法	热处理方法	力学性能（至少）		
					$R_\mathrm{m}/\mathrm{MPa}$	$A(\%)$	硬度　HBW
铝镁类合金	铝镁二元系合金	214	砂型	—	190	6	60
		AЛ8	砂型	淬火	280	9	60
	铝镁硅三元系合金	ZAlMg5Si1	砂型，金属型，压铸		150	1	55

2. 变形铝合金的力学性能

(1) Al-Zn 合金力学性能　各种不同锌含量（4% ~ 20%，质量分数）的 Al-Zn 合金在自然时效和人工时效状态下的力学性能见表 1-22。人工时效的规程是 140℃ × 16h。随着锌的质量分数的增加（直到 20%），合金在淬火和自然时效状态下的强度逐渐增加，断后伸长率逐渐减低。

锌含量在 7% ~ 10% 时，自然时效效果达最大值，此后效果下降。人工时效使合金强度比在淬火时显著降低（负时效效果），而断后伸长率则有所提高。退火材料具有与人工时效材料同样的性能。

表 1-22　Al-Zn 合金力学性能

锌的质量分数(%)	淬火 + 时效(140℃ ×16h)		退火	
	R_m/MPa	A(%)	R_m/(MPa)	A(%)
4.0	89	33.7	86	33.7
7.0	98	31.4	95	37.6
10.0	109	34.0	109	32.7

（2）**Al-Mg 合金的力学性能**　Al-Mg 合金的力学性能见表 1-23。从表中可以看出随着镁添加量（0.5% ~ 6.5%，质量分数）的增加，合金的强度和断后伸长率都随之提高。与退火状态相比，时效材料具有略高的力学性能。

表 1-23　Al-Mg 合金的力学性能

镁的质量分数(%)	淬火 + 时效(140℃ ×16h)		退火	
	R_m/MPa	A(%)	R_m/MPa	A(%)
0.5	111	33.2	95	35.7
1.0	119	32.8	108	31.7
1.5	134	32.9	128	32.1
2.0	155	32.7	148	32.5
2.5	178	31.7	170	31.6
3.0	188	35.2	182	35.6
3.5	208	35.7	204	36.4
4.5	239	35.8	233	37.5
5.5	268	35.8	266	40.5
6.5	289	40.7	284	39.7

（3）**Al-Cu 合金的力学性能**　铜在铝中的溶解度，在 548℃ 是 5.6%，温度降低则急剧减小。纯净的 Al-Cu 合金具有自然时效特性。添加少量铁即会抑制这一特性，但在高温下，尽管有铁存在，Al-Cu 合金也可发生时效。用工业纯铝制备的 Al-Cu 合金的淬火 + 时效和退火状态下的力学性能见表 1-24。由表中数据可见，随着铜添加量（0.5% ~ 1.5%，质量分数）的提高，合金的强度和断后伸长率也逐渐提高。当铜的添加量（1.5% ~ 2.5%，质量分数）继续增加时，合金强度仍然逐渐提高，但断后伸长率有所下降。

表 1-24 Al-Cu 合金的力学性能

铜的质量分数(%)	淬火 + 时效(140℃×16h)		退火	
	R_m/MPa	A(%)	R_m/MPa	A(%)
0.5	91	35.1	91	36.3
1.0	103	36.6	101	36.5
1.5	121	38.8	115	37.0
2.0	138	36.8	131	36.8
2.5	161	30.8	134	36.2
3.0	203	31.7	136	35.6

1.3.2 镁合金的力学性能

1. 铸造镁合金的力学性能

表 1-25 列出了常见的各种铸造镁合金的公称化学成分及其室温力学性能。

表 1-25 常见铸造镁合金的化学成分及室温力学性能

合金系	牌号	铸造方法	化学成分(质量分数,%)					其他	$R_{p0.2}$/MPa	R_m/MPa	A(%)	τ_b/MPa
			Al	Zn	Mn	Zr	Re					
Mg-Al-Zn	AZ91	(S、P)、D	9.0	0.7	0.13	—	—	—	150	230	3	140
	AM60	D	6.0	—	0.13	—	—	—	115	205	6	—
	ZA102	D	2.0	10	0.7	—	—	0.3Ca	172	221	3	—
含 Zr 镁合金	EZ33	(S、T5)、P	—	2.7	—	0.6	3.3	—	110	160	2	145
	ZE41	(S、T5)、P	—	4.2	—	0.7	1.2	—	140	205	—	160
	HK31	(S、T5)、P	—	—	—	0.7	—	3.3Th	105	220	3.5	145
	HZ32	(S、T5)、P	—	2.1	—	0.7	—	3.3Th	90	185	8	140
	QE22	(S、T6)、P	—	—	—	0.7	2.1	2.5Ag	175	240	4	—
	QH21	(S、T6)、P	—	—	—	0.6	1.0	—	185	240	3	—
	EQ21	(S、T6)、P	—	—	—	0.6	2.0	0.1Cu	175	240	2	—
	WE54	(S、T6)、P	—	—	—	0.7	3.0	5.2Y	—	250	2	—
	WE43	(S、T6)、P	—	—	—	0.7	3.4	4Y	—	250	2	—
Mg-Al-Si	AS41	(D)、S	4.3	—	0.35	—	—	1.0Si	—	220	4	—
	AS21	(D)	1.7	—	0.40	—	—	1.1Si	—	240	9	—
Mg-Al-RE	AE41	(D)	4.0	—	—	—	1.0	—	—	234	15	—
	AE42	(D)	4.0	—	—	—	2.0	—	—	244	17	—
Mg-Zn-Cu	ZC63	(S)、P	—	6.0	0.25	—	—	2.7Cu	—	210	4	—
	ZC62	(D)	—	6.0	0.35	—	—	1.5Cu	—	226	11	—

注:S—砂型铸造,P—金属型铸造,D—压铸。

2. 变形镁合金的力学性能

随着镁合金塑性成形工艺的不同，其力学性能也不相同。表 1-26 列出了国内外一些常见的不同形状和规格的变形镁合金的典型室温力学性能。

表 1-26　变形镁合金的典型室温力学性能

合金	制件形状及规格		状态	屈服强度/MPa		抗拉强度/MPa	伸长率（%）
				拉伸	压缩		
M2M	挤压棒材、型材		—	180	83	255	12.0
	挤压管材、空心型材		—	145	62	240	9.0
	板材		M	120		210	8.0
AZ40M	板材		M	154	—	251	13.8
			R	156		249	10.1
	棒材		R	178	98	262	14.4
	锻件		R	—		264	14.0
	型材		R	—	—	273	9.1
AZ41M	热轧板材	横向	R	167	—	264	14.8
		纵向	R	161		261	14.2
	退火板材	纵向	M	173	—	245	—
AZ61M	铸件		—	180	125	295	12.0
	挤压棒材、型材		—	205	130	305	16.0
	挤压管材、空心型材		—	165	110	285	14.0
AZ62M	铸件		F	94	—	197	4.5
			T4	94		254	10.0
			T6	122		232	5.5
AZ80M	铸件		R	230	170	330	11.0
			T5	250	195	345	6.0
	挤压棒材、型材		R	250		340	11.0
			T5	275	240	380	7.0
ME20M	板材	横向	R	151	—	247	17.4
		纵向	M	155	—	249	18.2
	板材	纵向	Y2	159		261	18.6
			R	167		269	18.3
	棒材	纵向	R	—		238	13.9
	型材	纵向	S	—		257	16.2
ZK61M	棒材		S	300		340	14.1
	型材		S	287	—	333	14.1

（续）

合金	制件形状及规格		状态	屈服强度/MPa		抗拉强度 /MPa	伸长率 （%）
				拉伸	压缩		
ZK61M	模锻件		S	—	—	326	13.9
	棒材	直径<12.90mm	S	303		365	11.0
		直径<12.90mm	S	262	—	338	14.0
	空心型材		S	276		345	11.0
			R	234		317	12.0
	锻件		S	207		303	16.0
			R	269		324	11.0
MB22	热轧板材	纵向	S	212		277	8.9
		横向	CS	222		273	8.8
MB25	棒材	直径=25mm	R	316		365	13.0
		直径=50mm	R	301		357	13.0
	型材		R	308		349	16.0
	模锻件		R	—		338	13.0

大多数变形镁合金随着温度的升高，抗拉强度和屈服强度急剧下降，而断后伸长率显著增加。表 1-27 列出了一些常见变形镁合金典型的高温拉伸性能。

表 1-27　变形镁合金典型的高温拉伸性能

合　　金	制件形状	状态	温度 /K	抗拉强度 /MPa	屈服强度 /MPa	伸长率 （%）
M2M	挤压棒材,型材	—	366	186	145	16
			393	165	131	18
			423	145	110	21
			473	117	83	27
			588	62	34	53
	锻件	—	366	165	121	25
			393	145	107	26
			423	131	93	31
			473	114	69	34
			533	83	45	67
			588	41	28	140
AZ40M	棒材	R	293	265	157	16
			348	226	123	24

（续）

合　金	制　件　形　状	状态	温度 /K	抗拉强度 /MPa	屈服强度 /MPa	伸长率 （%）
AZ40M	棒材	R	373	206	113	25
			398	181	93	33
AZ41M	板材	M	293	265	157	12
		R		265	147	14
		M	373	206	147	30
		R		216	118	19
		M	423	137	98	32
		R		186	98	25
		M	473	137	98	34
		R		137	69	25
		M	523	69	49	60
		R		88	49	30
AZ61M	挤压件	T5	366	286	179	23
			423	217	134	32
			473	145	97	48.5
			588	52	34	70
AZ62M	铸件	F	338	210	—	3.0
			366	208	—	4.5
			393	191	—	7.5
			423	166	—	20.5
			473	105	—	50.5
			533	71	—	38.0
		T4	338	253	—	9.0
			366	236	—	7.0
			393	207	—	9.0
			423	154	—	33.2
			473	101	—	38.0
			533	75	—	26.0
		T6	338	248	119	11.0
			366	223	114	11.0
			393	169	103	15.0
			423	121	83	17.0

（续）

合　金	制件形状	状态	温度/K	抗拉强度/MPa	屈服强度/MPa	伸长率（%）
AZ62M	铸件	T6	473	83	61	15.0
			533	57	39	20.0
AZ80M	挤压件	T5	366	307	221	18.0
			423	241	176	25.5
			473	197	121	35.0
			533	110	76	57.0
ME20M	板材	M	348	216	137	26
			373	196	108	28
			398	167	83	30
			423	157	78	32
			473	137	69	34
			523	118	59	36
	板材纵向	R	448	209	159	20
	板材横向			205	148	21
	板材纵向		523	192	146	20
	板材横向			189	140	23
	板材纵向		573	106	100	36
	板材横向			125	48	33
	板材纵向		673	64	111	66
	板材横向			67	100	65
MB25	棒材		423	192	—	43
			473	108	—	62

　　在常见的变形镁合金中加入一些合金元素，可提高变形镁合金的某些性能。如在 Mg-Al 系合金中加入 Ca，可以得到力学性能较高且耐热的镁合金材料，表 1-28 为挤压含 Ca 的 AM50 合金的拉伸性能。

表 1-28　挤压含 Ca 的 AM50 合金的拉伸性能

挤压试样成分	挤压前状态	拉伸温度/℃	抗拉强度/MPa	相同温度下,加入 Ca 合金的强度差 $\Delta\sigma$/MPa	伸长率（%）
AM50	铸态	RT	268.53	—	21.27
		100	227.11	—	38.02
		150	170.10	—	44.59
		200	120.20	—	35.50

（续）

挤压试样成分	挤压前状态	拉伸温度/℃	抗拉强度/MPa	相同温度下，加入 Ca 合金的强度差 $\Delta\sigma$/MPa	伸长率(%)
AM50 + 1% Ca	铸态	RT	272.38	3.85	14.42
		100	217.64	-9.47	36.56
		150	157.71	-12.39	42.77
		200	111.19	-9.01	36.48
AM50 + 2% Ca	铸态	RT	292.36	23.83	11.38
		100	214.86	-12.25	20.95
		150	165.37	-4.73	26.55
		200	113.75	-6.45	29.72

由表 1-28 可知，在室温下，随着 Ca 含量的增加，抗拉强度增加；在高温条件下，随着 Ca 含量的增加，抗拉强度减少。但是，随着温度的升高，抗拉强度减少的趋势下降。由表 1-28 中 $\Delta\sigma$ 项可知，在 150℃，AM50 + 1%（质量分数）Ca 和 AM50 + 2%（质量分数）Ca 比 AM50 抗拉强度分别减少 12.39MPa 和 4.73MPa。在 200°C，AM50 + 1%（质量分数）Ca 和 AM50 + 2%（质量分数）Ca 比 AM50 抗拉强度分别减少 9.01MPa 和 6.45MPa。AM50 合金在高温下的抗拉强度下降很快，是因为强化相 $Mg_{17}Al_{12}$ 熔点很低（437℃）且热稳定性很差，在温度大于 120 ~ 130℃时，$Mg_{17}Al_{12}$ 相迅速粗化、软化，以致不能钉轧晶界，不能有效阻碍晶界滑移；此外，$Mg_{17}Al_{12}$ 相是立方晶体，$Mg_{17}Al_{12}$ 晶粒与 Mg 基体不共格，导致 $Mg/Mg_{17}Al_{12}$ 界面脆性，这两方面的原因导致了 AM50 合金高温抗拉强度很差。加 Ca 后，$Mg_{17}Al_{12}$ 相减少，第二相主要为 Al_2Ca，Al_2Ca 相熔点高（1079℃）且热力学性质稳定，因此高温条件下含 Ca 的 AM50 合金能有效阻碍晶界滑移，这将减缓合金抗拉强度的下降趋势。

在室温、100℃、150℃和 200℃下，挤压 AM50 合金断后伸长率随着 Ca 含量的增加而减少。在高温条件下 AM50 + 1%（质量分数）Ca 合金具有较高的断后伸长率，在 100℃和 150℃断后伸长率比 AM50 略有下降，在 200℃断后伸长率又略有增加；而 AM50 + 2%（质量分数）Ca 合金的断后伸长率显著下降，这是因为 AM50 + 2%（质量分数）Ca 合金 Ca 含量过多，大量的网状 Al_2Ca 相富集在晶界处，割裂了合金基体，导致拉伸性能的下降。

1.3.3 钛合金的力学性能

1. 铸造钛合金的力学性能

（1）民用铸造钛合金的力学性能 表 1-29 列出了国标 GB/T 6614—2014 的铸造钛合金在铸造状态下的力学性能，它主要用作民用钛铸件的检验标准。测定铸件室温力学性能时，应在每批产品的任一炉次中，从铸件本体或同炉浇注的力学性能试棒上切取试样，每批取样两个。

表1-29　铸造钛合金力学性能（GB/T 6614—2014）

代　号	抗拉强度 R_m/MPa ≥	规定塑性延伸强度 $R_{p0.2}$/MPa ≥	伸长率 A(%) ≥	硬度 HBW ≤
ZTA1	345	275	20	210
ZTA2	440	370	13	235
ZTA3	540	470	12	245
ZTA5	590	490	10	270
ZTA7	795	725	8	335
ZTA9	450	380	12	235
ZTA10	483	345	8	235
ZTA15	885	785	5	—
ZTA17	740	660	5	—
ZTC4	895	825	6	365
ZTB32	795	—	2	260
ZTC21	980	850	5	350

（2）航空用铸造钛合金的力学性能　表1-30列出了航空用铸造钛合金的力学性能。这些铸件应在热处理状态下供应。力学性能试验应从铸件或附铸试棒上取样，经热处理后加工的试样不允许存在铸造缺陷。

表1-30　航空用铸造钛合金的力学性能

牌号	技术标准	状态	室温力学性能				高温力学性能		
			R_m /MPa ≥	$R_{p0.2}$ /MPa ≥	A ≥	硬度 HBW ≤	T/℃	R_m /MPa	$R_{p0.2}$ /MPa
ZTA1	GJB 2896A—2007	退火	345	275	12	—	—	—	—
ZT2	HB 5447A—1990	退火	760	700	5	310	300	410	400
ZTC3	GJB 2896A—2007	退火或热等静压	930	835	4	—	500	570	—
ZT4	HB 5447—1990	退火或热等静压	835	765	5	321	350	500	490
ZT4-1	HB 5447—1990	退火或热等静压	890	820	5	341	350	500	490
ZTC5	GJB 2896A—2007	退火或热等静压	1000	910	—	—	—	—	—
ZTC6	GJB 2896A—2007	退火或热等静压	860	795	—	—	—	—	—

2. 变形钛合金的力学性能

表1-31列出了各种类型钛合金的室温和高温典型力学性能数据。α型钛合金主要包括各种不同级别的工业纯钛和广泛应用的Ti-5Al-2.5Sn合金。工业纯钛的室温抗拉强度为350~700MPa，具有最高的拉伸塑性，能够用各种方式进行焊接，长时间使用温度最高可达250~300℃，主要用于制造飞机和发动机上各种受力不大的板材结构件。工业纯钛具有良好的工艺塑性，可以在冷态下成形各种板材冲压件，还具有较高的耐蚀性。Ti-5Al-2.5Sn合金具有中等的室温抗拉强度（800~1000MPa）和良好的焊接性能。与工业纯钛相比，Ti-5Al-2.5Sn合金工艺塑性稍低、热强性更高，长时间工作温度可以达到450℃。

低铝当量近α型钛合金的典型代表是国产TC1钛合金和俄罗斯的OT4-0、OT4-1钛合金。它们的共同特点是具有较低的室温抗拉强度（600~800MPa）和较高的工艺塑性，这是由于合金在平衡状态下含有少量的β相（2%~4%，体积分数）的缘故。这些合金具有与工业纯钛相似的焊接性能和良好的热稳定性，长时间工作温度可达400℃，在350℃的工作寿命可达2000h，在300℃可达3000h，适于制造需要一定强度，形状复杂的板材冲压焊接零件。低铝当量的近α型合金一般只能在退火状态下使用，不能进行强化热处理，唯一的例外是英国的IMI230（Ti-2Cu）合金。由于铜在α钛中的溶解度随着温度降低而减少，Ti-2Cu合金淬火后，在时效过程中可以通过析出金属化合物使室温抗拉强度提高约25%。

高铝当量近α型钛合金的典型代表是英国开发的IMI系列的热强钛合金，以及美国开发的 Ti-8Al-1Mo-1V、Ti-6Al-2Sn-4Zr-2Mo、Ti-5Al-6Sn-2Zr-1Mo-0.25Si、Ti-6Al-2Sn-1.5Zr-1Mo-0.35Bi(Ti-11) 等热强钛合金。这些合金的主要特点是具有很好的高温抗蠕变能力，良好的热稳定性和较好的焊接性能。这类合金的热强性是建立在α固溶强度基础上的，是最有希望用于500℃以上长时间工作的钛合金，这些合金中都含有一定数量的强α稳定元素铝。锡和锆可以在不显著降低塑性的情况下，进一步提高钛铝合金的抗蠕变能力，但是合金中的铝当量一般控制在8%（质量分数）以下，以免析出$Ti_3Al(\alpha_2)$相而引起脆化。这类合金中还经常加入少量的β稳定元素，这是为了减缓α_2相的形成，从而允许在不出现脆化的情况下，提高合金中的铝当量。加入少量β稳定元素还可以改善工艺塑性，使压力加工性能优于只含有α稳定元素的合金。这些合金由于含β相很少，不能热处理强化。高铝当量近α型钛合金还具有较好的抗疲劳裂纹扩展能力和断裂韧度，但室温拉伸塑性较低。

最常用的TC4(Ti-6Al-4V)、TC6(相当于BT3-1)、TC11(相当于BT9)、BT8和Ti-6246(Ti-6Al-2Sn-4Zr-6Mo)合金是高铝当量马氏体（α+β）型钛合金的典型代表。这些合金除含有6%（质量分数）以上的铝和一定数量的锡和锆外，都还含有一定数量的β稳定元素钼或钒等。加入适当数量的β稳定元素，特别是强β稳定元素钼，可以提高室温抗拉强度，改善合金的热稳定性。这些合金中还经常加入微量的β共析元素硅，以进一步提高合金的抗蠕变能力，目前在400~500℃温度范围内获得实际应用的热强钛合金，大部分属于这一类型。与近α型热强钛合金比较，马氏体（α+β）型钛合金具有较高的高温抗拉强度和室温拉伸塑性，较好的室温低周疲劳强度。马氏体型热强钛合金由于含有较多的β相，可以在一定程度上进行热处理强化，但是它们的焊接性能不如近α型热强钛合金好。

表1-31 各种类型钛合金的典型力学性能

合金类型	牌号	状态	室温力学性能			高温力学性能			工作温度 /℃
			R_m/MPa	$R_{p0.2}$/MPa	$A(\%)$	T/℃	R_m/MPa	$R_{p0.2}$/MPa	
α型	TA1	退火(棒)	350~500	250	>25	200	210	140	<250
	TA2	退火(棒)	450~600	350	>20	300	220	120	<300
	TA7	退火(棒)	800~1000	700	>10	400	540	380	<450

（续）

合金类型	牌号	状态	室温力学性能			高温力学性能			工作温度/℃
			R_m/MPa	$R_{p0.2}$/MPa	A(%)	T/℃	R_m/MPa	$R_{p0.2}$/MPa	
低近铝α当量型	TC1	退火（棒）	600~750	500	>15	400	380	290	<400
	IMI230	STA（棒）	660~890	550	>10	—	—	—	
高铝当量近α型	IMI697	STA（棒）	1130~1360	>990	>8	450	—	—	<450
	IMI685	βSTA（棒）	1000~1160	>870	>6	520	—	—	<520
	IMI829	STA（棒）	>980	>830	>10	540	—	—	<540
	Ti-811	双退（棒）	>910	>840	>10	538	350	—	—
	Ti-56215	双退（棒）	>910	>840	>10	538		530	
	Ti-11	双退（棒）	950	860	16	538	580	—	<593
	Ti-6242	双退（棒）	>910	>840	>10	538	680	440	<538
	BT18	双退（棒）	1000~1200	950~1150	8~11	550	—	500	550,500h
高铝当量马氏体(α+β)型	TC4	退火（棒）	920~1070	>850	>10	400	600	360	<400
		STA（棒）	>1100	—	>7	400	750	360	—
	TC6	等温退火（棒）	1000~1200	930~1150	9~13	450	610	280	450,2000h
	TC11	双退（棒）	1050~1250	950~1150	8~12	500	600~680	350~400	500,500h
	Ti-6246	双退（棒）	>1120	>1050	>10	482		210	<400
		STA（棒）	>1190	>1120	>10	482	910		—
	Ti-662	退火（棒）	>1050	>980	>10	316	870	700	
		STA（棒）	>1230	>1120	>8	316	940		—
低铝当量马氏体(α+β)型	BT14	退火（板）	900~1050	890	>8	400	660	310	<400
		淬火时效（板）	>1200		>6	400	—	350	—
	BT16	退火（板）	800~1000	730	>8	300	900	500	<350
		淬火时效（板）	1100~1250	—	>6	400			
	IMI550	STA（棒）	>1160	>1020	>7	400	840	460	<400
近亚稳定β型	BT22	退火（棒）	1100~1250	1050	>8	400	800	650	350~400
		淬火时效（棒）	1400~1550	—	>5	400	1100	850	
	B-Ⅲ	ST（棒）	>770	>630	>15	371			
		STA（棒）	>1260	>1220	>8	371	1030	1000	
	Ti-10V-2Fe-3Al	STA（棒）	>980	>910	>10	316	752	—	<316
		STA（棒）	>1260	>1190	>10	316	1125		—

（续）

合金类型	牌号	状态	室温力学性能			高温力学性能			工作温度/℃
			R_m/MPa	$R_{p0.2}$/MPa	A(%)	T/℃	R_m/MPa	$R_{p0.2}$/MPa	
亚稳定β型	BT15	退火（棒）	880~1020	870~1000	12~30	—	—	—	—
		淬火时效（板）	1350~1500	108	>3	350	1200	—	—
	B120VCA	ST（棒）	>880	>84	>10	371	730	530	—
		STA（棒）	>1190	>112	>6	371	1020	—	—
	Ti8823	ST（棒）	>910	>84	>10	316	780	—	<316
		STA（棒）	>1260	>1190	>8	316	1070	660	
	Ti-38644	ST（棒）	>880	>840	>10	371	—	—	
	(β_c)	STA（棒）	>1330	>1260	>3	371	980	—	
稳定β型	4201	退火（板）	800~850	780	>10	400	600	—	—

　　低铝当量的马氏体（α+β）型钛合金，作为可热处理强化钛合金已获得了一定的应用。这些合金由于含有较多的β稳定元素，β相的数量和稳定程度都有明显的提高。例如，BT14合金在退火状态下含有10%（体积分数）β相，从临界温度淬火后含有35%~40%（体积分数）β相；BT16合金在退火状态含有25%~30%（体积分数）β相，从临界温度淬火后含有55%（体积分数）β相。这些合金既可以在热处理强化状态下使用，也可以在退火状态下使用，在退火状态下的室温抗拉强度为900~1000MPa，在淬火时效状态下可达1300MPa以上，长时间工作温度可达400℃左右，目前，这类钛合金仅用于紧固件和小型结构件。热处理强化α+β型钛合金的应用，主要受两个因素限制：一是这类钛合金的淬透性较小，BT14、BT16合金的淬透截面尺寸均小于60mm；二是这些合金的断裂韧度较低，若存在用现代无损探伤技术才能发现的非常细小的裂纹，在飞机上应用时就可能引起灾难性的破坏。

　　近亚稳态β型钛合金出现得比较晚，其典型代表是β-Ⅲ和最近发展的Ti-10V-2Fe-3Al合金。这些合金中的β稳定元素含量稍大于临界浓度，它综合了马氏体α+β型和亚稳定β型钛合金的优点，是当前最有发展前途的热处理强化钛合金。B-Ⅲ合金含有大量的钼，给熔炼工艺带来了困难，并且使合金密度增加到5g/cm³以上。该合金的主要特点是在退火或固溶处理状态下具有非常好的工艺塑性和成形性，淬透截面尺寸达100mm，还有良好的抗热盐应力腐蚀能力。Ti-10V-2Fe-3Al合金是作为深淬透、高韧性钛合金发展起来的，它将亚稳定β型钛合金的深淬透、高强度、良好的断裂韧度，与α+β型合金的良好拉伸塑性、高的弹性模量结合在一起。Ti-10V-2Fe-3Al合金在淬火时效状态下的室温抗拉强度可达1260MPa以上，淬透截面尺寸达125mm，在空气和海水介质中具有良好的断裂韧度。Ti-10V-2Fe-3Al合金可以在比Ti-6Al-4V大约低100℃的温度下进行等温锻造。发展适合于等温锻造的近亚稳态β型钛合金，这是扩大钛合金在飞机结构上应用的一条重要途径。

亚稳定 β 型钛合金主要包括早期发展的高强度钛合金，如美国的 B120VCA，俄罗斯的 BT15 以及国产的 TB2 钛合金。这些合金在淬火状态下具有非常好的工艺塑性，经过时效可以获得高达 1300 ~ 1500MPa 的室温抗拉强度。固溶处理可采用水淬，也可以空冷，淬透截面尺寸高达 150 ~ 200mm。这些合金还具有令人满意的焊接性能。由于合金中都含有大量的 β 共析元素铬，在长时间加热过程中会析出使合金变脆的金属间化合物相，因此长时间工作温度不能超过 150 ~ 250℃。后期发展的 Ti-8823 和 Ti38644（β$_c$）合金只含有少量的 β 共析元素，Ti-38644 合金的淬透截面尺寸可达 225mm。亚稳定 β 型钛合金的 β 相条件稳定系数几乎达到近亚稳定 β 型钛合金的两倍。由于亚稳定 β 型钛合金时效后的拉伸塑性，特别是横向拉伸塑性非常低；同时又含有大量的钼、铬等元素，导致密度增加和弹性模量降低，因此限制了它的应用。

稳定 β 型钛合金，如俄罗斯的 4201 合金，其主要特点是具有非常高的抗腐蚀能力。这种合金含有33%（质量分数）的 Mo，据称有着非常好的工艺塑性，可以冷态下进行薄板轧制，合金可以用各种方式进行焊接，合金密度高达 5.69g/cm^3，但在 500℃ 以上的空气中加热时，合金氧化非常厉害，这一类型钛合金不能进行热处理强化处理。

参 考 文 献

[1] 黄伯云，李成功，石力开，等. 有色金属材料手册：上册 [M]. 北京：化学工业出版社，2009.

[2] 曾正明. 实用有色金属材料手册 [M]. 2 版. 北京：机械工业出版社，2008.

[3] Michael M. Avedesian and Hugh Baker. ASM Specialty Handbook—Magnesium and Magnesium Alloys [M]. Materials Park, OH：ASM International, 1999.

[4] 陈振华. 镁合金 [M]. 1 版. 北京：化学工业出版社，2004.

[5] 张津，章宗和，等. 镁合金及应用 [M]. 1 版. 北京：化学工业出版社，2004.

[6] 刘正，张奎，曾小勤. 镁基轻质合金理论基础及应用 [M]. 1 版. 北京：机械工业出版社，2002.

[7] 许并社，李照明. 镁冶炼与镁合金熔炼工艺 [M]. 北京：化学工业出版社，2006.

[8] 胡忠. 铝镁合金铸造工艺及质量控制 [M]. 北京：航空工业出版社，1990.

[9] 丁文江. 镁合金科学与技术 [M]. 北京：科学出版社，2007.

[10] 袁成祺. 铸造铝合金镁合金标准手册 [M]. 北京：中国环境科学出版社，1994.

[11] 工程材料实用手册编辑委员会. 工程材料实用手册：第 3 卷（铝合金 镁合金）[M]. 北京：中国标准出版社，2002.

[12] 陈振华. 变形镁合金 [M]. 北京：化学工业出版社，2005.

[13] 黎文献. 镁及镁合金 [M]. 长沙：中南大学出版社，2005.

[14] 宋光铃. 镁合金腐蚀与防护 [M]. 北京：化学工业出版社，2006.

[15] 潘复生，韩恩厚. 高性能变形镁合金及加工技术 [M]. 北京：科学出版社，2007.

[16] 耿浩然. 铸造铝、镁合金 [M]. 北京：化学工业出版社，2007.

[17] 徐河，刘静安，谢水生. 镁合金制备与加工技术 [M]. 北京：冶金工业出版社，2007.

[18]　刘楚明，朱秀荣，周海涛. 镁合金相图集 [M]. 长沙：中南大学出版社，2006.

[19]　陈振华. 耐热镁合金 [M]. 北京：化学工业出版社，2007.

[20]　张喜燕，赵永庆，白晨光. 钛合金及应用 [M]. 北京：化学工业出版社，2005.

[21]　周彦邦. 钛合金铸造概论 [M]. 北京：航空工业出版社，2000.

[22]　李松瑞，周善初. 金属热处理（再版）[M]. 长沙：中南大学出版社，2003.

[23]　张宝昌. 有色金属及其热处理 [M]. 西安：西北工业大学出版社，1993.

[24]　王静，王永杰，张丽坤. 有色金属材料手册 [M]. 北京：中国标准出版社，2007.

[25]　吴承建，陈国良，强文江. 金属材料学 [M]. 北京：冶金工业出版社，2000.

[26]　C. 莱因斯，M. 皮特尔斯著. 陈振华，等译. 钛与钛合金 [M]. 北京：化学工业出版社，2005.

[27]　宋小龙，安继儒. 新编中外金属材料手册 [M]. 北京：化学工业出版社，2007.

[28]　中国航空材料手册编辑委员会. 中国航空材料手册：第 4 卷（钛合金、铜合金）[M]. 北京：中国标准出版社，2001.

[29]　李维钺. 中外有色金属及其合金牌号速查手册 [M]. 北京：机械工业出版社，2005.

第2章　铝合金的性能

2.1　纯铝

2.1.1　概述

根据制备工艺及纯度的不同,可以将铝分为原铝、精铝、高纯铝与再生铝。

原铝:又称一次铝,是通过霍尔/埃鲁电解法生产的铝,即电解铝。

纯铝:铝的质量分数最少为99%,并且其他任何元素的含量不超过规定的界限值的金属铝。

精铝:以纯铝为基础,经特殊冶炼方法加工获得的纯度不小于99.95%的金属铝。

高纯铝:所谓高纯铝一般没有明确的定义,不同的国家对高纯铝有不同的定义及表示方法。

高纯铝的表示方法有两种:

1) 直接写出成分,如99.95%,99.996%,99.995%等。

2) 用"数字与N"或"数字 + N + 数字"表示,如4N(99.99%)、5N、4N6(99.996%) 等。若其成分位于4N与5N之间,也可写成4N + 。

有关纯铝的分级标准,各国都有自己的标准,具体如下:

1) 我国将重熔用铝锭分为三级,其铝含量见表2-1。

表2-1　我国重熔用铝锭铝含量标准

分　类	铝　含　量
纯铝	99.00% ≤铝的质量分数≤99.85%
精铝	99.95% ≤铝的质量分数≤99.996%
高纯铝	铝的质量分数 >99.996%

2) 日本工业标准(JIS)将高纯铝定义为铝的质量分数大于99.95%的铝,即凡是经过精炼的原铝皆是高纯铝,并将精铝(高纯铝)分为3种,其铝含量见表2-2。

表2-2　日本精铝(高纯铝)各元素含量(质量分数)标准

种类	Si	Fe	Cu	Al
特种	<0.002	<0.002	<0.002	>99.995
一级	<0.005	<0.005	<0.005	>99.990
二级	<0.020	<0.020	<0.010	>99.950

3）美国有关标准没有对高纯铝下明确的定义，通常将纯度大于99.80%的铝皆称为高纯铝，并对各种纯度铝给予规定见表2-3。

表2-3　美国高纯铝铝含量标准

铝的质量分数(%)	名　称
99.50 ~ 99.79	工业纯铝(commercial pure Al)
99.80 ~ 99.949	高纯铝(high pure Al)
99.950 ~ 99.9959	次超高纯铝(subsuper high pure Al)
99.9960 ~ 99.9990	超高纯铝(super high pure Al)
99.9990 以上	极高纯铝(extreme high pure Al)

4）挪威与德国将以99.7%原铝为原料经三层电解法或偏析法精炼的铝称为高纯铝。欧洲各国通常也都是这样定义的。

2.1.2　纯铝的性能

纯铝有着一系列优异的物理化学性能和加工成形性能。

1. 物理性能

铝的熔点对其纯度非常敏感，纯度低于99.99%的铝的熔点要比99.0%的纯铝低1 ~2K，对纯度为99.996%的铝进行精确测量，测得的熔点为933.4K，铝的熔点随压力的增加而增大，大致呈线性关系。

纯铝的比热与温度有很大关系，平衡态即没有发生固相沉淀、回复或再结晶的纯铝，其比热随着温度的增加而增大，933K 时为 27.9kJ/(mol·K)，2600K 时为 37.2kJ/(mol·K)。但若在温度升高的过程中，纯铝发生了上述变化，则铝的比热就不随着温度的升高而增大。

纯铝的热导率与温度的关系比较复杂，在 0 ~20(30) K 的温度区间内，热导率由 0 迅速升至最大值，随着温度的继续上升，热导率先是迅速下降，然后又缓慢降至室温时的最小值2.35 ~2.37W/(m·K)，在 400K 时达到平稳的峰值约 2.4W/(m·K)；然后又平稳下降，在熔点时为 2.12W/(m·K)，而液态铝在熔点时的热导率为 0.9W/(m·K)，后又继续上升，在1250K 时达到1W/(m·K)。组织变化对纯铝室温热导率的影响不大，只有在 0℃以下时才有比较明显的影响。塑性变形和弹性变形都会使铝的热导率降低。

铝的热胀系数与很多因素有关，在不同温度区间有不同的热胀系数，而合金元素对铝热胀系数的影响也很复杂，目前有两种认识：一是所有的合金元素均会使纯铝的热胀系数增加；另一是只有热胀系数比铝大的合金元素才会使铝的热胀系数增加，而其他元素往往会使其热胀系数减小。

纯铝的电阻率较低，在 293K 时约为 2.62 ~2.65Ω·m，相当于铜的标准电导率的65%，而杂质对纯铝电阻的影响很复杂，在高纯铝中，杂质的引入会使其电阻率增加，而对于 99.5% 或更低纯度的铝，铁或硅的加入会使得电阻率减小。弹性和塑性变形均会使铝的导电性变差。温度对铝的电阻率也有很大影响，电阻率随着温度的升高而增大。在室温以上时，工业纯铝和高纯铝的电阻率相差不大；在零度以下时，工业纯铝和高纯铝的电阻率相差非常大，如纯度为 99.965% 的铝在 4.2K 时的电导率是 273K 时的 200 倍，而纯度为 99.99998% 的铝在 4.2K 时的电导率是 273K 时的 45000 倍左右，因此，可以用低温电导率来确定铝的纯度。

2. 化学性能

铝的抗氧化性能很好，由于在室温下铝的表面就能形成致密的氧化膜，可以阻止内部金属的进一步氧化，这就有利于铝在较高温度下和某些气氛中工作。

铝的耐蚀性与所处的环境有关。铝在空气中有着优良的耐蚀性，即使在含硫、硫化氢的工业区空气里，铝的腐蚀速度也无明显变化。铝在碱溶液中易腐蚀，但在氨水中能稳定存在，在室温浓硫酸或浓硝酸中铝均能稳定存在，但随着浓度的降低或温度的升高，铝就会被腐蚀。铝在海水或氯化钠水溶液中与钢接触时，会使它的腐蚀速度加快。在碱溶液中与锌接触时，腐蚀也会加快，但在酸性或者中性溶液中，由于电势的重新分配，会导致锌的加快腐蚀。

3. 力学性能

纯铝比较软，其硬度通常可用压痕法来测量，其硬度值随着纯度提高而减小。杂质含量相同的工业纯铝，铁/硅比值较低时，硬度较高。通过热处理使硅固溶，其硬度值比纯铝有明显的增加。在其他的常见杂质中，铜也能够适当地增加铝的硬度。

纯铝的强度与硬度相似，均随着铝的纯度提高而减小，随着温度的升高而减小。高纯铝和工业纯铝的抗剪强度和抗压强度均近似等于其抗拉强度。冷加工可提高铝的强度，降低其塑性。在通常情况下，合金元素对铝的力学性能的影响一般表现为提高强度和硬度，降低塑性。

高纯铝的弹性模量为 63~71GPa，其值随着铝纯度的降低而增大，晶粒大小对弹性模量没有明显的影响。而少量的冷变形加工会使弹性模量减小 5%~10%，冷变形程度更高时，会导致模量增加，而退火将会使模量恢复。合金元素对铝的弹性模量的影响比较复杂：如果合金元素和杂质的模量比铝的模量高，则一般会使其弹性模量增加，反之，会使模量降低，但其影响不是叠加的。在通常情况下，固溶体中的元素对泊松比的影响是比较小的，而形成第二相的元素会使泊松比减小。

铝及铝合金并没有真正的疲劳极限，大多数疲劳值是 $10^7 \sim 10^9$ 次重复载荷作用下实验得到的，循环次数为 10^9 的值约比 10^7 低 10% 左右，此外，由于试验方法的不同，所测的值也有很大的不同。对于高纯铝，其屈服点比大多数试验的应力低，因此试验结果只代表试验期间冷加工材料的强度，由于硬化作用，随后得到的疲劳强度值在很大程度上取决于载荷作用的速率，其疲劳强度值可在 4(5)~40(50)GPa 范围内变化。工业纯铝的疲劳极限值分布较窄，退火后为 20~30GPa。纯铝的疲劳强度一般是低于屈服强度的。大多数提高抗拉强度的因素均能改善疲劳强度，如冷加工、合金化和低温等。

高纯铝的蠕变对各种杂质的含量、特征和比例非常敏感，以致往往从某一试样得到的蠕变结果在另一试样上不能再现。而对于工业纯铝来说，不同试样之间的差别相对较小，通常都在同一个数量级内。在不同的温度下，纯铝的蠕变机理是不相同的，在低温和高载荷条件下，晶体滑移和位错起主要作用；在高温时，主要是亚晶界和晶界的迁移。

铝及合金的摩擦系数与很多因素有关：如摩擦速度、负荷大小、表面精度、润滑或涂层、氧化物及温度等，在没有润滑的情况下，铝与铝之间的摩擦系数可以高达 $2 \sim 3$，而用石墨加氧化钼做润滑剂时，摩擦系数可以降低到 0.06。在一般润滑良好的情况下，铝的摩擦系数为 $0.15 \sim 0.30$。

4. 成形工艺性能

铝及铝合金宏观铸造组织由三个部分组成：表层细晶区、中间柱状晶区和中心粗大等轴晶区。表层细晶区晶粒细小而不规则，是熔融金属与模壁接触时快速凝固形成的，因为熔体与温度较低的模壁接触时，产生较大的过冷度，从而瞬间形成大量晶核，结晶初期施加压力、低温浇注均有利于细晶区的形成。

铝的大部分变形都是通过滑移进行的，滑移面为 (111)，滑移方向为 [110]，参与滑移的面通常是位于最大分切应力的那些面，每个滑移面的滑行距离从几个原子到几千个原子厚。

在 $20 \sim 77K$ 加工的铝在回复期间不发生软化，只有在再结晶阶段才会软化。粗大晶粒可以降低回复速度，而应变可以提高回复速度。纯度是影响再结晶温度的一个重要因素，冷变形度为 $70\% \sim 80\%$ 时，杂质含量小于 1%（质量分数）的纯铝在 273K 以下就可以开始再结晶，而工业纯铝约为 $600 \sim 650K$，通常再结晶温度与杂质含量有一定关系，合金元素的种类对铝的再结晶温度也有很大的影响。

2.1.3 纯铝典型应用举例

由于纯铝具有一系列独特的优良性能，在国民经济各个部门得到了日益广泛的应用。

1. 3N～4N 铝的应用

(1) 电解电容器 3N8～4N8 铝（每种杂质的最大质量分数为 $10^{-5}\%$）的主要用途为，电容器箔占 78%，照明占 12%，硬盘占 4%，其他占 6%。其中，电容器铝箔分阳极箔与阴极箔两种，阳极箔采用纯度为 99.95%～99.998% 的 Al，而阴极箔则采用纯度为 99.7%～99.9% 的 Al 或在铝中添加微量 Cu、Mn 等的合金。

电解电容器的主要用途是，轨道车辆、演播室脉冲测量仪、荧光灯与汽车放电灯、电控制驱动齿轮频率转换、摩托车电子设备、影视设备等。现代电容器的发展趋势是体积更小，质量更轻，适应性更强，品质与效率更高。因此，对纯铝及其加工技术提出了更高的要求。

(2) 照明灯及反射镜 高镜面抛光铝板带是用 3N 及 4N 的高纯铝轧制的，它们对可见光有很强的反射性，其反射率超过 90%，可用在照明灯具中，如办公楼与写字楼天花棚灯、商业大厦的各式照明灯，以及图像显示聚光灯，大面积广场的照明灯具，诸如足球场、机场、工业厂房、调车场、车站、街道的投射灯反射镜都是用精铝制成的。

（3）**超级合金的必备原料**　精铝是一种环境协调性很强的材料，同时在制造超级耐热合金方面是一种相对经济的元素。制造火箭推进器与燃气透平机的高温合金中都含有铝，而且用的原料是精铝。

以含铝的高温合金单晶制造透平叶片的主要优点是，不但有极高的室温强度，而且有高的高温强度与很强的抗高温氧化能力，因而大大提高了透平（燃气发电机与水力发电站的涡轮发电机）的工作性能与效率。

（4）**超导体稳定化材料**　精铝在高能物理研究及探测物质基本粒子方面起了不可估量的作用。例如，欧洲核研究中心探测器的超导结构与电缆就用了相当数量的 Hydro 铝业公司的纯铝。这种超导体被安放于高频加速器中，后者用于分析质子碰撞时产生的粒子。超导电缆线被置于高纯铝中，起着热与电方面的调节作用，一旦通过的电流过大，过量的电就会流向超导电线之外的精铝中，使 Nb-Ti 超导线始终处于稳定的超导状态。

（5）**整流器线材**　精铝可用于制造整流器，一般可用 4N 铝线材，直径通常大于 $50\mu m$。表 2-4 是日本的 4N 整流器线的力学性能。表 2-4 中 H 表示硬态冷拉线，S 表示软态退火线，拉伸试验试样标距 100mm，硬态试样的拉伸速度为 200mm/min，软态试样的拉伸速度为 10mm/min，最后一列表示其力学性能。

表 2-4　日本的 4N 整流器铝线的力学性能

品　名	线径/μm	力学性能	
		断裂负载/g	$A(\%)$
TPBW100—H	100 ± 5	$80\sim120$	$0.5\sim20$
—S—1	100 ± 5	$45\sim70$	$5\sim15$
—S—2	100 ± 5	$30\sim45$	$5\sim15$
TPBW125—H	125 ± 5	$120\sim170$	$0.5\sim2.0$
—S—1	125 ± 5	$80\sim105$	$5\sim15$
—S—2	125 ± 5	$45\sim70$	$5\sim25$
TPBW150—H	150 ± 5	$170\sim250$	$0.5\sim2.0$
—S—1	150 ± 5	$110\sim150$	$5\sim25$
—S—2	150 ± 5	$65\sim100$	$5\sim25$
TPBW200—H	200 ± 7	$300\sim400$	$0.5\sim2.0$
—S—1	200 ± 7	$200\sim270$	$10\sim30$
—S—2	200 ± 7	$120\sim180$	$10\sim30$
TPBW250—H	250 ± 7	$400\sim500$	$0.5\sim2.0$
—S—1	250 ± 7	$300\sim400$	$10\sim30$
—S—2	250 ± 7	$190\sim280$	$10\sim30$
TPBW280—S	280 ± 7	$250\sim350$	$10\sim30$
TPBW300—S	300 ± 7	$300\sim400$	$10\sim30$
TPBW400—S	400 ± 7	$500\sim700$	$10\sim30$
TPBW500—S	500 ± 7	$800\sim1000$	$10\sim30$

此外，由 4N 高纯铝加 1% Si 的合金导体也在电器装备制造中获得了应用，这种线材有相当强的耐蚀性。

2. 5N 高纯铝的应用实例

5N 及 6N 超纯铝主要应用于半导体工业，占 96%，其余 4% 应用于超导体，铝的最低纯度为 99.999%，每种杂质的最大含量 4×10^{-5}%。

（1）阴极溅镀靶　在工业生产中，尤其是在芯片制造中，阴极溅射是一种必不可少的工艺，计算机储存硬盘通常是用高纯铝或高纯铝合金制造的。

在阴极溅射工艺中，蒸发的铝呈等离子体状态，沉积在阴极靶面上，即在硅片上沉积成一层薄而均匀的铝膜，随后在其上涂一层感光树脂，经曝光后除去无用的树脂，也就是把这些部位的树脂去掉，而保留的极窄铝条便是所需的导电体。阴极溅射用的铝的纯度越高，其导电性能越好。

（2）集成电路键合线　高速运算计算机离不开高性能的芯片。芯片的制造不仅需要高超的制造工艺，而且需要高纯度的材料。这种材料就是高纯铝制造的溅射膜或超细丝材。铝的纯度至关重要，因为材料可靠度越高就越好控制，即使材料中存在痕量的杂质，特别是像铀与钍这样的放射性元素，危害会很大，将使微处理机集成电路出现故障，因为它们会释放 α 粒子，从而导致程序出错。

（3）光电子存储媒体　光电子存储媒体制造需要 5N 级高纯铝，用于制造 CD、CD-ROM、CD-RW、数据盘或微型盘、DVD 银盘。在硬盘中，用 5N 高纯铝溅射膜作为光反射层。近代激光器具有处理样本的精确数字信息传递能力，也需要 5N 铝制造存储媒体。

2.2　铸造铝合金

铸造铝合金作为传统的金属材料，由于其密度小、比强度高等特点，广泛地应用于航空、航天、汽车、机械等各行业。

2.2.1　铸造铝合金分类和状态表示方法

1. 我国铸造铝合金分类及表示方法

铸造铝合金主要分为 Al-Si 系、Al-Cu 系和 Al-Mg 系等几大类。铸造铝合金的牌号与国际通用的牌号相同，用化学符号表示，后跟该元素的平均百分含量，如 ZAlZn10Si7，Z 表示铸造，Al 表示基体，Zn10 表示铝合金中锌的质量分数为 10%，Si7 硅的质量分数为 7%；而 ZAlSi7Mg 表示平均硅的质量分数为 7%，平均镁的质量分数小于 1%。另外，铸造铝合金的牌号也可以采用合金代号表示，即用拼音字母和数字表示：

ZL——铸铝

1×× ——Al-Si 系

2×× ——Al-Cu 系

3×× ——Al-Mg 系

4×× ——Al-Zn 系

如 ZL 101 就表示 Al-Si 系合金中的一种，而 ZL 401 就属于 Al-Zn 系合金中的一种。ZL 后面的第二、三位两个数字表示顺序号。对于高纯度合金，在其牌号后面加字母"A"。如 ZL 204 A，为优质 Al-Cu-Mn 系合金。

铸造铝合金的状态表示方法如下：

F——铸态

T1——人工时效

T2——退火

T4——固溶处理加自然时效

T5——固溶处理加不完全人工时效

T6——固溶处理加完全人工时效

T7——固溶处理加稳定化处理

T8——固溶处理加软化处理

2. 美国铸造铝合金的分类及表示方法

对于铝及铝合金的铸件及铸造用锭，美国铝业协会（AA）采用了一个四位数系统，即用四位数字（包括一个小数点）的代号系统以区别不同合金系的铝合金铸件和铸造用锭，将其分为下面的系列：

1××.×——未合金化，即纯铝的控制成分

2××.×——合金中铜是主要的合金元素，可以规定其他合金元素含量

3××.×——含镁或（和）铜的铝硅合金

4××.×——合金中硅是主要的合金元素

5××.×——合金中镁是主要的合金元素

6××.×——备用系列

7××.×——合金中锌是主要的合金元素，可以规定其他元素的含量

8××.×——合金中锡是主要元素

9××.×——其他元素

在 1××.× 中，数字代号中后两位数字表示纯度，即最低铝含量百分数，与铝含量百分数中的小数点右边的两位数字相同。1××.× 类中最后一位数字表明产品形式：1××.0 表示铸件，而 1××.1 表示铸锭。

在 2××.× 到 9××.× 合金类中，四位数字中后两位数字无特殊意义，只用以表明在该合金类中不同的合金，合金类别可根据其含量（平均）最大的一个合金元素予以确认。小数点后的一位与 1××.× 类中最后一位相同，表明产品形式：×××.0 表示铸件，而 ×××.1 表示铸锭。

3. 日本铸造铝合金的分类及表示方法

根据日本工业标准（JISH5202—2014），铸造铝合金共有 18 种，合金分为 8 个系列。合金牌号开头两个字母 AC 表示铝基铸造合金，表 2-5 为日本 JIS 压铸铝合金（ADC 表示压铸铝合金）化学成分。压铸用铝合金与其他铸造工艺方法所用铝合金最大的区别在于对杂质铁的允许范围比较宽，是其他铸造方法不能允许的。

表 2-5　日本 JIS 压铸铝合金化学成分

合金牌号	化学成分(质量分数)								
	Si	Fe	Cu	Mn	Mg	Zn	Ni	Sn	Al
ADC1	11.0 ~ 13.0	≤1.3	≤1.0	≤0.3	≤0.3	≤0.5	≤0.5	≤0.1	余量
ADC3	9.0 ~ 10.0	≤1.3	≤0.6	≤0.3	0.4 ~ 0.6	≤0.5	≤0.5	≤0.1	余量
ADC5	≤0.3	≤1.8	≤0.2	≤0.3	4.0 ~ 8.5	≤0.1	≤0.1	≤0.1	余量
ADC6	≤1.0	≤0.8	≤0.1	0.4 ~ 0.6	2.5 ~ 4.0	≤0.4	≤0.1	≤0.1	余量
ADC10	7.5 ~ 9.5	≤1.3	2.4 ~ 4.0	≤0.5	≤0.3	≤1.0	≤0.5	≤0.3	余量
ADC12	9.6 ~ 12.0	≤1.3	1.5 ~ 3.5	≤0.5	≤0.3	≤1.0	≤0.5	≤0.3	余量

4. 各国常用铸造铝合金牌号（代号）对照

表 2-6 是我国及其他国家常用的铸造铝合金的牌号（代号）对照。

表 2-6　各国铸造铝合金牌号（代号）对照表

类别	中国			俄罗斯	美国		英国	法国	德国	日本	国际
	GB	YB	HB	ГОСТ	ASTM UNS	ANSI AA	BS	NF	DIN	JIS	ISO
铝硅合金	ZL101	ZL11	HZL101	АЛ9	A03560 A13560	356.0 A356.0	—	A-S7G	G-AlSiMg (3.2371.61)	AC4C	AlSi7Mg
	ZL102	ZL7	HZL102	АЛ2	A14130	A413.0	LM20	A-S13	G-AlSi12 (3.2581.01)	AC3A	AlSi12
	ZL104	ZL14	—	АЛ3	—	—				AC2B	
	ZL104	ZL10	HZL104	АЛ4 АЛ4В	A03600 A13600	360.0 A360.0	LM9	A-S9G A-S10G	G-AlSi10Mg (3.2381.01)	AC4A	AlSi9Mg AlSi10Mg
	ZL105	ZL13	HZL105	АЛ5	A03550 A03550	355.0 C355.0	LM16		G-AlSi5Cu	AC4D	
	ZL106	—	—	АЛ14В	A03280 A03281	328.0 328.1	LM24	—	G-AlSi8Cu3 (3.2151.01)	AC4B	—
	ZL107			АЛ-6 АЛ7-4	A03190 A03191	319.0	LM4 LM21	A-S5UZ A-S903	G-AlSi6Cu4 (3.2151.01)	AC2B	
	ZL108	ZL8	—	—			LM2				
	ZL109	ZL9	—	АЛ30	A03360 A03361	336.0 336.1	LM13	A-S12UN		AC8A	AlSi12Cu
	ZL110	ZL3	—	АЛ10В			LM1	—	G-AlSi(Cu)		
	ZL111	—	—	АЛ4M	A03541 A03540	354.0					
铝铜合金	ZL201	—	HZL201	АЛ19	—	—	AU5GT		G-AlCuTiMg (3.1372.61)		AlCu4MgTi
	—		HZL202	АЛ19	—	—					
	ZL202	ZL1		АЛ12	A03600	A360.0		A-U8S			Al-Cu8Si
	ZL203	ZL2	HZL203	АЛ17	A02950	295.0 B295.0	AU5GT		G-AlCu4Ti (3.1841.61)	AC1A	AlCu4MgTi

（续）

类别	中国			俄罗斯	美国		英国	法国	德国	日本	国际
	GB	YB	HB	ГОСТ	ASTM UNS	ANSI AA	BS	NF	DIN	JIS	ISO
铝镁合金	ZL301	ZL5	HZL301	АЛ18	A05200 A05202	520.0 520.0	LM10 KM5		GAlMg10 (3.3591.43)	AC7B	
	ZL302	ZL6	—	АЛ22	A05140 A05141	514.0 514.1		AG6 AG3T	GAlMg5 (3.3561.01)	AC1A	AlMg6 AlMg3
	—	—	HZL303	АЛ13	—	—	—	—	—	—	—
铝锌合金	ZL401	ZL15	HZL401	AL1P1	—	—	—	—	—	—	—
	ZL402	—	—	АЛ24	A07120 A07122	712.2	—	AZ5G	—	—	AlZn5Mg
	—	—	HZL501	АЛ111	—	—	—	—	—	—	—

注：GB—国家标准；YB—冶金工业标准；HB—航空工业标准。

2.2.2　铸造铝合金的工艺特点

铝合金的铸造性能，即合金在铸造过程中的工艺性，是一个综合的概念，通常理解为在充满铸型、结晶和冷却过程中表现最为突出的那些性能的综合。通常包括流动性、收缩性、气密性、铸造压力、吸气性等。铝合金的这些基本特性取决于合金的成分，但也与铸造因素、合金加热温度、铸型复杂程度、浇冒口系统、铸件壁厚、浇口形状等有关。

1. 流动性

流动性指合金液体充填铸型的能力。流动性大小决定合金能否铸造复杂的铸件。在铝合金中共晶合金的流动性最好。

影响流动性的因素很多，主要是成分、温度以及合金液体的洁净程度，铸造工艺（如铸型导热性，浇注压力）等。

实际生产中，在合金已确定的情况下，除了强化熔炼工艺（加强除气与除渣）外，还必须改善铸型工艺（砂型透气性、金属型模具排气及预热温度），并在不影响铸件质量的前提下适当提高浇注温度，以保证合金的流动性。

2. 收缩性

收缩是指合金从液态到凝固完毕直至冷却至常温的过程中所产生的体积和尺寸减小的变化。一般来讲，合金从液体浇注到凝固，直至冷却到室温，共分三个阶段，分别为液态收缩、凝固收缩和固态收缩，每个阶段的收缩对铸件质量都有重要影响，如前两种收缩对铸件的缩孔大小有决定作用，应力的产生、尺寸的变化则主要由固态收缩决定。而固态收缩与液态收缩又共同影响着热裂纹的形成。通常铸件收缩又分为体收缩和线收缩。为方便起见，在实际生产中一般应用线收缩。

铝合金收缩大小，通常以百分数表示，称为收缩率，包括线收缩和体收缩。

由高温 t_0 降至 t 时的体积收缩率，可用下式表示：

$$E_v = \frac{V_0 - V}{V_0} \times 100\%$$

式中　E_v——体积收缩率；

　　　V_0——被测合金试样在高温 t_0 的体积（cm^3）；

　　　V——被测合金试样降温至 t 时的体积（cm^3）。

铸造铝合金液从浇注到凝固，在最后凝固的地方总会出现宏观或显微缩孔。肉眼可见的宏观缩孔又可以分为集中缩孔与分散性缩孔。集中缩孔的孔径大而集中，并分布在铸件顶部或截面厚的热节处。分散性缩孔又称分散性疏松，其形貌分散而细小，大部分分布在铸件轴心和热节部位。显微缩孔肉眼难以看到，显微缩孔大部分分布在晶界上或树枝晶的枝晶间。

缩孔和疏松是铸件的主要缺陷类型，产生的原因是液态收缩和凝固收缩得不到补充。生产中发现，铸造铝合金凝固范围越小，越容易形成集中缩孔，凝固范围越宽，越容易形成分散性缩孔。因此，在设计中必须使铸造铝合金件符合顺序凝固原则，即铸件在液态到凝固期间的体收缩应及时得到合金液的补充，使缩孔和疏松集中在铸件外部冒口中。对易产生分散疏松的铝合金铸件，冒口设置数量比集中缩孔要多，并在易产生疏松处设置冷铁，使其同时或快速凝固。

高温 t_0 降至 t 时的线收缩可用下式表示：

$$E_L = \frac{L_0 - L}{L_0} \times 100\%$$

式中　E_L——线收缩率；

　　　L_0——被测合金试样在高温 t_0 的长度（cm）；

　　　L——被测合金试样降温至 t 时的长度（cm）。

线收缩率大小将直接影响铸件的质量。线收缩越大，铝铸件产生裂纹、应力集中的倾向也越大；冷却后铸件形状变化也越大。铝铸件的收缩又因铸件表面与铸型摩擦力产生的摩擦阻碍、铸型凸出部分和型芯引起的机械阻碍及铸件内各部分冷速差异造成的热阻碍等作用下不能自由收缩，通常称受阻收缩。形状简单的（如圆柱形）铸件，其收缩的受阻影响较小，大大小于受阻收缩，被近似地视为自由收缩。

不同的铸造铝合金有不同的铸造收缩率，表 2-7 是几种常见铸造铝合金的收缩率。

表 2-7　铸造铝合金的收缩率

合金代号	体积收缩率（%）	线收缩率（%）	合金代号	体积收缩率（%）	线收缩率（%）
ZL101	3.7 ~ 3.9	1.1 ~ 1.2	ZL105	4.5 ~ 4.9	1.15 ~ 1.2
ZL102	3.0 ~ 3.5	0.9 ~ 1.0	ZL202	6.3 ~ 6.9	1.25 ~ 1.35
ZL103	4.0 ~ 4.2	1.3 ~ 1.35	ZL203	5.6 ~ 6.8	1.35 ~ 1.45
ZL104	3.2 ~ 3.4	1.0 ~ 1.1	ZL301	4.8 ~ 5.0	1.30 ~ 1.35

3. 热裂性

铝铸件热裂纹的产生，主要原因是铸件收缩应力超过了金属晶粒间的结合力，因而大多沿晶界产生。从裂纹断口观察可见金属往往已氧化，失去金属光泽。裂纹的形状呈锯齿形，表面较宽，内部较窄。

铝铸件中的裂纹有时产生在表面，有时在内部，根据裂纹产生的部位通常称为外裂和内裂。外裂发生在铸件尖角处或截面厚度突变处等应力集中的部位。内裂则在铸件内部最后凝固的地方，但一般不会贯穿整个铸件的断面。

不同牌号的铝合金铸件产生热裂纹的倾向也不同，这是因为铸铝合金凝固过程中开始形成完整的结晶骨架的温度与凝固温度之差越大，合金收缩率也越大，热裂纹倾向也越大，如 Al-Cu、Al-Mg 系合金产生热裂纹倾向比 Al-Si 系合金大。即使同一种合金也会因铸型的阻力、铸件的结构、浇注工艺等因素使热裂纹的生成倾向发生变化。生产中常采取退让性铸型，或改进铸铝合金的浇注系统及合理配置冷铁等工艺措施，使铝铸件避免产生裂纹。

4. 气密性

铸铝合金气密性是指铝铸件在高压气体或液体的作用下不渗漏的程度，实际上体现了铸件内部组织致密的程度。铸铝合金的气密性与合金的性质有关，不同铸铝合金气密性不同，合金凝固范围越小，产生疏松的倾向也越小，同时产生析出性气孔也少，则合金的气密性也越高。ZAlSi12、ZAlSi9Mg 合金的气密性较好；固溶体合金，如 ZAlCu4、ZAlMg10 气密性较差。

同一种铸铝合金的气密性好坏，也与铸造工艺有关，如降低铸铝合金浇注温度、放置冷铁以加快冷却速度以及在压力下凝固结晶等，均可使铝铸件的气密性提高。

5. 铸造应力

铸造应力包括热应力、相变应力及收缩应力三种。

热应力是由于铸件不同的几何形状相交处断面厚薄不均，冷却收缩不一致引起的。在薄壁处形成压应力，在厚壁处形成拉应力，导致在铸件中产生残余应力。

相变应力是由于某些铸铝合金在凝固后冷却过程中产生相变，随之带来体积和尺寸变化。主要是铝铸件壁厚不均，不在同一时间内发生相变所致。

收缩应力是铝铸件收缩时受到铸型、型芯的阻碍而产生的拉应力所致。这种应力是暂时的，铝铸件开箱时会自行消失。但开箱时间不当，则常常会造成热裂纹，特别是金属型浇注的铝合金往往会因此产生热裂纹。

铸铝合金件中的残余应力会降低合金的力学性能，影响铸件的加工精度。铝铸件中的残余应力可通过退火处理予以消除。

6. 吸气性

铝合金易吸气，这是铸造铝合金的特性。主要由于液态铝及铝合金的组分与空气、炉料、炉衬及铸型等所含水分发生反应而产生的氢气被铝液吸收所致：

$$2Al + 3H_2O = Al_2O_3 + 3H_2$$

氢是唯一大量溶于铝液中的气体，氢在固态铝中的溶解度为 0.1mL/100gAl，铝合金液温度越高，吸收的氢也越多；在 700℃ 时，每 100g 铝中氢的溶解量为 0.8mL，温度升到 850℃ 时，氢的溶解度增加 2~3 倍，达 2.0mL 左右。当铝液中含碱土金属杂质时，氢在铝液中的溶解度会显著增加。

铸铝合金除熔炼时吸气外，在浇入铸型时也会吸气，进入铸型内的液态金属随温度下降，析出多余的气体，有一部分逸不出的气体留在铸件内形成气孔，这就是通常所称的针孔。气孔有时会与缩孔结合在一起，铝液中析出的气体留在了缩孔内。若气泡受热产生的压力很大，则气孔表面光滑，孔的周边有一圈光亮层；若气泡产生的压力小，则孔内表面多皱纹，看上去又具有缩孔的特征。

铸铝合金液中氢含量越高，铸件中产生的气孔也越多，氢含量保持在 0.1mL/100gAl 以下时，一般可获得无气孔的铸件。

减少吸气的办法，除设计合理的浇注系统外，应加强熔炼过程中的保护和相应的除气净化措施。而减少铝液的氧化及夹杂含量也有助于减少铝的氢含量。

2.2.3　铸造方法

按照受力的特点，铝合金的铸造可分类如下（见图2-1）：

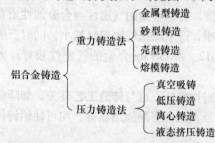

图2-1　根据受力特点进行的铝合金铸造方法分类

按照铸型的特点，又可以分为砂型铸造和特种铸造（见图2-2）：

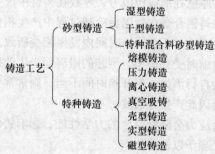

图2-2　根据铸型特点进行的铝合金铸造方法的分类

由于铝合金各组元不同，从而表现出合金的物理、化学性能均有所不同，结晶过程也不尽相同，故必须合理选择铸造方法，才能防止或减少铸造缺陷的产生，从而获得优质铸件。

1. 砂型铸造

砂型铸造的特点是由砂子和粘结剂作为制备铸型的基本材料。设备简单、投资少、准备周期短、生产简便。铸件成本低廉，铸件结构改进、改型、工艺调整容易实现。适宜各种形状、大小的铝合金铸件的试制和批量生产。金属液在浇注过程中排气、浮渣和在砂型中的冷凝收缩时的条件比其他铸造方法优越。适宜铸造各种牌号和工艺特性的铝合金铸件。

砂型铸造的金属利用率、生产效率、劳动条件以及铸件的致密度、尺寸精度、表面粗糙度比金属型、低压铸造、压铸、熔模铸造等差，不便于制备壁很薄和形状复杂的铸件。一般铸造壁厚在 3mm 以上、精度等级在 HB6103 规定的 CT7 ~ 11 级，表面粗糙度 $Ra \geqslant 6.3 \mu m$ 的铸件。

2. 金属型铸造

金属型铸造是铝合金常采用的工艺方法之一，金属型使用寿命较长，一般可以浇注几千次甚至几万次，生产效率较高，铸件结晶组织致密，力学性能较高，切削加工余量少，适宜铝铸件的批量生产。但金属型（金属芯）本身无透气性和退让性，故一般不适宜热裂倾向大的合金和形状复杂、壁厚相差悬殊的铸件生产。同时，由于金属型制造周期较长，成本较高，不适于单件、小批量生产。

铝合金金属型铸造的尺寸精度可达 HB6103 规定的 CT6 ~ 8 级，表面粗糙度 $Ra \geqslant 4 \mu m$。

3. 压力铸造

压力铸造是液体金属在高压和高速下充填型腔，并在压力下快速凝固的铸造方法。可以成形薄壁、形状复杂、轮廓清晰的铸件，并可压制出螺纹及图案，铸件具有较高的强度和硬度，加工余量少，金属利用率和生产效率高，是大批生产铝合金精密铸件的有效方法。

压铸生产准备费用、维修费用、模具制造费用等均高，压铸件内部缺陷较多，固溶处理困难，同时对合金品种有一定限制。

压铸件尺寸精度高，可达 HB6103 规定的 CT5 ~ 7 级，表面粗糙度 Ra 可达 1.6 ~ $3.2 \mu m$。

4. 低压铸造

低压铸造是介于普通铸造和压力铸造之间的一种铸造方法，其原理是液体金属在较低气体压力（一般为 0.2 ~ 0.8MPa）的作用下，通过升液管充填铸型并在压力下结晶凝固。金属液在压力下充型，适宜浇注各种形状复杂、轮廓要求清晰、壁厚相差不大且厚度在 1mm 以上的中小型铸件。其充型平稳，速度易于控制，液流方向与铸型内气流方向一致，排气通畅，可以获得内部组织致密的铸件。铝合金在压力下结晶，自上而下的顺序凝固，铸件组织致密、力学性能较好，且浇注系统简单，一般不需冒口补缩，金属利用率达 95% 以上。对铸型材料无严格限制，凡适用于重力浇注的砂型、金属型、树脂砂型、石膏型、熔模壳型等，只需作一定的工艺处理均可采用低压铸造，并且，劳动条件较好，易于实现机械化，适宜批量生产。

但低压铸造设备投资较大，生产准备周期较长，铸件形状和大小会受到一定的限制。

低压铸造适宜铸造精度等级在 HB6103 规定的 CT6～8 级，表面粗糙度 Ra 为 1.25～2.5μm 的铸件。

5. 熔模铸造

熔模铸造又称为失蜡铸造，是采用中低温蜡料作蜡模，再在蜡模表面用硅溶胶、硅酸乙酯及莫来石、刚玉或锆英石粉等耐火材料制成多层型壳，待加热熔去蜡模后形成空心耐火型壳（即铸型）。可以铸造出结构非常复杂的整体薄壁铸件。但该法工艺周期长、成本较高，一般适合于批量较大和有特殊要求的铸件，铸件尺寸精度可达 HB6103 规定的 CT4～6 级，表面粗糙度 Ra 可达 3.2～6.3μm。

6. 石膏型精密铸造

铝合金石膏型精密铸造的工艺特点是用易熔模料或硅橡胶等制成精确的模型，用石膏浆料作铸型材料，铸件成形性好，可浇注复杂薄壁铸件，最小壁厚可达 1mm 左右。石膏型溃散性好，清理方便；石膏价格低廉，来源丰富，对人体无害，亦不污染环境。

铝合金石膏型精密铸造的缺点是铸型透气性差，易于使铸件形成针孔和晶粒粗大；铸型干燥时间长，铸型材料回收困难，生产成本高，一般只适用于其他方法难以生产的整体薄壁复杂铸件和有特殊要求的铸件。

铸件尺寸精度可达 HB6103 规定的 CT4～6 级，表面粗糙度 Ra 可达 1.6～3.2μm。

2.2.4　铸造铝合金的应用概况

根据用途或生产方式，铸造铝合金可分为一般铸造用铝合金和压力铸造用铝合金。压力铸造用铝合金与一般铸造用铝合金的差异表现在前者组织致密，具有较高的强度和硬度。

以下是不同铸造铝合金的特性及主要用途。

1. Al-Si 系合金

Al-Si 系合金熔液的流动性好，但容易产生缩孔。该合金的焊接性、耐蚀性好。主要用于薄壁大型铸件和形状复杂的铸件。

2. Al-Cu 系合金

Al-Cu 系合金的切削性优良，热处理材料的力学性能高，特别是有较高的断后伸长率。耐蚀性比 Al-Si 和 Al-Mg 系合金稍差。如用人工时效处理，能显著改善其力学性能，用于制作要求强度较高的零件。该系列合金的凝固温度范围广，容易产生细的缩孔，属于铸造比较困难的合金。

3. Al-Mg 系合金

Al-Mg 系合金容易氧化，熔液的流动性不好。凝固温度范围宽，补缩冒口的效果差，铸造的成品率低。

镁的质量分数为 3.5%～5% 时，合金的耐蚀性，特别是对海水的耐蚀性好，容易进行阳极氧化而得到美观的氧化膜。在该系合金中，它是伸长率最大的合金。但熔化、铸造比较困难。

镁的质量分数为 9.5%～11.0% 时，经过 T4 处理可以得到比镁的质量分数为 3.5%～

5%合金具有更优良的性能，其阳极氧化性也好，但容易发生应力腐蚀，铸造性能不好。

4. Al-Si-Cu 系合金

该系列合金是在 Al-Cu 系合金中添加硅，或是在 Al-Si 合金中添加铜，从而使它的切削性与力学性能得到改善，如经过热处理，其效果更好。此系列合金的流动性和耐压性好。因为铸造裂纹和缩孔少，切削性和焊接性好，广泛用于机械零件的铸造。

5. Al-Si-Mg 系合金

在 Al-Si 系合金中添加少量的镁，不仅不会失去 Al-Si 系合金的特性，而且会改善其力学性能与切削性能。由于添加了镁，故铸造性能非常好，耐震性、力学性能及耐蚀性也好。该系列中的某些合金的铸造性、焊接性、耐震性、耐蚀性都很好，是导电性最为优良的铸造铝合金。

6. Al-Si-Cu-Mg 系合金

为降低 Al-Cu-Mg-Ni 系合金的热胀系数，改善耐磨性，在其中添加了硅，此系合金可作为活塞用合金。当要求热胀系数和耐磨性好时，多采用共晶铝硅合金。

7. Al-Cu-Mg-Ni 系合金

Al-Cu-Mg-Ni 系合金的铸造性能不太好，但与其他耐热合金比较缩孔很少，出现外缩孔的倾向较多。线胀系数稍高，但切削性、耐磨损性优良。

8. 其他合金

(1) 超级铝硅合金　这是日本轻金属公司研制出的制作活塞用的合金，其组成是把 Al-Si-Cu-Mg 系合金中硅的质量分数定为 15% ~ 23%。此种合金的铸造性能与 Al-Si-Cu-Mg 等合金相比没有多大差别，但如果需要得到均匀而细小的初晶硅，必须在熔炼时进行变质处理。合金的抗拉强度比前者稍差，但高温强度优良，硬度、耐磨性能也好。

(2) Al-Mg-Zn 系合金　该系列合金强度高而且有韧性，耐应力腐蚀的性能好。为了提高制品的强度，可采用 T6 处理或 F 处理。

(3) 优质合金　近年来欧美一些国家称之为高质量铸件铝合金，指的是把杂质含量降到 0.15%（质量分数）以下的优质合金。此种优质合金可以制作出强度高、韧性好的铝合金铸件。

2.2.5　典型铸造铝合金性能和应用举例

1. ZAlSi7Mg

(1) 材料牌号及化学成分　ZAlSi7Mg 为可热处理强化 Al-Si-Mg 系铸造铝合金。ZAlSi7Mg 的材料代号为 ZL101，相当于美国的 356.0。ZAlSi7Mg 的化学成分见表2-8。

表2-8　ZAlSi7Mg 的化学成分

合金元素（质量分数,%）			杂质（质量分数,%），≤										
Si	Mg	Al	Fe		Mn	Zn	Cu	Pb	Be	Ti	Zr	其他	
			S,R	J								单个	总量
6.5 ~ 7.5	0.2 ~ 0.4	余量	0.5	0.9	0.5	0.3	0.2	0.05	0.1	0.15	0.1	0.05	0.15

注：S 表示砂型铸造，R 表示熔模铸造，J 表示金属型铸造。

（2）主要特点　该合金具有优良的铸造工艺性能，即高的流动性，气密性和低的热裂、疏松倾向。适于用砂型、金属型和熔模铸造等工艺方法，制造形状复杂、壁厚较薄或要求气密的承受中等载荷的各种零件。

该合金表面极易形成致密的氧化膜，可防止在空气中进一步氧化。合金具有优良的耐大气腐蚀和抗应力腐蚀性能，在不同的大气条件下暴露，其强度的变化很小，可应用于工业和海岸的气氛中而无需表面防护。

该合金是航空及其他工业部门中，应用最为广泛的铸造铝合金材料之一。在承力不大和工作温度不超过180℃的条件下，可用于铸造各种复杂的零件，如支臂、支架和仪器外壳等。

2. ZAlSi7MgA

（1）材料牌号及化学成分　ZAlSi7MgA 是 Al-Si-Mg 系亚共晶型可热处理强化的铸造铝合金。该合金是 ZL101 合金的改进型，通过采用高纯度的原材料降低杂质含量，并添加具有细化作用的元素，使该合金具有更高的力学性能。ZAlSi7MgA 的材料代号为 ZL101A，相当于美国的 A356.2。

ZAlSi7MgA 合金的化学成分见表 2-9。

表 2-9　ZAlSi7MgA 的化学成分

合金元素（质量分数，%）				杂质（质量分数，%），≤					
								其他	
Si	Mg	Ti	Al	Fe	Cu	Mn	Zn	单个	合计
6.5 ~ 7.5	0.20 ~ 0.45	0.05 ~ 0.20	余量	0.20	0.10	0.10	0.10	0.05	0.15

（2）主要特点　该合金熔炼工艺与 ZAlSi7Mg 合金大致相同，但原材料采用高纯度铝，对熔炼过程的控制有更高的要求。

该合金适用于金属型、砂型和熔模铸造等工艺方法制造形状复杂，要求气密的各种优质铸件。

该合金的铸造、焊接和耐蚀性与 ZAlSi7Mg 合金大致相同。合金的耐蚀性接近纯铝，该合金已用于飞机发动机的附件传动机匣等零件，并可用于飞机发动机的各种泵体和壳体等部件。

3. ZAlSi12

（1）ZAlSi12 材料牌号和化学成分　ZAlSi12 为不可热处理强化 Al-Si 系共晶型铸造铝合金，其代号为 ZL102，化学成分见表 2-10。

表 2-10　ZAlSi12 的化学成分

合金元素（质量分数，%）		杂质（质量分数，%），≤								
		Fe							其他	
Si	Al	S,R	J	Mn	Cu	Zn	Mg	Zr	单个	总量
10.0 ~ 13.0	余量	0.7	1.0	0.5	0.30	0.1	0.1	0.1	0.10	0.5

注：S 表示砂型铸造，R 表示熔模铸造，J 表示金属型铸造。

（2）**主要特点**　该合金具有优良的铸造工艺性能，流动性好，无热裂和疏松倾向，并具有较高的气密性。

该合金力学性能低，切削加工性差。该合金在航空产品中，主要采用压力铸造和金属型铸造工艺方法，制造形状复杂的薄壁非承力零件。

该合金可采用一般铝合金熔炼设备进行熔炼。为减少铸件针孔，合金熔液必须采用精炼剂除气。

为提高合金塑性，可采用钠盐（如 67% NaF + 33% NaCl，质量分数）进行变质处理，细化共晶组织。变质温度为 800 ~ 820℃。

该合金成分易于控制，容易形成集中缩孔，因此，应注意对热节部位的补缩和尽可能降低浇注温度。

一般铸件不进行热处理，形状复杂和要求高尺寸精度的零件，可采用退火处理消除内应力，或进行热循环处理，以达到稳定尺寸的目的。

该合金是已使用很久的简单二元共晶型合金，易于铸造成型，在航空上主要用于制造非承力压铸零件如仪表壳体等及一些有气密性要求的薄壁铸件。

4. ZAlSi9Mg

（1）**材料牌号及化学成分**　ZAlSi9Mg 为可热处理强化 Al-Si-Mg 系铸造铝合金。其代号为 ZL104，化学成分见表 2-11。

表 2-11　ZAlSi9Mg 的化学成分

合金元素（质量分数，%）				杂质（质量分数，%），≤									
Si	Mg	Mn	Al	Fe		Cu	Zn	Pb	Sn	Ti	Zr	其他	
				S,R	J							单个	总量
8.0 ~ 10.5	0.17 ~ 0.3	0.2 ~ 0.5	余量	0.6	0.9	0.1	0.3	0.05	0.01	0.15	Ti + Zr 0.15	0.05	0.15

注：S 表示砂型铸造，R 表示熔模铸造，J 表示金属型铸造。

（2）**铸造工艺特点**　合金具有优良的铸造工艺性能和气密性，但合金有形成针孔的倾向，熔炼工艺较为复杂。该合金适于采用砂型或金属型铸造工艺方法制造各种复杂薄壁零件，也可采用压力铸造。合金形成针孔倾向较大，应特别注意熔炼铸造过程中的质量控制，适合制造承受中等载荷而工作温度不超过 180℃ 的飞机和发动机零件。铸件尺寸大小和复杂程度一般不受限制，主要为大型复杂砂型和金属型铸件。承力件均在固溶处理后接人工时效状态下使用。

由于合金硅含量较高，应通过变质处理细化共晶组织，以改善材料塑性。钠变质可采用钠盐变质剂（如 50% NaCl + 30% NaF + 10% KCl + 10% Na$_3$AlF，质量分数），变质剂用量为炉料质量的 2% ~ 3%，变质温度为 710 ~ 750℃。

为获得致密的铸件，在浇注过程中应注意保持液态金属的平稳流动，防止从空气和铸型中吸收氢气。对于重要的大型复杂铸件建议采用压力釜浇注，在 0.5 ~ 0.6MPa 压力下结晶。应当正确控制合金成分，以获得要求性能的铸件。硅含量在上限时可提高合金强度和改善流动性、气密性，降低硅含量则对减少集中缩孔的形成有益。

该合金的强度高于 ZAlSi7Mg、ZAlSi12 等合金，由于合金硅含量高，切削加工性能较差。

该合金也具有良好的耐蚀性，在潮湿的大气中具有较好的耐蚀性，无应力腐蚀倾向，同时抗氧化性能良好。

该合金是在航空及其他工业部门已使用很久和应用范围较广的一种铸铝材料。具有较好的综合铸造性能和力学性能。常用于铸造一些大型复杂和承受一定载荷、要求气密的零件，如机匣、框架、缸体等。

5. ZAlSi5Cu1Mg

（1）材料牌号及化学成分　ZAlSi5Cu1Mg 为可热处理强化 Al-Si-Cu-Mg 系铸造铝合金，材料代号为 ZL105，与美国的 355.0 合金相近。其化学成分见表 2-12。

表 2-12　ZAlSi5Cu1Mg 的化学成分

合金元素（质量分数，%）				杂质（质量分数，%），≤									
Si	Cu	Mg	Al	Fe		Mn	Zn	Sn	Pb	Ti	Zr	其他	
				S,R	J							单个	总量
4.5~5.5	1.0~1.5	0.4~0.6	余量	0.6	1.0	0.5	0.3	0.01	0.05	0.15	Ti + Zr 0.15	0.05	0.15

注：S 表示砂型铸造，R 表示熔模铸造，J 表示金属型铸造。

（2）主要特点　该合金具有良好的铸造工艺性能和较高的气密性。该合金可采用砂型铸造、金属型铸造和熔模铸造工艺方法，适于铸造形状比较复杂和承受中等载荷、工作温度达 250℃的各种发动机零件和附件零件。

合金的室温、高温力学性能和切削加工性均优于 Al-Si-Mg 系合金，但随着铜的加入，其塑性和耐蚀性降低。该合金的焊接性能良好，可采用气焊、电焊等进行焊接和补焊，也可以采用电阻焊接。

该合金是航空及其他工业部门中广泛应用的铸铝材料，与其他常用 Al-Si 系合金 ZAlSi7Mg、ZAlSi12 和 ZAlSi9Mg 比较，不仅熔铸工艺简单，而且具有更高的耐热性能。可用于制造工作温度为 150~250℃的发动机零件和气压、液压附件零件，如气缸体、机匣、油泵壳体等。

6. ZAlCu5Mn

（1）材料牌号及化学成分　ZAlCu5Mn 为可热处理强化 Al-Cu-Mn 系铸造铝合金。该合金的材料代号为 ZL201。其化学成分见表 2-13。

表 2-13　ZAlCu5Mn 的化学成分

合金元素（质量分数，%）			杂质（质量分数，%），≤								
Cu	Mn	Ti	Al	Fe	Si	Mg	Zn	Ni	Zr	其他	
										单个	总量
4.5~5.3	0.6~1.0	0.15~0.35	余量	0.3	0.3	0.05	0.2	0.1	0.2	0.05	0.15

(2) 铸造工艺特点　该合金铸造性能不如 Al-Si 系铝合金，有疏松、热裂倾向，不宜用作制造形状十分复杂的铸件，而主要用于砂型铸造，制造工作温度至 300℃ 中等复杂程度以下的飞机承力构件。

钛是该合金的晶粒细化剂，随着钛含量增加，超过 0.2%（质量分数）以上时，可达到较好的细化效果，但同时出现钛的偏析。应注意到即使是微量的镁（0.05%，质量分数），也可能导致合金塑性和焊接性的明显降低，并引起热处理过烧。

根据合金铸造性能较差的特点，铸造时应考虑加强补缩和采用退让性较好的造型材料，以避免铸件产生疏松和热裂。如有条件，大型厚壁铸件推荐采用压力釜浇注，在 0.5 ~ 0.6MPa 压力下凝固。

(3) 主要特点及应用　该合金是一种常用的高强度铸铝材料，具有较高的室温力学性能、良好的耐热性能、优良的切削加工性和焊接性。

由于铜是降低铝合金耐蚀性的主要元素，故该合金的耐蚀性低于 Al-Mg 和 Al-Si 系铝合金。在固溶处理和人工时效状态时有晶间腐蚀倾向。

该合金适用于制造承受较大载荷或在 175 ~ 300℃ 下工作的飞机零件，如挂架梁、支臂、翼肋等形状一般不是很复杂的零件。

7. ZAlMg5Si

(1) 材料牌号和化学成分　ZAlMg5Si 为不可热处理强化 Al-Mg 系铸造铝合金。材料代号为 ZL303，其化学成分见表 2-14。

表 2-14　ZAlMg5Si 的化学成分

合金元素（质量分数,%）				杂质（质量分数,%），≤				
Mg	Si	Mn	Al	Fe	Zn	Cu	其他	
							单个	总量
4.5 ~ 5.5	0.8 ~ 1.3	0.1 ~ 0.4	余量	0.5	0.2	0.1	0.05	0.15

(2) 主要特点　该合金主要采用砂型铸造，也适于采用金属型铸造工艺方法，制造要求在腐蚀介质作用下工作的零件。

因合金镁含量较高，在熔化时具有较高的氧化和吸气倾向。最好在保护熔剂覆盖下熔炼，并采用精炼熔剂（光卤石和氟化钙等）进行精炼。

该合金具有优良的耐蚀性和抗氧化性能，合金表面易形成致密的氧化膜，可防止进一步氧化。在大气、海水和碱性溶液中耐蚀性均优于其他系的铸造铝合金。如果组织中存在较多的游离 β 相或含铁杂质相，则耐蚀性下降。其切削加工性能超过其他各系铸造铝合金。焊接性能和耐热性能均高于 Al-Si 系铝合金，但其室温力学性能较低。

该合金是应用较多的 Al-Mg 系铝合金。其熔炼工艺比较复杂，铸造性能不及 Al-Si 系铝合金，仅在对耐蚀性有特殊要求的条件下（海水或其他腐蚀介质）或工作温度较高（200℃ 左右）时使用，如用以制造水上飞机的一些承载不大的零件或装饰件。

8. ZAlZn10Si7

(1) 材料牌号及化学成分　ZAlZn10Si7 为 Al-Zn-Si 系铸造铝合金。材料代号为

ZL401，其化学成分见表 2-15。

表 2-15　ZAlZn10Si7 的化学成分

合金元素（质量分数，%）				杂质（质量分数，%），≤					
Zn	Si	Mg	Al	Fe		Mn	Cu	其他	
				S、R	J			单个	总量
7.0~12.0	6.0~8.0	0.10~0.30	余量	0.8	1.2	0.5	0.6	0.10	0.30

注：S 表示砂型铸造，R 表示熔模铸造，J 表示金属型铸造。

（2）主要特点　该合金主要用于压力铸造，也适于用砂型和金属型铸造复杂薄壁飞机附件、仪表零件。

该合金具有优良的铸造性能和焊接性能。由于具有自然时效硬化特性，合金可不经热处理而达到较高的强度。由于锌和铝固溶体之间电位差大，该合金的耐蚀性较低。

该合金是已使用较久的一种铸铝材料，兼有良好的铸造性能和较高的强度。主要用于制造航空仪表薄壁壳体压铸零件，可不经热处理而得到高于 ZAlSi7Mg、ZAlSi12 合金的力学性能。该合金因其密度大、耐蚀性差等缺点而受到使用限制。并且工作温度不超过 200℃。

2.3　变形铝合金

2.3.1　变形铝合金的分类

变形铝合金的分类方法很多，目前，世界上绝大部分国家通常按以下三种方法进行分类。

1）按合金相图及热处理特点分为可热处理强化铝合金和不可热处理强化铝合金两大类。不可热处理强化铝合金由于具有良好的耐蚀性，大多是防锈铝合金类。不可热处理强化铝合金如 Al-Mn、Al-Mg、Al-Si 系合金。可热处理强化铝合金的合金元素含量比防锈铝高一些，这类铝合金通过热处理能显著提高力学性能。这类铝合金包括硬铝、锻铝和超硬铝。可热处理强化铝合金如 Al-Mg-Si、Al-Cu、Al-Zn-Mg、Al-Zn-Mg-Cu 系合金。

2）按合金性能和用途可分为切削铝合金、耐热铝合金、低强度铝合金、中强度铝合金、高强度铝合金（硬铝）、超高强度铝合金（超硬铝）、锻造铝合金及特殊铝合金等。

3）按合金中所含主要元素可分为 Al-Cu 合金、Al-Mn 合金、Al-Si 合金、Al-Mg 合金、Al-Mg-Si 合金、Al-Zn-Mg-Cu 合金、Al-Li 合金及备用合金组。

在工业生产中，大多数国家按第三种方法分类。

2.3.2　变形铝合金的牌号及状态表示方法

变形铝及铝合金牌号和状态代号是铝加工材料最常用、最基础的产品代号，在铝材料加工的生产、使用、科研、教学及国内外贸易和技术交流中扮演着一个不可缺少的重要角色。

目前我国已出现的铝合金有 250 多种，各种状态近 100 种。相关标准包括 GB/T 16474—2011《变形铝及铝合金牌号表示方法》和 GB/T 16475—2008 "变形铝及铝合金状态代号"。下面分别简单介绍我国及其他国家铝合金牌号和状态的表示方法。

1. 我国变形铝合金牌号及状态表示方法

（1）我国变形铝合金牌号　根据 GB/T 16474—2011《变形铝及铝合金牌号表示方法》，凡是化学成分与变形铝及铝合金国际牌号注册协议组织（简称国际牌号注册组织）命名的合金相同的所有合金，其牌号直接采用国际四位数字体系牌号，并按要求注册化学成分。

四位字符体系牌号的第一、三、四位为阿拉伯数字，第二位为英文大写字母（C、I、L、N、O、P、Q、Z 字母除外）。牌号的第一位数字表示铝及铝合金的组别：工业纯铝（1×××），Al-Cu 合金（2×××），Al-Mn 合金（3×××），Al-Si 合金（4×××），Al-Mg 合金（5×××），Al-Mg-Si 合金（6×××），Al-Zn-Mg-Cu 合金（7×××），Al-Li 合金（8×××）及备用合金组（9×××）。除改型合金外，铝合金组别按主要合金元素来确定，主要合金元素指极限含量算术平均值为最大的合金元素。当有一个以上的合金元素极限含量算术平均值同为最大时，应按 Cu、Mn、Si、Mg、Zn 及其他元素的顺序来确定合金组别。

牌号的第二位字母表示原始纯铝或铝合金的改型情况，最后两位数字用以标识同一组中不同的铝合金或表示铝的纯度。我国的变形铝及铝合金表示方法与国际上较通用的方法基本一致。

表 2-16 是我国新旧牌号对照表。

表 2-16　我国新旧牌号对照表

新牌号	旧牌号	新牌号	旧牌号	新牌号	旧牌号	新牌号	旧牌号
1A99	原 LG5	1050		2A04	原 LY4	2A20	曾用 LY20
1A97	原 LG4	1050A	代 L3	2A06	原 LY6	2A21	曾用 214
1A95		1A50	原 LB2	2A10	原 LY10	2A25	曾用 225
1A93	原 LG3	1350		2A11	原 LY11	2A49	曾用 149
1A90	原 LG2	1145		2B11	原 LY8	2A50	原 LD5
1A85	原 LG1	1035	代 L4	2A12	原 LY12	2B50	原 LD6
1080		1A30	原 L4-1	2B12	原 LY9	2A70	原 LD7
1080A		1100	代 L5-1	2A13	原 LY13	2B70	曾用 LD7-1
1070		1200	代 L5	2A14	原 LD10	2A80	原 LD8
1070A	代 L1	1235		2A16	原 LY16	2A90	原 LD9
1370		2A01	原 LY1	2B16	原 LY16-1	2004	
1060	代 L2	2A02	原 LY2	2A17	原 LY17	2011	

（续）

新牌号	旧牌号	新牌号	旧牌号	新牌号	旧牌号	新牌号	旧牌号
2014		4043A		5454		6181	
2014A		4047		5554		6082	
2214		4047A		5754		7A01	原131
2017		5A01	曾用2101、LF15	5056	原LF5-1	7A03	原IE3
2017A		5A02	原LF2	5356		7A04	原IE4
2117		5A03	原LF3	5456		7A05	曾用705
2218		5A05	原LF5	5082		7A09	原LC9
2618		5B05	原LF10	5182		7A10	原LC10
2219	曾用LY19、147	5A06	原LF6	5083	原LF4	7A15	曾用IE15、157
2024		5B06	原LF14	5183		7A19	曾用919、LC19
2124		5A12	原LF12	5086		7A31	曾用183-1
3A21	原LF21	5A13	原LF13	6A02	原LD20	7A33	曾用LB733
3003		5A30	曾用2103、LF16	6B02	原LD2-1	7A52	曾用LC52、5210
3103		5A33	原LF33	6A51	曾用651	7003	原LC12
3004		5A41	原LF41	6101		7005	
3005		5A43	原LF43	6101A		7020	
3105		5A66	原LT66	6005		7022	
4A01	原LT1	5005		6005A		7050	
4A11	原LD11	5019		6351		7075	
4A13	原LT13	5050		6060		7475	
4A17	原LT17	5251		6061	原LD30	8A06	原16
4004		5252		6063	原LD31	8011	曾用LT98
4032		5154		6063A		8090	
4043		5154A		6070	原LD2-2		

（2）我国变形铝合金的状态表示方法　根据 GB/T 16475—2008《变形铝及铝合金状态代号》标准规定，基础状态代号用一个大写英文字母表示。细分状态号采用基础状态号后跟一位或多位阿拉伯数字表示。

1）基础状态号见表 2-17。

表 2-17　基础状态号

代号	名　称	说明与应用
F	自由加工状态 退火状态	适用于在成形过程中，对加工硬化和热处理条件无特殊要求的产品，该状态产品的力学性能不作规定

（续）

代号	名　　称	说明与应用
O	退火状态	适用于经完全退火获得的最低强度的加工产品
H	加工硬化状态	适用于通过加工硬化提高强度的产品,产品在加工硬化后可经过(也可不经过)使强度有所降低的附加热处理 H 代号后面必须跟有两位或三位阿拉伯数字
W	固溶处理状态	一种不稳定状态,仅适用于经固溶处理后,室温下自然时效的合金,该状态代号仅表示产品处于自然时效阶段
T	热处理状态 (不同于 F、O、H 状态)	适用于热处理后,经过(或不经过)加工硬化达到稳定的产品 T 代号后面必须跟有一位或多位阿拉伯数字

2）细分状态代号。

①H（加工硬化）的细分状态，在字母 H 后面添加两位阿拉伯数字（称作 H×× 状态），或三位阿拉伯数字（称 H××× 状态）表示 H 的细分状态。

a. H×× 状态：

H 后面的第一位数字表示获得该状态的基本处理程序，如下所示：

H1——单纯加工硬化状态，适用于未经附加热处理，只经加工硬化即获得所需强度的状态。

H2——加工硬化及不完全退火的状态。适用于加工硬化程度超过成品规定要求后，经不完全退火，使强度降低到规定指标的产品。对于室温下自然时效软化的合金，H2 与对应的 H1 具有相同的最小极限抗拉强度值；对于其他合金，H2 与对应的 H1 具有相同的最小极限抗拉强度值，但断后伸长率比 H1 稍高。

H3——加工硬化及稳定化处理的状态。适用于加工硬化后经低温热处理或由于加工过程中的受热作用致使其力学性能达到稳定的产品。H3 状态仅适用于在室温下逐渐时效软化（除非经稳定化处理）的合金。

H4——加工硬化及涂漆处理的状态。适用于加工硬化后，经涂漆处理导致了不完全退火的产品。

H 后的第二位数字表示产品的加工硬化程度。数字 8 表示硬状态。通常采用 O 状态的最小抗拉强度与规定的强度差值之和，来规定 H×8 状态的最小抗拉强度值。其硬化强度见表 2-18。

表 2-18　变形铝合金的硬化程度表

细分状态代号	加工硬化程度
H×1	抗拉强度极限为 O 与 H×2 状态的中间值
H×2	抗拉强度极限为 O 与 H×4 状态的中间值
H×3	抗拉强度极限为 H×2 与 H×4 状态的中间值

（续）

细分状态代号	加工硬化程度
H×4	抗拉强度极限为 O 与 H×8 状态的中间值
H×5	抗拉强度极限为 H×4 与 H×6 状态的中间值
H×6	抗拉强度极限为 H×4 与 H×8 状态的中间值
H×7	抗拉强度极限为 H×6 与 H×8 状态的中间值
H×8	硬状态
H×9	超硬状态,最小抗拉强度极限值超过 H×8 状态至少 10MPa

b. H××× 状态

H111——适用于最终退火后又进行了适量的加工硬化,但加工硬化程度又不及 H11 的状态的产品。

H112——适用于热加工成形的产品。该状态产品的力学性能有规定要求。

H116——适用于镁的质量分数≥4.0% 的 5××× 系合金制成的产品,这些产品有规定的力学性能和抗剥落腐蚀性能要求。

②T（热处理）的细分状态,即在字母 T 后添加一位或多位数字表示细分状态。

a. T×状态的应用见表 2-19。

表 2-19　T×状态的应用

状态代号	说明与应用
T0	固溶处理后,经自然时效再通过冷加工的状态 适用于经冷加工提高强度的产品
T1	由高温成形过程冷却,然后自然时效至基本稳定的状态 适用于由高温成形过程冷却后,不再进行冷加工(可进行矫直、矫平,但不影响力学性能极限)的产品
T2	由高温成形过程冷却,经冷加工后自然时效至基本稳定的状态 适用于由高温成形过程冷却后,进行冷加工或矫直、矫平以提高强度的产品
T3	固溶处理后进行冷加工,再经自然时效至基本稳定的状态 适用于在固溶处理后,进行冷加工或矫直、矫平以提高强度的产品
T4	固溶处理后自然时效至基本稳定的状态 适用于固溶处理后,不再进行冷加工(可进行矫直、矫平,但不影响力学性能极限)的产品
T5	由高温成形过程冷却,然后进行人工时效的状态 适用于由高温成形过程冷却后,不经过冷加工(可进行矫直、矫平,但不影响力学性能极限),予以人工时效的产品
T6	固溶处理后进行人工时效的状态 适用于固溶处理后,不再进行冷加工(可进行矫直、矫平,但不影响力学性能极限)的产品

（续）

状态代号	说明与应用
T7	固溶处理后进行过时效的状态 适用于固溶处理后,为获取某些重要特性,在人工时效时,强度在时效曲线上越过了最高峰点的产品
T8	固溶处理后经冷加工,然后进行人工时效的状态 适用于经冷加工或矫直、矫平以提高强度的产品
T9	固溶处理后人工时效,然后进行冷加工的状态 适用于经冷加工提高强度的产品
T10	由高温成形过程冷却后,进行冷加工,然后人工时效的状态 适用于经冷加工或矫直、矫平以提高强度的产品

b. T××状态或 T×××状态（消除应力状态）。

T××状态或 T×××状态表示经过了明显改变产品特性（如力学性能，耐蚀性）的特定热处理的状态，见表 2-20。

表 2-20　T××状态或 T×××状态表

状态代号	说明与应用
T42	适用于自 O 或 F 状态固溶处理后,自然时效到充分稳定状态的产品,也适用于需方任何状态的加工产品热处理后,力学性能达到 T42 状态的产品
T62	适用于自 O 或 F 状态固溶处理后,进行人工时效的产品,也适用于需方对任何状态的加工产品热处理后,力学性能达到 T62 状态的产品
T73	适用于固溶处理后,经过时效以达到规定的力学性能和抗应力腐蚀性能指标的产品
T74	与 T73 状态定义相同。该状态的抗拉强度大于 T73 状态,但小于 T76 状态
T76	与 T73 状态定义相同。该状态的抗拉强度分别高于 T73、T74 状态,抗应力腐蚀断裂性能分别低于 T73、T74 状态,但其抗剥落腐蚀性能仍较好
T7×2	适用于自 O 或 F 状态固溶处理后,进行人工过时效处理,力学性能及耐蚀性能达到 T7×状态的产品
T81	适用于固溶处理后,经1%左右的冷加工变形提高强度,然后进行人工时效的产品
T87	适用于固溶处理后,经7%左右的冷加工变形提高强度,然后进行人工时效的产品

c. 消除应力状态。

在上述 T×，T××或 T×××状态代号后面再添加 51、510、511 或 54 表示经历了消除应力处理的产品状态代号，见表 2-21。

表 2-21　T×、T××或 T×××状态代号

状态代号	说明与应用
T×51 T××51 T×××51	适用于固溶处理或自高温成形过程冷却后,按规定量进行拉伸的厚板、轧制或冷精整的棒材以及模锻件、锻环或轧制环,这些产品拉伸后不再进行矫直。厚板的永久变形量为 1.5% ~3%;轧制或冷精整棒材的永久变形量为 1% ~3%;模锻件、锻环或轧制环的永久变形量为 1% ~5%

（续）

状态代号	说明与应用
T×510 T××510 T×××510	适用于固溶处理或自高温成形过程冷却后,按规定量进行拉伸的挤制棒、型和管材,以及拉制管材,这些产品拉伸后不再进行矫直。挤制棒、型和管材的永久变形量为1%～3%;拉制管材的永久变形量为1.5%～3%
T×511 T××511 T×××511	适用于固溶处理或自高温成形过程冷却后,按规定量进行拉伸的挤制棒、型和管材,以及拉制管材,这些产品拉伸后可略微矫直以符合标准公差。挤制棒、型和管材的永久变形量为1%～3%;拉制管材的永久变形量为1.5%～3%
T×52 T××52 T×××52	适用于固溶处理或自高温成形过程冷却后,通过压缩来消除应力,以产生1%～5%的永久变形量的产品
T×54 T××54 T×××54	适用于在终锻模内通过冷整形来消除应力的模锻件

d. W 的消除应力状态。

正如 T 的消除应力状态代号表示法，可在状态代号之后添加相同的数字（如51、52、54），以表示不稳定的固溶处理及消除应力状态。

③原状态代号与新状态代号的对照见表 2-22。

表 2-22 原状态代号与新状态代号的对照

原代号	新代号	原代号	新代号	原代号	新代号
M	O	T	HX9	MCS	T62
R	H112 或 F	CZ	T4	MCZ	T42
Y	HX8	CS	T6	CGS1	T73
Y1	HX6	CYS	TX51,TX52 等	CGS2	T76
Y2	HX4	CZY	T0	CGS3	T74
Y4	HX2	CSY	T9	RCS	T5

2. 美国变形铝合金牌号及状态表示方法

（1）合金牌号 根据美国国家标准 ANSIH251—1978 的规定，美国的变形铝及合金的牌号用四位数字来表示。该系统是美国铝业协会 1954 年采用的，1957 年由美国标准化协会纳入美国的标准，1983 年国际标准化组织又将其纳入 ISO2107—1983（E）中，将其作为国际的标准之一。

在四位数字牌号中，第一位数字表示合金系列，按铝合金中主要的合金元素分类如下：

工业纯铝[$w(Al)$≥99.00%]   1×××系列

Al-Cu	2×××系列
Al-Mn	3×××系列
Al-Si	4×××系列
Al-Mg	5×××系列
Al-Si-Mg	6×××系列
Al-Zn	7×××系列
其他合金元素	8×××系列
备用系	9×××系列

在 1××× 系列中,最后两位数字表示最低铝含量(质量分数)中小数点右边的两位数字,如 1060 表示最低铝含量(质量分数)为 99.6% 的工业纯铝。牌号的第二位数字表示对杂质范围的修改,若是零则表示该工业纯铝的杂质范围为生产中正常范围;若为 1~9 的自然数,则表示生产中应对某一种或几种杂质或合金元素加以专门的控制,例如 1350 工业纯铝是一种铝含量(质量分数)大于 99.50% 的电工铝,其中有 3 种杂质应受到控制,即 $w(V+Ti) \leqslant 0.02\%$, $w(B) \leqslant 0.05\%$, $w(Ga) \leqslant 0.03\%$。在 2××× ~8××× 系列合金中,牌号最后两位数字只用来区别该型号中不同牌号的铝合金,第二位数字表示对合金的修改,如为 0 则表示原始合金;如为 1~9 中的任一整数,则表示对合金的修改次数。

对于试验合金的牌号,在四位数字前加 ×。

(2) 状态代号　状态代号标在合金牌号后并用破折号隔开。标准的状态名称系统是由一个表示基本状态的字母和一个或几个数字所组成的。除了退火和加工状态之外,按不同种类加上一个数字或几个数字来更准确地说明。

1) 四种基本状态。

F——加工状态,用于经过正常加工工序后所获得产品的状态,如热挤压状态与热轧状态。适用于不需要进行专门的热处理或加工硬化的产品、对其力学性能不加以限制。

H——应变硬化状态。

O——退火状态。

T——热处理状态。

2) 基本状态代号 H 和 T 的详细分类。

H1n——单纯加工硬化状态,适用于不需要退火的材料,只需通过加工硬化就可获得所需强度,H1 后的 n 代表加工硬化程度的数字。

H2n——加工硬化后进行不完全退火的状态。H2 后的数字表示材料经不完全退火后所保留的加工硬化程度。

H3n——加工硬化后再经过稳定化处理的状态。适用于加工硬化后低温退火,使其强度略为降低、断后伸长率稍有升高而使力学性能稳定的冷加工后,再于 130~170℃ 进行稳定化处理。n 是表示加工硬化程度的数字。

n=2,表示 1/4 硬状态。

n = 4，表示 1/2 硬状态。

n = 6，表示 3/4 硬状态。

n = 8，表示全硬状态。

n = 9，表示超硬状态。

数字 8 表示材料极限抗拉强度与完全退火后受到 75% 冷加工量（加工温度不超过50℃）获得的强度相当的状态。数字 4 表示极限抗拉强度约为 0 和 8 状态中间值的材料状态。数字 2 表示极限抗拉强度约为 0 和 4 状态的中间值的材料状态。数字 6 表示约为4 和 8 状态中间值的材料状态。数字 9 表示材料的最低抗拉强度比状态 8 的强度还大10MPa 以上的状态。对于第二位数字为奇数的两位数字 H 状态，其标定抗拉强度是第二位数字为偶数的相邻的两位数字 H 状态材料的标定值的算术平均值。

H 后三位数字的材料状态的最低抗拉强度与相应的两位数字的材料相当，具体内容如下：

H111——加工硬化程度比 H11 稍小的状态。

H112——对加工硬化程度或退火程度未加调整的加工状态，但对材料的力学性能有要求，需做力学性能试验。

H116——Al-Mg 系合金所处的一种专门的加工硬化状态。

H191——加工硬化程度比 H19 的稍低而比 H18 的又略高的状态。

H311——适用于镁含量大于 4%（质量分数）的加工材料，加工硬化程度比 H31稍小的状态。

H321——适用于镁含量大于 4%（质量分数）的加工材料，热加工和冷加工的加工硬化程度都比 H32 稍小的状态。

H323、H343——特殊的加工状态适用于镁含量大于 4%（质量分数）的加工材料，处于这种状态的镁含量高的铝材具有相当好的抗应力腐蚀开裂的能力。

T1——热加工后自然时效状态。

T2——高温热加工冷却后冷加工，然后再进行自然时效的状态。

T3——固溶处理后进行冷加工，然后自然时效的状态。

T4——固溶处理和自然时效能达到充分稳定的状态。

T5——高温热加工冷却后再进行人工时效的状态。

T6——固溶处理后人工时效状态。

T7——固溶处理后再经过稳定化处理的状态。

T8——固溶处理后冷加工再人工时效的状态。

T9——固溶处理后人工时效，再经冷加工的状态。

T10——高温热加工冷却再冷加工及人工时效的状态。

T31、T361、T37——T3 状态材料分别受到 1%、6%、7% 冷加工量的状态。

T41——在热水中淬火的状态，以防止变形与产生较大的热应力，此状态用于锻件。

T42——由用户进行 T 处理的状态。

TX51——消除应力的状态。

TX52——施加 1% ~5% 压缩量消除应力的状态，适用于锻件。

TX53——通过淬火时温度急剧变化引起的热变形消除应力后的状态。

TX54——通过拉伸与压缩相结合的方法消除残余应力后的状态，用于表示在终锻模内通过冷锻消除应力的锻件。

T61——在热水中进行 T6 处理，适用于铸件。

T62——由 O 或 F 状态固溶处理后，再进行人工时效的状态。

T73——为改善材料的抗应力腐蚀开裂的能力而进行过时效处理后的一种状态。

T7352——材料在固溶处理后受 1% ~3% 的永久压缩变形以消除残余应力然后再经过过时效处理所达到的一种状态。

T736——过时效程度介于 T73 与 T76 之间的状态，这种状态的材料有高的抗应力腐蚀开裂的性能。

T76——过时效处理状态，这种状态的材料有相当高的抗剥落腐蚀的能力。

T81、T861、T87——T31、T371、T137 的人工时效状态。

3. 日本的编号方法及其状态代号

(1) 合金牌号　日本的变形铝合金的牌号分三部分，最前面的为 "A"，表示铝及铝合金。第二部分是国际数字牌号。第三部分表示材料品种或尺寸精度等级的字母。如 A2024P 的 P 代表板材。

(2) 状态代号　日本变形铝合金的状态代号完全采用美国铝业协会（AA）的国际状态代号。

(3) 铝合金材料品种表示　材料品种用英文字母表示：P——板材（plate）；PC——包铝的原板及薄板，如 A2024PCBE——普通级挤压棒材；BES——特级挤压棒材；BD——普通级拉伸棒材；BDS——特级拉伸棒材；W——普通级拉制线材；WS——特级拉制线材；TE——普通级挤压管；TES——特级挤压管；TD——普通级拉伸管；TDS——特级拉伸管；TW——普通级焊接管；TWS——特级焊接管；FD——模锻件；FH——锻件；PB——轧制汇流排；SB——挤压的普通级角棱汇流排；BY——焊条；WY——电极，非熔化电极，惰性气体保护焊用。

加在四位数字牌号之后的 "S" 表示挤压型材，如 A6061S。冠以四位数牌号之前的 "B" 表示钎焊板，如 BA4343P，也可表示钎焊料，如 BA4047。

如果是日本独特的合金，不能完全与 "AA" 系统合金相对应，则在表示合金系的数字系统第二位加 "N" 英文字母（Nippon 的缩写），如 1N90、5N01、7N01 等。

此外，有些日本铝业公司开发的合金在数字牌号前加一些特殊的字母；如 KS7475 合金，是神户钢铁公司仿制的超塑性合金，其成分与美国铝业协会的 7475 合金相同。

4. 德国的编号方法及其状态代号

(1) 合金牌号

1) 字母、元素符号与数字系统。该系统中所有工业纯铝及变形铝合金的牌号前都冠以元素符号 "Al"，表示基体金属。所含的主要合金元素分别用相应的元素符号表示。纯铝牌号中的数字表示其最低铝含量，在合金牌号中，合金元素符号后的数字表示该元素的大致平均含量，如 AlMg4Mn 合金中镁平均含量为 4%（质量分数），锰平均含量为小于 1%（质量分数）。

在纯铝牌号中，大写字母"H"表示电解厂生产的普通纯度的原铝锭，如 Al99.5H。大写字母"R"表示高纯度原铝锭，如 Al99.99R。纯度为 99.98% 的半成品也用大写字母"R"表示，如 Al99.98R，是纯度为 99.98% 的工业纯铝半成品，而不是原铝锭。

对于特殊用途的材料，在牌号前冠以用途的大写字母：E——电线；S——焊接用材；L——焊料；Sd——电焊料。

2）数字系统。根据德国标准 DIN17007 规定，第一位数字表示材料类别，如铝及铝合金用"3"表示，在第一位数字后加小数点符号；第二到第五位数字表示具体合金，即数字表示化学成分；第六到第七位数字表示材料状态。

根据上述原则，铝合金牌号为 3.0000 到 3.4999。具体数字含义如下：

第一位数字"3"代表铝及铝合金。

第二位数字"0～4"表示主要合金元素，其中：

1——Cu；2——Si；3——Mg；4——Zn；0——其他合金元素或无合金元素。

第三位数字表示次要的合金元素，其中：

5——Mn、Cr；6——Pb、Cu、Bi、Cd、Sb、Sn；7——Ni、Co；8——Ti、B、Be、Zr；9——Fe；0——其他元素。

在铝合金数字牌号中，前三个数的含义见表 2-23。×代表数字 1～9 中的任何一个数字。

表 2-23　德国铝合金数字牌号中前三个数的含义

3.00	3.01	3.02	3.03	3.04	3.05	3.06	3.07	3.08	3.09
Al ×	Al90～98	Al99	Al99.9	Al99.99	AlMn	AlPb	AlNi	AlTi	AlFe
3.10	3.11	3.12	3.13	3.14	3.15	3.16	3.17	3.18	3.19
AlCu ×	AlCu ×	AlCuSi	AlCuMg	AlCuZn	AlCuMn	AlCuPb	AlCuNi	AlCuTi	AlCuFe
3.20	3.21	3.22	3.23	3.24	3.25	3.26	3.27	3.28	3.29
AlSi ×	AlSiCu	AlSi	AlSiMg	AlSiZn	AlSiMn	AlSiPb	AlSiNi	AlSiTi	AlSiFe
3.30	3.31	3.32	3.33	3.34	3.35	3.36	3.37	3.38	3.39
AlMg ×	AlMgCu	AlMgSi	AlMg	AlMgZn	AlMgMn	AlMgPb	AlMgNi	AlMgTi	AlMgFe
3.40	3.41	3.42	3.43	3.44	3.45	3.46	3.47	3.48	3.49
AlZn ×	AlZnCu	AlZnSi	AlZnMg	AlZn	AlZnMn	AlZnPb	AlZnNi	AlZnTi	AlZnTi

第四位数字表示主要合金元素含量的高低，其具体含义：0～2——含量偏低；3～6——大致平均含量；7～9——含量接近上限。

第五位数字表示合金类型：0～3——铸造合金；4——压铸铝合金；5～7——变形铝合金；8——用纯度为 99.9% 的原铝锭配制的变形铝合金；9——用 99.99R 的原铝锭配制的变形铝合金。

例如，3.3329 合金，表示用 99.99R 原铝锭配制的约含 2.0%（质量分数）镁的 Al-

Mg 系合金；3.4365 合金是锌的平均含量最大的 Al-Zn-Mg-Cu 系变形铝合金。

（2）状态代号

1）在用元素符号、字母及数字表示的牌号中，材料状态代号用小写字母表示，其具体含义是：

W——软的，在再结晶温度以上退火的。

P——未经最终热处理的管、棒、型材。

WH——热轧或冷轧到成品尺寸的、未经最终热处理的板材。

ZH——拉制的管、棒、线材。

G——淬火处理的铸件，如 G-AlSi12Mg。

在元素、字母及数字表示的牌号后的大写字母"F"后的数字表示对材料的最低抗拉强度要求。例如 AlCuMg1F360 合金，即自然时效状态的 AlCuMg1 合金，其抗拉强度不得低于 360MPa。

2）在纯数字牌号系统中，牌号中的第六位、第七位数字表示制品种类、处理方式及材料状态。在第六位前应加小数点，如 3.1325.51。第六位、第七位的数字在 0 ~ 99 范围内分为 10 大类：

第一大类：00 ~ 09，未经热处理强化，其中 00——铸锭；01——砂型铸件；02——金属型铸件；05——压铸件；07——热轧的或冷轧的；08——挤压的或锻造的。

第二大类：10 ~ 19 软的，即退火的，其中 10——软的，对晶粒大小无要求；11 ~ 18——对晶粒大小有要求的；19——按特殊要求供应的。

第三大类：20 ~ 29，中等冷变形程度，其中 20——轧制或拉伸，对抗拉强度无要求；24——1/4 硬；26——半硬；28——3/4 硬。

第四大类：30 ~ 39，冷加工的、硬的、超硬的，其中 30——硬的；31 ~ 39——超硬。

第五大类：40 ~ 49，淬火与时效，其中 41——自然时效；43——稳定化处理；44——淬火；45 ~ 49——淬火与时效。

第六大类：50 ~ 59，淬火 + 自然时效 + 冷加工，其中 51——自然时效与矫直；50、52 ~ 59——淬火 + 自然时效 + 冷加工。

第七大类：60 ~ 69，人工时效，未经机械加工。

第八大类：70 ~ 79，人工时效 + 冷加工，其中 71 ~ 72——人工时效与矫直；73 ~ 79——人工时效 + 冷加工。

第九大类，80 ~ 89，回火且回火前未经冷加工。

第十大类：90 ~ 99，特殊加工。

5. 俄罗斯的编号方法及其状态代号

根据 ГОСТ4784—1974 规定，变形铝合金牌号有两种，一种是混合字母和字母-数字牌号，另一种是四位数字牌号，一般采用前者。

（1）合金牌号

1）混合字母与字母、数字牌号在这种系统中，字母的意义如下：

A——铝或铝合金；МГ——镁；МЦ——锰；Д——硬铝；K——锻造；П——线材；Б9——含锌、镁或锌、镁、铜的合金。

АМГ——Al-Mg 合金，其后的数字表示镁的平均含量。

АK——锻造铝合金，如 АK6、АKS 等，这类合金多用于锻件。

"Д" 及 "Б" 后的数字，如 Д1，Д16，Б95 等中的数字往往带有偶然性，没有具体含义。牌号前面的 "СБ" 表示焊条。

2）四位阿拉伯数字牌号。其中第一位数字 "1" 表示铝及铝合金，第二位数字表示合金系，最后两位数字表示合金编号。第二位数字具体含义如下：

0——纯铝、烧结铝合金与泡沫铝，如 1010 等。

1——Al-Cu-Mg 系与 Al-Cu-Mg-Fe-Ni 系合金，如 1100（Д1）、1160（Д16）、1140（АK4）等。

2——Al-Cu-Mn 系与 Al-Cu-Li-Mn-Cd 系合金，如 1200（Д20）等。

3——Al-Si 系、Al-Mg-Si 系与 Al-Mg-Si-Cu 系合金，如 1310（АД31）、1330（АД33）等。

4——合金元素在铝中的溶解度很小的合金系，如 Al-Mn、Al-Cr、Al-Be 等系合金，其牌号有 1400（АМЦ）等。

5——Al-Mg 系合金，如 1510（АМГ1）等。

9——Al-Zn-Mg 系与 Al-Zn-Mg-Cu 系合金，如 1950（Б95）等。

在第一位数字 "1" 的前面加 "0" 的表示试验合金。试验合金的试用期为 3 ~ 5 年。如果通过试用期，就去掉 "0"，成为定型合金。试用证明不符合要求，便终止对该合金的研究。

（2）状态代号 状态代号直接跟在牌号后，不用连字号，如 АМЦМ、АМЦ3/4H 等。状态代号如下：М——退火软状态；H——冷加工硬化状态；Л（或 1/2H）——半加工硬化状态；1/4H——1/4 加工硬化状态；3/4H——3/4 加工硬化状态；Г/K——热加工状态；HИ——强烈冷加工硬化状态（加工率达 20%）；T——固溶处理与自然时效状态；TH——固溶处理、自然时效与加工硬化状态；TИH——固溶处理、加工硬化与人工时效状态；TИHИ——固溶处理、15% ~20% 加工硬化与人工时效状态。有时在棒材等状态代号之前附加 "ГЛИ" 与 "P" 字母，前者表示材料的强度较高并具有有限粗晶环 ≤3mm，后者表示为再结晶组织，但无粗晶环，强度沿截面均匀且塑性较高的棒材。

6. 各国常用变形铝合金牌号对照

各国常用变形铝合金牌号对照见表 2-24。

表 2-24　各国变形铝合金牌号（代号）对照表

中国 （GB）	美国 （AA）	加拿大 （CSA）	法国 （NF）	英国 （BS）	德国 （DIN）	日本 （JIS）	俄罗斯 （ГОСТ）	欧洲铝业协会 （EAA）	国际 （ISO）
				1199					1199
1A99	1199	9999	A9	(S1)	A199.98R	AN99	(AB000)		A199.90

（续）

中国 （GB）	美国 （AA）	加拿大 （CSA）	法国 （NF）	英国 （BS）	德国 （DIN）	日本 （JIS）	俄罗斯 （ГОСТ）	欧洲铝 业协会 （EAA）	国际 （ISO）
7A05					3.0385				
1A97							（AB00）		
1A95	1195								
1A93	1193						（AB0）		
1A90	1090				A199.9	（A1N90）	（AB1）		1090
					3.0305				
1A85	1085		A8	1A	A199.8	A1080	（AB2）		1085
					3.0285				A199.85
1080	1080	9980	A8	1A	A199.8	A1080			1080
					3.0285	（A1XS）			A199.80
1080A			1080A					1080A	
1070	1070	9970	A7	2L.48	A199.7	A1070	（AA0）		1070
					3.0275	（A1X0）			A199.70
1070A			1070A		A199.7		（A00）	1070A	1070
					3.0275				A199.70(Zn)
1370			1370						
1060	1060				A199.6	A1060	（A0）		1060
						（ABCX1）			
1050	1050	1050	A5	1B	A199.5	A1050	1011		1050
		（955）			3.0255	（A1X1）	（АД0，A1）		A199.50
1050A	1050	1050	1050A	1B	A199.5	A1050	1011	1050A	1050
L3		（955）			3.0255	（A1X1）	（АД0，A1）		A199.50(Zn)
1A50	1350								
1350	1350								
1145	1145								
1035	1035								
1A30						（1N30）	1013		
							АД1		
1100	1100	1100	A45	1200	A199.0	A1100			1100

（续）

中国 （GB）	美国 （AA）	加拿大 （CSA）	法国 （NF）	英国 （BS）	德国 （DIN）	日本 （JIS）	俄罗斯 （ГОСТ）	欧洲铝 业协会 （EAA）	国际 （ISO）
		（990C）		（1C）		A1X3			A199.0（Cu）
1200	1200	12（ ）0	A4		A199	A1200	（A2）		1200
		（900）			3.0205				A199.00
1235	1235								
2A01	2117	2117	A-U2G		AlCu2.5 Mg0.5	A2117	1180		2117
		（CG30）			3.1305		（Д18）		AlCu2.5Mg
							1170		
2A02							（ВД17）		
2A04							1191		
							（Д19П）		
2A06							1190		
							（Д19）		
2A10							1165		
							（В65）		
2A11	2017	CM41	A-U4GG	（H15）	AlCuMg1	A2017	1110		2017A
					3.1325		（Д1）		AlCu4Mg1Si
2B11	2017	CM41	A-U4G				1111		
							（Д1П）		
2A12	2024	2024	A-U4G1	GB24S	AlCuMg2	A2024	1160		2024
		（CG42）			3.1355	（A3X4）	（Д16）		AlCu4Mg1
2B12							1161		
							（Д16П）		
2A14	2014	2014	A-U4SG	2014A	AlCuSiMn	A2014	1380		2014
		（CS41N）		（H15）	3.1255		（AKB）		AlCu4MgSi
2A16	2219		A-U6MT				（Д20）		AlCu6Mn
2A17							（Д21）		
2A50							1360		
							（AK6）		
2B50							（AK6-1）		
2AL70	2618		A-U2GN	2618A		2N01	1141		2618

（续）

中国 （GB）	美国 （AA）	加拿大 （CSA）	法国 （NF）	英国 （BS）	德国 （DIN）	日本 （JIS）	俄罗斯 （ГОСТ）	欧洲铝 业协会 （EAA）	国际 （ISO）
				（H16）		（A4X3）	（AK4-1）		AlCu2MgNi
2A80							1140		
							（AK4）		
2A90	2018	2018	A-U4N	6L25		A2018	1120		2018
		CN42				（A4X1）	（AK2）		
2004				2004					
2011	2011	2011			AlCuBiPb	2011			
		（CB60）			3. 1655				
2014	2014	2014	A-U4SG	2014A	AlCuSiMn	A2014			2014
2014A									
2214	2214								
2017	2017	CM41	A-U4G	H14	AlCuMg1	A2017			
				5L. 37	3. 1325	（A3X2）			
2017A								2017A	
2117	2117	2117	A-U2G	L. 86	AlCuMg0. 5	A2117			2117
		（CG30）			3. 1305	（A3X3）			AlCu2Mg
2218	2218		A-U4N	6L. 25		A2218			
						（A4X2）			
2618	2618		A-U2GN	H18		2N01			
				4L. 42		（2618）			
2219	2219								
2024	2024	2024	A-U4G1		AlCuMg2	A2024			2024
		（CG42）			3. 1355	（A3X4）			AlCu4Mg1
2124	2124								
3A21	3003	M1	AM1	3103	AlMnCu	A3003	1400		3103
			N3	3. 0515	（A2X3）		（АМД）		AlMn1
3003	3003	3003	AM1	3103	AlMnCu	A3003			3003
3103								3103	
3004	3004		A-M1G						
3005	3005		A-MG05						
3105	3105								

（续）

中国 （GB）	美国 （AA）	加拿大 （CSA）	法国 （NF）	英国 （BS）	德国 （DIN）	日本 （JIS）	俄罗斯 （ГОСТ）	欧洲铝 业协会 （EAA）	国际 （ISO）
4A01	4043	S5	AS5	4043A	AlSi5	A4043	AK		4043
				（N21）					（AlSi5）
4A11	4032	SG121	AS12UN	（38S）		A4032	1390		4032
4A13		4343				A4343			4343
4A17	4047	S12	A-S12	4047A	AlSi12	A4047			4047
				（N2）					
4004	4004								
4032	4032	SG121	AS12UN			A4032			
						（A4X5）			
4043	4043	S5		4043A	AlSi5	A4043			
4043A								4043A	
4047	4047	S12		4047A		A4047			
4047A								4047A	
5A01									
5A02	5052	5052	AG2C	5251	AlMg2.5	A5052	1520		5052
	（GR20）			（N4）	3.3523	（A2X1）	（AMr2）		AlMg2.5
5A03	5154	GR40	AG3M	5154A	AlMg3	A5154	1530		5154
				（N5）	3.3535	（A2X9）	（AMr3）		AlMg3
5A05	5456	GM50R	AG5	5556A	AlMg5	A5456	1550		5456
				（N1）			（AMr5）		AlMg5Mn0.4
5B05							1551		
5A06							1560		
5A43						A5457			5457
5005			AG0.6	5251	AlMg1	A5005			
				（N4）	3.3515	（A2X8）			
5019								5019	
5050			A-G1	3L.44	AlMg1				
					3.3515				
5251								5251	
5052	5052	5052	AG2	2L.55	AlMg2	A5052			5251
		（GR20）		2L.56, L.80	3.3515	（A2X1）			AlMg2

（续）

中国 （GB）	美国 （AA）	加拿大 （CSA）	法国 （NF）	英国 （BS）	德国 （DIN）	日本 （JIS）	俄罗斯 （ГОСТ）	欧洲铝 业协会 （EAA）	国际 （ISO）
5154	5154	GR40	AG3	L. 82	AlMg3	A5154			5154
					3. 3535	（A2X9）			AlMg3
				（91E）	3. 2307	（ABCX2）			
6101A				6101A					
				（91E）					
6005	6005								
6005A			6005A						
6351	6351	6351	ASGM	6082	AlMgSi				6351
		（SG11R）		（H30）	3. 2351				AlSi1Mg
6060								6060	
6061	6061	6061	AGSUC	6061	AlMgSiCu	A6061	1330		6061
		（GS11N）		（H20）	3. 3211	（A2X4）	（АД33）		AlMg1SiCu
6063	6063	6063	AGS	6063	AlMgSi0. 5	A6063	1310		6063
		（GS10）		（H19）	3. 3205	（A2X5）	（АД31）		AlMg0. 7Si
6063A				6063A					
6070	6070								
6181								6181	
6082								6082	
7A01	7072				AlZn1	A7072			
					3. 4415				
7A03	7178						1940		AlZn7MgCu
							（B94）		
7A04							1950		
							（B95）		
7A05									
7A09	7075	7075	AZSGU	L95	AlZnMgCu1. 5	A7075			7075
		（ZG62）			3. 4365				AlZn5. 5MgCu
7A10	7079				AlZnMgCu0. 5	A7N11			
					3. 4345				
7003						A7003			
7005	7005					7N11			

（续）

中国 （GB）	美国 （AA）	加拿大 （CSA）	法国 （NF）	英国 （BS）	德国 （DIN）	日本 （JIS）	俄罗斯 （ГОСТ）	欧洲铝业协会 （EAA）	国际 （ISO）
7020								7020	
7022								7022	
7050	7050								
7075	7075	7075	A-Z5GU		AlZnMgCu1.5	A7075			
		（ZG62）			3.4365	（A3X6）			
7475	7475								
8A06							АД		

注：1. 各国牌号中括号内的是旧牌号。

　　2. 表内列出的各国相关牌号只是近似的，仅供参考。

2.3.3　变形铝合金的特点及应用概况

1. 非热处理强化型铝合金的性能与典型用途

（1）**纯铝系合金（1×××系）**　该类合金中的典型用途：成形性好的 1100、1050 等多用来制作器皿；表面处理性好的 1100 等多用来制作建筑用镶板；耐蚀性优良的 1050 多用来制作盛放化学药品的装置等。

另外，此系列合金又是热和电的良好导体，特别适于作导电材料（多使用 1060）。

（2）**Al-Mn 系合金（3×××系）**　Al-Mn 系合金的加工性能好，与 1100 合金相比，它的强度要好一些，所以其使用范围和用量比 1100 合金要广得多。如 3003 是含有 1.2% Mn（质量分数）的合金，比 1100 合金强度高一些。在成形性方面，特别是拉伸性好，广泛用于低温装置、一般器皿和建筑材料等。3004、3105 是 Al-Mn 系添加镁的合金，添加镁有提高强度的效果，又有抑制再结晶晶粒粗大化的倾向，能够使铸坯的加热处理简单化，所以能在板材的制造上起有利的作用。这些合金适用于制作建筑材料和电灯灯口，广泛用作易拉罐坯料。

（3）**Al-Si 系合金（4×××系）**　Al-Si 系合金，可用作充填材料和钎焊材料，如汽车散热器复合铝箔。也可用作加强筋和薄板的外层材料，以及活塞材料和耐磨耐热零件。此系列合金的阳极氧化薄膜呈灰色，属于自然发色的合金，适用于建筑用装饰板及挤压型材。4043 合金由于制造条件所限，薄膜的颜色容易不均匀，因此近年来使用不多，针对这一点，出现了经过改良的产品，如日本轻金属公司研制的合金 4001（板材）和 4901（挤压材）。另外，4901-T5 与 6063-T5 有相同的强度，可用作建筑材料。

（4）**Al-Mg 系合金（5×××系）**　Al-Mg 系合金耐蚀性良好，不经热处理而由加工硬化可以得到相当高的强度。它的焊接性好，故可研制出各种用途的合金。Al-Mg 系合金，大致可分为光辉合金、含镁 1%（质量分数）的成形加工用材、含镁 2% ~ 3%

（质量分数）的中强度合金及含镁 3% ~5%（质量分数）的焊接结构用合金等。

　　1）光辉合金：这种合金是在铁、硅比较少的铝锭中，添加 0.4%（质量分数）左右的镁，可用作轿车的装饰部件等。为了发挥它的光辉特性，可用化学研磨的方法，磨出良好的光泽后，再加工出 4μm 左右的硫酸氧化薄膜。另外，在化学研磨时添加铜，有加强光辉性的效果。

　　2）成形加工用材：5005、5050 是含有 1%（质量分数）左右的镁的合金，强度不高，但加工性良好，易于进行阳极氧化，耐蚀性和焊接性好。可用作车辆内部装饰材料，特别是用作建筑材料的拱肩板等低应力构件和器具等。

　　3）中强度合金：5052 是含有镁 2.5%（质量分数）与少量铬的中强度合金，耐海水性优良，耐蚀性、成形加工性和焊接性好。具有中等的抗拉强度，而疲劳强度较高，应用范围比较广。

　　4）焊接结构用合金：5056 是添加镁 5%（质量分数）的合金，5000 系合金中，它具有最高的强度。切削性、阳极氧化性良好，耐蚀性也优良。适于用作照相机的镜筒等机器部件。在强烈的腐蚀环境下，有应力腐蚀的倾向，但在一般环境下没有大问题。在低温下的静强度和疲劳强度也高。5083、5086 是为降低对应力腐蚀的敏感性，而减少镁含量的一种合金。耐海水性、耐应力腐蚀性优良，焊接性好，强度也相当高，广泛用作焊接结构材料。5154 的强度介于 5052 与 5083 之间。耐蚀性、焊接性和加工性都与5052 相当。此系列合金，在低温下具有高的疲劳强度，所以被应用在低温工业上。

　　2. 热处理强化型铝合金性能与典型用途

　　（1）Al-Cu 系合金（2×××系）　Al-Cu 系合金作为热处理强化型合金，已有很悠久的历史。素有硬铝（飞机铝合金）之称。2014 是在添加铜的同时又添加硅、锰和镁的铝合金。此种合金的特点是具有高的屈服强度，成形性较好，广泛用作强度比较高的部件。经热处理的材料，具有高的强度。要求韧性的部件，可使用 T4 处理的材料。

　　2017 和 2024 合金称为硬铝。2017 合金由于在自然时效（T4）下可得到强化，2024合金是比 2017 合金在自然时效下性能更高的合金，强度也更高。这些合金适于用作飞机构件、各种锻造部件、切削和车辆的构件等。2011 合金是含有微量铅、铋的易切削合金，其强度大致与 2017 合金相同。

　　（2）Al-Mg-Si 系合金（6×××系）　Al-Mg-Si 系合金是热处理强化型合金，耐蚀性好，适合用作结构件和建筑材料，6063 合金是此系合金的代表，其挤压性、阳极氧化性优良，大部分用来生产建筑用框架，是典型的挤压铝合金。

　　6061 合金是具有中等强度的材料，耐蚀性也比较良好。作为热处理合金，有较高的强度，也有优良的冷加工性，广泛用作结构材料。

　　6062 合金，化学成分和力学性能都相当于 6061 合金。它只是制造方法有所改善，而对挤出材料没有特别的限制。6351 合金又称 BSIS，欧美广泛使用，它与 6062 合金的性能和用途类似。

　　6963 合金的化学成分和力学性能，都与 6063 相同。它比 6063 合金的挤压性差一些，但能用于强度要求较高的部件，如建筑用脚架板、混凝土模架和温室构件等。6901

合金化学成分与 6063 不同，强度与 6963 合金相同或稍高，挤压性能优良。

（3）**Al-Zn-Mg 系合金（7 ××× 系）**　Al-Zn-Mg 系合金大致可分为焊接构件材料和高强度合金材料两种。

1）焊接构件材料（Al-Zn-Mg 系）。此系合金有以下三个特点：

①热处理性能比较好，与 5083 合金相比，挤压型材的制造容易，加工性能和耐蚀性也良好，采用时效硬化可以得到高强度。

②即使是自然时效，也可达到相当高的强度，对裂纹的敏感性低。

③焊接的热影响部分，由于加热时被固溶化，故以后进行自然时效时，可以恢复强度，从而提高焊接缝的强度。此类合金被广泛应用于焊接构件。

此外，该系合金在焊接性和耐应力腐蚀性方面有以下两个特点：

①添加微量的锰、铬等元素，有较强的强化效果。

②调整包括热处理在内的工艺条件，可以获得具有良好使用性能的材料。

7904 合金对裂纹的敏感性与 5083 相近，焊接条件也差不多。考虑到焊接性和焊接缝的强度，以 5556 合金作为充填材料最为合适。7904 合金的挤压加工性比 5083 合金好，日本轻金属公司研制的 7704（W74S）合金挤压性能更为优良，该公司开发的 7804（N74S）合金，作为焊接及其构件材料不太适宜，但挤压性与 7704 合金相同，适于制造强度较高的部件。

2）高强度合金材料（Al-Zn-Mg-Cu 系）。此系合金可用作飞机材料，以超硬铝合金 7075 合金为代表。近年来，滑雪杖、高尔夫球的球棒等体育用品，也采用这种合金来制作。7075 合金的热处理多用 T651，这种处理可使 T6 处理后的残余应力经拉伸矫正而均匀化，以防止加工时工件发生歪扭变形。T73 处理，会使力学性能有所降低，但却有减轻应力腐蚀倾向的效果。

（4）**Al-Li 系合金（8 ××× 系）**　Al-Li 系合金属超轻铝合金，其密度仅为 2.4 ~ 2.5g/cm³，比普通铝合金轻 15% ~ 20%，主要用作要求轻量化的航天航空材料，交通运输材料和兵器材料等。如 8089 合金是一种典型的中强耐损伤 Al-Li 合金，有很好的低温性能和韧性，可加工成厚板、中厚板、薄板、挤压材和锻件。

2.3.4　常用变形铝合金

下面简单介绍几种常见的变形铝合金。

1. 2A12

（1）**化学成分**　2A12 是铝铜系可热处理强化铝合金，原来的国内材料牌号为 LY12。经固溶处理、自然时效或人工时效后具有较高的强度，该合金还具有良好的成形能力和机械加工性能，能够获得各种类型的制品，因而它是航空工业中使用最广泛的铝合金。

2A12 合金与美国的 2024 合金相近，其化学成分见表 2-25。

（2）**热处理工艺特点**　通常用坩埚炉、反射炉熔炼，用半连续铸造法，铸成适合于加工的各种形状及尺寸的铸锭。熔炼温度：700 ~ 745℃。铸造温度：扁铸锭 690 ~ 710℃，圆铸锭 720 ~ 740℃。

表 2-25 2A12 合金的化学成分

合金元素(质量分数,%)				杂质(质量分数,%),≤							
										其他杂质	
Cu	Mg	Mn	Al	Fe	Si	Zn	Ni	Ti	Fe+Ni	单个	合计
3.8~4.9	1.2~1.8	0.3~0.9	余量	0.50	0.50	0.30	0.10	0.15	0.50	0.05	0.10

2A12 能够冷成形,其最易成形的状态是退火状态;新淬火状态也有与退火状态相近的成形能力。该合金淬火后,具有较快的强化速度,孕育期约 40~60min,淬火后能保持较好的塑性时间为 1h。低温下,能在较长时间内保持新淬火状态的塑性。

(3) 主要性能及应用 2A12 的热变形性良好,在 350~450℃范围的热态具有最高的塑性。2A12 合金的点焊性能良好而熔焊性能较差。用该合金作焊料进行气焊和氩弧焊时,有形成裂缝的倾向。用 LT1 合金作焊料时,则形成裂缝的倾向会显著降低。焊缝气密性合格。如果焊后重新热处理,则焊缝的塑性降低。该合金在各热处理状态下,具有好的电阻焊接性能。

2A12 合金,具有良好的机械加工性能,退火状态的机械加工性能差些。固溶处理加时效状态的材料,可用车、铣或其他方法进行加工。固溶处理加时效状态的材料,易于磨削、退火状态的材料,有粘附砂轮的倾向,因而得不到硬那样好的光亮表面。

该合金在高温下的软化倾向小,可用作受热部件。合金的耐蚀性能较差,对耐蚀性能要求较严格的零件,应采用包铝的薄板、条材及厚板。该合金大多在自然时效状态下使用。当工作温度或在工艺过程中加热温度超过 100℃时,建议采用人工时效状态,以免过于降低耐蚀性。需要指出的是,该合金制品的短横向具有比较低的力学性能和抗应力腐蚀性能。

早在 20 世纪 50 年代中期,2A12 合金的板材、棒材、型材及管材就成功地用于航空工业,长期以来,2A12 合金材料用于制造各种类型飞机的主要受力构件,如蒙皮、隔框、翼肋、翼梁、骨架零件,也用来制造一些非主要受力构件。为适应新机种的需要,已研制成功人工时效状态的薄板和型材、消除应力的部分规格厚板材,并装机使用。

2. 3003

(1) 化学成分 3003 是 Al-Mn 系不可热处理强化的铝合金,原合金牌号为 LY4。合金的强度不高,但在退火状态下有很高的塑性。其化学成分见表 2-26。

表 2-26 3003 合金的化学成分

合金元素(质量分数,%)	杂质(质量分数,%),≤								
								其他杂质	
Mn	Al	Cu	Mg	Fe	Si	Zn	Ti	单个	合计
1.0~1.6	余量	0.20	0.05	0.7	0.60	0.10	0.15	0.05	0.10

(2) 铸造和热处理工艺 一般采用坩埚、反射炉熔炼,用半连续法进行铸造。熔炼温度为 720~760℃,铸造温度为 690~735℃。一般将铁的质量分数控制在 0.4%~

0.6% 以内，这样有利于取得具有良好组织和力学性能的铸锭。

由于合金容易形成粗晶，要严格控制退火温度及保温时间，退火时快速加热，有助于获得细晶铸锭。

（3）典型性能及应用　该合金在退火状态下冲压性能良好，具有良好的塑性，在模锻温度范围内可允许大于 80% 的形变。

其在退火状态下的耐蚀性与纯铝相近。冷作硬化后，耐蚀性降低，此时有剥落腐蚀倾向产生，冷作硬化程度越大，剥落腐蚀倾向也越大，焊缝的腐蚀稳定性和基体金属相近。

3003 合金可以制成薄板、厚板、棒材、管材、型材、锻材和线材等，通常用于制造航空油箱、汽油润滑导管、冲压件、铆钉和受力较小的零件。

3. 5A03

（1）化学成分　5A03 是铝镁系中镁含量中等的合金，原使用的牌号为 LF3。属于不可热处理强化合金。与美国的 5154 合金成分相近。表 2-27 是 5A03 的化学成分。

表 2-27　5A03 的化学成分

合金元素（质量分数,%）			杂质（质量分数,%），≤						
Mg	Mn	Al	Cu	Fe	Si	Zn	Ti	其他杂质	
								单个	合计
3.2~3.8	0.3~0.6	余量	0.1	0.50	0.5~0.8	0.20	0.15	0.05	0.10

（2）热处理工艺　一般采用坩埚炉、反射炉熔炼，用半连续法进行铸造，熔炼温度为 700~750℃，铸造温度为 690~730℃。

退火状态时工艺塑性高，合金的热锻温度为 420~475℃。5A03 合金作焊料时，焊缝具有良好的气密性。焊接处的强度为基体金属的 90%~95%，焊缝的塑性良好。

（3）主要性能与应用　5A03 合金的强度较低、塑性较高，冷变形能提高合金的强度。退火状态时切削性能不好，而冷作硬化时可以进行切削加工。

尽管 5A03 为两相合金，但由于第二相是沿晶界不连续析出的，所以仍然具有良好的耐蚀性。

5A03 合金适合制造塑性和耐蚀性要求高的零件，如管道、液体容器、骨架等。

4. 6063

（1）化学成分　6063 是 Al-Mg-Si 系合金，属于可热处理强化型合金。6063 铝型材以其优良的耐蚀性能和装饰性能而广泛应用于建筑、车船制造、室内装潢、家用电器等行业。其化学成分见表 2-28。

表 2-28　6063 的化学成分

合金元素（质量分数,%）			杂质（质量分数,%），≤						
Mg	Si	Al	Fe	Cu	Mn	Zn	Ti	其他杂质	
								单个	合计
0.45~0.9	0.2~0.6	余量	0.35	0.10	0.10	0.10	0.10	0.05	0.15

（2）热处理工艺特点　6063 的退火温度为 415℃，保温 2～3 小时，从 415℃冷却至 260℃。

6063 的固溶温度为 520℃，T5 状态的时效温度为 205℃，保温 1h，其他人工时效温度为 175℃，保温 8h。

（3）主要性能与应用　6063 是一种高效的耐蚀性合金，在很多环境下都具有优良的耐蚀性。6063 铝型材在阳极氧化前的碱洗处理中，常常在表面上生成一种被称为"过腐蚀"的白斑套黑心状缺陷。这类缺陷是由于合金中游离的 Si 和 Al_2Fe_2Si 阴极相的电化学腐蚀作用及碱液中的 Cl^-、Fe^{3+}、Zn^{2+} 的活化去极化作用的共同结果。为了减少或消除 6063 铝型材表面碱洗过腐蚀缺陷，应该严格工艺管理，提高合金成分与组织的均匀性，并采取措施降低碱洗液中 Cl^-、Fe^{3+}、Zn^{2+} 的等杂质离子的含量。

6063 合金具有良好的加工性能，同时具有良好的可熔焊性与可钎焊性。

6063 合金广泛用于制备圆形管件，如栅栏、家具、建筑挤压件、货车及挂车平台、门窗以及灌溉用标准圆形管等。

5. 7A09

（1）化学成分　7A09 合金是 Al-Zn-Mg-Cu 系可热处理强化的高强度变形铝合金，原来的牌号为 LC9。它在 CS 状态的强度最高，是我国目前使用的强度最高的铝合金之一。可生产供应各种尺寸的板材、棒材、厚壁管材及锻件。该合金的化学成分与 7A04 合金接近，综合性能较好，再加上它有四种热处理状态可供选用，所以远比 7A04 合金优越。是飞机主要受力构件设计的优选材料。7A09 合金与美国的 7075 合金相近，其化学成分见表 2-29。

表 2-29　7A09 的化学成分

合金元素（质量分数,%）					杂质（质量分数,%），≤				
								其他杂质	
Zn	Mg	Cu	Cr	Al	Mn	Fe	Si	单个	总计
5.1～6.1	2.0～3.0	1.2～2.0	0.16～0.30	余量	0.15	0.5	0.5	0.05	0.10

（2）热处理工艺特点　该合金可以在燃气、燃油或用电的反射炉或坩埚炉中熔炼。熔炼温度为 700～750℃。铸造温度为 710～750℃，铸锭尺寸较小时应选用较低的铸造温度。

在退火或固溶状态下，在常温具有良好的成形性能。在固溶加人工时效状态下，成形性能较低，但随着温度提高，成形性能得到改善。可以进行电阻焊，但不宜熔焊。

固溶处理温度 460～475℃。包铝板材的处理温度应靠下限，重复处理次数不应超过两次，以免合金元素扩散穿透包铝层，降低板材的耐蚀性。合金经固溶处理后，在冷水、温水，或其他适宜的冷却剂中迅速冷却。操作应尽量快，特别是薄板零件，转移时间不应大于 15s。

（3）主要性能及应用　T73 状态比 T6 状态的断裂韧度高，裂纹扩展速率低，当裂纹增长阶段比较重要时，如大面积的薄板，T73 状态的疲劳强度将优于 T6 状态。

在 T6 状态下，该合金具有较高的断裂韧度。它在 T73 过时效状态的强度及屈服强度均较 T6 状态低，但具有优异的耐应力腐蚀性能，且具有较高的断裂韧度。T76 是一种适用于抗剥落腐蚀的状态。T74 同时具有高的强度和高的耐应力腐蚀性能。7A09 铝合金除应力腐蚀以外的一般耐腐蚀能力与 2A12 铝合金相似。

该合金的抗拉强度比 2A12 及 2A14 铝合金高，而且耐应力腐蚀性能也比后两个合金好，因此，使用 7A09 合金可以减轻飞机重量，提高飞机的安全性。但其疲劳强度并不按比例提高，因此，在设计主要承受疲劳载荷的部件时，要仔细考虑这个问题。

该合金适合制造飞机的各种重要用途的受力构件，已在歼击机上用作平尾上下整体壁板和机身框架的多种关键件和重要件，以及轻型歼击机和中程轰炸机的前起落架和歼击机的机翼前梁及机身机翼对接框支臂。

参 考 文 献

[1] 黄伯云，李成功，石力开. 有色金属材料手册：上册 [M]. 北京：化学工业出版社，2009.
[2] 曾正明. 实用有色金属材料手册 [M]. 2 版. 北京：机械工业出版社，2008.

第3章 镁合金的性能

3.1 纯镁

人们对于镁这种金属的普遍认识是它的密度小、易于燃烧，这些特性是由其物理、化学性质所决定的。下面就镁元素特征、晶体结构、热性能和力学性能等方面介绍纯镁的性质。

3.1.1 元素特征

元素符号：Mg。

原子序数：12。

自由原子中各轨道电子状态：$1s^2 2s^2 2p^6 3s^2$。

同位素原子：78.99% Mg^{24}，10.00% Mg^{25}，11.07% Mg^{26}。

相对原子质量：24.3050。

原子体积：14.0cm³/mol。

3.1.2 晶体结构

在标准大气压下纯镁是密排六方晶体结构，其晶格常数见表3-1，晶胞结构如图3-1所示。表3-1的测量结果与理论预测值 $a = 0.32092$nm、$c = 0.52105$nm 相吻合，误差仅为0.01%。如果交错密排原子层系由理想的硬球原子组成，则理想密排六方结构的 c/a 为1.633。这与室温下所测得的 c/a 为1.6236 相比，说明金属镁具有接近完美的密排结构。

表 3-1 纯镁的晶格常数

晶格常数/nm		说明	晶格常数/nm		说明
a	c		a	c	
0.32095	0.52105	25℃	0.32094	0.52111	25℃
0.32093	0.52103	25℃	0.32088	0.52099	25℃
0.32090	0.52105	25℃	0.32095	0.52107	25℃

纯镁的晶格常数 a、c 的大小与温度有关，在 0~50℃ 的温度区间内，a、c 的大小可用公式表示：

$$a = [0.32075 + (7.045T + 0.0047T^2) \times 10^{-6}]\text{nm} \tag{3-1}$$

$$c = [0.52076 + (11.758T + 0.0080T^2) \times 10^{-6}]\text{nm} \tag{3-2}$$

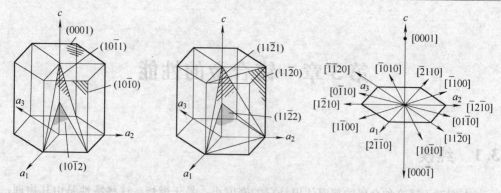

图 3-1　金属镁晶胞

3.1.3　物理性质

1）密度：20℃时金属镁的密度是 1.738g/cm³，在熔化温度下（650℃）固态金属镁的密度约为 1.65g/cm³。

2）凝固体积变化：金属镁凝固体积收缩率为 4.2%，对应的凝固线收缩率为 1.5%。

3）冷却体积变化：当金属镁从 650℃ 冷却到 20℃ 的过程中产生约 5% 体积收缩，对应的线收缩为 1.7%。

3.1.4　热性能

1）熔点：标准大气压下，金属镁的熔点是 650℃。

2）沸点：标准大气压下，金属镁的沸点是 1090℃。

3）热膨胀：纯镁在较低温度下的线胀系数见表 3-2。

表 3-2　低温状态下纯镁的线胀系数

温度/℃	线胀系数/K⁻¹	温度/℃	线胀系数/K⁻¹
-250	0.62×10^{-6}	-150	17.9×10^{-6}
-225	5.4×10^{-6}	-100	21.8×10^{-6}
-200	11.0×10^{-6}	-50	23.8×10^{-6}

基于已发表的试验结果和美国 DOW 化学公司的研究数据，Baker 提出在 0～550℃ 温区内多晶金属镁的线胀系数可以表达为

$$\alpha_t = (25.0 + 0.0188T) \quad (10^{-6} \text{K}^{-1}) \tag{3-3}$$

式中　T——温度（℃）。

根据该公式推出的多晶纯镁在该温度范围内的平均线胀系数见表 3-3。

表 3-3　低温状态下纯镁的线胀系数

温度/℃	线胀系数/10⁻⁶K⁻¹	温度/℃	线胀系数/10⁻⁶K⁻¹
20～100	26.1	20～400	29.0
20～200	27.1	20～500	29.9
20～300	28.0		

4）热传导能力：实验测定的金属镁在低、中温区的热导率见表 3-4。热导率为 149 ~ 5700W/(m·K)，在温度 9K 时到达峰值。

表 3-4 低、中温状态下纯镁的热导率

温度			热导率	温度			热导率
/K	/℃	/℉	$k/[W/(m·K)]$	/K	/℃	/℉	$k/[W/(m·K)]$
1	-272	-458	986	50	-223	-370	465
2	-271	-456	1960	60	-213	-352	327
3	-270	-455	2900	70	-203	-334	249
4	-269	-453	3760	80	-193	-316	202
5	-268	-451	4500	90	-183	-298	178
6	-267	-449	5080	100	-172	-280	169
7	-266	-447	5470	150	-123	-190	161
8	-265	-446	5670	200	-73	-100	159
9	-264	-444	5700	250	-23	-10	157
10	-263	-442	5580	300	27	80	156
15	-258	-433	4110	350	77	170	155
20	-253	-424	2720	400	127	260	153
30	-243	-406	1290	500	227	440	151
40	-233	-388	719	600	327	620	149

金属镁的热导率还可以根据镁的 Bungardt 和 Kallenbach 公式计算，即

$$k = (22.6T/\rho + 0.0167T) W/(m·K) \tag{3-4}$$

表 3-5 给出了由式（3-4）预测的热导率。

表 3-5 理论计算的镁的热导率

温度		热导率	温度		热导率
/℃	/℉	$k/[W/(m·K)]$	/℃	/℉	$k/[W/(m·K)]$
-18	0	155.7	204	400	152.8
0	32	155.3	260	500	152.8
20	68	154.5	316	600	153.2
38	100	154.1	371	7000	153.7
93	200	153.7	427	800	154.1
149	300	153.2	482	900	154.9

5）比热容（c_p）：金属镁在 20℃ 时的比热容是 1.025kJ/(kg·K)，不同温度时镁的比热容见表 3-6。

表3-6　不同温度时镁的比热容

温度/℃	比热容/[kJ/(kg·K)]	温度/℃	比热容/[kJ/(kg·K)]
−186 ~ −79	0.791	300	1.164
0	0.971	400	1.193
18 ~ 99	1.030	500	1.235
100	1.072	600	1.252
200	1.122	650 以上	1.256

6）迪拜特征温度（Θ）：金属镁在30K温度以上的迪拜特征温度是326K（53℃）。

7）熔化潜热（ΔH）：金属镁的熔化潜热为360 ~ 377kJ/kg。

8）升华潜热（ΔH）：25℃时金属镁的升华潜热为6113 ~ 6238kJ/kg。

9）汽化潜热（ΔH）：金属镁的汽化潜热为5150 ~ 5400kJ/kg。

10）蒸气压：表3-7给出了金属镁的蒸气压与温度的关系。

表3-7　金属镁的蒸气压与温度的关系

温度/K	压力/atm	温度/K	压力/atm
在给定温度下的蒸气压力		1376	1.00
298.15	1.5×10^{-20}	1400	1.19
400	5.2×10^{-14}	在给定蒸气压力下的温度	
500	3.9×10^{-10}	482	10^{-10}
600	1.38×10^{-7}	514	10^{-9}
700	8.92×10^{-6}	551	10^{-8}
800	1.99×10^{-4}	594	10^{-7}
900	2.21×10^{-3}	644	10^{-6}
923（固体）	3.55×10^{-3}	703	10^{-5}
923（液体）	3.55×10^{-3}	776	10^{-4}
1000	1.36×10^{-2}	865	10^{-3}
1100	5.76×10^{-2}	982	10^{-2}
1200	1.90×10^{-1}	1143	10^{-1}
1300	5.14×10^{-1}	1376	10

注：1atm = 101.3kPa。

11）燃点：在标准状态下，金属镁在空气中加热到632 ~ 635℃开始燃烧。

12）燃烧热（ΔH）：金属镁的燃烧热为24900 ~ 25200kJ/kg。

3.1.5　力学性能

1）拉伸性能：纯镁在20℃时典型力学性能见表3-8。

表3-8 纯镁在20℃时的典型力学性能

加工方式 截面形状	抗拉强度 /MPa	0.2%抗拉屈 服强度/MPa	0.2%压缩屈 服强度/MPa	标距50mm 伸长率(%)	硬度	
					HRE	HBW
砂型铸造	90	21	21	2~6	16	30
挤压成形	165~205	69~105	34~55	5~8	26	35
硬轧板	180~220	115~140	105~115	2~10	48~54	45~47
退火板	160~195	90~105	69~83	3~15	37~39	40~41

2）弹性模量（E）：金属镁在温度20℃时的弹性模量（E）与其纯度有关。当纯度为99.98%时，金属镁的动态弹性模量为44GPa，其静态弹性模量为40GPa；而当纯度变为99.80%时，金属镁的动态模量增至45GPa，静态弹性模量也上升为43GPa。

3）泊松比（ν）：金属镁的泊松比为0.35。

4）波速：在拉拔退火金属镁材中，纵波的速度为5.77km/s，横波的速度为3.05km/s。

5）硬度：金属镁的硬度值见表3-8。

6）蠕变断裂值：金属镁的蠕变行为以及温度和应力对镁最小蠕变率的影响如图3-2所示。

7）摩擦系数：在20℃下金属镁对金属镁的摩擦系数为0.36。

8）黏度：在650℃下液态金属镁的动力学黏度为1.23MPa·s，在700℃的动力学黏度为1.13MPa·s。

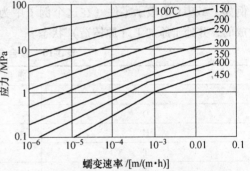

图3-2 温度和应力对镁最小蠕变率的影响

9）表面张力：在660~852℃温度范围内，表面张力值为0.545~0.563N/m。在894~1120℃温度范围内，表面张力值为0.502~0.504N/m。

3.2 镁合金的牌号和一般力学性能

3.2.1 镁合金牌号

不存在国际通用的镁合金牌号系列，不过目前趋向于采用美国材料试验协会（ASTM）对镁合金的命名方法。这是一种由"字母—数字—字母"三部分组成的命名系统。第一部分的几个代码表示两种主要合金元素（按合金元素的含量由高到低排列）。这些字母列在表3-9中。第二部分为这两种元素含量的重量百分比（四舍五入到最接近的整数，按与代码相同的顺序排列）。（需要注意的是，有些合金只有一种主合金元素）。第三部分为一个指定的字母（以"A"开头），来区分具有相同标称成分的合金，或为一个"X"来指明该种合金仍在试验中。例如，AZ91C 是一种含约 9% 铝（质量分数）和 1% 锌（质量分数）的镁合金，是第三种注册含有这种标称成分的具体合金成分。

表 3-9　镁合金牌号元素所用代码

字　母	合金元素	字　母	合金元素
A	铝	M	锰
C	铜	Q	银
E	稀土金属	S	硅
H	钍	W	钇
K	锆	Z	锌
L	锂		

ASTM 表示法还包括指明镁合金状态的一套代码系统。这个系统包括一个字母加上一个或多个数字（见表 3-10）。状态符号紧跟在合金牌号之后，并用一个连字符隔开。例如，AZ91C-F 表示零件（在这个例子中为压铸件）是用"C"型 Mg-9Al-1Zn 合金制成的，并处于原加工（原铸造）状态。

表 3-10　镁合金状态表示符号

通用部分	
F	原加工状态
O	退火,再结晶(仅适用于加工产品)
H	应变硬化
T	热处理至除 F、O 和 H 之外的状态
W	经固溶处理的(不稳定状态)
H 的子符号	
H1,加上 1 个或多个数字	仅应变硬化
H2,加上 1 个或多个数字	应变硬化,然后再部分退火
H3,加上 1 个或多个数字	应变硬化,然后再经稳定化处理
T 的子符号	
T1	冷却并经自然时效
T2	退火(仅适用于铸造产品)
T3	固溶处理,然后再冷加工
T4	固溶处理
T5	冷却并人工时效
T6	固溶处理并人工时效
T7	固溶处理并经稳定处理
T8	固溶处理,冷加工,并人工时效
T9	固溶处理,人工时效和冷加工
T10	冷却,人工时效和冷加工

　　不同镁合金的强度和韧性在很大范围内变化。下面主要介绍镁合金的这些性能和一般力学性能。

3.2.2　拉伸和压缩性能

　　大多数镁合金的抗拉强度与密度之比和拉伸屈服强度与密度之比都比其他普通结构的金属高。但是变形镁合金的力学性能取决于与加工过程中的材料流向有关的取样方向。在变形镁合金的热加工过程中，其基面趋于择优取向。变形镁合金的各向异性即源自这种取向。在轧制产品中，一般横向强度较大，同时断后伸长率也较高。挤压产品的性能也随相对于挤压方向的取样方向变化。

　　通过拉伸和压缩屈服强度之间的关系可观察到择优取向的另一个影响。在铸造条件下，镁晶粒的取向是随机的，因此室温下的拉伸和压缩屈服强度基本相等。但在变形镁合金中，与金属流动方向（纵向试样）平行切取的试样拉伸屈服强度较高，而压缩屈服强度则较低。M1A 镁合金压缩屈服强度与拉伸屈服强度之比约为 0.4，其他变形镁合金的平均值约为 0.7。垂直于材料流动方向的试样（横向试样）情况恰好相反，这些试样具有较低的拉伸屈服强度和较高的压缩屈服强度。但需要注意的是，当试验温度增高时，纵向压缩屈服强度与拉伸屈服强度的比值也随之增加，直到二者基本上一致。

　　对于室温下承受横向弯曲载荷的结构以及柱状结构，弯曲体的内侧会受到压缩变形，因此，设计时必须考虑纵向压缩屈服强度较低的限制。

3.2.3　应力-应变曲线

　　在铸造镁合金中，晶粒的取向是随机的，总的位向效果等于零。因此，拉伸和压缩应力-应变曲线基本相同，且通常仅测定拉伸曲线（见图 3-3）。但在室温下，变形镁合金产品的两种应力-应变曲线并不一致，通常二者均需测定（见图 3-4 ~ 图 3-13）。

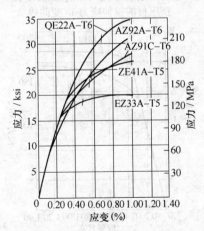

图 3-3　砂型铸件的应力-应变曲线

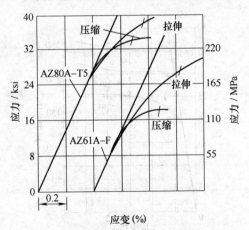

图 3-4　锻造 AZ80A-T5 和 AZ61A-F
的拉伸和压缩应力-应变曲线

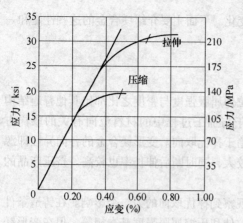

图 3-5　AZ31B-F 挤压材的应力-应变曲线

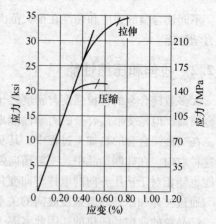

图 3-6　AZ61A-F 挤压材的应力-应变曲线

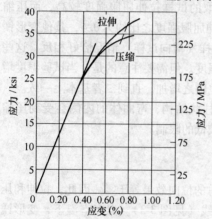

图 3-7　AZ80-T5 挤压材的应力-应变曲线

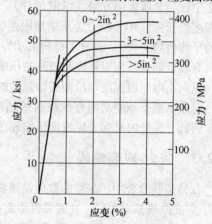

图 3-8　各种不同尺寸的 ZK60A-T5
挤压材的拉伸应力-应变曲线

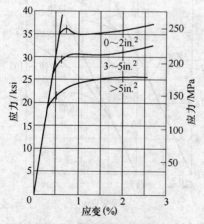

图 3-9　各种不同尺寸的 ZK60-T5
挤压材的压缩应力-应变曲线

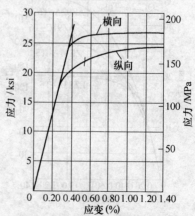

图 3-10　AZ31B-O 板材的拉伸
应力-应变曲线

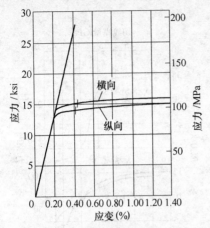

图 3-11　AZ31-O 板材的压缩
应力-应变曲线

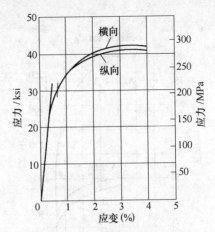

图 3-12　AZ31B-H24 板材的拉伸
应力-应变曲线

　　确定镁和其他有色金属的拉伸或压缩屈服强度的标准方法，是作一条与应力-应变曲线的弹性部分平行且距该曲线原点的距离为 0.2% 应变量的直线。尽管用这种方法确定的屈服强度对设计和质量控制工程师来说具有很大的价值，但现代设计观念往往要求比用弹性模量、拉伸屈服强度、极限抗拉强度及断后伸长率等更好的应力-应变特性表述方式。所以，有时需要在设计手册里给出应力-应变曲线，但通常仅包括伸长（收缩）率很小的初期变形部分。但在另外一些情况下在最终曲线上并不标明应变程度，而是用割线模量或切线模量来表示。应力-应变曲线的斜率如图 3-14 所示，切线模量的定义是规定点处的应力-应变曲线的斜率；割线模量的定义为连接规定点与曲线起始点直线的斜率。这些简化模量（见图 3-15 ~ 图 3-20）可用于修正为弹性变形建立的材料强度公式，使其能够用于也有塑性变形的情况。

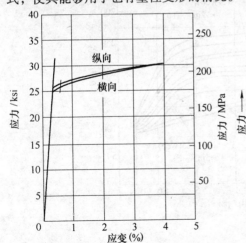

图 3-13　AZ31-H24 板材的压缩
应力-应变曲线

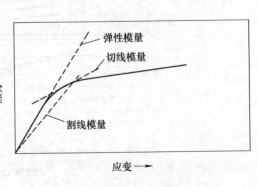

图 3-14　应力-应变曲线导出
的 3 种模量系数

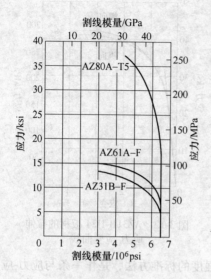

图 3-15　基于最低性能的 AZ31B-F、
AZ61A-F 和 AZ80A-T5 合金挤压材
的压缩割线模量

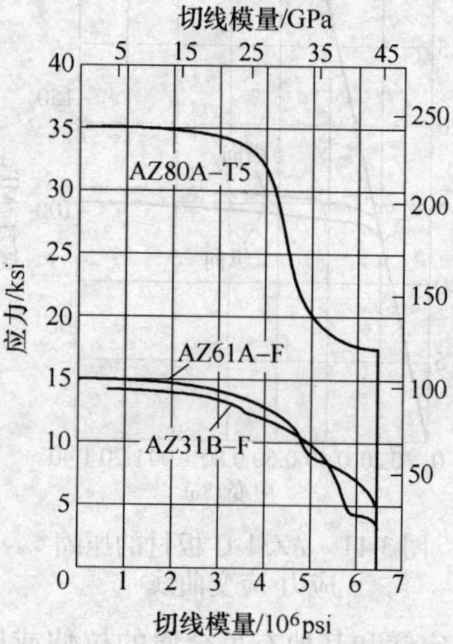

图 3-16　基于最低性能的 AZ31B-F、
AZ61A-F 和 AZ80A-T5 合金挤压材
的压缩切线模量

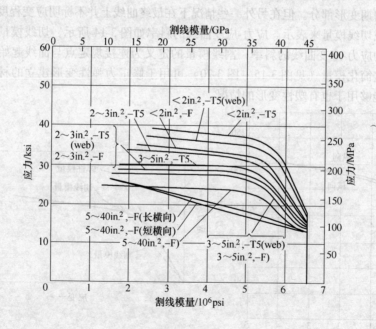

图 3-17　ZK60F 和 ZK60A-T5 挤压材的压缩割线模量

注：除有注明处外，均为纵向试验值。1in² = 6.45cm²。

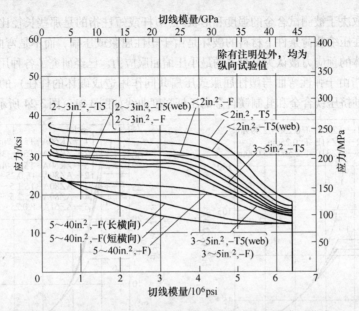

图 3-18　ZK60A-F 和 ZK60A-T5 挤压材的压缩切线模量曲线

注：$1in^2 = 6.45cm^2$。

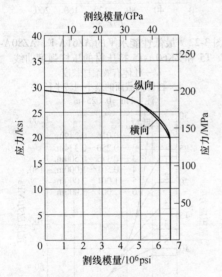

图 3-19　AZ31B-H24 板带材
的压缩割线模量曲线

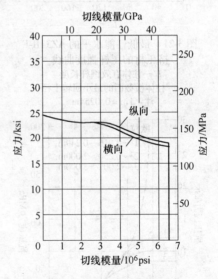

图 3-20　AZ31B-H24 板带材
的压缩切线模量曲线

3.2.4　压杆强度

承受轴向压缩荷载并需具有足够的预防局部弯曲稳定性的属于长杆范围的镁合金杆柱的最大预应力可利用欧拉（Euler）拉杆公式来确定。（长杆或长柱指的是那些长径比很大的杆件或柱状件，其弯曲时的应力小于材料的弹性极限）。短杆范围内的镁合金杆或柱的最大预应力取决于被测试合金的强度和形状。(短杆或短柱指的是那些长径比较小的杆件或柱状件,在压缩载荷条件下材料的破坏是由于塑性屈服或压扁,而不是弯曲)。在实际应用中,柱体的预应力被认为是材料的最小压缩屈服应力。已经研究了各种用于计算中等长度杆柱(指由于弹性弯曲与塑性屈服或压扁共同作用造成破坏的杆柱)的最大预应力的公式。几种挤压镁合金和轧制镁合金的压杆强度曲线如图 3-21 ~ 图 3-24 所示。

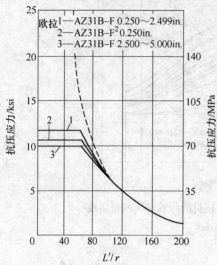

图 3-21　最低性能水平的 AZ31B-F
挤压材的压杆强度曲线
L'—柱体有效细杆长度
r—柱体横截面的最小回转半径
注:1in = 0.0254m。

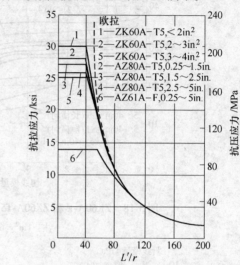

图 3-22　最低性能水平的 AZ61A-F、AZ80A-
T5 和 ZK60A-T5 挤压材的压杆强度曲线
L'—柱体有效细杆长度
r—柱体横截面的最小回转半径
注:1in = 0.0254m。

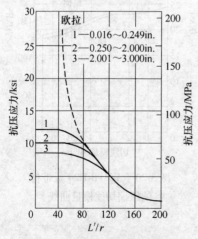

图 3-23　针对 AZ31B-O 板带材最低
性能水平下的压杆强度曲线
L'—柱体有效细杆长度
r—柱体横截面的最小回转半径

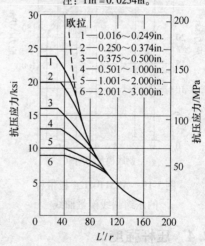

图 3-24　针对 AZ31B-H24 镁板带材最低
性能水平的压杆强度曲线
L'—柱体有效细杆长度
r—柱体横截面的最小回转半径

　　当柱体的横截面中的某些部分与其宽度相比相对薄时，这些部分可在载荷达到使整个柱体弯曲之前单独翘曲。柱体的局部弯曲或失稳强度可通过对板状单元体的弯曲负载进行求和计算。总值除以各单元的总面积可得出整个截面的平均失稳强度（见图 3-25 ~ 图 3-29）。

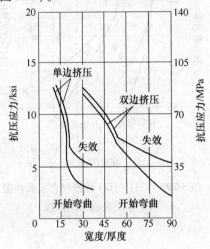

图 3-25　AZ31B-F 挤压材在最低
性能水平下的失稳强度曲线

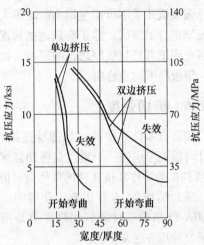

图 3-26　AZ61A-F 挤压材在最低
性能水平下的失稳强度曲线

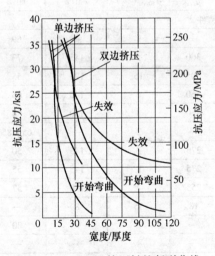

图 3-27　AZ80-T5 挤压材的断裂曲线

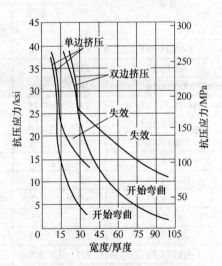

图 3-28　AZ60A-T5 挤压材在最低
性能水平的失稳强度曲线

3.2.5　支承强度

　　抵抗由插入孔中的一个销子所施加的应力的能力称为支承强度，它在螺栓连接和铆接件的设计中尤其重要。支承屈服强度定义为相对于试验曲线起始直线部分的偏离值，相当于孔直径的 2% 时所需要的应力。表 3-11 中所列出的支承强度值是用距边缘（从孔中心算起）为 2.5 倍直径、宽度为 8 倍直径的试样测定的。边缘距离超过销直径的 2 倍以上时对支承强度值几乎不再产生影响。对很大范围内的板厚进行了测试，除了有翘曲的情况外，没有观察到销直径与板厚之比的影响。销直径小于 4 倍板厚可防止翘曲。

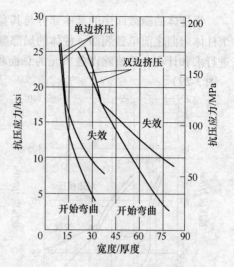

图 3-29　AZ31B-H24 板带材在最低性能
水平下的失稳强度曲线

3.2.6　剪切强度

镁合金零件连接件（如螺纹连接和点焊）设计时需要考虑的一个重点是剪切强度。表 3-11 所列出的铸件和挤压件的剪切强度值是用实心杆通过传统的双-剪切方法获得的；板材和 AZ80A-T5 结构型材的剪切强度值是用平板试样通过冲压方法获得的。

表 3-11　镁合金在室温下的典型力学性能

合金	抗拉强度 /MPa	屈服强度/MPa			断后伸长率 A_{50mm}（%）	剪切强度 /MPa	硬度 HRB
		拉伸	压缩	支承			
砂型和硬模铸件							
AM100A-T61	275	150	150	—	1	—	69
AZ63A-T6	275	130	130	360	5	145	73
AZ81A-T4	275	83	83	305	15	125	55
AZ91C 和 E-T6	275	145	145	360	6	145	66
AZ92A-T6	275	150	150	450	3	150	84
EQ21A-T6	235	195	195	—	2		65 ~ 85
EZ33A-T5	160	110	110	275	2	145	50
HK31A-T6	220	105	105	275	8	145	55
HZ32A-T5	185	90	90	255	4	140	57
K1A-F	180	55		18	55	8	
QE22A-T6	260	195	195	—	3		80
QE21A-T6	275	205			4		
WE43A-T6	250	165		—	2		75 ~ 95
WE54A-T6	250	172	172	—	2		75 ~ 95
ZC63A-T6	210	125			4		55 ~ 65
ZE41A-T5	205	140	140	350	3.5	160	62
ZE63A-T6	300	190	195	—	10		60 ~ 85
ZH62A-T5	240	170	170	340	4	165	70

（续）

合金	抗拉强度 /MPa	屈服强度/MPa			断后伸长率 A_{50mm}（%）	剪切强度 /MPa	硬度 HRB
		拉伸	压缩	支承			
砂型和硬模铸件							
ZK51A-T5	205	165	165	325	3.5	160	65
ZK61A-T5	310	185	185	—		170	68
ZK61A-T6	310	195	195	—	10	180	70
压 铸 件							
AM60A 和 B-F	205	115	115	—	6		
AS21X1	240	130	130		9		
AS41A-F	220	150	150		4		
AZ91A、B 和 D-F	230	150	165		3	140	63
挤压棒和型材							
AZ10A-F	240	145	69		10		
AZ21X1-F	—						
AZ31B 和 C-F	260	200	97	230	15	130	49
AZ61A-F	310	230	130	285	16	140	60
AZ80A-T5	380	275	240	—	7	165	82
HZ31A-F	290	230	185	345	10	150	
M1A-F	255	180	83	195	12	125	44
ZC71-F	360	340	—		5		70 ~ 80
ZK21A-F	260	195	135		4		
ZK40A-T5	276	255	140	—	4	—	
ZK60A-T5	365	305	250	405	11	180	88
板 带 材							
AZ31B-H24	290	220	180	325	15	160	73
HK31A-H24	255	200	160	285	9	140	68
HM21A-T8	235	170	130	270	11	128	

3.2.7　硬度和耐磨性

　　除了那些对耐磨性有苛刻要求的结构外，镁合金有适应所有结构应用的足够硬度。尽管这些镁合金有相当宽的硬度范围，但其耐磨性的变化仅有 15% ~ 20%。当经受频繁拔掉双头螺柱或支承负载所造成的摩擦时，可以用嵌入钢、青铜或非金属材料的办法对镁合金进行保护和加强；这些材料也可作为套筒、内衬、衬垫或衬套连接于镁合金零件上。这类镶嵌物可以通过冲压、热装、铆接、螺栓连接或粘接等方法进行机械连接，在铸造过程中，这些镶嵌物可以直接嵌铸入铸件中。镁合金在下列应用中作为支承材料有令人满意的性能。

　　●负载不超过 14MPa。

- 传动轴经过硬化（350~600HBW）。
- 有足够的润滑。
- 速度低（最大5m/s）。
- 工作温度不超过105℃。

3.2.8　韧性

韧性，材料吸收能量和在断裂之前产生塑性变形的能力，通常采用具有应力集中缺口或裂纹的材料试样进行测量。具有标准缺口的试样的抗拉强度与没有这种缺口的试样的抗拉强度之比可表示该材料的缺口敏感性。

摆锤式（单梁）冲击试验和悬臂梁式冲击试验采用落锤的方法测量材料对冲击负载的敏感性。在这类标准试验中，需要将试样预先开缺口，但有时也对未开缺口的试样进行测试。

如果在与裂纹尺寸相比足够大的试样上有极尖锐的缺口（如疲劳裂纹），可用线弹性理论计算裂纹尖端的应力强度。当裂纹达到一定尺寸时，就会达到临界应力强度，而试样也会严重损坏。此应力强度值可用来计算所给结构能允许的最大裂纹尺寸。

3.2.9　减振性能

所有镁合金都有非常好的减振性能。表3-12~表3-14为镁合金的减振率与其他金属的比较。

表3-12　几种镁、铝和铸铁砂型铸件在悬臂梁弯曲加载试验时的减振率

合　金	状　态	特定减振率（%）				
		7.0MPa	13.8MPa	20MPa	25MPa	35MPa
AZ92A	F	0.17	0.45	2.09	5.54	—
	T4	0.50	1.04	1.29	2.62	3.78
	T6	0.35	0.70	1.64	3.08	4.78
EZ33A	F	—	4.88	12.55	18.15	22.42
K1A	F	40.0	48.8	56.0	61.7	66.1
A1335	T6	—	0.51-	0.67	1.0	—
A1356	T6	0.3	0.48	0.62	0.82	1.2
铸铁	—	—	5.0	12.2	14.2	16.5

表3-13　几种镁合金压铸件在扭转加载试验时的减振率

合　金	状　态	减振率（%）				
		20MPa	40MPa	60MPa	80MPa	100MPa
AS41A	F	20	54	60	65	70
AZ91A,B,D	F	20	32	45	50	55

表 3-14　几种镁合金挤压材在悬臂梁弯曲加载试验时的减振率

合　金	状　态	减振率(%)				
		70MPa	13.8MPa	20MPa	25MPa	35MPa
AZ31B	F	1.04	1.57	2.04	2.38	2.72
M1A	F	0.35	1.28	2.22	3.14	3.92

3.3　镁合金的高温力学性能

高温对镁合金的力学性能有不利影响。评价这些影响时主要考虑以下几个方面：
- 试样升温后立即进行测试时的强度（瞬时试验）。
- 长时间加热后的高温强度。
- 短时间及长时间高温加热对室温性能的影响。
- 有负载条件下长时间加热产生的变形（蠕变试验）。

本节主要介绍高温对各种镁合金产品的影响。对各种形式，即砂型铸件、压铸件、锻件、挤压材和轧制产品均按下述顺序介绍其高温影响：拉伸性能、剪切及支承强度、缺口敏感性及韧性、蠕变及应力断裂特性等。

3.3.1　砂型铸件

图 3-30 和图 3-31 以及表 3-15～表 3-17 所示为试验温度对各种镁合金砂型铸件拉伸性能的影响；表 3-18 所示为剪切和支承强度。缺口敏感性和韧性见表 3-19。而图 3-32～图 3-34 和表 3-20 所示的是蠕变性能。

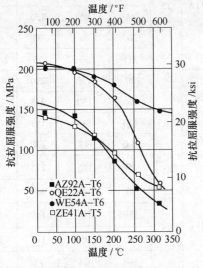

图 3-30　温度对四种砂型铸造镁合金拉伸屈服强度的影响

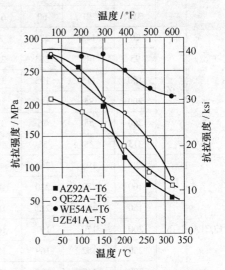

图 3-31　温度对四种砂型铸造镁合金抗拉强度的影响

表 3-15　单个砂型铸造镁合金拉伸试棒在高温下的拉伸性能

合金	状态	温度/℃	拉伸屈服应力/MPa	抗拉强度/MPa	伸长率(%)	合金	状态	温度/℃	拉伸屈服应力/MPa	抗拉强度/MPa	伸长率(%)
AZ31A	T4	20	85	275	15	EQ21A	T6	350	60	78	14
		95	90	255	22	EZ33A	T5	20	105	160	3
		150	85	195	32			95	105	160	5
		200	75	140	30			150	95	150	10
		260	70	95	25			200	85	145	20
AZ91C	T4	20	85	275	14			260	70	125	31
		95	95	235	26			315	55	85	50
		150	95	195	30	QE22A	T6	20	205	275	4
		200	90	140	30			95	195	235	—
	T6	20	135	275	5			150	185	205	—
		95	135	255	24			200	165	185	—
		150	115	185	31			260	110	140	—
		200	95	140	33			315	60	85	—
AZ92A	T5	20	110	180	2	WE54A	T6	20	200	275	5
		95	110	165	2			250	170	225	7.5
		150	95	160	4	ZE41A	T5	20	140	205	5
		200	74	140	15			95	130	185	8
		260	55	110	32			180	115	165	15
		315	30	60	61			200	95	130	29
	T6	20	145	275	2			260	70	95	40
		95	145	255	25			315	55	75	43
		150	115	195	35	ZE63A	T6	20	175	290	—
		200	85	115	36			100	130	235	—
		260	55	75	33			150	110	185	—
		315	35	55	49			200	95	130	—
EQ21A	T6	20	195	261	4	ZK51A	T5	20	165	275	8
		100	189	230	10			95	145	205	12
		150	180	211	16			150	115	160	14
		200	170	191	16			200	95	115	17
		250	152	169	15			260	60	85	16
		300	117	132	10			315	40	55	16
		325	92	105	9						

表 3-16 温度对单个砂型铸造镁合金试棒拉伸性能的影响

合金	状态	温度/℃	时间/h	测试温度	拉伸屈服应力/MPa	抗拉强度/MPa	伸长率(%)	合金	状态	温度/℃	时间/h	测试温度	拉伸屈服应力/MPa	抗拉强度/MPa	伸长率(%)
		95	0	20	145	275	2			200	0	200	85	115	33
		95	25	20	170	275	2			200	25	200	80	115	37
		95	100	20	160	265	2			200	100	200	80	120	31
		95	500	20	160	280	2	AZ92A	T6	200	1000	200	80	120	37
		95	1000	20	150	280	3			200	2500	200	80	120	18
		95	2500	20	160	285	4			200	5000	200	70	120	17
		95	0	95	145	255	25			200	0	200	105	160	3
		95	25	95	135	280	7			200	25	20	130	170	3
		95	100	95	135	275	15			200	100	20	135	170	2
		95	1000	95	130	270	9			200	500	20	140	170	2
		95	2500	95	145	275	10			200	1000	20	140	170	2
		150	0	20	145	275	2			200	5000	20	145	170	1
		150	25	20	175	260	1			200	0	200	85	145	20
		150	100	20	155	270	2			200	25	200	85	140	18
		150	500	20	170	270	2			200	100	200	85	140	17
AZ92A	T6	150	1000	20	145	270	4			200	500	200	90	135	17
		150	2500	20	165	270	2			200	1000	200	90	135	16
		150	5000	20	165	265	2			200	5000	200	90	130	16
		150	0	150	115	195	35	EZ33A	T5	200	0	315	55	83	50
		150	25	150	110	190	42			200	25	315	55	85	51
		150	100	150	110	180	40			200	100	315	55	85	53
		150	1000	150	110	190	46			200	500	315	55	85	56
		150	2500	150	100	170	35			200	1000	315	55	85	58
		150	5000	150	100	185	42			260	0	20	105	160	3
		200	0	20	145	275	5			260	25	20	125	165	4
		200	25	20	175	275	1			260	100	20	125	165	3
		200	100	20	165	275	2			260	500	20	130	165	3
		200	500	20	155	275	2			260	1000	20	130	165	3
		200	1000	20	155	270	2			260	5000	20	135	165	2
		200	2500	20	135	245	3			260	0	260	70	125	31
		200	5000	20	135	245	3			260	25	260	70	110	42

（续）

合金	状态	温度/℃	时间/h	测试温度	拉伸屈服应力/MPa	抗拉强度/MPa	伸长率(%)	合金	状态	温度/℃	时间/h	测试温度	拉伸屈服应力/MPa	抗拉强度/MPa	伸长率(%)
EZ33A	T5	260	100	260	70	105	46			315	500	20	130	175	2
		260	500	260	65	95	46			315	1000	20	130	175	2
		260	1000	260	65	95	45			315	5000	20	130	175	2
		260	5000	260	65	95	45	EZ33A	T5	315	25	315	55	80	55
		260	0	315	55	85	50			315	100	315	55	80	55
		260	25	315	50	80	44			315	500	315	55	80	55
		260	100	315	50	80	50			315	1000	315	55	80	55
		260	500	315	50	80	54			315	5000	315	55	80	54
		260	1000	315	45	80	56			200	0.25	200	177	244	6.5
		315	0	20	105	160	3	WE54A	T6	200	1000	200	193	235	3
		315	25	20	125	170	4			250	0.25	250	167	233	10
		315	100	20	125	170	3			250	1000	250	165	213	11

表 3-17　应变速度及温度对砂型铸造镁合金强度的影响

合金	温度/℃	屈服强度/MPa				抗拉强度/MPa			
		应变速度/min⁻¹				应变速度/min⁻¹			
		0.005	0.050	0.50	5.0	0.005	0.050	0.50	5.0
AZ91C-T6	25	135	135	135	135	280	280	280	280
	95	125	130	130	130	265	265	270	270
	150	100	110	115	125	195	200	220	245
	200	85	90	100	110	125	130	150	180
	260	60	75	85	100	90	95	110	140
	315	45	55	70	85	65	70	85	105
	370	25	40	50	65	40	45	55	85
	425	10	15	20	20	15	20	20	20
AZ92Z-T6	25	165	160	130	160	27	270	270	270
	95	145	150	155	160	255	255	255	255
	150	110	125	140	150	200	210	230	245
	200	75	95	115	135	125	135	150	195
	260	55	70	95	110	85	95	105	140
	315	40	55	70	85	55	60	75	105
	370	20	30	50	70	30	35	50	75

（续）

合　　金	温度/℃	屈服强度/MPa				抗拉强度/MPa			
		应变速度/min⁻¹				应变速度/min⁻¹			
		0.005	0.050	0.50	5.0	0.005	0.050	0.50	5.0
EZ33ZA-T5	25	125	125	125	125	190	190	190	190
	95	100	105	110	110	165	165	165	165
	150	85	95	100	100	160	160	160	160
	200	75	75	85	90	155	155	155	155
	260	70	70	70	80	135	135	140	140
	315	65	65	65	70	100	110	120	125
	370	70	50	55	65	50	60	80	100
	425	15	25	35	50	25	30	40	70
	480	5	10	15	35	10	15	20	45

表 3-18　砂型铸造镁合金的剪切和支承强度

合　　金	型　　号	试验温度/℃	剪 切 强 度		支承强度/MPa
			屈服/MPa	极值/MPa	
AM100A	F	25	—	—	125
	T4	25	310	475	140
	T61	25	470	560	145
ZM100A	F	25	275	415	125
	T4	25	270	410	150
		95	265	440	160
		200	210	315	100
	T5	25	275	455	130
	T6	25	355	475	165
		95	315	485	165
		200	215	305	90
AZ81A	T4	25	245	400	150
		95	245	425	155
		200	220	375	110
AZ91C	F	25	275	415	—
	T4	25	255	415	150
		95	265	425	155
		200	220	360	105

（续）

合　　金	型　　号	试验温度/℃	剪切强度		支承强度/MPa
			屈服/MPa	极值/MPa	
AZ91C	T6	25	360	460	165
		95	330	500	170
		200	230	325	105
AZ92A	F	25	315	345	125
	T4	25	315	470	140
	T5	25	317	345	140
	T6	25	460	540	180
		95	420	565	190
		200	230	310	400
EZ33A	T5	25	275	310	135
		200	180	310	115
		315	145	210	65
K1A	F	25	125	315	55
ZE41A	T5	25	355	485	150
		200	233	360	115
		315	165	215	60
ZK51A	T5	25	350	485	150

注：表中支承强度试样为 $2d$ 长，$8d$ 宽；剪切强度试样为直径为 3.175mm（0.125in）的圆柱。

表 3-19　砂型铸造镁合金的缺口敏感性和冲击韧性

合　　金	型　　号	温度/℃	缺口半径/mm			冲击吸收能量/J	冲击韧度/(J/cm^2)
			0.229	0.025	0.008		
			缺口断裂韧度/MPa·m$^{\frac{1}{2}}$				
AZ81A	T4	25	—	—	—	6.1	—
AZ91C	F	25	—	—	—	0.79	—
	T4	25	0.97	0.96	0.90	4.1	—
		−78	0.90	0.81	0.81	—	—
		−196	0.89	0.83	0.81	—	—
	T6	25	1.06	1.02	0.86	1.4	3.61
		−78	1.00	0.78	0.74	—	—
		−196	0.93	0.76	0.8	—	—
AZ92A	F	25	—	—	—	0.7	—

（续）

合　金　型　号		温度/℃	缺口半径/mm			冲击吸收能量/J	冲击韧度/(J/cm²)
			0.229	0.025	0.008		
			缺口断裂韧度/MPa·m$^{\frac{1}{2}}$				
AZ92A	T4	25	—	—	—	4.1	—
	T6	25	—	—	—	1.4	—
EQ21A	T6	20	—	—	—	—	5.17
EZ32A	T5	20	—	—	—	1.5[①]	—
QE22A	T6	25	1.24	1.06	1.06	2.0	4.67
		−78	1.08	0.82	0.85		
		−196	1.02	0.86	0.72		
WE54A	T6	20	—	—	—	—	3.61
ZE41A	T5	25	—	—	—	1.4	4.90
ZE63A	T6	25	—	—	—	0.07	6.63
A	T5	20	—	—	—	3.5[①]	—

① 有缺口悬臂梁式冲击试验。

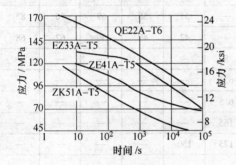

图 3-32　各种砂型铸造镁合金在
250℃下的断裂时间

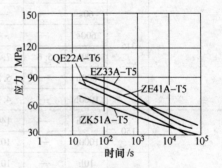

图 3-33　各种砂型铸造镁合金在
315℃下的蠕变性能

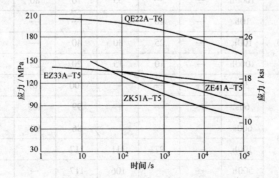

图 3-34　各种砂型铸造镁合金在 200℃下的断裂时间

表 3-20　单个砂型铸造镁合金试棒的蠕变强度

合　金	温度 /℃	时间	产生蠕变时的应力/MPa							
			0.05%	0.1%	0.2%	0.5%	1.0%	2%	5%	10%
AZ32A-T5	200	30s	—	—	—	—	—	98	118	130
		60s	—	—	—	—	—	97	117	128
		600s	—	—	—	—	—	96	116	125
		100h	52	66	71	—	—	—	—	—
		500h	41	54	65	—	—	—	—	—
		1000h	36	47	58	—	—	—	—	—
	250	30s	—	—	—	76	84	92	111	123
		60s	—	—	—	74	86	91	110	120
		600s	—	—	—	73	82	89	138	114
		100h	23	28	32	36	—	—	—	—
		500h	11	19	24	30	34	—	—	—
		1000h	—	14	20	26	30	—	—	—
	315	30s	—	—	—	52	59	73	80	85
		60s	—	—	—	51	58	69	76	83
		600s	—	—	—	42	49	56	62	68
		100h	5.6	7.1	8	—	—	—	—	—
		500h	—	5.2	6.5	—	—	—	—	—
		1000h	—	4.3	6.5	—	—	—	—	—
QE22A-T6	150	100h	—	140	165	—	—	—	—	—
		1000h	—	105	125	150	—	—	—	—
	200	10h	—	105	—	—	—	—	—	—
		100h	—	75	85	105	—	—	—	—
		1000h	—	55	70	80	—	—	—	—
	250	10h	—	40	—	—	—	—	—	—
		100h	—	25	30	40	—	—	—	—
		1000h	—	10	15	20	25	—	—	—
ZE41A-T5	100	30s	—	—	—	100	107	116	127	—
		60s	—	—	—	99	105	114	124	—
		600s	—	—	—	86	99	103	114	—
		100h	—	97	111	117	—	—	—	—
		500h	—	—	106	117	—	—	—	—
		1000h	—	—	103	116	—	—	—	—

（续）

合　金	温度/℃	时间	产生蠕变时的应力/MPa							
			0.05%	0.1%	0.2%	0.5%	1.0%	2%	5%	10%
ZE41A-T5	150	30s	—	—	—	86	90	94	99	—
		60s	—	—	—	83	88	91	93	
		600s	—	—	—	71	76	81	86	
		100h	77	86	97	101	107	—	—	—
		500h	—	75	88	96	100	—	—	—
		1000h	—	70	83	91	97	—	—	—
	200	30s	—	—	—	62	69	76	69	83
		60s	—	—	—	59	66	73	76	79
		600s	—	—	—	49	53	59	64	67
		100h	29	43	52	67	73	—	—	—
		500h	22	28	37	52	64	—	—	—
		1000h	20	23	31	43	53	—	—	—
	250	100h	6	12	19	32	29	—	—	—
		500h	4	6	9	15	19	—	—	—
		1000h	4	5	7	12	15	—	—	—

1. Mg-Al-Zn 合金

Mg-Al-Zn 合金限制在低于 160～175℃ 的温度下使用，因为它们的力学性能在高于上述温度时会迅速下降。这种 Mg-Al-Zn 合金有着与多晶镁相似的蠕变特性，其稳态蠕变速度可用下述公式表示：

$$\varepsilon = A\sigma^n$$

式中　ε——应变速率；

　　　A——无量纲常数；

　　　σ——应力。

应力指数 n 依赖于外加应力。

温度对 AZ91C 和 AZ92A 两种普通 Mg-Al-Zn 砂型铸造镁合金的应力-应变曲线的影响如图 3-35～图 3-37 所示。AZ91C 的等时应力-应变曲线如图 3-38 和图 3-39 所示，AZ92A 的蠕变强度见表 3-21。

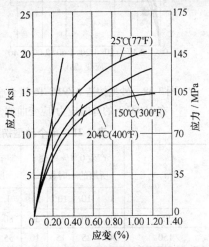

图 3-35　AZ91C-T4 砂型铸造镁合金的应力-应变曲线

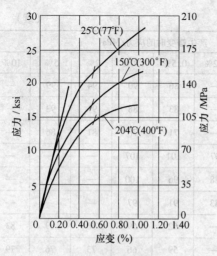

图 3-36　砂型铸造 AZ91C-T6 镁合金
的应力-应变曲线

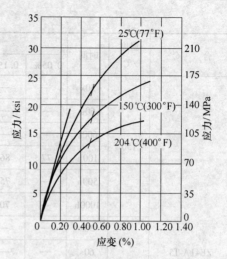

图 3-37　砂型铸造 AZ92A-T6 镁合金
的应力-应变曲线

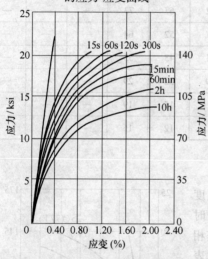

图 3-38　砂型铸造 AZ91C-T6 镁合金
在 150℃下的等时应力-应变曲线

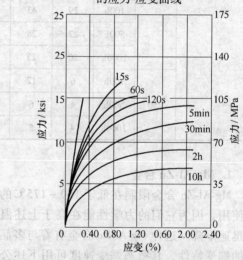

图 3-39　砂型铸造 AZ91C-T6 镁合金在
204℃时的同步应力-应变曲线

表 3-21　单个砂型铸造 AZ92A-T6 镁合金试棒的蠕变强度（单位：MPa）

温度/℃	产生 0.1% 蠕变所用的小时数/h				产生 0.2% 蠕变所用的小时数/h				产生 0.5% 蠕变所用的小时数/h				产生 1.0% 蠕变所用的小时数/h			
	1	10	10^2	10^3	1	10	10^2	10^3	1	10	10^2	10^3	1	10	10^2	10^3
95	50	40	35	30	80	70	55	45	130	110	90	70	160	140	115	100
150	30	25	15	10	55	40	25	20	85	70	50	35	105	85	60	45
200	15	10	5	—	30	20	10		50	35	15	5	60	40	25	10
260	10	—			15	5			25	15			35	20		

2. Mg-Zn-Cu 合金

Mg-Zn-Cu 合金具有比 Mg-Al-Zn 合金更好的拉伸性能和蠕变强度，见表 3-22-表 3-24。

表 3-22　温度对砂型铸造 ZC63A-T6 镁合金拉伸性能的影响

试验温度/℃	屈服强度/MPa	抗拉强度/MPa	伸长率(%)
20	158	242	4.5
100	140	215	9.0
150	134	179	14.0
200	118	142	11.0

表 3-23　砂型铸造 ZC63A-T6 镁合金的蠕变强度

试验温度/℃	时间/h	蠕变时的拉应力/MPa		
		0.1%	0.2%	0.5%
150	10	104	107	110
	100	94	99	104
	1000	74	89	95
200	10	65	67	69
	100	60	63	67
	1000	42	49	55

表 3-24　砂型铸造 ZC63A-T6 镁合金的蠕变强度

试验温度/℃	时间/h	蠕变时的拉应力/MPa			
		0.1%	0.2%	0.5%	1.0%
150	10	42	77	101	—
	100	37	73	100	—
	1000	27	61	91	98
200	10	—	62	—	—
	100	—	55	65	67
	1000	—	41	53	57

3. Mg-Zn-Zr 合金

Mg-Zn-Zr 合金在高达约 100℃ 的温度下具有良好的强度。表 3-25 和表 3-26 列出了一种普通 Mg-Zn-Zr 合金（ZK51A）的蠕变特性。

表 3-25　砂型铸造 ZK51A-T5 镁合金的蠕变强度

温度/℃	时间/h	蠕变时的拉应力/MPa				
		0.2%	0.5%	1.0%	2.0%	5.0%
200	1000	—	73	80	90	97
	10000	—	67	69	77	84
	36000	—	66	75	72	76
250	1000	40	50	55	61	64
	10000	32	40	46	48	—
	36000		31	36	42	—

（续）

温度/℃	时间/h	蠕变时的拉应力/MPa				
		0.2%	0.5%	1.0%	2.0%	5.0%
315	1000	30	35	38	42	44
	10000	—	29	30	33	36
	36000	—	—	—	27	31

表 3-26　砂型铸造 ZK51A-T5 镁合金的蠕变特性

试验温度/℃	稳态蠕变应力/MPa	蠕变断裂强度/MPa
150	65	100
200	40	65
250	—	40

4. Mg-Ag 合金

Mg-Ag 系镁合金的稳态蠕变速度取决于应力与温度，可用公式 $\varepsilon = A\sigma^n \exp[-Q/(RT)]$ 表示（σ 为应力，R 为气体常数，T 为温度），Mg-Ag 系镁合金的稳态蠕变速率与温度和应力有关。该合金系的应力指数 n 大约为 4.8，蠕变激活能 Q 为 175kJ/mol，该激活能高于晶格自扩散激活能。

如图 3-40 所示为温度对 QE22A 镁合金应力-应变曲线的影响。EQ21A 和 QE22A 的蠕变性能见图 3-41 ~ 图 3-44 和表 3-27 ~ 表 3-29。这些 Mg-Ag 系镁合金都有很好的高温瞬时力学性能。

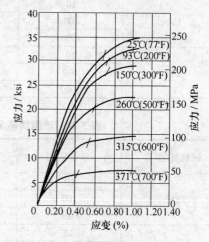

图 3-40　砂型铸造 QE22A-T6 镁合金的应力-应变曲线

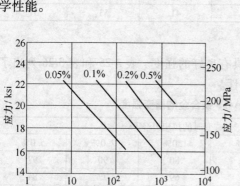

图 3-41　QE22A-T6 镁合金砂型铸件在 150℃及各种特定蠕变量下应力与时间的关系

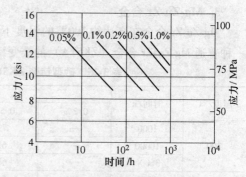

图 3-42　QE22A-T6 镁合金砂型铸件在 200℃及各种特定蠕变量下应力与时间的关系

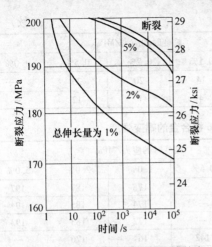

图 3-43　QE22A-T6 镁合金砂型铸件在
150℃下断裂应力与时间的关系

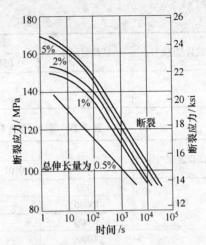

图 3-44　QE22A-T6 镁合金砂型铸件在
250℃下断裂应力与时间的关系

表 3-27　砂型铸造 EQ21A-T6 镁合金的蠕变强度

试验温度/℃	试验时间/h	蠕变时应力/MPa		
		0.1%	0.2%	0.5%
150	10	149	—	—
	100	138	155	—
	1000	123	134	152
200	10	109	128	154
	100	78	95	116
	1000	48	62	76
250	10	46	—	—
	100	29	36	42
	1000	14	19	24

表 3-28　砂型铸造 EQ22A-T6 镁合金的蠕变强度

试验温度/℃	试验时间/h	蠕变时的应力/MPa				
		0.05%	0.1%	0.2%	0.5%	1.0%
150	10	150	—	—	—	—
	100	120	140	165	—	—
	1000	90	105	125	150	—
200	10	83	105	119	129	—
	100	55	73	87	105	110
	1000	—	46	55	72	78
250	10	32	40	—	—	—
	100	17	26	32	40	—
	1000	—	10	16	22	26

（续）

试验温度/℃	试验时间/h	蠕变时的应力/MPa				
		0.05%	0.1%	0.2%	0.5%	1.0%
300	10	—	14	20	25	—
	100	—	4	8	12	—

表 3-29　砂型铸造 EQ22A-T6 镁合金的蠕变强度

试验温度/℃	试验时间/s	蠕变时的应力/MPa				
		0.02%	0.5%	1.0%	2.0%	5.0%
150	1000			178	187	197
	10000		—	174	185	194
	36000		—	172	183	193
200	1000	—	142	164	176	—
	10000	—	129	152	162	—
	36000	—	79	83	86	—
250	1000	—	102	114	120	124
	10000	—	87	94	98	103
	36000	—	79	83	86	90
300	1000	42	40	43	49	52
	10000	21	27	31	33	34
	36000	16	21	23	24	26

5. Mg-RE 合金

Mg-RE 合金常用于 175 ~ 260℃ 温度区间。温度对两种 Mg-Zn-RE-Zn 镁合金（EZ33A 和 EZ41A）应力-应变曲线的影响如图 3-45 和图 3-46 所示。EZ33 的等时应力-应变曲线如图 3-47 ~ 图 3-50 所示。这两种合金的蠕变强度见表 3-30 ~ 表 3-35。

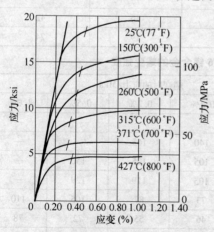

图 3-45　砂型铸造 EZ33A-T5 镁合金的应力-应变曲线

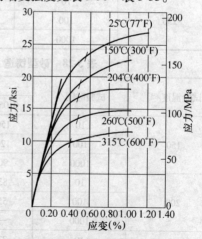

图 3-46　砂型铸造 ZE41A-T5 镁合金的应力-应变曲线

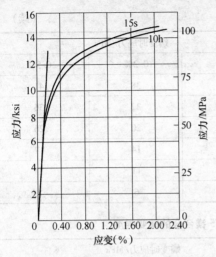

图 3-47　砂型铸造 EZ33A-T5 镁合金在
204℃下的等时应力-应变曲线

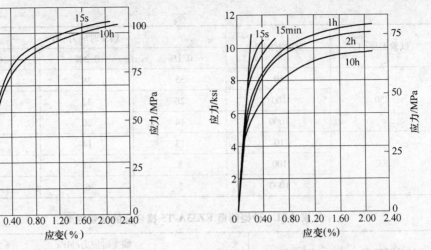

图 3-48　砂型铸造 EZ33A-T5 镁合金在
260℃下的等时应力-应变曲线

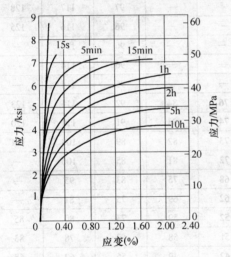

图 3-49　砂型铸造 EZ33A-T5 镁合金在
315℃下的等时应力-应变曲线

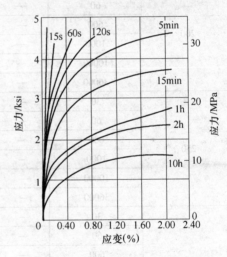

图 3-50　砂型铸造 EZ33A-T5 镁合金在
371℃下的等时应力-应变曲线

表 3-30　砂型铸造 EZ33A-T5 镁合金的蠕变强度

试验温度/℃	试验时间/h	蠕变时应力/MPa		
		0.1%	0.2%	0.5%
200	10	71	75	—
	100	66	71	—
	1000	47	58	

（续）

试验温度/℃	试验时间/h	蠕变时应力/MPa		
		0.1%	0.2%	0.5%
250	10	35	38	41
	100	28	32	36
	1000	14	20	26
300	10	13	14	17
	100	8	11	13
	1000	5	6	8

表 3-31　砂型铸造 EZ33A-T5 镁合金的蠕变强度

试验温度/℃	试验时间/s	蠕变时应力/MPa					
		0.2%	0.5%	1.0%	2.0%	5.0%	10.0%
200	30	—	—	—	98	118	130
	60	—	—	—	97	117	128
	600	—	—	—	96	116	125
	1000	—	—	—	96	116	—
	10000	—	—	—	96	114	—
	36000	—	—	—	95	114	—
250	30	—	76	84	92	111	123
	60	—	74	83	91	110	120
	600	—	73	82	89	108	114
	1000	—	72	81	85	106	—
	10000	—	68	75	83	95	—
	36000	—	62	69	75	81	—
300	30	—	52	59	73	80	85
	60	—	51	58	69	78	83
	600	—	42	49	56	62	68
	1000	32	39	47	53	58	—
	10000	—	29	34	28	40	—
	36000	—	—	—	—	31	—

表 3-32　砂型铸造 EZ33A-T5 镁合金的蠕变断裂应力

试验温度/℃	时间/s	断裂强度/MPa
200	30	136
	60	134
	600	129

（续）

试验温度/℃	时间/s	断裂强度/MPa
250	30	130
	60	129
	600	125
315	30	90
	60	88
	600	73

表 3-33　砂型铸造 ZE41A-T5 镁合金的蠕变强度

试验温度/℃	时间/h	蠕变时应力/MPa				
		0.05%	0.1%	0.2%	0.5%	1.0%
100	100	—	97	111	117	—
	500	—	—	106	117	—
	1000	—	—	103	116	—
150	100	77	86	97	101	107
	500	—	75	88	96	100
	1000	—	70	83	91	97
200	100	29	43	52	67	73
	500	22	28	37	52	64
	1000	20	23	31	40	53
250	100	6.2	12	19	32	39
	500	4.3	6.2	8.6	15	19
	1000	3.9	5.4	6.9	12	15

表 3-34　砂型铸造 ZE41 镁合金的蠕变强度

测试温度/℃	时间/s	蠕变时应力/MPa				
		0.2%	0.5%	1.0%	2.0%	5.0%
200	30	—	100	107	116	127
	60	—	99	108	114	124
	600	—	86	99	103	114
	1000	—	82	96	102	110
	10000	—	—	84	92	97
	36000	—	—	76	86	88

（续）

测试温度/℃	时间/s	蠕变时应力/MPa				
		0.2%	0.5%	1.0%	2.0%	5.0%
250	30	—	86	90	94	99
	60	—	83	88	91	96
	600	—	71	76	81	86
	1000	63	68	73	78	86
	10000	53	55	57	64	70
	36000	47	48	50	55	59
315	30	—	62	69	76	79
	60	—	59	66	73	76
	600	—	48	53	59	69
	1000	37	46	50	55	62
	10000	27	36	39	43	50
	36000	22	29	33	36	43

表 3-35　砂型铸造 ZE41A-T5 镁合金的蠕变断裂应力

测试温度/℃	时间/s	断裂强度/MPa
200	30	136
	600	134
	600	125
250	30	116
	60	113
	600	90
315	30	86
	60	82
	600	69

6. Mg-Y-RE 合金

Mg-Y-RE 系镁合金的蠕变行为类似于多晶镁。稳态蠕变速度可以用下式表示：$\dot{\varepsilon} = A\sigma^n \exp[-Q/(RT)]$。

不同温度范围内的蠕变激活能是可以计算的：在 200~280℃ 的低温范围内，蠕变激活能为 60~68kJ/mol；在较高温度（300~350℃）下，蠕变激活能为 150~226 kJ/mol。

Mg-Y-RE 系镁合金的蠕变激活能值在高温范围内取决于 Y 的含量，对于 Y 的质量分数为 1%、3% 和 5% 的合金，其蠕变激活能分别为 165kJ/mol、187kJ/mol 和 212kJ/mol。添加锌和钕可以改变其稳态蠕变速度。锌的质量分数从 2% 增加到 4% 可导致蠕变阻力的增加。同样，添加钕也可类似地提高这些合金的蠕变抗力。

当在高温（278℃ 以上）下产生蠕变变形时，对于 WE62 合金，应力范围为 100 ~ 20MPa 时，其蠕变激活能范围为 168 ~ 238kJ/mol；而对于 WE64 合金，应力为 60 ~ 30MPa 时，其蠕变激活能为 190 ~ 243kJ/mol。应力指数值取决于温度范围和应力区间，但对于 Mg-Y-Nd-Zr 合金而言，在所施加应力为 40MPa，蠕变为 1% 时，各种温度下的时间-温度关系实际上与 Y 和 Nd 的含量无关；在 300℃ 温度下产生 1% 的蠕变时，其时间-应力关系取决于锆的含量。

WE54 镁合金的稳态蠕变速度与应力之间的关系也可以用公式 $\dot{\varepsilon} = A\sigma^n \exp[-Q/(RT)]$ 表示。对于温度范围为 250 ~ 300℃，应力范围为 31 ~ 125MPa 的变形试样，其蠕变激活能 Q 大约为 230kJ/mol，应力指数 $n = 4$。

根据表 3-36 ~ 表 3-38，标准 T6 状态下的 WE43A 合金（Mg-4Y-3.4RE-0.5Zr）在高达 250℃ 温度下具有良好的抗蠕变能力，其稳态蠕变速度也可用前面的公式表示。在应力范围为 180 ~ 225MPa，温度范围为 130 ~ 170℃ 时，其蠕变激活能等于 140kJ/mol，n 值大约为 14；应力范围为 32 ~ 80MPa，温度范围为 230 ~ 270℃ 时，其激活能等于 170kJ/mol，n 值大约为 4。

表 3-36　砂型铸造 WE43A-T6 镁合金的蠕变强度

试验温度/℃	时间/h	蠕变时应力/MPa		
		0.1%	0.2%	0.5%
150	10	228	—	
	100	212	—	
	1000	195	207	
200	10	170	176	185
	100	148	161	173
	1000	—	96	139
250	10	69	75	
	100	44	61	
	1000	—	39	

表 3-37　砂型铸造 WE43A-T6 镁合金的蠕变性能

试验温度/℃	应力/MPa	稳态蠕变速度/h^{-1}	蠕变断裂	
			时间/h	应变（%）
130	225	1.405×10^{-7}	3860[①]	3.9
150	182	7.7×10^{-8}	3800[①]	0.82
150	202	3.67×10^{-7}	5100[①]	2.216

（续）

试验温度/℃	应力/MPa	稳态蠕变速度/h⁻¹	蠕 变 断 裂	
			时间/h	应变(%)
150	215	6.0×10^{-7}	5100[①]	1.76
150	225	2.55×10^{-6}	800	5.51
170	182	5.58×10^{-7}	1050[①]	1.23
170	202	9.6×10^{-7}	2300[①]	2.26
170	215	5.02×10^{-6}	1000	5.9
230	32	1.12×10^{-7}	1500[①]	0.17
230	61	1.75×10^{-6}	1170	0.55
250	32	5.07×10^{-7}	2000[①]	0.3
250	61	7.2×10^{-6}	350[①]	0.54
250	80	1.95×10^{-5}	960	3.13
270	32	2.38×10^{-6}	1800[①]	0.69
270	61	3.96×10^{-5}	632	4.05
270	80	8.33×10^{-5}	380	5.6
270	93	1.14×10^{-4}	230	6.95

① 实验在断裂前终止。

WE54 合金的蠕变性能见表 3-38 ~ 表 3-40。

表 3-38　砂型铸造 WE54-T6 镁合金的蠕变强度

试验温度/℃	时间/h	蠕变时应力/MPa		
		0.1%	0.2%	0.5%
200	10	—	—	154
	100	160	165	116
	1000	102	131	76
250	10	84	110	137
	100	47	61	81
	1000	17	32	48
275	10	51	64	—
	100	19	32	
300	10	29	36	—
	100	14	20	
350	10	14	—	—

表 3-39　砂型铸造 WE54A-T6 镁合金的蠕变强度

测试温度/℃	时间/h	蠕变时应力/MPa		
		0.2%	0.5%	1.0%
200	1000	—	126	—
250	10	56	108	140
	100	41	69	90
	1000	26	45	60
275	10	44	72	—
	100	27	45	

表 3-40　砂型铸造 WE54-T6 合金的蠕变性能

测试温度/℃	应力/MPa	稳定蠕变率/h^{-1}	蠕 变 断 裂	
			时间/h	应变(%)
250	62.6	1.3×10^{-5}	1008	2.60
250	93.3	5.2×10^{-5}	333	3.33
250	125.0	2.1×10^{-4}	70	3.00
275	31.5	7.3×10^{-6}	1200[①]	1.20
275	44.5	2.2×10^{-5}	544	3.00
275	62.5	8.9×10^{-5}	236	4.50
275	93.5	4.8×10^{-4}	48	4.50
300	31.2	4.8×10^{-5}	439	6.20
300	44.8	1.8×10^{-4}	210	5.40
300	45.2	1.8×10^{-4}	130	4.80
300	63.4	8.6×10^{-4}	39	11.50
300	93.5	4.8×10^{-6}	6.7	10.50

① 实验在断裂前终止。

3.3.2　压铸件

最常用的 AZ91 压铸镁合金，其室温和低应力条件下的蠕变行为可以很好地用如下公式表示

$$\dot{\varepsilon} = A\sigma^n$$

式中　$\dot{\varepsilon}$——稳态蠕变速度；

　　　A——常数；

　　　n——应力指数为 4.6。

这种稳态蠕变速度受应力影响的关系表明，扩散驱动的位错攀移机制可能是蠕变控

制机制。

　　AZ91 压铸镁合金很少在高温下使用，因为温度大约在 120℃ 以上时，其强度会大大降低。因而，为改善镁合金在超过 120℃ 以上温度的蠕变强度进行了许多工作，从而开发了含硅或稀土的镁合金。AZ91A、AZ91B、AZ91D 和 AS41A 的高温性能见表 3-41 和表 3-42。

表 3-41　AZ91A、AZ91B 和 AZ91D 压铸镁合金的力学性能

性能	温度/℃				
	25	95	150	200	260
拉伸屈服强度/MPa(ksi)	160(23)	140(20)	110(16)	85(12)	55(8)
抗拉强度/MPa(ksi)	230(33)	220(32)	185(27)	125(18)	75(11)
弹性模量/GPa(ksi)	45(6500)	41(5900)	39(5600)	34(5000)	29(4200)
0.1% 蠕变应变/MPa					
1h	145	120	35	15	—
10h	140	90	25	10	—
100h	140	65	15	5	—
0.2% 蠕变应变/MPa					
100h	—	—	25		
1000h		55	—		
0.1% 蠕变应变/MPa					
1h	145	117	35	14	
10h	138	90	28	10	
100h	138	62	14	5	
0.2% 蠕变应变/MPa					
100h	—	—	25		
1000h		55	—		

表 3-42　AS41A 压铸镁合金的力学性能

属　　性	温度/ ℃			
	25	95	150	200
拉伸屈服强度/MPa(ksi)	140(20)	115(17)	105(15)	60(9)
抗拉强度/MPa(ksi)	210(30)	160(23)	130(19)	90(13)
疲劳极限/MPa(ksi)				
10^5 循环	110(16)	80(12)	70(10)	
10^6 循环	90(13)	75(11)	60(9)	
10^7 循环	90(13)	75(11)	50(7)	
0.2% 蠕变/MPa(ksi)				
100h	—	—	40(6)	
1000h	—	50(7)	—	

3.3.3　变形加工产品

1. 锻件

图 3-51 和表 3-43 所示为温度对拉伸和压缩性能的影响，温度对剪切强度、支承强度及韧性的影响见表 3-44。蠕变性能见表 3-45 及图 3-52 ~ 图 3-63。

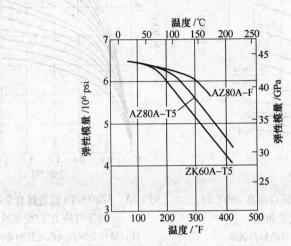

图 3-51　温度对锻造镁合金弹性模量的影响

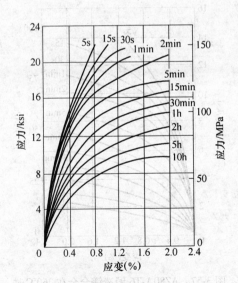

图 3-52　AZ80A-T5 锻造镁合金在 150℃时
的等时应力-应变曲线
注：试样为取自飞机轮毂的轴向试棒，
在 150℃下保温 3h 后测试。

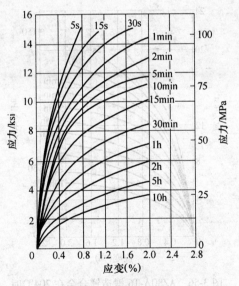

图 3-53　AZ80A-T5 锻造镁合金在 204℃时
的等时应力-应变曲线
注：试样为取自飞机轮毂的轴向试棒，
在 204℃下保温 3h 后测试。

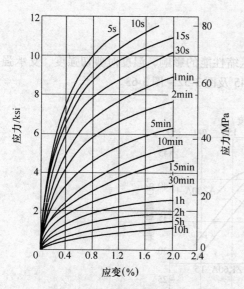

图 3-54　AZ80A-T5 锻造镁合金在 260℃ 时
的等时应力-应变曲线

注：试样为取自飞机轮毂的轴向试棒，
　　在 260℃ 下保温 3h 后测试。

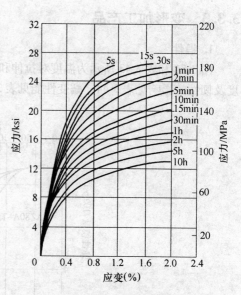

图 3-55　AZ80A-T6 锻造镁合金在 150℃ 时
的等时应力-应变曲线

注：试样为取自飞机轮毂的轴向试棒，
　　在 150℃ 下保温 3h 后测试。

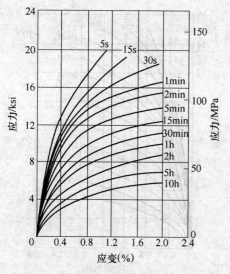

图 3-56　AZ80A-T6 锻造镁合金在 204℃ 时
的等时应力-应变曲线

注：试样为取自飞机轮毂的轴向试棒，
　　在 204℃ 下保温 3h 后测试。

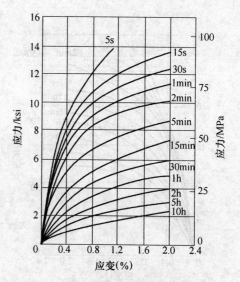

图 3-57　AZ80A-T6 锻造镁合金在 260℃ 时
的等时应力-应变曲线

注：试样为取自飞机轮毂的轴向试棒，
　　在 260℃ 下保温 3h 后测试。

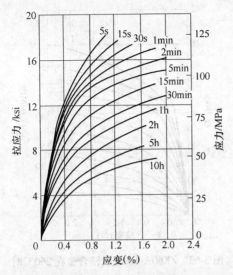

图 3-58 ZK60A-T5 锻造镁合金在 150℃时
的等时应力-应变曲线

注：试样为取自飞机轮毂的轴向试棒，
在 150℃下保温 3h 后测试。

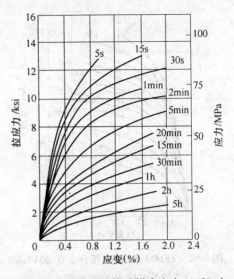

图 3-59 ZK60A-T5 锻造镁合金在 204℃时
的等时应力-应变曲线

注：试样为取自飞机轮毂的轴向试棒，
在 204℃下保温 3h 后测试。

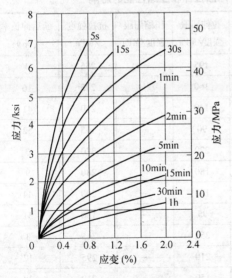

图 3-60 ZK60A-T5 锻造镁合金在 260℃时
的等时应力-应变曲线

注：试样为取自飞机轮毂的轴向试棒，
在 260℃下保温 3h 后测试。

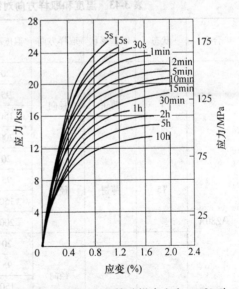

图 3-61 ZK60A-T6 锻造镁合金在 150℃时
的等时应力-应变曲线

注：试样为取自飞机轮毂的轴向试棒，
在 150℃下保温 3h 后测试。

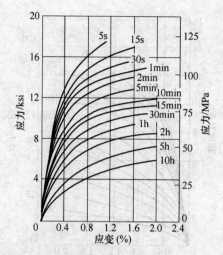

图 3-62　ZK60A-T6 锻造镁合金在 204℃时
　　　的等时应力-应变曲线

注：试样为取自飞机轮毂的轴向试棒，
　　在 204℃下保温 3h 后测试。

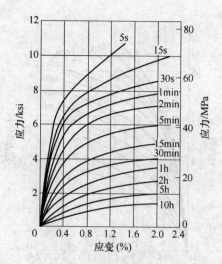

图 3-63　ZK60A-T6 锻造镁合金在 260℃时
　　　的等时应力-应变曲线

注：试样为取自飞机轮毂的轴向试棒，
　　在 260℃下保温 3h 后测试。

表 3-43　温度和取样方向对锻件产品拉伸和压缩性能的影响

合金	状态	锻造形状	取样方向	温度/℃	拉伸屈服强度/MPa	压缩屈服强度/MPa	抗拉强度/MPa	断后伸长率（%）
AZ80A	F	薄饼	径向	20	195	—	285	4
				95	160	—	275	16
				150	140	—	210	41
				200	90	—	135	52
	T5	薄饼	径向	20	220	—	320	3
				95	180	—	280	9
				150	135	—	200	44
				200	95	—	130	51
	T6	薄饼	径向	20	250	—	345	3
				95	210	—	295	17
				150	150	—	210	38
				200	100	—	135	36
			切线方向	20	215	—	290	2
				150	145	—	195	24
				200	95	—	130	32

（续）

合金	状态	锻造形状	取样方向	温度/℃	拉伸屈服强度/MPa	压缩屈服强度/MPa	抗拉强度/MPa	断后伸长率（%）
EK31A	T6	成品	纵向	20	185	155	290	7
			横向	20	220	155	315	6
			轴向		145	130	270	9
			纵向	150	165	—	215	17
			横向	150	180	—	230	17
			轴向		140	—	205	23
			纵向	200	165	—	200	16
			横向	200	170	—	210	17
			轴向		135	—	190	23
ZK60A	T5	薄饼	径向	20	200	—	295	13
				150	115	—	145	49
				200	70	—	95	51
	T6	薄饼	径向	20	240	—	315	11
				150	150	—	180	35
				200	105	—	115	41
			径向	20	260	—	330	10
				150	160	—	185	33
				200	105	—	125	37

表 3-44　温度对锻件支承强度、剪切强度和韧性的影响

合金	状态	锻件	取样方向	温度/℃	支承应力/MPa		剪切应力	夏氏冲击值（V 型）/J
					屈服	最大		
EK31A	T6	成品	切向	20	315	430	160	2.25
				150	275	370	130	—
				200	270	350	125	—
			轴向	20	285	345	145	4.51
				150	270	360	125	—
				200	275	340	115	—

（续）

合金	状态	锻件	取样方向	温度/℃	支承应力/MPa		剪切应力	夏氏冲击值（V型）/J
					屈服	最大		
ZK60A	T5	轮肋	切线方向	20	285	420	165	6.76
				200	145	185	45	—
			轴向	20	290	380	165	6.76
				200	150	185	50	—
			径向	20	—	—	—	6.76
	T6	轮肋	切线方向	20	340	475	180	3.43
				200	180	240	50	—
			轴向	20	305	420	170	3.43
				200	195	260	170	—
			径向	20	—	—	—	5.68

表 3-45　锻件的蠕变强度：加载 100h 后给定总伸长率对应的应力

合金	状态	方向	取样方向	试验温度/℃	0.2%应变时应力/MPa	0.5%应变时应力/MPa
AZ80A	F	薄饼	径向	150	25	45
				200	5	10
	T5	薄饼	径向	150	25	40
				200	5	15
	T6	薄饼	径向	150	20	40
				200	5	10
EK31A	T6	轮肋	轴向	150	85	140
				200	70	95
			切线方向	150	85	165
				200	65	105
		叶轮	径向	150	90	140
				200	60	105
ZK60A	T5	薄饼	径向	150	10	15
				200	2	3
	T6	薄饼	径向	150	25	45
				200	10	15

2. 挤压材

图 3-64 ~ 图 3-68 和表 3-46 ~ 表 3-48 所示为温度对拉伸和压缩性能的影响，而其蠕变性能见表 3-49。

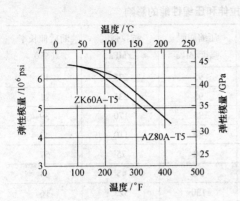

图 3-64　温度对挤压镁合金
弹性模量的影响

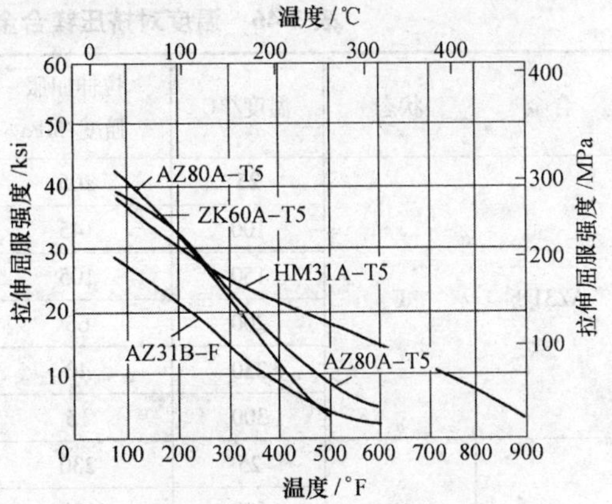

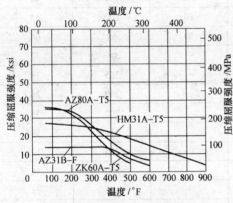

图 3-65　温度对挤压镁合金
拉伸屈服强度的影响（短时）

图 3-66　温度对挤压镁合金
压缩屈服强度的影响（短时）

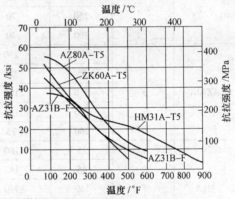

图 3-67　温度对挤压镁合金
抗拉强度的影响（短时）

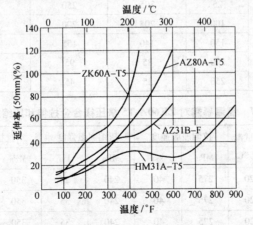

图 3-68　温度对挤压镁合金断后伸长率的影响（短时）

表 3-46　温度对挤压镁合金拉伸和压缩性能的影响

合金	状态	温度/℃	拉伸屈服强度/MPa	压缩屈服强度/MPa	抗拉强度/MPa	断后伸长率（%）
AZ31B	F	25	205	95	275	12
		100	145	95	235	21
		150	105	95	170	39
		200	65	80	110	42
		250	40	60	75	57
		300	15	30	45	64
AZ61A	F	25	230	130	325	16
		100	180	130	285	23
		150	140	130	225	40
		200	95	115	155	42
		250	70	80	100	45
		300	40	50	65	64
AZ80A	F	25	250	—	340	11
		95	220	—	305	18
		150	175	—	240	26
		200	120	—	200	35
		260	75	—	110	57
M1A	F	25	180	—	255	12
		95	145	—	200	16
		150	110	—	145	21
		200	85	—	115	17
		315	35	—	60	53
ZK60A	T5	25	305	250	360	11
		100	205	200	250	43
		150	140	155	175	53
		200	85	95	110	78
		250	35	45	55	—

表 3-47　高温暴露对 ZK60A-T5 挤压镁合金拉伸和压缩的影响

高温暴露温度/℃	时间/h	测试温度/℃	拉伸屈服强度 MPa	ksi	压缩屈服强度 MPa	ksi	抗拉强度 MPa	ksi	断后伸长率（%）
100	0	20	275	40	240	25	350	51	10
	16	20	275	40	240	35	350	51	10
	48	20	275	40	240	35	350	51	10
	192	20	275	40	240	35	350	51	10

（续）

高温暴露		测试温度/℃	拉伸屈服强度		压缩屈服强度		抗拉强度		断后伸长率
温度/℃	时间/h		MPa	ksi	MPa	ksi	MPa	ksi	（%）
100	500	20	275	40	240	35	350	51	10
	1000	20	275	40	240	35	350	51	10
100	0	100	190	28	215	31	245	36	41
	16	100	200	29	210	30	245	36	37
	48	100	190	28	225	33	245	36	38
	192	100	200	29	220	32	250	36	38
	500	100	200	29	225	33	260	38	36
	1000	100	200	29	220	32	255	37	34
120	0	20	275	40	240	35	350	51	10
	16	20	270	39	240	35	345	50	10
	48	20	290	42	240	35	350	51	10
	192	20	275	40	245	36	345	36	10
	500	20	280	41	245	36	360	52	8
	1000	20	290	42	245	36	355	51	10
120	0	120	165	24	190	28	210	30	48
	16	120	165	24	200	29	210	30	44
	48	120	160	23	210	30	210	30	45
	192	120	165	24	205	30	220	32	43
	500	120	165	24	205	30	210	30	45
	1000	120	160	23	205	30	205	30	45
150	0	20	275	40	240	35	350	51	10
	16	20	280	41	240	35	345	50	10
	48	20	290	42	235	34	345	50	10
	192	20	240	35	230	33	340	49	12
	500	20	260	38	230	33	335	49	10
	1000	20	255	37	220	32	325	47	12
150	0	150	130	19	160	23	175	25	52
	16	150	135	20	170	25	175	25	45
	48	150	135	20	180	26	170	25	52
	192	150	130	19	165	24	165	24	55
	500	150	130	19	165	24	165	24	56
	1000	150	120	17	160	23	165	24	56

表 3-48　应变速率和温度对挤压镁合金强度的影响

合金	测试温度/℃	拉伸屈服应力/MPa				抗拉强度/MPa			
		0.005/min	0.050/min	0.50/min	5.0/min	0.005/min	0.050/min	0.50/min	5.0/min
AZ31B-F	25	160	170	175	180	265	265	265	265
	95	135	140	150	160	—	225	230	240
	150	90	100	115	130	—	165	180	200
	200	60	75	90	105	—	105	125	150
	260	40	55	65	80	—	65	85	115
	315	20	35	45	60	—	40	55	75
	370	10	25	30	45	—	30	40	60
	425	—	15	25	30	—	15	25	40
	480	—	10	15	25	—	10	15	25
AZ61A-F	25	170	175	175	180	310	310	310	310
	95	155	160	165	170	275	275	275	275
	150	115	130	140	150	—	195	230	245
	200	75	100	115	130	—	115	155	190
	260	50	70	80	110	—	75	100	140
	315	25	45	50	70	—	45	65	90
	370	10	25	35	55	—	25	70	65
	425	—	10	25	40	—	15	30	40
	480	—	5	15	25	—	10	15	25
AZ80A-T5	25	210	220	240	255	335	335	335	335
	95	165	185	205	225	—	285	295	305
	150	110	130	155	175	—	180	215	250
	200	65	90	120	145	—	110	145	185
	260	35	60	75	110	65	95	135	—
	315	20	40	55	85	—	45	65	95
	370	10	25	35	55	—	30	40	65
	425	—	15	30	40	—	15	30	45
	480	—	2	15	20	—	10	15	20
M1A-F	25	170	180	190	200	230	250	175	295
	95	135	150	165	175	—	180	205	230
	150	85	105	135	165	—	120	140	175
	200	50	70	90	120	—	80	95	125
	260	35	45	60	85	—	50	65	90

（续）

合金	测试温度/℃	拉伸屈服应力/MPa				抗拉强度/MPa			
		0.005/min	0.050/min	0.50/min	5.0/min	0.005/min	0.050/min	0.50/min	5.0/min
M1A-F	315	25	60	40	55	—	35	50	65
	370	20	25	30	35	—	25	35	45
	425	—	20	25	25	—	20	25	30
	480	—	10	15	10	—	15	20	20
ZK60A-T5	25	275	290	310	325	—	355	365	370
	95	185	215	250	280	—	260	285	315
	150	115	145	180	210	—	170	200	240
	200	45	90	120	155	—	100	130	170
	260	15	35	55	105	—	40	70	125
	315	10	15	30	60	—	15	35	75
	370	10	10	20	40	—	15	25	45
	425	—	10	15	25	—	10	15	35
	480	—	10	15	25	—	10	15	25

表 3-49　挤压镁合金的蠕变性能

合金	温度/℃	对应于各种加载时间及给定断后伸长率的应力/MPa														
		0.1%				0.2%				0.5%				1.0%			
		1h	10h	100h	500h	1h	10h	100h	500h	1h	10h	100h	500h	1h	10h	100h	500h
AZ31B-F	95	40	35	30	25	70	60	50	40	110	95	85	70	130	115	105	90
	120	35	30	20	15	60	50	35	30	91	75	60	50	110	95	75	60
	150	30	20	10	2	50	35	20	15	75	55	35	30	85	70	50	35
	475	20	15	—	—	35	20	—	—	55	40	—	—	70	55	—	—
AZ61A-F	95	40	35	30	20	75	70	60	40	140	125	95	85	170	150	130	110
	120	35	30	15	5	60	50	30	20	110	90	55	40	140	110	75	55
	150	25	15	—	—	50	30	5	—	85	55	20	15	110	75	35	15
	175	15	—	—	—	30	10	—	—	60	30	—	—	75	40	—	—
ZK60A-T5	95	—	—	—	—	55	35	20	15	70	40	30		140	60	60	40
	120	—	—	—	—	35	20	5		70	40	15		95	60	30	—
	150	—	—	—	—	20	5	5		35	15	10					

3. 板带材

图 3-69 和表 3-50 ~ 表 3-52 所示为温度对拉伸和压缩性能的影响，而蠕变性能见表 3-53。

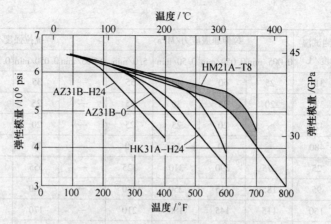

图 3-69　温度对 AZ31B 板材弹性模量的影响

注：为了便于比较，图中也给出了已不再使用的过时的合金（HM21A 和 HK31A）的相应曲线。

表 3-50　温度对 AZ31B-H24 板材拉压性能的影响

温度/℃	拉伸屈服强度/MPa	压缩屈服强度/MPa	抗拉强度/MPa	断后伸长率(%)
21	220	165	285	14
100	145	135	205	30
150	90	110	150	58
204	55	75	90	82
260	35	50	55	92
315	15	—	40	136
370	15	—	30	140

表 3-51　保温温度与时间对 AZ31B-H24 板材拉压性能的影响

断裂		测试温度/℃	拉伸屈服强度		压缩屈服强度		抗拉强度		断后伸长率(%)
温度/℃	时间/h		MPa	ksi	MPa	ksi	MPa	ksi	
95	0	20	220	32	165	24	280	41	13
	16	20	220	32	165	24	280	41	13
	48	20	220	32	165	24	280	41	13
	192	20	220	32	165	24	280	41	13
	500	20	220	32	165	24	280	41	13
	1000	20	220	32	165	24	280	41	13
	16	95	170	25	155	22	230	33	37
	48	95	170	25	155	22	230	32	37
	192	95	170	25	155	22	230	33	37
	500	95	170	25	155	22	230	33	37
	1000	95	170	25	155	22	230	33	37

（续）

断裂		测试温度/℃	拉伸屈服强度		压缩屈服强度		抗拉强度		断后伸长率
温度/℃	时间/h		MPa	ksi	MPa	ksi	MPa	ksi	（％）
120	0	20	220	32	165	24	280	41	13
	16	20	220	32	165	24	280	41	13
	48	20	220	32	165	24	280	41	13
	192	20	220	32	165	24	280	41	13
	500	20	220	32	165	24	280	41	13
	1000	20	220	32	165	24	280	41	17
	16	120	140	20	150	22	190	28	50
	48	120	140	20	150	22	190	28	50
	192	120	140	20	150	22	190	28	50
	500	120	140	20	150	22	190	28	50
	1000	120	140	20	150	22	190	28	50
150	0	20	220	32	165	24	280	41	13
	16	20	215	31	165	24	275	40	15
	48	20	200	29	165	24	275	40	16
	192	20	195	28	150	22	275	40	18
	500	20	200	29	155	22	270	39	18
	1000	20	205	30	145	21	270	39	20
	16	150	110	16	150	22	160	23	52
	48	150	110	16	130	19	160	23	55
	192	150	110	16	130	19	150	22	58
	500	150	110	16	130	19	150	22	63
	1000	150	105	15	125	18	145	21	64
200	0	20	220	32	165	24	280	41	13
	16	20	175	25	130	19	255	37	21
	48	20	175	25	130	19	260	38	21
	192	20	175	25	130	19	260	38	21
	500	20	175	25	130	19	260	38	21
	1000	20	175	25	130	19	260	38	21
	16	200	70	10	85	12	90	13	73
	48	200	70	10	85	12	90	13	73
	192	200	70	10	85	12	90	13	73
	500	200	70	10	85	12	90	13	73

（续）

断裂		测试温度/℃	拉伸屈服强度		压缩屈服强度		抗拉强度		断后伸长率（%）
温度/℃	时间/h		MPa	ksi	MPa	ksi	MPa	ksi	
200	1000	200	70	10	85	12	90	13	73
260	0	20	220	32	165	24	280	41	13
	16	20	160	23	120	17	255	37	21
	48	20	160	23	120	17	255	37	22
	192	20	160	23	120	17	255	37	22
	500	20	160	23	120	17	255	37	21
	1000	20	160	23	120	17	255	37	22
	16	260	50	7	60	9	60	9	70
	48	260	50	7	60	9	60	9	90
	192	260	50	7	60	9	60	9	90
	500	260	50	7	60	9	60	9	90
	1000	260	50	7	60	9	60	9	90
315	0	20	220	32	165	24	280	41	13
	16	20	155	22	110	16	250	36	18
	192	20	155	22	110	16	250	36	22
	500	20	155	22	110	16	250	36	22
	16	315	30	4	40	6	40	6	113
	192	315	30	4	40	6	40	6	113
	500	315	30	4	40	6	40	6	113

表 3-52　应变速率和温度对 AZ31B 板材强度的影响

状态	测试温度/℃	屈服强度/MPa				抗拉强度/MPa			
		0.005/min	0.050/min	0.50/min	5.0/min	0.005/min	0.050/min	0.5/min	5.0/min
O	24	150	150	150	155	250	250	155	255
	95	125	125	130	145	185	200	215	225
	150	90	95	100	120	130	150	165	185
	200	65	75	85	95	65	85	115	145
	260	40	55	60	80	40	55	70	105
	315	20	35	45	65	25	35	50	70
	370	5	25	30	50	15	25	35	70
	425	—	15	20	30	—	15	25	30
	480	—	—	15	20	—	—	15	20

（续）

状态	测试温度/℃	屈服强度/MPa				抗拉强度/MPa			
		0.005/min	0.050/min	0.50/min	5.0/min	0.005/min	0.050/min	0.5/min	5.0/min
H24	24	205	210	215	220	275	285	280	280
	95	160	175	185	200	195	215	235	255
	150	100	125	140	155	100	140	170	200
	200	45	65	95	130	50	70	100	160
	260	25	45	65	85	35	45	65	100
	315	15	30	45	65	20	30	45	70
	370	5	20	30	50	15	20	35	50
	425	—	10	20	30	—	10	20	35
	180	—	—	15	20	—	—	15	20

表 3-53　AZ31B 板材的蠕变强度

状态	温度/℃	测试持续时间/h	一定应变时的应力			
			0.1%	0.2%	0.5%	1.0%
O	95	1	40	70	105	110
		10	35	60	95	100
		100	30	55	85	90
		500	30	50	70	75
	120	10	35	55	85	95
		10	30	50	75	85
		100	15	35	60	70
		500	15	20	50	60
	150	1	30	50	70	85
		10	15	30	50	60
		100	5	15	30	35
		500	3	5	20	25
	175	1	15	30	50	55
		10	5	15	30	35
H24	95	1	40	60	105	130
		10	30	50	75	95
		100	15	30	50	70
		500	15	20	35	50
	120	1	30	40	60	95
		10	15	30	40	55
		100	5	15	30	35
		500	5	10	15	20

3.4　镁合金的疲劳和断裂抗力

像其他合金一样，镁合金的疲劳强度取决于抗拉强度（见图 3-70）。但镁合金疲劳强度与抗拉强度之比不像钢那样确定。其部分原因归因于强化机理对疲劳强度的影响，例如，固溶强化可增加镁合金的疲劳强度，而冷加工和沉淀强化对改善较长使用期限疲劳强度的影响极小。

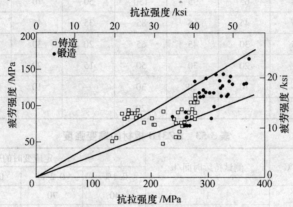

图 3-70　镁合金旋转弯曲疲劳
强度与抗拉强度的关系

AZ91E 和 WE43A 的轴向 S-N 疲劳曲线如图 3-71 所示，为比较起见，图中还给出了 A357 铝合金的数据。典型的镁合金的平缓曲线与铝合金大不相同，在铝合金的曲线中，低循环次数与高循环次数之间的曲线斜率有显著的变化。这些不同形状的曲线表明，尽管在低循环次数时 A357 性能良好，但在高循环次数时 WE43A 性能更好。由于具有较低的强度和疏松度，AZ91E 在低循环次数下性能明显较低，但在高循环次数时没有如此显著的差别。

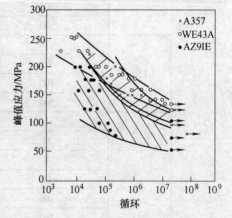

图 3-71　A357、AZ91E 和 WE43A
的疲劳特性，$R = 0.1$

3.4.1　疲劳机理

镁合金疲劳裂纹的产生与择优取向晶粒的滑移有关，并且还常常与显微疏松的存在有关。对纯镁来说，晶界对裂纹取向的影响比滑移的影响更为强烈。

疲劳裂纹扩展是由解理面裂纹促成的，在镁这样的密排六方晶体结构中这是很常见的。裂纹继续扩展的微观机理可以是脆性的或延性的，并且可以是穿晶裂纹或晶界裂纹，这取决于冶金组织和环境条件的影响。

1. 表面条件的影响

高循环次数疲劳强度主要受表面条件的影响。尖锐的切口、小半径刀口、微振磨损和腐蚀比化学成分的变化或热处理更容易降低疲劳寿命。例如，用机加工的方法去除较粗糙的铸造表面可改善铸件的疲劳性能（见图 3-72）。

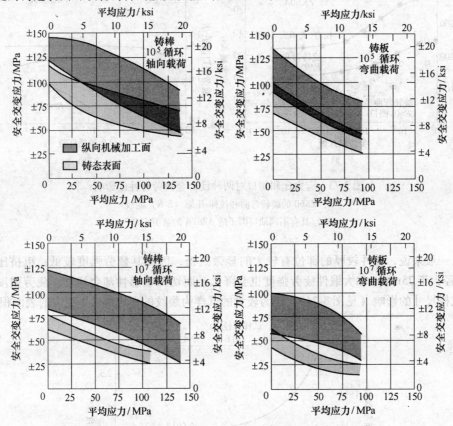

图 3-72 表面条件对铸造镁-铝-锌合金疲劳特性的影响

当疲劳是设计中的支配因素时，应尽一切努力减小应力集中的严重程度。在凹角处采用圆弧并使截面变化平缓可增加疲劳寿命。应当消除两处应力集中部位的影响相互重叠的现象。采用有利于延长工作寿命的应力分布可以进一步改善疲劳强度。采用滚压或喷丸处理法对要害部位表面进行冷加工从而获得适当的塑性变形，可产生表面残余压缩应力并延长疲劳寿命。圆角处的表面滚压对提高疲劳抗力尤其有益，因为圆角处的应力通常高于其他位置的应力。在表面滚压时，要对辊子的尺寸、形状、进给量及压力进行控制，以获得适当深度（0.25 ~ 0.38mm）的塑性变形层。在所有的表面加工过程中，必须注意避免出现表面裂纹，因为它将造成疲劳寿命的缩短。例如，如果使用喷丸处理法，所用喷丸必须圆滑；使用破碎的球丸或粗砂可造成表面裂纹。

2. 试验参数的影响

像其他合金一样，一些试验参数也影响镁合金的疲劳强度，例如，有切口试样和增加 R 比值都会减小弯曲疲劳强度（见图 3-73），零件尺寸的增加也会减小弯曲疲劳强度。

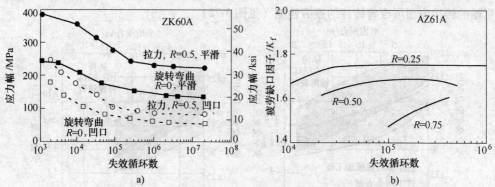

a)   b)

图 3-73   应力比和切口对两种镁合金疲劳特性的影响

a）ZK60 的旋转弯曲和拉伸-压缩（S-N）曲线

b）具有不同缺口因子的 AZ61A 的疲劳寿命

一般来说，铸件较厚的部位有较大的显微疏松，因而其疲劳强度较低；粗挤压棒（直径大于 75mm）和大锻件疲劳强度也会降低，而切口敏感性却会增加。疲劳强度还受试样尺寸的影响（见图 3-74），因为较大的试样为裂纹的形成提供了更大的表面积。

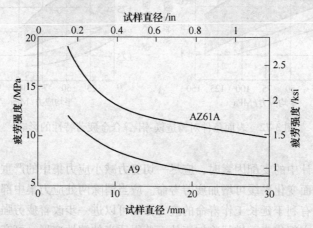

图 3-74   试样尺寸对镁合金疲劳强度的影响（光滑的旋转试样）

3.4.2   疲劳裂纹的扩展

如先前提到的那样，现有的关于镁合金疲劳裂纹扩展方面的数据相当有限，而且这些数据绝大部分源于俄罗斯。然而，在分析多种材料疲劳裂纹扩展速度曲线时，发现其显著的特点是，采用弹性模量归一化处理后的曲线是相同的。尽管从工程技术的观点看，为获得结构的使用寿命，沿 da/dn 曲线积分时，合金之间裂纹扩展速度的差别是很重要的，但如果用弹性模量对驱动力归一化处理，对于许多金属都可以用同一条曲线来表示，如图 3-75 所示。环境的影响也是很重要的，尤其是水蒸气（见图 3-76）。

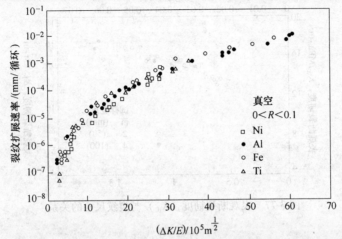

图 3-75　用弹性模量对驱动力进行归一化处理后的几种金属裂纹扩展速率曲线的比较

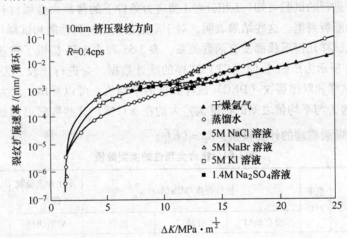

图 3-76　在各种不同环境条件下 ZK60A-T5 的腐蚀疲劳裂纹扩展曲线

3.4.3　断裂韧度

有关镁合金韧性的典型数值汇总见表 3-54。应力强度因子临界值 K_{IC}，作为一种材料常数，是材料在平面应变条件下能承受的最大应力。如果已知某种材料的 K_{IC} 值、零件的几何形状及应力，即可计算出能容许的最大裂纹。临界应力强度因子越大，所能容许的裂纹尺寸也越大。

断裂机理中最困难的问题之一是预测截面应力达到或超过屈服值时可能出现的失效。在这些条件下，临界应力强度（K_{C}）超出了线弹性断裂机理的范围，并且不是一个材料常数。在这种情况下，表观 K_{IC} 值取决于试样的几何形状和裂纹的尺寸。图 3-77 所示为超出线性条件范围之外的表观 K_{IC} 值的变化。

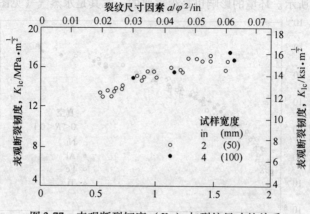

图 3-77   表观断裂韧度（K_{IC}）与裂纹尺寸的关系

现已将 J-积分法用作非线性断裂机理的断裂判据。根据对包括 AZ31B 镁合金在内的各种合金所进行的试验可知，J-积分对 I 型应力条件下的薄截面金属材料的单调加载是一个有效的断裂判据。这些结果表明，对于范围很大的材料性能和试样尺寸而言，J_c 与裂纹长度或试样几何形状都没有函数关系。表 3-55 和表 3-56 提供了这些结果的详细数据。表 3-55 所示为压缩-拉伸（CT）试样的统计数据。为进行比较，表 3-56 有中心裂纹（CC）试样和双侧裂纹（DEC）试样数据的平均值。可以看出，对大多数合金而言，CT 试样的 J_c 与平均值之间的标准偏差大约在 ±11%。这些数据可用如下公式转换后纳入线弹性断裂机理的计算模型：$K_c = (EJ_c)^{\frac{1}{2}}$。

表 3-54   镁合金韧性的典型数值

合金	状态	温度 /°C	抗拉强度/MPa(ksi)			夏比冲击吸收能量/J	K_{IC} /MPa(ksi)
			没有缺口	有缺口	比值	V 型缺口	
砂 型 铸 件							
AZ81A	T4	25	—	—	—	6. 1	—
AZ91C	F	25	—	—	—	0. 79	—
	T4	25	—	—	0. 90	1. 4	—
	T6	25	—	—	0. 86①	0. 7	71. 71(10. 4)
AZ92A	F	25	—	—	—	4. 1	—
	T4	25	—	—	—	1. 4	—
	T6	25	—	—	—	—	—
EQ21A	T6	20	—	—	—	—	102. 73(14. 9)

（续）

合金	状态	温度/°C	抗拉强度/MPa(ksi)			夏比冲击吸收能量/J	K_{IC}/MPa(ksi)
			没有缺口	有缺口	比值	V 型缺口	
砂 型 铸 件							
EZ32A	T5	20	—	—	—	1.5[②]	—
QE22A	T6	25	—	—	1.06[①]	2.0	82.74(12.0)
WE54A	T6	20	—	—	—	—	71.71(10.4)
ZE41A	T5	25	—	—	—	1.4	97.22(14.1)
ZE63A	T6	25	—	—	—	0.07	131.69(19.1)
ZH62A	T5	25	—	—	—	3.4[②]	—
ZK51A	T5	20	—	—	—	3.5[②]	—
轧 制 合 金							
AZ31B	F	25	—	—	—	3.4	175.82(25.5)
AZ61A	F	25	—	—	—	4.4	188.23(27.3)
AZ80A	F	25	317.16(46)	234.42(34)[③]	0.75	1.3	182.02(26.4)
		−195	420.58(61)	72.37(25)[③]	0.40	—	—
	T5	25	344.74(50)	151.68(22)[③]	0.45	1.4	101.70(14.75)
		−195	448.16(65)	96.53(14)[③]	0.22	—	—
	T6	25	—	—	—	1.4	—
ZK30	F	25	—	—	—	4.0	288.20(41.8)[④]
ZK60A	T5	25	351.63(51)	337.84(49)[③]	0.96	3.4	216.50(31.4)
		0	—	—	—	2.2	
		−78	—	—	—	2.2	
		−195	510.21(74)	310.26(45)[③]	0.61		
板 材							
AZ31B—O	—	24	262.00(38)	213.74(31)[⑤]	0.83	5.9	
	—	−196	399.90(58)	227.53(33)[⑤]	0.53		
AZ31B—H24	—	24	282.68(41)	227.53(33)[⑤]	0.81		179.26(26)
	—	−196	413.69(60)	165.47(24)[⑤]	0.40		

①　半径为 0.008mm 切口的试样与无切口试样的抗拉强度之比。

②　悬臂梁式冲击试样。

③　有切口试样截面减少至 0.06in×1in，一个 60°V 型切口，切口宽度 0.700in，切口半径 0.0003in。

④　该值用于 J_{IC}，因为试样太小；难以测出精确的 K_{IC} 值；K_{IC} 的真值较低。

⑤　试样尺寸：总宽度 1in；切口宽度 0.007in；厚度 0.60in；60°V 型切口，切口半径 0.0003in。

表 3-55　各种合金的断裂韧度

合　　金	实验值 J_c/(J/mm^2)	标准值 J_c/(J/mm^2)	实验值 K_c,MPam$^{\frac{1}{2}}$	标准值 K_c MPam$^{\frac{1}{2}}$
6061—0	0.125	0.009	93.0	3.4
7075—0	0.075	0.008	71.7	3.5
70/30	0.282	0.029	176.0	9.1
AZ31B	0.052	0.003	48.4	1.4
1018	0.342	0.039	266.0	15.0
4130	0.218	0.021	212.0	10.0
HP9—4—20	0.245	0.023	218.0	11.0

表 3-56　各种不同合金及几何形状试样的 J_c 平均值比较

合金	冲击拉伸试样	J_c/(J/mm^2)中心断裂(CC)试样	两侧裂纹(DEC)试样
6061—0	0.125	0.115	
7075—0	0.075	0.078	0.065
70/30	0.282	0.285	
AZ31B	0.052	0.054	0.048
1018	0.342	0.368	
4130	0.218	0.248	0.216

3.4.4　腐蚀疲劳

　　在实验室使用氯化钠（NaCl）喷淋或滴注所做的试验中，显示出疲劳强度的显著降低。这类试验对于合金品种、热处理方法和保护层涂层的选择非常有用。有效的涂层，除用于腐蚀性环境外，还具有抵抗腐蚀疲劳的基本功能。

　　Speidel 等人针对高强度 ZK60A 镁合金进行了腐蚀疲劳的基础研究（见图 3-76）。根据 Speidel 等的研究结果，针对因环境影响而加剧的亚临界裂纹扩展而言，所有镁合金的行为都是相似的。他们发现应力腐蚀和腐蚀疲劳裂纹都是以一种穿晶-晶间混合方式扩展的。他们测量了图 3-76 中所示的各种环境下腐蚀疲劳裂纹的扩展，并将这种腐蚀疲劳与应力腐蚀行为做了比较，发现以下结果：

　　1）那些应力腐蚀裂纹扩展的环境（即硫酸根和卤化物离子）同样也会加速腐蚀疲劳裂纹的扩展速率。

　　2）在溴化钠溶液环境中的 da/dn 与 ΔK 的关系曲线的 Ⅱ 区和 Ⅲ 区之间的界限值要比应力腐蚀阈值（K_{ISCC}）高，该阈值发生在应力强度很低的情况下。

　　3）对于图 3-76 中的所有介质而言，Ⅱ 区和 Ⅲ 区之间都有一个明确的界限（干燥氩气除外）。此界限发生在与蒸馏水情况下的 K_{ISCC} 大致相等的应力强度（约为 14MPa · m$^{\frac{1}{2}}$）下。

参 考 文 献

[1] Michael M. Avedesian and Hugh Baker. ASM Specialty Handbook—Magnesium and Magnesium Alloys [M]. Materials Park, OH: ASM International, 1999.

[2] 陈振华. 镁合金 [M]. 北京：化学工业出版社，2004.

[3] 张津，章宗和. 镁合金及应用 [M]. 北京：化学工业出版社，2004.

[4] 刘正，张奎，曾小勤. 镁基轻质合金理论基础及应用 [M]. 北京：机械工业出版社，2002.

[5] 许并社，李照明. 镁冶炼与镁合金熔炼工艺 [M]. 北京：化学工业出版社，2006.

[6] 胡忠. 铝镁合金铸造工艺及质量控制 [M]. 北京：航空工业出版社，1990.

[7] 丁文江. 镁合金科学与技术 [M]. 北京：科学出版社，2007.

[8] 工程材料实用手册编辑委员会. 工程材料实用手册——铝合金，镁合金，钛合金 [M]. 北京：中国标准出版社，1989.

[9] 袁成祺. 铸造铝合金镁合金标准手册 [M]. 北京：中国环境科学出版社，1994.

[10] 钟礼治. 铝镁合金自硬砂铸造 [M]. 北京：国防工业出版社，1984.

[11] 工程材料实用手册编辑委员会. 工程材料实用手册：第3卷（铝合金 镁合金）[M]. 北京：中国标准出版社，2002.

[12] 陈振华. 变形镁合金 [M]. 北京：化学工业出版社，2005.

[13] 黎文献. 镁及镁合金 [M]. 长沙：中南大学出版社，2005.

[14] 宋光铃. 镁合金腐蚀与防护 [M]. 北京：化学工业出版社，2006.

[15] 潘复生，韩恩厚. 高性能变形镁合金及加工技术 [M]. 北京：科学出版社，2007.

[16] 胡忠. 铝镁合金铸造实践 [M]. 北京：国防工业出版社，1965.

[17] 耿浩然. 铸造铝、镁合金 [M]. 北京：化学工业出版社，2007.

[18] 徐河，刘静安，谢水生. 镁合金制备与加工技术 [M]. 北京：冶金工业出版社，2007.

[19] 刘楚明，朱秀荣，周海涛. 镁合金相图集 [M]. 长沙：中南大学出版社，2006.

[20] 陈振华. 耐热镁合金 [M]. 北京：化学工业出版社，2007.

第4章 钛合金的性能

　　钛及钛合金具有比强度高、耐蚀性好、耐高温等一系列突出的优点，能够进行各种方式的零件成形、焊接和机械加工。近三十年来，航空科研和生产的发展与钛合金的推广应用有着紧密的联系。同时，钛合金在化工、机械工程、建筑、冶金、海洋工程、体育休闲等民用领域获得越来越多的应用。尤其是在国内，随着国民经济的持续快速发展，我国对钛合金材料的需求也快速增加：2002年是6327t，2003年是7508t，而2004年则增加到10629t。为了拓展钛合金的应用，必须深入了解钛合金的性能特点和成形加工方法，因此本章详细介绍各种不同类型钛合金的性能及新型钛合金的研究进展情况，为钛合金的选用奠定基础。常用钛合金的国内外牌号及对比参见第1章，而表4-1则列出了一些国内近年开发的新型钛合金。钛及钛合金的性能特点将在下面详细介绍。

表4-1　某些类型钛合金在我国的最新发展

合金	特　征	应用领域	主要研究所
CT-20	抗超高温	航空	NIN（西北有色金属研究院）
Ti-31	抗高温和抗海水腐蚀性	海洋化工	NIN
Ti-75	中等强度，可焊接性，抗海水腐蚀性	海洋化工	NIN
Ti-70	低强度，较好的冷成形性	海洋化工	LSMRI（洛阳船舶材料研究所）
Ti-40	抗烧性和耐热性	航空机械	NIN
TAMZ	较好的生物适应性	移植掺杂	NIN
TZNT	较好的机械适应性和生物适应性	移植掺杂	NIN
HE130	高强度、高模量	航空航天	BGRINM（北京有色金属研究总院）
Ti8LC/TI12LC	低损耗	民用	NIN
Ti-B18	高强度（1250MPa）抗冲击	航空航天	NIN
Ti-B19	高强度（1250MPa）抗腐蚀	海洋化工	NIN
Ti-B20	高强度（1300MPa）抗冲击	航空	NIN
TP-650	粒子强化钛基复合材料	航空航天	NIN
TMC-Z	基于合金的 Ti_3Al	航空	BGRINM
Ti-60	高温钛合金	航空航天	IMR（中科院金属研究所）
TC21	高温和高强度合金	航空航天	NIN
Ti_2AlNb	高温钛合金	航空	BGRINM
TAWBY	铌含量高的钛铝合金	航空	NIN
TC4-LC	中等强度高韧性	航空航天	NIN

4.1　纯钛

4.1.1　钛的力学性能

室温下纯钛的晶体结构为密排六方结构，其点阵长短轴比 $c/a < 1.633$，室温变形时主要以 $\{10\bar{1}0\}$ $<11\bar{2}0>$ 柱面滑移为主，并常诱发孪生；钛同时兼有钢（强度高）和铝（质量轻）的优点。高纯钛具有良好的塑性，但杂质含量超过一定量时，则变得硬而脆。

工业纯钛在冷变形过程中，没有明显的屈服点，其屈服强度与强度极限接近，屈强比（$R_{p0.2}/R_m$）较高，在冷变形加工过程中有产生裂纹的倾向。工业纯钛具有极高的冷加工硬化效应，因此可利用冷加工变形工艺进行强化。当变形量大于 20% ~ 30% 时，强度增加速度减慢，塑性几乎不降低。

钛的弹性模量小，约为铁的 54%，可作为弹性材料使用。但是，由于具有密排六方晶体结构，其物理性能呈显著的各向异性，c 轴方向弹性模量为 143.13GPa，基面 a 轴方向的弹性模量为 104.14GPa，因此需要仔细考虑合金板材的各向异性、弹性模量以及合金织构与弹性模量各向异性之间的关系，通过合金化与工艺的调整，控制织构与弹性模量各向异性以满足设计和使用要求。

工业纯钛与高纯钛（99.9%）相比强度明显提高，而塑性显著降低，详见表 4-2。钛的另一特点是在高温时能保持比较高的比强度。作为难熔金属，钛熔点高，随着温度的升高，其强度逐渐下降，但是，其高的比强度可保持到 550 ~ 600℃。同时，在低温下，钛仍具有良好的力学性能：强度高、保持良好的塑性和韧性。表 4-3 列出了工业纯钛的低温力学性能。

表 4-2　纯钛的力学性能

性能	高纯钛	工业纯钛	性能	高纯钛	工业纯钛
抗拉强度 R_m/MPa	250	300 ~ 600	正弹性模量 E/MPa	108×10^3	112×10^3
屈服强度 $R_{p0.2}$/MPa	190	250 ~ 500	切变弹性模量 G/MPa	40×10^3	41×10^3
断后伸长率 A（%）	40	20 ~ 30	泊松比 μ	0.34	0.32
断面收缩率 Z（%）	60	45	冲击韧性 a_k/（MJ/m²）	≥ 2.5	0.5 ~ 1.5
体弹性模量 K/MPa	126×10^3	104×10^3			

表 4-3　工业纯钛的低温力学性能

温度/℃	抗拉强度 R_m/MPa	屈服强度 $R_{p0.2}$/MPa	断后伸长率 A（%）	断面收缩率 Z（%）
20	520	400	24	59
196	990	750	44	68
−253	1280	900	29	64
−269	1210	870	35	58

4.1.2　杂质元素对钛性能的影响

杂质对工业纯钛的性能影响很大，杂质含量高则强度提高，塑性急剧降低，故生产上常以硬度作为测定工业纯钛的纯度的标准，钛的纯度与硬度的关系见表4-4。钛是一种化学性质非常活泼的金属，化合价是可变的。在较高的温度下，可与许多元素和化合物反应。钛吸气主要与 C、H、N、O 发生反应，使其脆化。掌握钛的吸气特性，对钛的热加工、机械加工、加工成形、铸造、焊接和使用，具有重要意义。

表 4-4　钛的纯度与硬度的关系

纯度（质量分数,%）	99.95	99.8	99.6	99.5	99.4
硬度（HV）	90	145	165	195	225

钛中常见的杂质有氧、氮、碳、氢、铁及硅等。前四种杂质元素与钛形成间隙固溶体，后两种与钛形成置换固溶体，过量时形成脆性化合物。钛的性能与杂质含量有密切的关系。氧、氮、碳是 α 相稳定元素，使钛的强度升高，塑性下降。氧在 α 相中的溶解度（质量分数）高达 14.5%，占据八面体间隙位置，产生点阵畸变，起强化作用，但降低塑性。一般氧的含量为 0.1% ~0.2%（质量分数）。氮与氧类似，是强稳定 α 相元素，溶解度达 6.5% ~7.4%（质量分数），存在于钛原子的间隙位置，形成间隙固溶体，明显提高强度，使塑性降低。当氮的质量分数为 0.2% 时已发生脆性断裂。所以氮含量不能太高，实际合金中氮的含量为 0.03% ~0.06%（质量分数）。碳在 α-Ti 包析温度时的溶解度为 0.48%（质量分数），溶解度随温度降低而下降。当碳的含量小于 0.1%（质量分数）时，形成间隙固溶体，当碳的含量大于 0.1%（质量分数）时，析出碳化物。碳在钛合金中的作用因合金种类不同而不同。

氢是稳定 β 相的元素，在 β 相钛中溶解度比在 α 相钛中的溶解度大得多，且在 α 相钛中的溶解度随温度的降低而急剧减少。在对钛吸氢和放氢动力学问题的研究中发现，α 相钛合金很容易发生氢脆。一般 α 相钛的冲击韧性 a_k 大约为 $180J/cm^2$，当 $w(H)$ =0.015% 时，a_k 降至 $30J/cm^2$。当含氢的 β 相钛共析分解以及含氢的 α 相钛冷却时，析出氢化物 TiH，使钛合金脆化。因此，具有 α 及（α +β）组织的钛合金要求氢含量很低，一般采用真空冶炼工艺使氢的含量保持很低。氢在 β 相钛中溶解度较高，且 β 相容易吸氢，所以，β 相钛合金中氢的含量较高，$w(H)$ = 0.01% ~0.02%。氢含量低时 TiH 呈点状，高时呈针状。氢含量高时，可采用真空退火去氢。

一般认为，钛基体中的氢含量超过 90 ~150mg/kg 时，就会沿着晶界或由晶界向晶内方向析出针状、片状或块状等氢化物的沉淀相（TiH₂）。这种沉淀相类似微裂纹，在应力作用下扩展，直至破裂。氢化物的晶体结构和析出方式随着氢/钛原子比的变化而改变。360℃和 0.1 ~0.2MPa 环境下对高纯钛板进行氢化试验，使氢/钛原子比（x = H/Ti）在 0.1 ~2.0 间变动时，发现当 $x \geq 0.1$ 时，基体中开始析出体心四方结构的亚稳相 γ（TiH），其晶格参数 a = 0.312nm、c = 0.418nm，这时的组织结构为 γ 相与 α（hcp）

相的混合亚稳结构；当 x 达到 0.6 左右时，亚稳 γ 相开始转变为面心立方的 δ 相结构（TiH_2），其点阵常数在 0.4417 ~ 0.4453nm 范围内；当 x 达到 1.9 ~ 2.0 时，γ 相几乎全部转变为 δ 相。

总的来说，间隙杂质可使合金的强度升高，但严重降低合金塑性和断裂韧度，并使热稳定性、蠕变抗力、缺口敏感性等性能降低。所以提高钛的纯度是发挥现有钛合金的潜力及制造新的高强度高塑性钛合金的必要条件。

4.1.3 纯钛的组织与结构特征

钛具有两种同素异构体，即低温时的密排六方（α-Ti）和高温下的体心立方（β-Ti）结构。高纯钛和工业纯钛在缓慢冷却后，均可获得规则的或锯齿状的多面体 α 晶粒组织；但快冷时，所获得的组织有所不同。高纯钛快冷时，发生马氏体相变，其形态变化不大，只是晶界不完整，呈锯齿状；工业纯钛快冷时，得到针状的 α′ 组织，缓冷时得到条状组织，如图 4-1 所示。

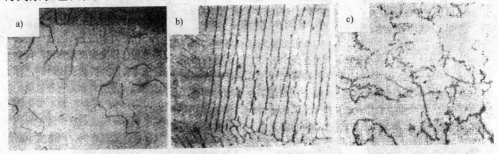

图 4-1　纯钛的组织，500×
a) 等轴晶粒组织　b) 条状的 α 组织　c) 呈锯齿状晶界

合金化可以改变相的稳定存在的温度范围，可使 α 相和 β 相在室温下存在。剩余 β 相的含量随稳定 β 相元素含量的增加而增加。另外，再结晶进行的条件及杂质对钛的组织也有重要影响。钛受污染，在慢冷过程中，发生 β→α 转变时，α-Ti 形成片状，沿各片的边界分布着细小质点的第二相，它是合金化程度与基体不一样的 α 相。第二相的数量随杂质含量的增加而增加，在工业纯钛中约占 1%。高纯钛经变形并在 α 区退火后，钛的组织为多边形的晶粒。工业纯钛的铸锭经变形加工后，在 β 相变点以下退火，再结晶后得到等轴晶粒组织。

4.1.4 纯钛的加工变形性能

1. 纯钛的变形特点

作为六方晶体结构的纯钛，在变形过程中最普通的模式是依赖于 $\{10\bar{1}0\}$、$\{10\bar{1}1\}$ 和 $\{0001\}$ 三个滑移面以及 $<11\bar{2}0>$ 的滑移方向，三个滑移面与一个滑移方向组成了四个独立的滑移系，不能满足晶体材料发生均匀塑性变形要求至少五个独立滑移系的必要条件（Von Mises 准则）。此时就需要孪晶来协调变形。因此，在纯钛的变形过程中，位错滑移和孪生同时存在于变形过程中，如图 4-2 所示。Chichili 等还发现，在室温下以及 $10^{-5} \sim 10^5 \mathrm{s}^{-1}$ 的变形速率范围内，尽管位错在塑性变形中占有主导地位，但是孪晶和位错的交割对于纯钛的加工硬化具有非常重要的影响。另外，金属织构的影响也不能忽略。研究表明，在特定变形速率和温度下，原始织构可以诱发不稳定流变，例如，试样轧制方向上的高密度绝热剪切带就归因于菱形滑移织构。实际上，无论钛金属中纵向织构程度如何，低温变形时，孪生都很显著并对变形起到重要影响。从组织角度考虑，在六方合金工业纯钛中，滑移因 Von Mises 条件的限制而受阻，低温塑性变形主要以孪生的方式进行。因此，纯钛的塑性变形与纯钛中的孪晶有着密切关系，随着应变量、应变速率的增加和温度的下降，孪晶密度会显著增加，如图 4-3 所示。低温时，纯钛的应力-应变曲线有两个阶段，296K 以上有三个阶段，超过 800K 只有一个阶段。但是当应变速率为 $8000 \mathrm{s}^{-1}$ 时，在 1000K 温度时，应力-应变曲线仍有三个阶段。

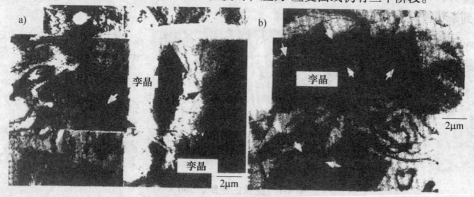

图 4-2　纯钛变形导致的位错和孪晶

　　孪晶也是纯钛循环变形的重要方式之一。将工业纯钛试样经 750℃ 退火 2h，可以得到平均晶粒尺寸为 35μm 的 α-Ti 组织，循环变形试验结果发现，在应变幅低于 1.0% 下循环变形时，孪晶的生成很少，但在应变幅高于 1.5% 时，随循环次数的增加，孪晶分数也增加；随着循环次数的增加，低应变幅下的孪晶也增加。但是孪晶分数的增加不是依赖于孪晶长大来实现，而是以孪晶数量增加来实现，这可从透射电镜观察结果得到证明。从图 4-4 可以看出，当循环变形次数增加时，孪晶的尺寸大小几乎没有变化。通过数据处理和回归分析计算认为，纯钛循环变形时孪晶产生速率与无孪晶区所占的分数平方成正比，因此，循环变形初期孪晶数量几乎是均匀增加的，但在后期，孪晶分数较高时，由于无孪晶区域减少，从而降低了孪晶萌生速率。

2. 纯钛材的冲压成形

　　纯钛主要通过其中所含的杂质含量控制其强度和塑性，杂质含量越多，强度越高，塑性越低，成形性恶化。冲压成形纯钛板的特征之一是易获得比其他金属材料大很多的 r 值（各向异性变数或塑性应变比），因而深冲性和杯突试验性能优越，这种高 r 值缘于纯钛的滑移系特征。如前所述，纯钛的滑移系有$(0002)<11\overline{2}0>$，$\{10\overline{1}0\}<11\overline{2}0>$
和$\{10\overline{1}1\}<11\overline{2}0>$三种，滑移方向全部都位于基面内，在 c 轴集中于法线方向的织构
的材料中，抑制了板厚方向变形产生。除滑移变形外，纯钛还有孪晶变形的模式，它对
纯钛板的冲压成形性也有强烈的影响，主要表现在孪晶变形对晶粒方向和温度的依赖性
上。纯钛多晶材料主要是$\{10\overline{1}2\}<\overline{1}011>$、$\{11\overline{2}1\}<11\overline{2}6>$和$\{112\overline{2}\}<11\overline{2}\overline{3}>$孪晶
系在起作用，对于冷轧退火板来说，单向拉伸时是轧制方向（L）、双向拉伸时是垂直轧
制方向（T）为最大主应力方向时，易产生孪晶变形。

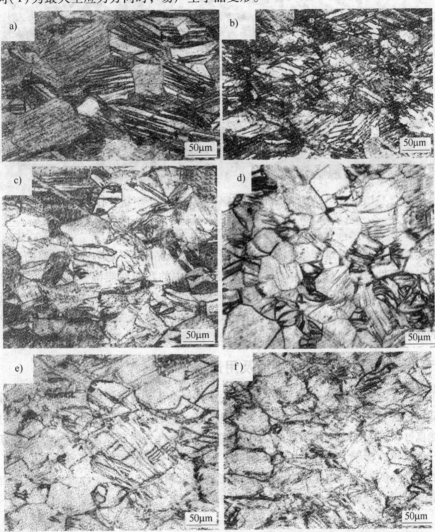

图 4-3　不同变形温度（T）、变形速率（s^{-1}）和应变（γ）条件下的纯钛孪晶结构
a) 77K，$10^{-3}\mathrm{s}^{-1}$，$\gamma=0.09$　b) 77K，$10^{-3}\mathrm{s}^{-1}$，$\gamma=0.2$　c) 296K，$10^{-3}\mathrm{s}^{-1}$，$\gamma=0.22$
d) 598K，$2200\mathrm{s}^{-1}$，$\gamma=0.12$　e) 598K，$2200\mathrm{s}^{-1}$，$\gamma=0.25$　f) 598K，$2200\mathrm{s}^{-1}$，$\gamma=0.4$

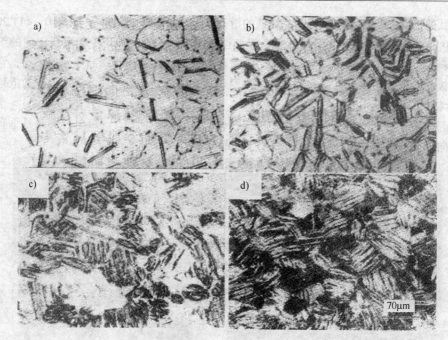

图 4-4　工业纯钛循环变形时不同循环次数下孪晶形态及分布

a) $N=3$　b) $N=10$　c) $N=50$　d) $N=100$

　　温度越高，纯钛越难产生孪晶变形，所以在对孪晶变形依赖性大的材料中，随着温度升高，成形性恶化；r 值不同的材料，在温加工中的弯曲性能都会变坏，尤其是高的 r 值，由于纯钛不能在 c 轴方向产生滑移变形，故高 r 值材料由滑移变形引起的板厚变形很困难，而此时孪晶变形因温度高而难以产生，所以在弯曲和胀形之类板厚减少为主应变的变形中会产生塑性不足，弯曲性和胀形性降低。

4.1.5　工业纯钛的牌号、性能及用途

　　工业纯钛是指含有少量氧、氮、碳及铁和其他杂质元素的致密金属钛，它实质上是一种低合金含量的钛合金。其强度不高，塑性好，易于加工成形，冲压、焊接、切削加工性能良好；在大气、海水、潮湿氯气及氧化性、中性、弱还原性介质中具有良好的耐蚀性，抗氧化性优于大多数奥氏体不锈钢；耐热性较差，使用温度不宜太高。

　　工业纯钛的退火组织为 α 相组织，故工业纯钛可以归于 α 钛合金。根据其杂质元素含量的不同，特别是对改变钛的特性影响较大的氧、氮、铁元素的不同而分为不同的级别。

　　按杂质含量的不同，纯钛分为 TA1、TA2、TA3、TA4 四个牌号。其中，TA 为 α 型钛合金，数字表示合金的序号，随着序号的增大，钛的纯度降低，抗拉强度提高，塑性降低，详见表 4-5。

表 4-5　纯钛的牌号和成分（GB/T 3620.1—2007）

牌号	杂质元素含量(≤1%)(质量分数,%)					
	O	C	N	H	Fe	Si
TA1	0.18	0.08	0.03	0.015	0.20	—
TA2	0.25	0.08	0.03	0.015	0.30	0.1(标准上没有 Si)
TA3	0.35	0.08	0.05	0.015	0.30	0.1(标准上没有 Si)
TA4	0.40	0.08	0.05	0.015	0.50	0.15(标准上没有 Si)

4.2　变形钛合金

4.2.1　变形钛合金的合金元素与基本性能特点

根据对 β 相转变温度的影响，可以将钛合金的合金元素分为三类。凡是提高 β 相转变温度的元素均称为 α 相稳定元素；凡是降低 β 相转变温度的元素均称为 β 相稳定元素；介于两者之间的元素为中性影响元素。中性影响元素在钛合金中所起的作用与 α 相稳定元素相同，因此，通常也被当作 α 相稳定元素看待。此外，根据所形成的是间隙固溶体还是置换固溶体，共析转变的特点是快速分解还是慢速分解，还可以将合金元素和杂质进一步划分为若干分组。在二元系相图中与钛形成包析反应的元素，如铝、镓、氧、氮、碳等，都能提高 β 相转变温度，属于 α 相稳定元素；与 α 和 β 钛形成连续固溶体的元素锆和铪，以及对 β 相转变温度的影响不明显的元素锡、锗、铈、镧、镁等，均为中性影响因素。在中性影响元素中，锡和锆在 α 钛中有较大的溶解度，可作为配制钛合金时的添加元素。β 相稳定元素包括与 β 相钛形成连续固溶体、与 β 相相同晶体结构的元素钼、钒、铌、钽，以及大量与钛形成共析反应的 β 共析元素。常见的 β 相稳定元素在 β 相固溶体中至少可以溶解3%（摩尔分数）。影响最强烈的是形成共析反应的元素镍、钴、铁、锰和铬。在与 β 相相同晶体结构的元素中，钼是使 β 相转变温度降低得最多的元素，因此称为强 β 相稳定元素。

1. α 型钛合金和近 α 型钛合金

α 型钛合金主要包括各种不同级别的工业纯钛和广泛应用的 Ti-5Al-2.5Sn 合金。工业纯钛的特性在 4.1.4 节中已经论述过。这里只介绍其他类型的钛合金。低铝当量近 α 型钛合金的典型代表是国产 TC1 合金和俄罗斯的 OT4-0、OT4-1 合金。它们的共同点是具有较低的室温抗拉强度和较高的工艺塑性，这是由于合金在平衡状态下含有少量的 β 相（2% ~4%）的缘故。这些合金具有与工业纯钛相似的焊接性能和良好的热稳定性，长时间工作温度可达400℃，在350℃中的工作寿命可达2000h，在300℃中可达3000h，适合于制造需要一定强度、形状复杂的板材冲压焊接零件。低铝当量的近 α 型钛合金一般只能在退火状态下使用，不能进行强化热处理，唯一的例外是英国的 IMI230（Ti-2Cu）合金，由于铜在 α 钛中的溶解度随温度降低而减少，Ti-2Cu 合金淬火后，在时效过程中可以通过析出金属间化合物从而实现热处理强化。

高铝当量近 α 钛合金的典型代表是英国发展的 IMI 系列的热强钛合金以及美国发展的 Ti-811、Ti-6242、Ti-5621S、Ti-11 等热强钛合金。这些合金的主要特点是具有很好的高温抗蠕变能力，良好的热稳定性和较好的焊接性能。这类合金的热强性是建立在 α 固溶强化基础上的，是最有希望用于 500℃ 以上长时间工作的合金。这些合金中都含有一定数量的强 α 相稳定元素铝。锡和锆可以在不显著降低塑性的情况下，进一步提高钛铝合金的抗蠕变能力，但是合金中的铝当量一般控制在 8%（质量分数）以下，以免析出 Ti_3Al（α_2）相而引起脆化。这类合金中还经常加入少量 β 相稳定元素，以减缓 α_2 相的形成，从而允许在不出现脆化的情况下，提高合金中的铝当量。加入少量 β 相稳定元素以改善工艺塑性，使压力加工性能优于只含有 α 相稳定元素的合金。这些合金由于含 β 相很少，不能热处理强化。高铝当量近 α 型钛合金还具有较好的抗疲劳裂纹扩展能力和断裂韧度，但室温拉伸塑性较低。

2. 马氏体 α+β 型钛合金

最常用的 TC4（Ti-6Al-4V）、TC6（相当于 BT3-1）、TC11（BT9）、BT8 和 Ti6246（Ti-6Al-2Sn-4Zr-6Mo）合金是高铝当量马氏体 α+β 型钛合金的典型代表。这些合金除含有 6%（质量分数）以上的铝和一定数量的锡和锆外，还含有一定数量的 β 相稳定元素钼或钒等。加入适量的 β 相稳定元素特别是强 β 相稳定元素钼，可以提高室温抗拉强度，改善合金的热稳定性。这些合金中还经常加入微量的 β 共析元素硅，以进一步提高合金的抗蠕变能力。目前在 400～500℃ 温度范围内获得实际应用的热强钛合金大部分属于这一类型。与近 α 型热强钛合金比较，马氏体 α+β 型钛合金具有较高的高温抗拉强度和室温拉伸塑性，较好的室温低周疲劳强度。马氏体热强钛合金由于含有较多的 β 相，可在一定程度上进行热处理强化，但是它们的焊接性能不如近 α 型热强钛合金好。

低铝当量马氏体 α+β 型钛合金，作为可热处理强化钛合金已获得一定的应用。这些合金由于含有较多的 β 相稳定元素，β 相的数量和稳定程度都有明显的提高。长时间工作温度可达 400℃ 左右。热处理强化 α+β 型钛合金的应用，主要受两个因素限制：一是这类合金的淬透性较小；二是这些合金的断裂韧度较低，若存在用现代无损探伤技术才能发现的非常细小的裂纹，在飞机上应用时就可能引起灾难性的破坏。目前，这类钛合金仅用于紧固件和小型结构件。

3. 近亚稳定 β 型钛合金

近亚稳定 β 型钛合金出现得较晚，其典型代表是 β-Ⅲ 和 Ti-10V-2Fe-3Al 合金。这些合金中的 β 相稳定元素含量稍大于临界浓度，它综合了马氏体 α+β 型和亚稳定 β 型钛合金的优点，是当前最有发展前途的热处理强化钛合金。β-Ⅲ 合金含有大量的钼，给熔炼工艺带来了困难，并且使合金密度增加到 $5g/cm^3$ 以上。该合金的主要特点是在退火和固溶处理状态下具有非常好的工艺塑性和成形性，淬透面尺寸达 100mm，还有良好的抗热盐应力腐蚀能力。Ti-10V-2Fe-3Al 合金是作为深淬透、高韧性钛合金发展起来的，它将亚稳定 β 型钛合金的深淬透、高强度、良好的断裂韧度与 α+β 型合金的良好的拉伸塑性、高的弹性模量结合在一起。发展适合于等温锻造的近亚稳定 β 型钛合金，是扩大钛合金在飞机结构上应用的重要途径。

4. 亚稳定 β 型钛合金

亚稳定 β 型钛合金主要包括早期发展的高强度钛合金，如美国的 B120VCA，俄罗斯的 BT15，以及国产 TB2 合金。这些合金在淬火状态下具有非常好的工艺塑性，经过时效可获得较高的室温抗拉强度，并且具有较好的焊接性能。由于合金中都含有大量的 β 共析元素铬，在长时间加热过程中会析出使合金变脆的金属间化合物相，因此，长时间工作温度不能超过 150 ~ 250℃。亚稳定 β 型钛合金的 β 相条件稳定系数几乎达到近亚稳定 β 型钛合金的两倍。由于亚稳定 β 型钛合金时效后的拉伸塑性特别是横向拉伸塑性非常低；又由于含有大量的钼、铬等元素，导致密度增加和弹性模量降低，因此限制了它的应用。

4.2.2 结构钛合金

钛合金已经发展成现代航空工业设计与生产中有广阔应用前景的金属结构材料。现有结构钛合金的使用温度一般都在 400℃ 以下，按照主要使用状态下的强度水平可以将其划分为以下三组：

1) 高塑性低强度钛合金。主要包括不同强度的工业纯钛和合金元素含量低的近 α 型钛合金。此组合金的主要特点是工艺塑性特别好，能够进行各种复杂零件的板材成形，并能进行各种方式的焊接。

2) 中等强度钛合金。大部分是 β 相稳定元素含量不多的马氏体 α + β 型钛合金，其主要代表是多用途的 Ti-6Al-4V 合金。典型的 α 型钛合金 Ti-5Al-2.5Sn 也属于这一组。此组合金的主要特点是具有良好的综合性能，既有较高的强度，又有足够的塑性。这些合金主要在退火状态下使用，某些合金也能进行热处理强化。这一组合金在飞机和发动机制造中获得了最广泛的应用。

3) 高强度钛合金。这组合金主要在热处理强化状态下使用，包括亚稳定 β 型钛合金，可热处理强化的马氏体 α + β 型和近亚稳定 β 型钛合金。它们在淬火状态下具有良好的塑性，通过强化热处理可获得较高的强度。

1. 高塑性低强度钛合金（见表 4-6）

表 4-6 常用高塑性低强度钛合金的性能特点

合金	类型	β 相转变温度/℃	热处理状态	性能特点
Ti-2Al-1.5Mn（TC1）	近 α	910 ~ 930	退火	低成本、热稳定性好、易加工，但成分不稳定
Ti-2.5Cu（IMI230）	近 α	880 ~ 910	固溶 + 时效	可热处理强化、能够冷成形、热稳定性好
Ti-3Al-2.5V	α + β	920 ~ 950	退火	耐蚀

（1）Ti-2Al-1.5Mn 合金　国产 TC1 合金的名义成分是 Ti-2Al-1.5Mn。合金中含有少量的 β 相稳定元素 Mn，改善了它的工艺塑性。Mn 是一种价格低廉的金属，能与 Ti 形成非常缓慢的共析反应，使合金具有较好的热稳定性。由于合金中 β 相含量很少，只有 2% ~4%（体积分数），TC1 合金在一定程度上保持着 α 型钛合金的特点，具有良好的焊接性能，可以进行氩弧焊、点焊和缝焊，焊缝强度大约等于基体金属的 95%。TC1 钛合金可以用来生产薄板、厚板、棒材、管材、型材、丝材、带材、箔材和各种锻件、模锻件。TC1 钛合金的高温工作温度可达 400℃；350℃下的长时间内工作寿命可达 2000h；300℃下的长时间内工作寿命可达 3000h。Ti-2Al-1.5Mn 合金具有良好的热稳定性，在 300℃以下长时间加热不发生脆化，可以在 450℃保持 100h，而试样的塑性不降低。Ti-2Al-1.5Mn 合金可用于代替不锈钢，以减轻飞机后机身的结构重量，也可以用来代替铝合金，制造在更高温度下工作的各种零件。它适合于制造有一定强度要求的板材冲压焊接结构件。TC1 合金的主要缺点是在真空自耗熔炼过程中合金元素 Mn 容易挥发，故成分控制比较困难。一般情况下，TC1 合金的板材零件采用冲压成形；复杂零件采用热冲压，在 500℃左右的温度下进行，然后直接酸洗处理。如果加热温度更高，则须先进行吹砂，清除表面氧化皮，然后再酸洗除去渗气层。

Ti-2Al-1.5Mn 合金铸锭最好在 950~1050℃进行锻造，每次加热变形量为 30%~50%。半成品锻造温度为 880~950℃，终锻温度应高于 750℃，每次加热变形量为 40%~70%。该合金不能进行热处理强化，只能在退火状态下使用。板材和板材零件的退火通常在 640~690℃；而棒材、锻件和模锻件的退火通常在 740~790℃；消除应力退火通常在 520~560℃。Ti-2Al-1.5Mn 合金板材的再结晶开始温度为 720℃，结束温度为 840℃。

（2）IMI230 合金　英国生产的 IMI230 钛合金的名义成分是 Ti-2.5Cu，它是低铝当量近 α 钛合金中唯一可以进行热处理强化的合金。这种合金的成形性和焊接性能与工业纯钛相似，但是具有更高的强度，特别是在高温下，IMI230 合金的使用温度可达 350℃。

最初，这种合金只在退火状态下使用，后来发现，该合金在淬火状态下具有非常好的塑性，可以进行各种复杂板材零件的冷成形，然后在时效过程中，通过析出弥散的 Ti₂Cu 金属间化合物颗粒使强度提高大约 25%。该合金的普通退火温度是 780~800℃；消除应力退火温度是 600℃。典型的强化热处理规范是，795~815℃固溶处理，快速冷却，然后进行双重时效，即 400℃下时效 8~24h 空冷和 475℃时效 8h 空冷。直径大于 40mm 的棒材、锻件固溶处理后采用油淬或水淬，对于板材则可采用加强的空气吹冷，以避免零件扭曲。为了得到最大数量的弥散析出颗粒，需在 400℃时效 8~24h；为了析出的 Ti₂Cu 化合物颗粒更快地长大到最高强度所要求的合理尺寸，还需在 475℃时效 8h。时效过程中，零件表面形成的非常薄的氧化膜，一般不需要除去。IMI230 合金时效后的抗蠕变能力比退火状态提高近一倍，在 150~320℃范围内比 Ti-5Al-2.5Sn 合金还好；在 350℃保持 100h 对室温拉伸塑性没有影响，而且热稳定性好。在英国，IMI230 合金主要用于制造发动机中间机匣和外函道壳体。

（3）其他高塑性低强度钛合金　美国生产了一种主要用于制造管材的低合金化 α + β 钛合金，其名义成分为 Ti-3Al-2.5V。该合金具有良好的冷成形和焊接性能，可以制造各种无缝管材和焊接管材。该合金的室温和高温抗拉强度比工业纯钛高 20% ~ 50%，对缺口不敏感，在许多介质中都具有良好的耐蚀性，因此，适合于制作各种飞机上的油路导管。

含有微量钯元素的钛合金在美国和英国及俄罗斯等国家得到了广泛应用，主要用作抗腐蚀钛合金。英国的牌号是 IMI260，含有 0.15% Pd（质量分数）；美国的牌号是 Ti-0.20% Pd（质量分数）；俄罗斯的牌号是 4200，含有 0.15% ~ 0.30% Pd（质量分数）。其中，Ti-0.2Pd 合金在各种介质中的腐蚀速度都比工业纯钛低得多。

2. 中等强度钛合金（见表 4-7）

表 4-7　常用中等强度钛合金的性能特点

合金	类型	β 相转变温度/℃	热处理状态	性 能 特 点
Ti-6Al-4V	α + β	980 ~ 1020	退火 或固溶 + 时效	综合性能好、最常用的钛合金、热处理制度多样化，但淬透性较差
Ti-5Al-2.5Sn	近 α	1035 ~ 1065	退火	良好的焊接性和较高的热强性，工艺塑性较低

（1）Ti-6Al-4V 合金　Ti-6Al-4V 合金属于 Ti-Al-V 系典型的马氏体 α + β 型两相钛合金。它含有 6% 的 α 相（体积分数）稳定元素铝，通过固溶强化使 α 相的强度得到提高。在退火状态下，合金中含有约 7% 的 β 相（体积分数），当从临界淬火温度 T_k（约 850℃）淬火时可以保留约 25% 的 β 相（体积分数）。保留的 β 相在时效过程中析出弥散的 α 相，使合金能够通过热处理进行强化。Ti-6Al-4V 合金于 1954 年由美国首先研制成功，现广泛用于宇航工业，是美国钛合金的主要支柱，占美国钛合金半成品总产量的 55% ~ 65%。目前，Ti-6Al-4V 合金已经发展成为一种国际性钛合金，世界各国都生产相应牌号的 Ti-6Al-4V 合金。在我国钛合金生产和应用中，Ti-6Al-4V 合金也占主要地位，称为 TC4。

Ti-6Al-4V 合金通常分为两种牌号，分别以棒材、锻件和板材形式使用，例如我国的 TC4 与 TC3，俄罗斯的 BT6 与 BT6C。板材用的牌号中含有较少的铝和钒，因而具有更好的工艺塑性。对于在低温下工作的零件，英国专门生产了一种间隙元素含量低的 Ti-6Al-4V 合金，其牌号为 ELI。在低温（低于 - 196℃）下，间隙元素含量高的合金可能变脆。随着氧含量的降低，Ti-6Al-4V 板材的低温抗拉强度和塑性都有所提高。Ti-6Al-4V 合金的缺口敏感性也随间隙元素含量的增加而提高，这在低温下表现得更为明显。将氧的质量分数控制在 0.13% 以下，就可以保证 Ti-6Al-4V 合金的缺口韧性和低温塑性。Ti-6Al-4V 合金的热稳定性在很大程度上取决于它的热处理状态。将固溶处理材料暴露在高温下是一个时效过程，可能使强度升高，塑性降低；合金在退火状态下具有良好的热稳定性。

　　Ti-6Al-4V 合金主要在普通退火状态下使用，普通退火的目的是为了得到稳定的、塑性好的 α + β 组织。一般采用的退火规范是 700 ~ 800℃退火 1 ~ 2h 空冷，或炉冷到一定温度后空冷。具体加热温度、保温时间和冷却速度视零件尺寸而定，较大截面的零件采用慢冷，以避免翘曲和由于不均匀冷却产生的残余应力。通过淬火时效，Ti-6Al-4V 合金的强度可以提高 20% ~ 30%。一般认为，在 850 ~ 950℃固溶处理，水淬，并在 450 ~ 600℃时效，可以获得期望的显微组织和较好的综合性能。可热处理强化钛合金的淬透性，可以理解为从固溶处理温度淬火时，β 相被保留下来而不转变为 α 或 ω 相的能力。Ti-6Al-4V 合金的淬透性较差，约为 25mm。因此，采用强化热处理的零件截面一般不大于 30 ~ 40mm。固溶处理温度的选择，要根据机械性能要求和零件截面尺寸而定。固溶处理温度越高，得到的抗拉强度越高，在 850℃附近淬火则得到最低的屈服强度，此时，合金具有最好的工艺塑性，屈服强度与抗拉强度之比大约为 0.7。当需要较高的强度时，通常在 930 ~ 950℃进行固溶处理，并立即水淬。

　　Ti-6Al-4V 合金具有良好的锻造性能。铸锭在 1100℃开坯，终锻温度高于 850℃，每次加热变形量为 30% ~ 70%。半成品锻造通常在 1000℃进行，终锻温度高于 800℃，每次加热变形量为 40% ~ 70%。变形量对成品锻件的组织与性能起着重要作用，预先变形坯料在 α + β 相区锻造时每一炉的变形量应为 40% ~ 50%，当从 β 相区开始锻造时变形量增加到 70%。Ti-6Al-4V 合金板材具有一定的冲压工艺性能，可以在加热状态下成形各种形状的零件。可采用模具电阻加热或氧-乙炔喷灯加热，加热温度一般为 550 ~ 700℃。Ti-6Al-4V 合金还具有较好的焊接性能，可以用各种方式进行焊接，均能得到良好的焊接性能，焊缝区的强度不低于基体金属的 90%，焊缝区的塑性与基体金属相近。该合金还有良好的机加工性能，耐蚀性能与纯钛接近。Ti-6Al-4V 合金长时间工作的温度可达 400℃；Ti-5Al-4V 合金可达 350℃，两者的短时间工作温度可达 700 ~ 750℃。

　　(2) Ti-5Al-2.5Sn 合金　Ti-5Al-2.5Sn 也是一种国际性合金，世界各国都生产相应牌号的合金。我国生产的 Ti-5Al-2.5Sn 钛合金称为 TA7 钛合金，这是 Ti-Al-Sn 系中典型的 α 型钛合金，也是唯一获得广泛应用的不含有 β 相稳定元素的钛合金。该合金的工艺塑性较低，但是具有良好的焊接性和较高的热强性。

　　Ti-5Al-2.5Sn 合金具有良好的热稳定性，可以在 450℃长时间工作，短时间工作温度可高达 800 ~ 850℃。Ti-5Al-2.5Sn 合金作为一种 α 型钛合金，具有非常好的焊接性能，可以用各种方法如氩弧焊、点焊、电子束焊等进行焊接，焊缝区的强度及塑性接近基体金属。该合金不能进行热处理强化，只在退火状态下使用。板材和板材零件在 700 ~ 750℃进行退火；棒材和锻件在 800 ~ 850℃进行退火；消除应力退火温度为 550 ~ 600℃。该合金的再结晶开始温度是 580℃，结束温度是 950℃。该合金在 1180℃进行铸锭开坯，终锻温度要求高于 900℃，每次加热变形量为 30% ~ 50%。半成品在 1100℃进行锻造，终锻温度高于 850℃，每次加热的变形量为 40% ~ 70%。Ti-5Al-2.5Sn 合金板材的冲压成形必须在加热状态下进行，一般要加热到 700℃左右才能有足够的工艺塑性。该合金的抗腐蚀能力与纯钛相似。这种合金可用于生产薄板、厚板、棒材、锻件、模锻件等半成品，最适合于制造需要焊接的各种零件。

美国还生产一种低间隙元素含量的 Ti-5Al-2.5Sn 合金，主要用于制造在 -196℃ 以下的低温工作的液氢贮箱和高压容器。其在 -253℃ 的低温仍然保持着良好的塑性；而普通的 Ti-5Al-2.5Sn 合金已经明显脆化。

3. 高强度钛合金（见表 4-8）

表 4-8　各国常用高强钛合金的性能特点

合金	类型	β 相转变温度/℃	热处理状态	性能特点
Ti-4Mo-4Al-2Sn-0.5Si （IMI550）	α + β	960 ~ 990	固溶 + 时效	细晶、抗蠕变，但焊接性差
Ti-5.5Al-5Mo-5V-1Fe-1.5Cr （BT22）	近亚稳定 β	860 ~ 990	固溶 + 时效	热处理强化效果高、易加工、焊接性好
Ti-11.5Mo-6Zr-4.5Sn （β-Ⅲ）	近亚稳定 β	745 ~ 775	固溶 + 时效	热处理强化效果高、易加工、耐蚀，但密度高、难熔炼
Ti-10V-2Fe-3Al	近亚稳定 β	780 ~ 820	固溶 + 时效	热处理强化效果高、断裂韧度高
Ti-3Al-8V-6Cr-4Zr-4Mo （β-C）	亚稳定 β	780 ~ 810	固溶 + 时效	易加工、抗应力腐蚀

单纯靠合金化强化的钛合金，其室温抗拉强度一般不超过 1100MPa，如果需要更高强度的结构钛合金，则必须发展可热处理强化的钛合金。热处理强化钛合金，在保持所需塑性的情况下，有可能将室温抗拉强度提高到 1800 ~ 2000MPa。钛合金的热处理，包括从高温快速冷却以保留亚稳定的 β、α′（或 α″）相，和在等温加热过程中析出弥散的 α 相。强化效果随弥散析出颗粒的大小和数量而变化。合金淬火时效后的强化效果可用下式表示：

$$\frac{\Delta \sigma_{\rm b}}{\sigma_{\rm b退火}} = \frac{\sigma_{\rm b淬火+时效} - \sigma_{\rm b退火}}{\sigma_{\rm b退火}} \times 100\% \tag{4-1}$$

强化效果随合金中退火状态下的 β 相含量的增加而增强；合金中 β 相条件稳定系数 K_{β} 与合金在退火状态下的 β 相含量成正比，因而 K_{β} 越大，合金的热处理强化效果越好。

现有的热处理强化钛合金包括热处理强化马氏体 α + β 型钛合金，近亚稳定 β 型钛合金和亚稳定 β 型钛合金。

(1) 热处理强化马氏体 α + β 型钛合金　马氏体 α + β 型钛合金的热处理强化效果较低，其中大部分既可以在热处理状态下使用，也可以在退火状态下使用。BT14 的名义成分为 Ti-5Al-3Mo-1.5V，BT14 合金在淬火和退火状态下都有较好的工艺塑性，通过淬火时效室温抗拉强度可达 1200MPa 以上，然而合金的淬透截面尺寸只有 40 ~ 60mm。对退火或淬火状态的材料，变形量较小的板材零件可以在室温下成形，但是较复杂零件的板材必须在加热状态下成形。BT14 合金可以用各种方式进行焊接，焊缝区的强度不小于基体金属的90%。这种合金主要用于制造长时间工作温度达400℃、短时间工作温度达750℃的板材冲压焊接件。

BT16合金的名义成分为Ti-2.8Al-5Mo-5V，在退火或淬火状态下也都具有较高的工艺塑性，该合金主要用于制造各类紧固件，可在室温下镦制各种铆钉。用钛合金紧固件代替钢制件，紧固件的长期工作温度低于350℃。除在减轻重量方面有明显效益外，还具有更高的疲劳强度，更可靠的抗剪切和耐松弛能力。

BT23合金的名义成分为Ti-5Al-5V-5Mo-0.7Fe-0.7Cr，是这组合金中β相条件稳定系数K_β最高的合金，β相稳定元素含量接近于临界浓度，因此BT23合金的热处理强化效果更好，室温抗拉强度可以达1400MPa，长时间工作温度可达500℃。BT14、BT16、BT23等合金在淬火时效状态下对应力集中比较敏感，R_m^H/R_m只有1.15～1.20。这点对结构材料来说是非常不理想的。因此在设计零件结构时必须采取相应的措施，如提高对表面质量的要求或增加截面的过渡半径等来弥补。

IMI550合金是英国发展的热处理强化α+β型钛合金，其名义成分为Ti-4Mo-4Al-2Sn-0.5Si，使用温度可达400℃。合金中同时加入铝和锡，通过稳定α相使其具有良好的室温和中温强度。加入钼使其锻造工艺性能改善，并提高热处理强化效果。加入0.5%Si（质量分数）可有效地增加合金的拉伸和蠕变强度，并对晶粒细化有利。IMI550合金一般不能进行焊接，英国用该合金制造压气机盘和叶片、飞机襟翼滑轨等锻造零件。

Transage129合金的名义成分为Ti-11.5V-2Al-2Sn-11Zr，由美国洛克希德公司研制，具有高的强度和断裂韧度，用于飞机结构锻件。该合金固溶处理时会发生部分的马氏体转变，转变开始温度为469℃，β相转变温度为720℃。时效过程中，从β相中急剧生成微小的马氏体，然后形成0.1μm左右的细小α+β组织；随着时效温度的提高，将生成粗大的马氏体。通常采用的固溶处理温度为816～871℃，时效制度为455℃下持续1h。Transage129合金的疲劳强度比Ti-6Al-4V高4%。这种合金还适于用等温锻造方法制造飞机用支架、接头零件，可在650～760℃进行等温模锻。

（2）近亚稳定β型钛合金　BT22是一种近亚稳定β型钛合金，其名义成分为Ti-5.5Al-5Mo-5V-1Fe-1.5Cr，可以认为是临界浓度成分的合金。它的β相条件稳定系数K_β=1.17，即从β转变温度以上淬火已经不能得到马氏体型的显微组织，因而，这种合金具有更好的热处理强化效果和更大的淬透性。BT22合金适于制造大截面的锻件和模锻件，可以进行焊接，包括熔焊和电阻焊，为了提高焊缝区塑性，焊接后必须进行退火。合金适于制造受高负荷的模锻零件，长时间工作温度可达350～400℃。

β-Ⅲ合金的名义成分为Ti-11.5Mo-6Zr-4.5Sn，最大特点是在退火或固溶处理状态下具有良好的成形性能，适合于制造各种冷成形的紧固件，具有较好的焊接性能。合金在时效过程中不形成金属化合物相。β-Ⅲ合金的淬透性可达到75～100mm，即可以淬透直径为150～200mm的圆棒。对于热处理强化合金来说，这样优秀的淬透性是非常可贵的。在β相转变温度附近进行固溶处理可以得到最佳的综合性能，固溶处理后可以水淬，也可以空冷，不影响时效效果。β-Ⅲ合金由于不含β共析元素，所以具有较高的热稳定性。高的钼含量还提供优秀的抗热盐应力腐蚀能力，然而会使合金密度增加到 5g/cm³ 以上。此外，高钼含量合金的真空自耗电弧熔炼，在技术上比较困难。β-Ⅲ 合金可以制成从箔材到大锻件等各种半成品，它的机加工性能比 Ti-6Al-4V 合金还好。

Ti-10V-2Fe-3Al 合金是近亚稳定 β 型钛合金中的一种新型合金，它是由美国钛金属公司研制成功的，有人把它称为近 β 型钛合金。这种合金综合了亚稳定 β 型钛合金和普通 α + β 钛合金的优点，与亚稳定 β 型钛合金比较，含有较少的 β 相稳定元素，它的 β 相稳定系数 $K_\beta = 1.06$。因此，它将亚稳定 β 型钛合金所具有的深淬透性、高强度和高断裂韧度等优点，与普通 α + β 型合金优越的拉伸塑性和弹性模量结合在一起。Ti-10V-2Fe-3Al 合金的淬透能力可以达到 124mm 的截面，同时有着良好的短横向拉伸塑性。固溶时效处理的 Ti-10V-2Fe-3Al 在 316℃ 可保持其室温强度的 80%，并具有与 α + β 型合金类似的蠕变稳定性。与同等强度水平的热处理强化 α + β 型钛合金比较，Ti-10V-2Fe-3Al 合金在空气中和海水环境的断裂韧度更好。这种合金还可以在比 Ti-6Al-4V 更低的温度下进行普通锻造和等温锻造。Ti-10V-2Fe-3Al 合金的 β 相转变温度约为 788℃，有可能在 850℃ 左右进行等温锻造，比 Ti-6Al-4V 合金约低 100℃。这种特性对于发展适合等温锻造的钛合金是非常有吸引力的。

Ti-10V-2Fe-3Al 合金中的氧的质量分数限制在 0.13% 以下，以获得最高的断裂韧度。一般情况下，在 β 相转变温度以下进行固溶处理（732 ~ 760℃），随后在 510℃ 时效可得到高的强度；在 566 ~ 621℃ 进行过时效处理可获得中等强度；在过时效状态可以得到较高的断裂韧度。为了得到理想的断裂韧度，通常将终锻温度控制在 β 相转变温度以上（约为 816 ~ 843℃）；当需要理想的拉伸塑性时，终锻温度应该在 β 相转变温度以下。固溶处理温度选择在 β 相转变点以下，是为获得一定数量的初生 α 相。初生 α 相的体积分数增加，有利于提高合金的拉伸塑性和弹性模量；但是，初生 α 相数量过多对断裂韧度和抗应力腐蚀有害，特别是在初生 α 相的分布为裂纹的形成和扩展提供大量 α/β 相界面的情况下更有害。此外，含有一定初生 α 相的亚稳定 β 相组织，在时效过程中的硬化速度较慢，对时效过程的控制有利。Ti-10V-2Fe-3Al 合金的长时间工作温度可达 316℃。适于制造需要高强度和高韧性的棒材、厚板，锻件的最大截面可达 125mm，此时可以保证锻件中心部位与边缘部位的强度差别不大。

总之，近亚稳定 β 型钛合金与热处理强化 α + β 型钛合金比较，有着更高的断裂韧度和淬透性，因此，热处理强化 α + β 型钛合金一般只用在尺寸不大的小型结构件；对于大量的截面尺寸较大的航空结构零件，近亚稳定 β 型钛合金有着更大的发展前途。

（3）亚稳定 β 型钛合金　亚稳定 β 型钛合金具有塑性好、强度高，深淬透性和高断裂韧度四大优点。亚稳定 β 型钛合金在淬火状态下具有良好的工艺塑性，这是因为体心立方晶体结构有更多可以开动的滑移系。该合金中的 β 相稳定系数约为 2，足以使 β 相从固溶处理温度快速冷却时全部保留下来。当固溶处理材料再次加热到适当的时效温度时，α 相在 β 基体上以弥散的针状形式析出，通过这种机理能使强度得到最大的提高，强化程度取决于由时效温度和时间控制的 α 针状的细化程度。大部分亚稳定 β 钛合金中含有强化 α 相的合金元素，可以通过固溶强化提高针状 α 的强度。与正常的 α

相析出比较，在较低的温度下时效，有可能发生另外两种分解反应：在 β 相稳定元素含量不太多的合金中发生 β→β + ω 分解过程，形成 ω 相；在 β 相稳定元素含量更多的合金中，发生 β→β + β′ 分解反应。这两种反应，特别是 ω 相的形成是不受欢迎的，因为 ω 相的出现，会使时效后合金的拉伸塑性大大降低。由于合金中 β 相的稳定程度高，亚稳定 β 型钛合金具有更好的淬透性，当从固溶处理温度冷却时，转变倾向性小，α 相的析出过程非常缓慢，甚至在最有利于析出的温度下，孕育期往往也长达 1min 甚至更长，所以，在冷却速度降低的大截面中心部位也能充分淬透，不会发生对随后的时效效果不利的转变。

B120VCA 和 BT15 是第一代亚稳定 β 型钛合金。这两种合金中都含有 11% Cr（质量分数），它们的共同点是在淬火状态下具有非常好的塑性，而经过时效都有非常高的强度。它们还具有非常好的淬透性，甚至空冷也可以将 β 相保留下来。这两种合金的固溶处理，既可以采用水淬也可以采用空冷。可以在室温下轧制薄板；但须在加热状态下冲压复杂的板材零件。合金可以进行焊接，焊缝区无论退火与否都具有高的塑性。这两种合金主要用于制造板材冲压焊接结构件。由于合金中含有大量的 Cr，在长时间加热过程中会析出 $TiCr_2$ 金属化合物弥散颗粒，使合金变脆。由于两种合金的最高使用温度不能超过 250℃，因此已经逐渐被淘汰。

另两种亚稳定 β 型钛合金 Ti-8823 和 Ti-38644（β-C）中，都尽量少用 β 相共析元素，在 Ti-8823 合金中只有 2% Fe（质量分数），在 Ti-38644（β-C）合金中只有 6% Cr（质量分数）。为了稳定 β 相，大量选用与 β 相相同晶体结构的元素 Mo 和 V，以及数量不多的 α 相稳定元素 Al 和 Zr。Ti-8823 合金具有良好的断裂韧度、缺口疲劳强度、抗应力腐蚀能力和较高的弹性模量，而且到 315℃ 热稳定性良好。Ti-8823 合金的淬透深度可以达到 75mm，固溶处理后可以水淬和空冷。该合金可以制成薄板、箔材和丝材，也可以用于生产锻件和各种紧固件，还具有良好的焊接性能。但是，Ti-8823 合金的密度较高，中温下的蠕变强度较差，光滑试样的疲劳强度也不理想。Ti-38644 合金有很好的成形性能，可以在固溶处理状态下进行焊接，然后通过时效进行强化，但要损失一些塑性，其半成品有薄板、带材、厚板、棒材和锻坯。Ti-38644 合金是一种深淬透合金，淬透截面厚度可达 225mm，还具有良好的抗盐应力腐蚀性能。改变强化处理规范，Ti-38644 合金可以获得许多不同的强度-塑性综合性能。固溶处理温度对厚板塑性有显著的影响，以 871 ~ 927℃ 为最好。在 427 ~ 593℃ 范围内时效可以得到不同的强度和塑性水平；在 677℃ 过时效则强度较低而塑性、韧性和稳定性较好。

TB2 合金是国产亚稳定 β 型钛合金，该合金在固溶处理状态下有良好的工艺塑性，其板材可以一次冲压成半球形或半椭球件。合金还具有较好的焊接性能，氩弧焊缝区的室温机械性能与固溶处理状态相似，TB2 钛合金铆钉丝经 800 ~ 850℃ 固溶处理后，具有较高的室温塑性和剪切强度，可以进行各种头型铆钉的冷镦。铆钉丝在 300℃ 热暴露 200h 后仍具有良好的热稳定性；然而，热暴露 300h 后热稳定性急剧下降。

亚稳定 β 型高强度钛合金的推广应用，受到它本身两个缺点的限制：一是时效后的拉伸塑性太低；二是密度太高。一般认为，合金的拉伸塑性与低周疲劳性能有着密切的关系；随着密度增大，弹性模量又往往下降，这对于要求刚性的零件是一个致命弱点。

4.2.3　热强钛合金

与铝镁合金相比，钛合金的主要优点之一是具有更高的热强性，这在 300℃ 以上表现得尤其突出。钛合金的比强度在 400~500℃ 以下明显优于不锈钢和热强钢。针对航空发动机零件的工作条件，对于热强钛合金提出了以下综合性能要求：在工作温度范围内，合金要有较高的瞬时和持久强度；室温下有较好的塑性；具有良好的热稳定性；在室温和高温下均有较好的疲劳性能；具有高的抗蠕变性能。

目前，500℃ 以下工作的主要是高铝当量马氏体 α+β 型热强钛合金；而 500℃ 以上，近 α 型热强钛合金可能更有发展前途。700℃ 以上工作的热强钛合金，曾经在钛铝金属间化合物（TiAl、Ti_3Al）基础上进行过广泛探索。TiAl 金属化合物在室温下没有任何塑性，以 Ti_3Al 金属间化合物为基的合金，在室温下的伸长率只有 1%~2%。虽然对以 Ti_3Al 为基的热强钛合金的研究已经取得较大的突破，但是这些合金离实际应用还有相当长的距离。对稳定 β 型钛合金来讲，有着更广阔的合金化范围，可以充分发挥固溶强化的潜力；然而，稳定 β 型钛合金的密度更高，抗氧化能力更低，弹性模量也低，这些都减少了稳定 β 型钛合金作为热强钛合金使用的可能性。但是稳定 β 型钛合金对于热强钛合金的发展是一个应该注意的方面。

1. 马氏体 α+β 型热强钛合金

目前，获得应用的热强钛合金绝大多数属于高铝当量马氏体 α+β 型钛合金，表 4-9 列出了这些合金的化学成分。从表 4-10 可以看出这些合金中都含有较多的 α 相稳定元素，铝当量都在 6% 以上。Al、Sn 和 Zr 在合金中起着固溶强化作用，通过强化 α 相使合金获得相应的高温持久和蠕变强度。加入适当的 β 相稳定元素，特别是 Mo，可以提高室温和高温抗拉强度，增加合金的热稳定性。

表 4-9　常用马氏体（α+β）型热强钛合金的化学成分及使用温度

合金牌号	合金元素（质量分数，%）						杂质含量（质量分数，%）≤						技术标准	最高使用温度
	Al	Sn	Zr	Mo	Cr	Si	Fe	C	O	N	H	Y		
TC6	5.5~7.0	—	<0.5	2.0~3.0	0.8~2.3	0.15~0.4	0.2~0.7	0.08	0.15	0.05	0.015	—	GB/T 3620.1—2007	450℃
TC11	5.8~7.0	—	0.8~2.0	2.8~3.8		0.2~0.35	0.25	0.08	0.20	0.05	0.012	—		500℃
TC9	5.8~6.8	1.8~2.8		2.8~3.8		0.2~0.4	0.40	0.08	0.15	0.05	0.015	—	GB/T 3620.1—2007	500℃
TC19	5.5~6.5	1.75~2.25	3.5~4.5	5.5~6.5		—	0.15	0.04	0.15	0.04	0.0125	0.005		450℃

（1）TC6　TC6 合金是最成熟、应用最广泛的 Ti-Al-Mo-Cr-Fe-Si 系多元钛合金。它主要用于制造压气机零件，能在 400℃以下长时间工作（6000h 以上）。Al 在 TC6 合金中稳定并强化 α 相；同时加入 Mo 与 Si，增加了 β 相的数量，有利于热加工和热稳定性的提高；Cr 和 Fe 是 β 相共析元素，通过强化 α 和 β 相提高中等温度下的抗拉强度。TC6 合金是在 Ti-5Al-2.5Cr 合金基础上发展的。Ti-5Al-2.5Cr 合金在 400~450℃ 的温度下，能从 β 相固溶体中分解出 $TiCr_2$、TiFe 相，故 TC6 合金获得了广泛的应用。

TC6 合金可以生产各种形式的半成品，如直径为 12~130mm 的轧棒，直径为 10~70mm 的挤压棒，直径为 65~250mm 的锻棒，挤压和轧制型材，各种锻件、模锻件、环形件等。根据不同的用途和对半成品性能的要求，TC6 合金可按以下规范进行热处理：

1）等温退火。870℃加热，保温 1h，慢速冷却到 650℃，保温 2h，空冷。当合金在高温下长时间工作时采用这种基本的热处理规范。

2）双重退火。880℃加热，保温 1h，空冷，随后在 550℃加热，保温 2~5h，空冷。这种热处理与等温退火比较，可以提高室温强度，而塑性稍有下降。在保持热稳定性的同时，双重退火会使合金的热强性有一定程度的提高。

3）强化热处理。850℃加热，保温 1h，水淬；随后在 550℃保温 5h，空冷。

4）高温形变热处理。在高温变形后立即水淬，随后在 550~620℃时效 5h，空冷。

采用强化热处理和形变热处理可以显著提高 TC6 合金零件的强度性能。在 TC6 模锻件（叶片）的批生产中，采用了形变热处理或高温形变热处理，这使强度性能分别提高了 10%~20% 和 20%~30%。研究了 TC6 合金在 300℃、400℃、450℃，时间为 100h、500h、2000h 或更长的持久强度和蠕变性能。在 300℃和接近抗拉强度的应力下，试样或者在加载时断裂，或者经受 2000h 以上而不断裂；在 400℃寿命增加到 2000~3000h，持久强度基本没有下降。比较 TC6 合金的持久强度和蠕变强度的变化可以看出，在 300℃以下持久强度与蠕变强度是近似的；在 400℃蠕变强度为同一温度持久强度的 50%~60%，瞬时拉伸和持久强度几乎相同；当温度提高到 450℃时，抗蠕变性能下降。显然，在 300℃以下 TC6 合金中不发生使合金软化的扩散过程。从 400℃开始，在温度和应力的长时间作用下，合金中发生一种与合金元素在 α 和 β 相之间的重新分配有关系的扩散过程，从而降低了抗蠕变性能和长时间的热强性。由等温退火和强化热处理后材料的性能对比表明，对 400℃以下工作的零件（例如叶片），采用强化热处理是合理的。它可以获得强度、塑性、热稳定性和热强性等各方面都较好的综合性能。对于工作时间为 100~2000h 的零件，其工作温度可以提高到 450℃。

（2）TC11　TC11 合金属于 Ti-Al-Mo-Zr-Si 系。在马氏体 α + β 型热强钛合金中，TC11 合金是 500℃以下热强性最好的合金。它在 500℃中的长时间工作寿命为 500h，主要用于制造压气机盘、叶片、环形件和紧固件。退火状态的 TC11 合金可以制造 450℃、工作时间达 6000h 的零件。用 TC11 合金可以生产直径为 25~130mm 的轧棒，直径为 10~17mm 的挤压棒，直径为 65~250mm 的锻棒，挤压型材，轧制型材，轧制环形件，以及各种锻件和模锻件。TC11 合金采用的热处理规范如下：

1）双重退火。950℃加热，保温 1~4h，空冷，随后在 530℃保温 6h，空冷。当合金在 500℃ 长时间工作时，采用这种基本的热处理规范。

2）强化热处理。925℃ 水淬，随后在 500 ~ 600℃ 保温 1 ~ 6h 后空冷。

3）高温形变热处理。在高温变形后立即进行水淬，随后在 570℃ 时效 2 ~ 6h，空冷。

采用强化热处理可以使强度性能提高 20% ~ 30%，但塑性有所降低。这种处理适用于压气机叶片，不过在这种状态下，合金使用温度要比退火状态低 50℃，因为在 500℃ 该合金会发生明显的软化，使热稳定性降低，合金的工作寿命受到限制。TC11 合金在强化热处理状态下的室温抗拉强度提高 20% ~ 30%，但是这种强化效果随着温度和时间的增加而减少。为了确定 TC11 合金的热稳定性，经过双重退火的试样分别在 450℃、500℃ 和 550℃ 保温 100h、500h 和 2000h，以及在 500℃ 保温 9000h 后，测定了室温拉伸性能的变化。在 450℃ 成品试样或试样毛坯加热 2000h 后，室温拉伸塑性保持在原始材料的水平上。在 500℃ 随着时间的增加，特别当成品试样加热到 200h 后，拉伸塑性明显下降；但在相同条件下加热的试样毛坯的拉伸塑性下降较小。长时间加热形成的表面氧化膜对塑性不利。

(3) TC9 TC9 合金的主要成分与 TC11 合金相似，只是用 2.5% Sn（质量分数）代替了 1.5% Zr（质量分数）。与 TC11 合金比较，TC9 合金的蠕变强度较低。一般认为，TC11 合金中含有 Zr，对热稳定性不利，特别是当 Zr 的质量分数达到 2.5% 时，会加速合金的表面氧化，导致热稳定性降低。

(4) BT25 在 BT25 合金中，选用了 Sn 和 W 作为合金元素。在新发展的长时间工作热强钛合金中，一般不加入 β 相共析元素，例如 Cr 和 Fe。加入 Sn 和 W 能缓和合金元素在 α 和 β 相之间的重新分配过程，有利于提高合金的热稳定性。

(5) Ti-6246 Ti-6246 是一种中温使用的高强度钛合金，用于制造工作温度为 400℃、要求高强度的零件，例如航空发动机的压气机盘、风扇盘和叶片等重要零件。Ti-6246 是在 Ti-6242 合金成分的基础上发展的，它综合了 Ti6242 合金的高温蠕变强度和典型 α + β 新型钛合金的较高的瞬时抗拉强度。由于含有 6% Mo（质量分数），β 相稳定程度较高，所以能通过热处理进行强化。Ti-6246 合金采用两种热处理规范。双重退火（870℃/1h 空冷 + 593℃/8h 空冷）可以改善断裂韧度和蠕变强度。在固溶时效状态下（871℃/1h 水冷 + 593℃/8h 空冷），可以得到更高的抗拉强度。对于锻件，最佳的固溶处理温度是 843 ~ 899℃，固溶处理温度要根据预先的热加工制度而定，以便最后能在较粗的 β 相转变组织的基体上，获得大约 10% 的等轴初生 α 相。如果预先的热加工温度较高，采用较低的固溶处理温度；如果预先的热加工温度较低，则采用双重固溶处理，先在高温下固溶处理，以减少初生 α 相的含量，然后在 843℃ 再次进行固溶处理。

2. 近 α 型热强钛合金

近 α 型钛合金的热强性可以保持到比马氏体 α + β 型钛合金更高的温度。这类合金的热强性是建立在 α 相固溶体的高度固溶强化的基础上。因此，近 α 型热强钛合金中同时含有 Al、Sn、Zr 等多种 α 相稳定元素，含有的合金元素铝当量（不包括氧等杂质含量）几乎都在 7%（质量分数）以上，见表 4-10。这些合金中都还含有极少量的 β 相稳定元素，主要是 Mo、Nb 等与 β 相相同晶体结构的元素，合金的 β 相条件稳定系数 K_β 都在 0.2 以下。在高铝当量的合金中加入少量的 β 相稳定元素，是为了减少出现有序相的可能性，以免引起合金脆化。由于合金中 β 相的含量很少，近 α 型热强钛合金不能进行热处理强化，但是具有与工业纯钛相似的良好的焊接性能。近 α 型热强钛合金与马氏体 α + β 型热强钛合金比较，主要特点是在 500℃ 以上具有更高的抗蠕变能力，同时还有着更好的抗疲劳裂纹扩展和断裂韧度；然而，马氏体 α + β 型热强钛合金却有着更好的低周疲劳强度和拉伸塑性。

表 4-10　常用近 α 型热强钛合金的化学成分及使用温度

合金牌号	化学成分（质量分数，%）										最高使用温度
	Al	Sn	Zr	Mo	Nb	Si	V	Bi	W	Fe	
BT18	8	—	8	0.6	1	0.22	—	—	—	0.15	550 ~ 600℃
BT18Y	6.5	2.5	4	0.7		0.25			0.7		550 ~ 600℃
IMI679	2	11	5	1							450℃
IMI685	6			0.5							520℃
IMI829	5.5	3.5	3	0.3	1	0.3					580℃
Ti-6242	6		4	2							450℃
Ti-811	8	—	—	1	—		1				425℃
Ti-5621S	5	6	2	0.8		0.25					520℃
Ti-11	6	2	1.5	1		0.1			—	0.35	580℃

（1）BT18　BT18 合金是俄罗斯发展的 Ti-Al-Zr-Mo-Nb-Si 系近 α 型热强钛合金。为了保证合金的热强性和热稳定性，熔炼 BT18 合金时要求采用高品位的海绵钛，合金中的氧的质量分数限制在 0.12% 以下。BT18 合金在俄罗斯批量生产的钛合金中热强性是最高的，主要用于制造 550 ~ 600℃ 长时间工作的零件，寿命可达 600h；短时间工作温度可达 800℃。这种合金的高温比强度和疲劳强度均优于不锈钢，比 α + β 型钛合金更难变形，尤其是在铸造状态。BT18 合金半成品的锻造最好在压力机上进行，铸态材料变形的最佳温度范围是 950 ~ 1150℃；对于预先经过变形的材料，锤锻温度为 950 ~ 1080℃；压力机锻造温度为 900 ~ 1020℃，也就是说，开始锻造温度都在 β 相区（β 相转变温度为 1000℃）。为了避免铸锭在变形前出现裂纹，建议在 800℃ 预热。

BT18 合金主要用于生产直径为 25 ~ 35mm 的轧棒。热处理规范：普通退火 900 ℃ × 1h 空冷；双重退火 900 - 980℃ ×（1 ~ 4）h 空冷 + 600℃ × 6h 空冷。双重退火的材料具有更高的热强性。BT18 合金的热稳定性试验表明，试样毛坯在 600℃ 加热 100h、

500h、1000h 后，除去氧化膜，塑性保持在足够高的水平上，而成品试样长时间加热后塑性明显下降。可见，表面氧化是 BT18 合金塑性降低的主要原因，这是由于合金锆的质量分数高达 10%～12%，而 Zr 与 Ti 相比，Zr 与氧的亲和力更大的原因。

BT18Y 是 BT18 合金的改型。在 BT18Y 中，用 Sn 代替了一部分 Zr 和 Al，从而提高了热稳定性、抗蠕变和冲击韧性，但是工作温度下的瞬时抗拉强度略有下降。BT18Y 在试验阶段的半成品有锻件、模锻件、环形体和棒材，热处理条件与 BT18 合金相同。

（2）IMI679　IMI679 是由英国帝国金属工业公司发展的具有独特风格的热强钛合金。该合金从 20 世纪 60 年代开始，已经广泛用于英国生产的航空发动机压气机盘和叶片，它低的 Al 含量，适当的 Zr 含量和高的 Sn 含量，使 α 相得到充分强化。室温下，IMI679 合金具有 α＋β＋化合物组织，在大约 950℃ 转变为 β＋化合物组织。为了获得理想的机械性能，热加工温度应限制在 α＋β 化合物相区，一般不超过 925℃。在退火状态下，IMI679 合金的抗拉强度，从室温到 538℃ 都超过 Ti-6Al-4V 和 Ti-811 合金，大致与 Ti-6242 合金相当。在所有温度下，它的蠕变强度超过 Ti-6Al-4V 和 Ti-811，但当温度高于 482℃ 时却不如 Ti-6242。IMI679 合金在高温下的疲劳强度低于 Ti-811 和 Ti-6242。IMI679 合金在 450℃ 以下温度组织都是稳定的。由于合金中含有 0.25% Si（质量分数），必须防止出现硅化物偏析。一般认为，必须将 Ti_5Si_3 相的析出颗粒尺寸控制在 $1\mu m$ 以下，因为大颗粒或团聚的小颗粒都会导致机械性能降低。低韧性试样的断口分析表明，断裂总是起源于含有高浓度硅化物的区域。造成硅化物偏析的主要原因是与熔炼工艺控制不当有关，在用铸锭上半部制造的锻件中容易发现硅化物偏析。

IMI679 合金常用的热处理规范是 900℃×（1～2）h，油淬或水淬＋500℃×24h 空冷，在固溶时效状态下合金具有最大的拉伸和蠕变强度。薄截面零件，如压气机叶片，通常采用空冷，然后时效；截面较厚的零件如盘件和隔圈，则经常采用油淬，然后时效。一般来讲，空冷材料具有更好的拉伸塑性和更高的蠕变强度。

（3）IMI685　IMI685 是英国在航空发动机生产中获得实际应用的近 α 型热强钛合金，属于 Ti-Al-Zr-Mo-Si 系。这种合金在 400℃ 以上具有较高的抗蠕变能力。Al 和 Zr 都能稳定并强化 α 相，提高合金在高温下的蠕变强度；Mo 在 α 相中的溶解度很低，但是合金中加入的少量 Mo，主要仍溶于 α 相中，从而改善了合金在室温和高温下的抗拉强度；少量的 Si 也固溶于 α 相内，增加合金在所有温度下的抗拉强度和 400℃ 以上的抗蠕变能力。IMI685 合金的近 α 特性，使合金可以在 β 相区内进行热加工和热处理，不用担心 α＋β 型钛合金在 β 相区加工或热处理时会遇到的 β 相脆性。IMI685 合金在 β 相区加工比在 α＋β 相区加工更容易，β 热处理可以在不降低其他机械性能的情况下，获得最大的抗蠕变能力。与近 α 型钛合金特性有关的另一优点是 IMI685 合金可以进行焊接。

IMI685 合金的热处理主要是为了得到理想的高温抗蠕变性能。该热处理内容包括 1050℃（高于 β 转变温度）固溶处理，油淬，从加热炉到油槽的转移时间不超过 15～30s，550℃ 时效 24h 空冷。当截面尺寸小于 20mm 时，从固溶温度空冷就足以在时效后得到所要求的性能；当截面尺寸大于 20mm 时，降低冷却速度会使合金的拉伸、蠕变强度和热稳定性降低；当截面尺寸大于65mm时，已经不能保证对中心部位所要求的机械性能了。因此，IMI685合金应在完全时效状态下进行焊接；焊后再在550℃进行4~8h消除应力退火。IMI685合金的开锻温度为1050℃（比β转变温度高20~30℃）；在某些情况下，合金仍然在α+β相区锻造，开锻温度为980~1000℃。是否采用α+β锻造，取决于零件的几何尺寸、设备功率和半成品零件的预定工作温度。与α+β型钛合金相比，IMI685合金的抗拉强度，当温度升高时降低较少。IMI685合金在500℃以下温度都具有良好的热稳定性和优异的抗蠕变能力，潜在的使用温度可达550℃。它特别适于制造需要焊接的鼓筒式压气机转子结构、压气机盘和叶片。

（4）IMI829　IMI829合金是英国研发的中等强度、高温使用的钛合金，与IMI685合金比较，合金成分中增加了Sn含量，减少了Zr含量，并加入了1%Nb（质量分数）。这种合金到550℃具有较高的抗蠕变能力、良好的抗氧化性和良好的热稳定性。该合金也采用β固溶处理，典型的热处理规范是1035℃×2h油淬+550℃×24h空冷。IMI829合金同样具有良好的焊接性能。

（5）Ti-6242　Ti-6242合金是美国实际使用的工作温度最高的钛合金。该合金在Ti-Al基α相固溶体基础上，同时加入Sn和Zr，通过固溶强化使合金的高温抗蠕变性能得到明显的改进；合金中加入2%Mo使室温和高温抗拉强度以及热稳定性得到提高。Ti-6242合金可采用双重或三重退火，对于板材，双重或三重退火都可以选用。双重退火规范是871℃×0.5h空冷+788℃×5h空冷；三重退火规范是871℃×0.5h空冷+788℃×0.5h空冷+593℃×2h空冷。任何一种退火规范的第一次处理都是固溶处理；第二次处理是一种稳定化处理，可以和板材成形工序中的热变形结合起来，它对室温拉伸性能几乎没有影响；第三次处理也可以和板材成形过程中的某一工序相结合，或者在热变形后进行一次附加的稳定化处理，它稍微提高室温抗拉强度，说明有时效作用发生。对于棒材或锻件只采用双重退火，第一次处理的加热温度取决于截面尺寸，截面小于64mm时，采用954℃×1h空冷+593℃×8h空冷；截面大于64mm时，采用871℃×1h空冷+593℃×8h空冷。871℃固溶处理并在593℃进行8h稳定化退火，可使合金具有较高的室温和高温抗拉强度，且疲劳强度也优于或相当于在更高温度（954℃）固溶处理的合金；954℃固溶处理并在593℃进行8h稳定化退火，可使合金具有较高的高温抗蠕变性能和较好的热稳定性，以及较好的室温缺口持久强度和抗冲击性能。在更高的温度（976℃）下固溶处理，可以得到更高的抗蠕变性能，并改善中等缺口持久寿命。从固溶处理温度采用比空冷更快的水冷，可以改善抗拉强度，但要牺牲一些蠕变性能。

（6）Ti-811　Ti-811合金的室温抗拉强度与Ti-6Al-4V合金相近，但是具有更优越的高温拉伸和蠕变强度。该合金具有较高的弹性模量和较低的密度，因此，曾一度引起人们的广泛重视。但是，Ti-811合金与Ti-6Al-4V合金比较，对于热盐应力腐蚀更为敏感。Ti-811合金曾计划大量用于美国的超音速运输机作蒙皮材料，由于计划改变未能实现，现用于制造某些发动机的压气机盘和叶片。该合金还具有良好的抗振性能，特别适合于制造受离心作用并在复杂的振动条件下工作的风扇和压气机叶片。Ti-811合金最常用的热处理规范是双重退火：899℃或1010℃×1h 水冷或空冷 +593℃×8h 空冷。

（7）**Ti-5621S**　Ti-5621S 合金是美国在 20 世纪 60 年代研制成功的抗蠕变钛合金。它的主要特点是通过硅化物的弥散析出，使 α 固溶体得到进一步的强化。弥散相起着限制晶粒边界迁移和位错运动的作用，从而降低合金在高温下蠕变变形的能力。对于改善蠕变强度，C 和 Si 效果是相等的；但是在相同的蠕变强度下，含 C 合金的塑性显著低于含 Si 的合金。试验结果表明，0.3% Si 使合金蠕变强度明显提高，Si 的质量分数增加到 0.5% 蠕变强度没有改善；在含 Zr 的钛合金中加入 Si 后形成 Ti$_2$ZrSi 或（Zr$_3$Ti$_2$）Si$_3$。在大量试验的基础上确定成分为 Ti-5Al-6Sn-2Zr-0.8Mo-0.25Si（Ti-5621S）的合金具有良好的高温抗蠕变和热稳定性。在 β 相区退火可以进一步提高 Ti-5621S 合金的蠕变强度，这种提高主要与晶粒显微组织形态的变化有关。Ti-5621S 合金的抗蠕变能力在很大程度上取决于热加工和退火温度，β 加工后进行 α + β 退火可以得到最佳的综合性能。常用的热处理规范是双重退火：982℃×（0.5 – 1）h 空冷 +593℃×2h 空冷。合金的显微组织由 α 片状相组成，β 相存在于 α 片状相之间，未发现硅化物存在，说明 Si 溶解于固溶体中，没有发生分解。Ti-5621S 合金在 510℃保持 2000h 或在 538℃保持 300h 后仍具有良好的塑性。

（8）**Ti-11**　Ti-11 合金的名义成分为 Ti-6Al-2Sn-1.5Zr-1Mo-0.35Bi-0.1Si，该合金至少到 538℃还具有优越的抗蠕变能力。在 482～593℃范围内，Ti-11 合金综合了理想的高温拉伸和蠕变强度及可接受的热稳定性。试验表明，表面氧化对 Ti-11 合金热稳定性的影响较小，即蠕变暴露后的试样，无论表面氧化膜除去与否，其拉伸塑性都相接近。Ti-11 合金中首次选用 Bi 作为合金元素，这使合金获得了更好的蠕变强度。通常采用的 β 加工温度为 1038～1149℃，锻造在压力机上进行，然后空冷；从锻造压力机直接油淬或水冷，然后在相变温度下进行固溶处理并油淬，可以提高室温及高温屈服强度。Ti-11 合金具有良好的焊接和抗热盐应力腐蚀性能，主要用于发动机的高温转动零件。

综上所述，近 α 型热强钛合金与马氏体 α + β 型热强钛合金比较，前者在 500℃以上有更好的蠕变强度，更高的断裂韧度和抗裂纹扩展能力；而马氏体 α + β 型钛合金在 500℃附近有更高的抗拉强度，更好的室温拉伸塑性和低周疲劳性能。因此，在 500℃以上工作的发动机零件选用近 α 型热强钛合金更可取；然而，还必须考虑到工作应力的大小，当工作应力较小时，α + β 型热强钛合金有更大的拉伸塑性储备，即在热稳定性方面有更大的潜力；此外，还必须考虑到结构设计上的特点，即采用机械连接方案还是焊接结构。"寿命"设计原则也与选材有密切的关系。如果认为材料是有缺陷的，则即使在 500℃以下，也有充分理由选用断裂韧度高、裂纹扩展速率低的近 α 型钛合金。

4.3　铸造钛合金

变形钛合金零件的生产费用高，有些形状复杂的零件也难以制造。近几年来，为了降低形状复杂的变形钛件费用，各国都大力开展钛铸件的研究和生产，已取得一定的成果。例如，已经铸造出航空发动机压气机机匣、整流叶片、附件液泵的叶轮、各种框和支承架以及机轮轮壳等。

钛合金难熔而且化学活性高，是影响其铸造工艺和铸件质量的主要问题。液态钛非常活泼，能与气体和几乎所有的耐火材料起反应，因此，其熔化和浇注都必须在惰性气体保护下或真空中进行。常用的设备有真空自耗电弧凝壳炉等。熔炼时采用强制冷却的铜坩埚，不能采用普通耐火材料制成的坩埚，铸型可用捣实的石墨模，可用离心法浇注。

由于常用钛合金的铸造工艺性比较好，其结晶温度间隔一般是 40 ~ 80℃，线收缩小（0.5% ~ 1.5%），体积收缩也不大（3%），而且高温下强度较高，不易产生热裂。但若受到污染，在铸件表面形成脆性富氧 α 相层，容易在表面产生冷裂。铸造钛合金与锻造状态的 β 型钛合金的性能相近，具有较好的抗拉强度和断裂韧度；其持久强度和蠕变强度与变形合金相近，只是由于组织粗大，塑性约比变形状态低 40% ~ 45%，同时疲劳强度也较低。

铸造钛合金的热处理与变形钛合金一样，但强化热处理用得还比较少。随着钛合金铸造工艺的不断改进，铸件质量提高、成本降低、毛坯精化，钛铸件的应用必将更加扩大。

4.3.1　钛合金的熔炼浇注

目前工业生产上用的钛铸件熔炼浇注设备有三种：真空自耗电弧凝壳炉、真空非自耗凝壳炉、电子束凝壳炉。其共同特点是都采用"凝壳"坩埚，即使用强制水冷的铜坩埚或石墨坩埚。熔炼时钛在坩埚壁上形成一个薄薄的凝固壳体，保护钛在熔融状态下不受污染，从而获得浇注铸件用的"纯净"合金液。最早发展的是自耗电弧凝壳炉，它是目前使用最广的钛合金熔铸装置；非自耗凝壳炉与电子束凝壳炉能克服自耗凝壳炉所存在的不足，但由于它们各自存在的至今仍未解决的技术问题，目前还不能取代前者而成为铸钛生产的典型装置。除此外，还可以采用真空感应熔炼、等离子熔炼等方法浇注钛。

1. 真空自耗电弧凝壳熔炼浇注法

真空自耗电弧凝壳炉是在自耗电弧炉的基础上发展起来的。20 世纪 50 年代初期，美国矿业局阿巴尼试验站在研究普通自耗电极电弧炉熔炼时，意外地发现了深熔池，即若将熔池中熔融金属倾注出来，则剩下了一个凝固的金属壳，这样便发展了凝壳炉。与自耗电弧炉一样，凝壳炉同样采用直流电源，用自耗电极作负极，水冷坩埚作正极，起弧后将钛电极熔化滴入坩埚熔池内；所不同的是水冷铜坩埚可以倾动。当熔炼所形成的熔池足够大时，电极快速提升，随即翻转坩埚，使熔融钛迅速通过浇嘴注入铸型中。根据铸件要求的不同，可以进行重力浇注或离心浇注。

为了形成较大的熔池，保证足够的浇注金属量，壳式炉往往选用较大的电源。熔融金属浇入铸型后，留在坩埚里的凝壳随电极/坩埚直径比及其他熔铸参数的变化，其壁厚一般在 10 ~ 25mm 范围内，重量约为熔化金属的 15% ~ 25%。在合金成分相同的情况下，此壳可以重复使用。自耗凝壳炉的坩埚一般为水冷铜坩埚，为了防止电弧击穿坩埚壁而引起爆炸，有的炉子还装备有 K-Na 共晶合金冷却的铜坩埚，但这套冷却系统比较复杂。另一种是带水冷套的石墨坩埚，比较安全，其缺点是会使钛合金碳含量增加，塑性降低。此外，还有带钨衬套的石墨坩埚。

从结构上说，除常采用的倾动式坩埚外，还有底浇式的。这种坩埚底部有一个浇注孔，熔炼时由水冷铜板堵住，浇注时水冷堵板滑开，凝壳底部由于没有水冷铜板的冷却而被熔穿，熔融金属由此孔流出，直接进入铸型内。这种坩埚的优点是浇注速度快、金属温度高；缺点是浇嘴清理困难，因此目前铸钛一般不采用这种坩埚。另外还有一种旋转坩埚，熔池形成后，坩埚绕轴线快速旋转，在离心力作用下，液体金属通过坩埚口向四周均匀散射，并注入反向旋转的环形金属型内，用这种方法可以浇注致密的环形钛铸件。

自耗电弧凝壳熔炼一般在真空下进行，但熔炼含高蒸气压元素的合金时，最好在惰性气体下进行。当炉膛压力处于 20 ~ 760Torr（2666.44 ~ 101324.72Pa）的范围内时，有部分电流的传导由离子化的气体实现；在高真空下，电传导则是通过离子化的金属蒸气或熔炼时放出的其他气体而实现；在中间压力范围内存在两种类型的电流传导。因此，电弧的形式也有所不同，在氩气氛下所形成的电弧是下垂的，电弧在电极的少数几个位置上燃烧；而在真空下，电弧则具有一个宽的燃烧面积，而且基本是稳定的。真空自耗电弧熔炼时，电弧必须尽可能短，在任何情况下都应当比电极与坩埚壁之间的距离短，以便将电弧抑制在熔化区而转移不出来。

为了使电极能经受大电流以及保证铸件成分的均匀性，凝壳炉一般不选用海绵钛压制作电极，而采用重熔过的致密钛棒作电极。凝壳炉的特点是熔池大，这样不但除气效率高，而且合金元素均匀性好，因此，有的国家不仅用它浇注异形钛铸件，还用它制造含高熔点金属元素合金的铸锭，以及浇注适合于轧制型材的扁形、方形与环形铸坯。

2. 电子束凝壳熔炼浇注法

电子束凝壳熔炼浇注法的工作原理与电子管相类似。在高真空中，由高熔点金属构成的炽热灯丝阴极在高压下发射出电子束，通过磁透镜使电子束聚焦在炉料上，加热炉料，进行熔炼。电子束可以分散成较大面积的焦点，对熔池进行保温；也可以通过转动磁场，进行移动扫描，控制熔炼过程。相对而言，电子束凝壳炉设备的成本及维护费用较高，但用它能大量利用价格低廉的回炉料，所以还是合算的。有人曾做过计算，说明它浇注出来的钛铸件，成本低于自耗电弧凝壳炉生产的铸件。然而，在浇注复杂合金成分的铸件时，还存在很多有待解决的问题。因此，虽然电子束炉浇注的铸件在某些飞机机种上已开始采用，但这种熔炼浇注钛铸件的工艺，目前还只是正在发展中的一种工艺。

3. 真空非自耗电弧凝壳熔炼浇注法

非自耗电弧熔炼法是在惰性气体保护下，在水冷铜结晶器上，采用钨棒或石墨作电极进行电弧熔炼的一种方法。早在 1937 年，Kroll 就用这一方法熔炼出了第一批钛。后来在 1949 年他又用同样的方法在美国浇注出了第一个钛铸件。近年来，针对自耗电弧熔炼存在的问题，对非自耗电弧熔炼又重新进行了研究，重点是解决非自耗电弧熔炼对铸锭的污染问题。目前在这方面已有了很大进展，发展了两种生产型的非自耗电弧熔炼装置：一种是旋转电弧熔炼法（Durarc 法），即采用高压水冷铜电极，在电极头内腔装一电磁线圈，利用磁场作用，使电弧沿电极表面不断旋转，避免电极局部过热，防止电极局部烧蚀，减小铸锭的污染；另一种是旋转电极熔炼法（Schlienger 法），这种方法与 Durarc 法的相同之处是尽量使电弧不要停留在电极的局部位置上；不同之处是采用自身旋转的铜电极，而不是用电磁线圈控制电弧旋转。这两种方法目前仍处于发展阶段，它们的缺点是水冷电极需要消耗大量的热，因此，热效应较低，此外，电极寿命仍是一个问题。由于非自耗熔炼法能过热熔融金属、控制熔炼浇注过程、大量回收废料，所以用于熔炼浇注钛合金是一种适宜的、有发展前途的方法。

其他熔炼浇注法还有真空感应熔炼浇注法、等离子弧熔炼浇注法、等离子电子束熔炼浇注法和增量熔炼浇注法。总的来看，真空自耗电弧凝壳炉是目前钛铸件生产的主要装置，各主要铸钛生产国广泛用它生产钛铸件。但它在控制冶金过程与熔铸参数方面还有不足之处，随着技术的发展，完全有可能被新的装置所取代。

4.3.2　铸造钛合金的组织、热处理和力学性能

1. 铸造钛合金的组织

如同变形合金一样，铸造钛合金按相的组成可分为 α 型钛合金、近 α 型钛合金、α + β 型钛合金及 β 型钛合金；按应用情况可分为中温中强合金、高强合金、高温合金及抗腐蚀合金。在结构铸造钛合金方面，我国、美国、西欧国家、日本主要是采用 Ti-6Al-4V 合金；而俄罗斯则以 BT5JI（Ti-5Al）为主，美国把 Ti-6242（Ti-6Al-2Sn-4Zr-2Mo）作为耐热铸造钛合金使用。

在研制铸造钛合金过程中，选择添加合金元素时，不但要注意它们对合金力学性能的影响，也要注意它们对合金铸造性能的影响。这些影响部分可以根据元素在周期表中的位置及与钛组成的相图来判断，但主要应当根据其物理化学性能、机械性能和工艺性能的试验结果来确定。

铝是钛合金的主要添加元素，它重量轻，在一定的含量范围内可明显地提高合金强度，且塑性下降较小。由于 Ti-Al 合金结晶的间隔小，铝在钛中溶解时又产生热效应，所以 Ti-Al 合金的铸造性能良好，几乎所有的铸造钛合金都含有数量不等的铝。但铝含量高的铸造钛合金也存在 α_2 相的析出问题，同变形合金一样，其塑性也会急剧下降。第二种曾引起铸钛工作者注意的是元素硅，人们根据铸造铝合金的发展经验，试图研究一种铸造性能好、耐热性高的 Ti-Si 共晶合金，最后也是由于合金室温塑性太差而未能达到目的。但对铸造耐热钛合金来说，往往必需加硅，它可以明显地提高合金的强度及耐热性。

稀土元素是铸造钛合金仅有的变质剂，在一定范围内稀土元素可以细化钛合金铸件的晶粒，改善其拉伸性能。Ce、La、Pr、Nd 等元素是钛合金的 α 相稳定元素，它们造成的 α 单相区比较小，在 900℃ 左右将发生包析转变。在变形 Ti-5Al-2.5Sn 合金中添加

微量稀土金属，如 0.001% ~ 0.01% Ce（质量分数）后表明，其高温强度提高了 25% ~ 30%，且塑性并不下降。在高温铸造的 Ti-Al-Mo 系合金中添加微量的 Ce 或 La，能提高合金的高温持久性能，而对室温塑性及热稳定性无不良影响。稀土元素的这一突出性质，是其他合金元素所不具备的，很多强化元素往往在提高热强性的同时，必须牺牲部分塑性，因此，当铸造钛合金塑性较低时，采用微量稀土元素来强化热强合金具有现实意义。稀土元素的化学电势很负，对气体元素氧、氮等具有很大的亲和力，容易形成难熔的、热稳定的稀土金属氧、氮化合物，构成弥散质点，故可以强化合金，这就是所谓"内氧化"。有人用非自耗电极熔炼钛棒时发现，不加稀土元素时，铸棒金相组织中的夹杂物在晶内呈片状或鸡爪状分布；加少量的 La、Ce 后，片状夹杂物变短，在晶界及亚晶界出现发亮的第二相，合金塑性得到改善；当稀土元素含量超过一定范围时，晶界质点增多或长大，又给塑性带来了不利影响。

Sn、Zr、Hf 等 α 相稳定元素或中性元素和 Al 一样，是提高铸造钛合金强度的元素。在 Ti-Al 系合金中添加一定量的 Sn 或 Zr，合金强度增加，而塑性并不降低，因此，它们是耐热钛合金的重要元素，对合金铸造性能并无不良影响，但其添加量不能使合金的 Al 当量超过允许值。

与 β 相晶体结构相同的 β 相稳定元素 Mo、V、Ta、Nb，在原子结构上与钛的差异比较小，适于当作铸造钛合金的添加元素。当它们的含量小于溶解度时，与钛形成有限固溶体，形成固溶强化的 α 钛合金；当含量超过溶解度时，则形成近 α 型钛合金或 α + β 型钛合金。共析的 β 相稳定元素 Mn、Cr、Fe 等的原子尺寸与钛差异较大，加入这些元素虽有较大的强化作用，但合金的热稳定性较差，倾向于产生偏析和局部脆化。而且，流动性能也较差，因此，在铸造钛合金中一般避免采用共析元素。

在铸造钛合金杂质元素中，首先应当提到的是碳，因为很多铸件都用碳质铸型浇注，不可避免地存在一定程度的碳污染。碳与钛形成间隙固溶体，因其原子较大，使钛晶格发生大的扭曲，产生强化效应。碳在 α 钛中的溶解度有限，超过 0.5%（质量分数）则形成 TiC，它的出现会引起合金塑性急剧下降。用石墨型浇注的铸件，通常表面存在一层脆性的渗透层，即所谓"α"层，其硬度比基体金属高数倍，在应力作用下往往产生微裂纹，形成零件断裂源，因此，铸件交付使用前，必须用机械或化学方法彻底清理。

氧、氮与钛具有很大的亲和力，它们都是 α 相稳定元素。在钛中含有少量这类间隙元素，就能使合金强度大幅度提高，但其塑性也急剧下降，因此，必须将它们控制在较低的范围内。在铸钛发展初期，有人认为铸造钛合金不需要变形，加工塑性是不重要的，考虑到废料的回收率，可以将铸钛的氧、氮允许量（质量分数）从变形合金的 0.2% 及 0.05% 分别提高到 0.25% 和 0.07%。然而实践证明，提高铸钛的氧、氮允许量是不合适的，因为铸钛由于组织粗大，塑性本来就较低，再以牺牲塑性来换取强度是没有意义的。因氧氮显著降低缺口疲劳及断裂韧度，航空用钛合金铸件对氧、氮含量更应该严加控制。

氢与氧和氮一样，与钛形成间隙固溶体，然而氢与氮、氧相反，会显著地降低 β

相转变温度。室温下氢在钛中的固溶度不大于 0.002% （质量分数），而在 β 钛中溶解度要高得多，达2% （质量分数）。这样，氢含量比较高的钛合金，冷却时氢从 α 固溶体中以氢化钛的形式析出，即产生所谓氢脆作用。当氢的质量分数≥0.03% 时，Ti-5Al 铸造合金的冲击值显著下降，有粗大的片状氢化物出现；当氢的质量分数≥0.02% 时，形成细小的片状氢化物；当氢的质量分数 <0.02% 时，合金在室温长期负荷下会发生缓慢脆断。因为在长期应力作用下会析出弥散的氢化物，它们特别容易在应力集中的缺口端部形成。这种弥散的氢化物对瞬时拉伸，甚至对冲击都不敏感，但它是造成钛合金缓慢脆断的主要原因。脆断的时间随合金氢含量的降低而延长。由于钛合金铸件不可避免地存在各种内部的和表面的缺陷，产生应力集中的情况比较多，所以，对那些要求比较高的航空零件，通常规定在真空或保护气氛下进行热处理，以便尽可能降低氢的含量。

2. 铸造钛合金的结晶与工艺

对于铸造钛合金来说，初次结晶的影响比对变形合金重要得多。钛的结晶过程基本遵循结晶学的普遍规律，也是一个形核、长大的过程。由于钛的化学活性很强，能够还原大多数难熔化合物，导致在熔融钛中所含的外来质点极少，因此，结晶过程中能起非自生晶核作用的质点就少得多。

钛晶体的长大也是一个择优生长的过程，其初生晶体总是呈树枝状。不但成分较复杂的钛合金如此，工业纯钛也倾向于生成枝状晶体，这说明导热性能在晶体长大过程中起着重要的作用。这一点通过对宏观结构的深腐蚀金相分析可以得到证实，在具有宽结晶区间的合金铸态宏观金相上，及快冷铸件的表面和缩孔壁上，都能比较容易观察到枝状晶体；在凝壳与浇口杯表面也常见到枝状晶的突出末梢。

在分析钛合金结晶动力学时，主要考虑两个问题：一是合金的热物理性能；二是合金的平衡相图，也就是用不同元素合金化所造成的共晶、包晶反应和结晶间隔的变化。决定结晶过程的基本物理特性是结晶潜热、热容、热导和密度。钛合金的导热性比较差，而且随着合金元素的增加而下降，这就使钛合金在凝固时散热比较缓慢。合金的结晶潜热对凝固过程具有重要意义，含铝的钛合金在结晶过程中放出大量的结晶潜热，随着铝含量的增加，合金结晶速率减慢。钛硅共晶合金的凝固速度比具有较宽结晶间隔的亚共晶合金高得多，共晶体的析出不但加快了结晶速率，而且保证了比较细小的结晶组织，可惜的是，硅含量较高的钛硅共晶合金拉伸塑性太差，以致失去了使用价值。

浇注温度对铸件结晶的影响很大，过热温度较小通常获得细小的结晶组织；相反，较高的浇注温度往往获得粗晶组织。一般金属都存在一个"临界温度"，超过此温度进行浇注时，铸件晶粒急剧长大，对于钛合金来说，随着浇注温度的提高，铸件晶粒度也增大，但不存在急剧长大现象，这可能是由通常采用的电弧凝壳炉熔炼特性所决定的。在这种条件下，金属过热度很小，不会超过"临界温度"。

浇注速度对钛铸件宏观组织也有一定的影响。试验表明，电弧凝壳炉断弧后立即浇注的铸件晶粒度要比断弧后停几秒浇注的铸件晶粒度粗大得多。在壳式熔炼中，电弧加热与坩埚液保持热平衡，使凝壳具有一定的厚度，停弧后，热平衡遭到破坏，凝壳壁迅速增厚，在凝壳上迅速生长出新的晶粒，由于坩埚强冷的结果，所生长的晶粒往往呈深入液态区的树枝晶体。在浇注时，液体金属强烈地冲刷凝壳壁，这些枝晶体也常被金属流带走而成为铸件的现成结晶核心，随着金属断弧后在坩埚中保持时间的增长或浇注速度的降低，被液体金属带入的固相晶体增多，铸件的结晶组织也随之细化。在金属结晶凝固时施加外力（包括压铸、振动浇注法、离心浇注法等）能够有效提高铸件质量。钛合金铸造常用的离心浇注法，获得的离心铸件组织就比较致密，具有良好的力学性能。

变质处理通常是改善金属及合金铸造组织的有效措施之一。但是，在钛合金中加入难熔金属与难熔化合物很难起到变质的作用，因为它们在熔融钛中不稳定，不易成为外来晶核。加入可溶解的表面活性变质剂，如稀土元素 Sc、Y、La 和 Ce 等，能够降低形成临界晶核所需的形核功，即降低金属液与晶体之间的界面张力，因而能够有效增加继续生长的晶核数目。试验表明，添加 0.5% La（质量分数）具有细化晶粒的作用。为了使变质剂在熔炼时不完全溶解而成为结晶核心，可在凝壳炉自耗电极的一定部位钻一些孔洞，并将稀土元素、难熔金属粉与硼等变质剂填入孔内，使之在熔炼终了前 40~60s 进入熔池。其中，硼具有最佳的变质效果，在 Ti-5Al 中以这种方式添加 0.01% B（质量分数），可使铸件晶粒度从 2~5mm 降到 0.5mm 以下，这时铸件组织更加均匀，力学性能更为稳定。

3. 铸造钛合金的热处理

钛合金铸件从液相冷却凝固时，中间经过 β→α 相变，在室温下，显微组织中保留着结晶体的原始晶界，晶内组织一般呈片状或针状。而铸造钛合金倾向于生成粗大晶粒，而粗晶结构的钛合金性能比较差。因此，和铸钢一样，钛合金可以通过热处理过程中的固态相变来细化晶粒。由于钛合金在淬火时产生的相变应力远远低于钢，所以需要非常快的冷却速度，才能使变形钛合金获得晶粒细化的效果。对于铸造钛合金则基本上没有这种可能性，因为铸造钛合金的原始晶界结构比较复杂且非常稳定。而热处理可以改变铸造钛合金晶内的组织形态，从而在一定程度上改变合金的性能。目前，工业铸造钛合金主要通过热处理来改变组织结构。

(1) α型钛合金 铸态 α 型钛合金显微组织中一般都保持有原始的 β 相晶界，晶内组织由片状 α 组成，呈一定位向排列。片状 α 相组织是在固态相变时形成的。金属冷却时，α 相首先在 β 相晶界形核，然后向晶内生长。冷却速度快时，片状 α 相可贯穿整个晶粒，形成魏氏组织；冷却速度慢时，α 相可在晶内形核长大，形成所谓网篮状组织。α 相片状的大小，取决于铸件冷却速度与合金元素的含量。位向相同、并排生长的片状 α 相组成片状 α 相区，一个晶粒内有数个按一定位向排列的片状 α 相区，称之为亚晶。在金相显微镜下，钛合金的片状 α 相之间的边界比较清晰，这种组织通常称为片状组织。纯钛的片状 α 相之间边界往往显示不出来，仅能够观察到亚晶，这种特征组织通常称为锯齿状组织。α 型铸造钛合金在 α 相区温度热处理时，其显微组织看不出明显的变化，但对机械性能有一定的影响。在 α 相区温度退火时，随着温度的提高，抗拉强度变化并不大，而塑性则有所下降。合金在 β 相区温度进行热处理时，显微组织中片状 α 相的厚度主要取决于冷却速度，并与力学性能有密切关系。随着冷却速度降低，强度开始下降，然后保持不变，塑性则有所改善。

α 型钛合金从 β 相区温度快速冷却（淬火）时，往往发生无扩散转变，形成马氏体组织 α′。淬火试样在 α 相区温度回火时，基体上析出清晰的片状 α 相，并和 α′一样，呈严格位向排列。这种组织可使合金强度提高，但对塑性并无太大好处。通常，α 型铸造钛合金不采用强化热处理，根据钛铸件的大小与复杂程度，一般进行 600 ~ 750℃ 的退火处理，精密铸件往往要求采用真空或惰性气体保护下的退火。

（2）α + β 型钛合金　α + β 型铸造钛合金的铸态金相组织与单相 α 型铸造钛合金一样，都是以片状 α 相为特征。在 α + β 型钛合金组织中，片状 α 相按一定位向排列，基体为保留的 β 相。原始的 β 相晶界非常清晰，边界上主要由各种尺寸的 α 相组成。铸态组织受铸件冷却条件的影响，冷却速度慢时，片状 α 相变得又宽又短，在晶粒内部形成网篮组织；当冷却速度快时，片状 α 相变得又长又尖，甚至形成针状马氏体组织。α + β 型钛合金中的片状 α 相要比 α 型钛合金中的细一些，随着合金元素的增加，由于固态相变时合金元素含量高的合金扩散系数降低，元素浓度也变得不均匀，片状 α 相将变得更细。

从 β 相区温度冷却时，在没有达到进行无扩散的马氏体转变速度时，α 相首先从晶界开始生长，然后在晶内形核长大，形成交叠的片状 α 相。合金从 β 相区温度水淬得到的马氏体组织，在回火时发生分解。与变形钛合金一样，含 β 相稳定元素较高的钛合金，在淬火或回火时，也会有 ω 相出现。在 β 相区温度加热的铸造 α + β 型钛合金，其强度随冷却速度的降低而下降，这可以用 α 相质点长大来解释；但冷却速度非常缓慢时，强度反而又回升，塑性也有一定提高，这可能与成分的均匀性有关，当然主要还是取决于 α 相与 β 相的比例及元素在它们之中的分配。

和 α 型钛合金一样，α + β 型铸造钛合金在低于相变点的温度下退火时，只发生一些晶内组织的变化；随着退火温度的提高，组织中除了 β 相增加外，片状 α 相有可能聚集长大。这种具有较大片状 α 相的退火钛合金的塑性往往低于铸态时的塑性，例如 Ti-6Al-4V 铸造钛合金，以前大家采用变形合金的规范，常用 800℃ 或 800℃ 以上的温度退火；而目前多数人推荐采用 700℃ 左右的退火温度。从消除铸件应力与保持组织稳定性来讲，这一温度对 Ti-6Al-4V 合金是足够的。

在低于 β→α + β 转变温度、高于马氏体转变温度进行固溶处理，随后水淬，可以使 α + β 型钛合金获得平衡的 α、马氏体与 β 相组织，时效时在亚稳定 β 相上沉淀出细小的次生 α 相，同时马氏体也发生分解。这时合金获得一定强化，但使本来就不太高的铸态塑性进一步明显降低，因此在工业上一般很少采用这种热处理方法。值得注意的是，α + β 型铸造钛合金在 α + β→β 相变点以上不太高的温度范围内处理（不超过 β 晶粒长大的温度与时间），有可能获得良好的效果。因为在 β→α + β 相变点以下进行固溶处理的合金，片状 α 相长大；而在相变点以上进行处理，则消除了原始的片状 α 相，这就提供了产生具有合理尺寸与位向排列的片状 α 相的可能性，从而进一步改善合金的强度-塑性综合性能。此外，进行固溶缓冷多次循环处理，可使片状 α 相趋于等轴化，从而改善塑性。

（3）β 型钛合金　铸造 α 型钛合金与 α + β 型钛合金具有形成片状组织的共性，而亚稳定的 β 型钛合金的铸造组织则与 α 及 α + β 型钛合金存在明显的区别，其组织特征为针状组织。β 型钛合金中，β 相晶粒被保留下来，呈比较细小的等轴状。晶粒内部存在针状的 α 相析出物或金属间化合物的析出物，随着冷却速度下降，析出物变得粗大。这些针状 α 相呈一定的位向排列，它们大多数集中在晶粒中部，而在晶界附近主要是 β 相。通常，铸造 β 钛合金金相组织中 β 相分解不够均匀，这可能是由于合金元素含量高的铸造 β 型钛合金的成分偏析所致。由于合金元素含量高，所以在铸造 β 型钛合金中经常出现枝晶结构，存在显微偏析，这一特点在结晶间隔比较宽的 Ti-Ni 与 Ti-Mo 系合金中尤为明显。

与其他铸造合金及变形的 β 型钛合金不同，对于铸造的 β 型钛合金，一般采用高温热处理。只有通过高温热处理，才有可能改变原始的铸造组织，使合金均匀化，但必须注意晶粒长大，以避免晶粒粗化降低合金塑性。在对铸态 BT15（Ti-3Al-8Mo-11Cr）合金热处理时发现，随着淬火温度的提高，强度和塑性都有所增高；与此相反，变形 BT15 合金高温（1100℃）淬火后塑性最低。实验证明，铸造 BT15 合金的铸造组织在 1000℃ 以下实际上是不变的，1000 ~ 1100℃ 淬火的试样组织为在 β 相基体上弥散分布细小的点状 α 相析出物。随着冷却速度的降低，强度变化较小，但塑性显著下降，这可能与晶粒长大和 α 析出相粗化有关。

铸造 β-Ⅲ 合金（Ti-12Mo-6Zr-4.5Sn）组织中存在明显的等轴亚晶体，它具有很大的热处理潜力，淬火时效后，强度显著增加，且仍保持良好的塑性。此外，该合金的淬透性很好，可以浇注大截面铸件，各部位可保持均匀的机械性能。

4. 铸造钛合金的力学性能

铸造钛合金的拉伸性能随温度的变化基本上与变形钛合金相类似，其另外一个特点是具有良好的冲击韧性，在某些情况下其冲击韧性相当于甚至超过同类型变形钛合金。一般认为，β 型锻造钛合金的断裂韧度优于 α + β 相区温度锻造的钛合金，铸造钛合金金相组织与 β 相区温度锻造的钛合金金相组织类似。

（1）室温拉伸性能　拉伸性能是列于技术条件要求的铸造钛合金的主要验收指标，如上所述，铸造钛合金具有良好的室温拉伸性能。表 4-11 列出了一些还未列入技术条件要求的铸造钛合金的室温性能。

表 4-11　铸造钛合金的室温性能

合　　金	状态	R_m/MPa	$R_{p0.2}$/MPa	A（%）	Z（%）
Ti-6Al-4VELI	退火	827	758	13	22
Ti-6Al-4Zr-2.25Sn-0.45Si（Ti-1100）	固溶时效	938	848	11	20
Ti-6Al-2Sn-4Zr-6Mo（Ti-6246）	固溶时效	1345	1269	1	1
Ti-5.8Al-4Sn-3.5Zr-0.5Mo-0.35Si（IMI834）	固溶时效	1069	952	5	8
Ti-3Al-8V-6Cr-4Zr-4Mo（β-C）	固溶时效	1330	1241	7	12

（续）

合　　金	状态	R_m/MPa	$R_{p0.2}$/MPa	A（%）	Z（%）
Ti-15V-3Al-3Cr-3Sn（Ti-15-3）	固溶时效	1275	1220	6	12
Ti-6Al-2.5Mo-1.5Cr-0.3Si（BT3-1ЛИ）	铸态	932	814	4	8
Ti-4Al-3Mo-1V（BT14ЛИ）	铸态	883	785	5	12

　　由于铸造组织的特点及铸造缺陷的存在，铸造钛合金的拉伸性能往往低于同类型变形钛合金，在塑性方面表现得更加突出，但与其他金属相比，铸造钛合金的这种拉伸性能下降程度相对比较小。铸造铝合金抗拉强度比同种变形铝合金低达50%，钢为14%，镍基合金为33%，而钛合金仅为5%，显示了明显的优越性。和其他铸造合金一样，铸造钛合金的拉伸性能数据分散度较大，采用不同炉次母合金的性能数据存在一定的差异。铸造钛合金的杂质含量，包括氧含量，对其拉伸性能有明显的影响。

　　（2）硬度　硬度是检验钛合金铸件性能最简易的方法，布氏硬度（HBW）作为钛合金铸件的主要检验性能，已列入国标 GB/T 6614—1994 与航标 HB 5447—1990。美国 ASTM367 也列入了硬度指标。但美国军标和一些重要的企标，还有俄国、德国、英国的标准，都未将硬度值列入技术条件。洛氏硬度（HRA）在钛合金铸件生产中，用于小型薄壁件的检验；维氏硬度（HV）一般用于对钛合金铸件表面污染层的检验。表 4-12 列出了几种 ZT4 与 ZT3 钛合金铸件的布氏与洛氏硬度值。

表 4-12　钛合金铸件的硬度值

合金	工艺	铸件名称	硬度	试验值	试样数，个	平均值
ZTC4	石墨加工型	支承座，空心叶片	HRA	32~36.7	26	34.5
			HBW	302~321	19	315
ZTC3	石墨加工型	机座	HBW	307~329	30	316
ZTC4	熔模铸造	支臂、接头	HBW	—	12	298

　　（3）冲击韧性　我国的航标 HB 5447—1990 和俄罗斯的 ОСТ1 90060—1992 将冲击韧性列为钛合金铸件的主要检验指标，而其他标准都未列入此项。表 4-13 列出了几种钛合金铸件所测的冲击韧性值。

表 4-13　钛合金铸件的冲击韧性

合金	工艺	铸件名称	冲击韧性 a_{KU}/（kJ/m²）		
			试样数/个	试验值	平均值
ZTC4	石墨加工型	支承座、空心叶片	32	314~617	420
ZTC4	熔模铸造	支臂、接头	6	—	560
ZTC3	石墨加工型	机匣	30	196~323	284

(4) 缺口断裂应力　缺口断裂应力，又称室温缺口断裂强度（Room temperature notched stress rupture），是一种较少使用的力学性能，但美国几家主要使用与生产钛合金铸件的公司，却将其列入技术条件，成为除室温拉伸性能以外的另一项必须检验的性能指标。但在美国航空材料标准（如 AMS 4985B-97 Ti-6Al-4V 熔模铸造合金标准）中，并未列入缺口断裂应力性能指标。

(5) 缺口抗拉强度和缺口敏感性　表 4-14 列出了 ZTC4 和 ZTC3 铸造台合金的缺口抗拉强度及在不同缺口或倾斜角时的缺口敏感系数。

表 4-14　铸造钛合金的缺口抗拉强度和敏感系数

合金	理论应力集中系数 K_t	倾斜角 / (°)	缺口抗拉强度 R_{bH}/MPa	强度系数 η（%）	R_{mH}/R_m	$R_{mH}/R_{p0.2}$
ZTC4	2.5	0	1460	—	1.5	—
	3.5	0	—	—		1.6
	4.6	0	1200	—		
		4	1059	12		
		8	729	39		
ZTC3	2.1	0	1490	—	1.49	
	3.1	0	1470	—	1.47	
	3.8	0	1470	—	1.47	
	5.0	0	1460	—	1.46	
	4.6	0	1380	—		
		4	873	37		
		8	563	59		

(6) 扭转和切变性能　表 4-15 列出了 ZTC4 和 ZTC3 铸造钛合金的室温扭转性能。

表 4-15　铸造钛合金的室温扭转性能

合金	状态	τ_b/MPa	$\tau_{0.3}$/MPa	$\tau_{0.01}$/MPa
ZTC4	退火	707	544	494
ZTC3	退火	834	614	534

(7) 承载性能　表 4-16 列出了 LTV 公司 Vought 分部所作室温承载性能数据，试样是从 Ti-6Al-4V 钛合金拼合轮缘铸件上切取，试样的边距 e 与孔径 D 之比为 2。

表 4-16　铸造 Ti-6Al-4V 合金室温承载性能

炉次	铸件编号	状态	e/D	σ_{bru}/MPa	σ_{bry}/MPa
A	1	真空退火	2	1950	1548
A	2	真空退火	2	1925	1558

（续）

炉次	铸件编号	状态	e/D	σ_{bru}/MPa	σ_{bry}/MPa
A	3	真空退火	2	1743	1441
B	1	真空退火	2	1926	1481
B	2	真空退火	2	2068	1691

（8）高温拉伸性能　铸造钛合金拉伸性能随温度的变化基本上与变形钛合金相类似，表4-17列出了两种钛合金在不同温度下的拉伸性能。

表4-17　铸造钛合金的在不同温度下的拉伸性能

合金	试验温度 /℃	弹性模量 E/GPa	动态弹性模量 E_D/GPa	抗拉强度 R_m/MPa	屈服强度 $R_{p0.2}$/MPa	比例极限 $R_{0.01}$/MPa	伸长率 A（%）	断面收缩率 Z（%）
ZTC4	300	—		785	618	481	6	13
	350	96	—	—				
	400	—		750	587	452	6	15
	450	—		719	580	431	6	18
	500	—		685	553	405	6	20
	550	—	—	647	510	367	7	23
ZTC3	200		114					—
	300	101	110	776	623	506	8	14
	400	93	101	724	580	471	—	15
	450	91	98	714	572	456	8	14
	500	87	94	686	565	457	6	13
	550	82	94	666	547	424	11.5	26.5

（9）持久、蠕变性能　表4-18列出了铸造钛合金的持久和蠕变性能，目前工业铸造钛合金的持久、蠕变性能基本处在同类变形合金的一个水平上。但有理由可以预期，当高温合金使用温度超过临界温度，即钛合金由穿晶断裂转向晶界断裂时，晶界稳定的新型铸造钛合金将具有更好的持久、蠕变性能。

表4-18　铸造钛合金的持久和蠕变性能

合金牌号	状态	试验温度/℃	R_{m100}/MPa	R_{m200}/MPa	R_{m300}/MPa	$R_{p0.2/100}$
ZT4	退火	200	608	—	—	—
		300	569	—	—	—
		350	539	—	—	392
		400	510	—	—	343
		450	—	—	—	215

（续）

合金牌号	状态	试验温度/℃	R_{m100}/MPa	R_{m200}/MPa	R_{m300}/MPa	$R_{p0.2/100}$
ZT3	退火	400	696	—	—	532
		450	686	—	—	431
		500	588	569	549	294
		550	412	—	—	—
		600	226	—	—	—
ZT5	退火	350	800	—	—	—

（10）热稳定性能　热稳定性能对钛合金铸件在高温下的使用非常重要。它主要受合金组织的稳定性和表面抗氧化能力的影响。由表 4-19 可以看出，ZTC4 铸件在 350℃以下、ZTC3 在 500℃以下和 ZTC5 在 300℃以下，均具有良好的热稳定性能，它们的试样在相应温度下长期暴露后，其室温抗拉强度与塑性均无变化。值得注意的是，ZTC4合金铸件，在 350℃下加载应力 441MPa，暴露 100h 后，其室温性能也是稳定的。ZTC3合金在 500℃下经过长达 2000h 的暴露，室温拉伸性能变化不大。

表 4-19　铸造钛合金试样热暴露（加载与不加载）后的拉伸性能

合金牌号	品种	状态	热暴露条件			R_m/MPa	A（%）	Z（%）
			温度/℃	R_m/MPa	时间/h			
ZTC4	铸件	退火	20	—	—	940	9.1	21.9
			200	—	100	909	8.1	19.0
			300	—	100	915	9.2	25.6
			350	—	100	885	8.4	22.1
			400	—	100	897	6.9	16.8
	铸件	退火	200	441	100	893	8.7	23.5
			300	441	100	891	9.6	21.6
			350	441	100	894	8.4	19.4
			400	441	100	897	9.7	24.1
ZTC3	铸件	退火	20	—	—	1004	11.1	21.0
			500	—	500	982	10.6	17.0
			500	—	1000	1000	10.6	21.1
			500	—	2000	1022	10.6	17.1
ZTC5	铸件	退火	20	—	—	1086	6.9	12.3
			300	—	100	1095	5.5	14.6

（11）断裂韧度　铸造钛合金的一个特点是具有良好的断裂韧度。表 4-20 列出了铸造与锻造 Ti-6Al-4V 合金与 ZTC5 铸件的断裂韧度。从中可以看出铸造钛合金具有较高的断裂韧度，在固溶时效状态下，性能更是有所提高。

表 4-20　铸造与锻造钛合金断裂韧度

合金	种　类	K_{IC}，$MN \cdot m^{3/2}$
Ti-6Al-4V	铸造 788℃1h（氰）炉冷至 427℃空冷	73.7
	铸造 940℃固溶处理 + 530℃时效	107.6
	β 锻造 940℃固溶处理 + 530℃时效	62.3
ZTC5	铸态	76.6
	退火	70.7
	热等静压	77.1

（12）裂纹扩展速率与疲劳性能　铸造钛合金的疲劳裂纹扩展速率，与同种 β 相区温度退火的变形钛合金处在同一水平上。它们具有相类似的片状、针状魏氏组织。与变形钛合金相比，铸造钛合金的光滑高周疲劳性能比较低。这是因为铸造钛合金的晶粒更粗大，并且存在疏松、夹杂和偏析等铸造缺陷。而铸造钛合金的缺口高周疲劳性能稍高于同类锻造钛合金的性能，这一特点在高的断裂周期范围表现得更为明显。热等静压处理可以改善铸造钛合金铸件的疲劳性能。一切细化组织和晶粒的特殊热处理（固溶热等静压处理、循环热处理及氢化处理）均可以改善铸造钛合金的高周疲劳强度，使其接近和达到同类变形钛合金的水平。

4.4　钛合金的其他处理工艺

4.4.1　钛合金的焊接

　　钛及其合金可以通过熔融焊接方法进行焊接。具体包括钨极气体保护焊（GTAW）、熔化气体保护焊（GMAW）、等离子弧焊（PAW）、激光焊（LBW）和电子束焊（EBW）。但是，由于钛的活泼性很高，在高温下与氧、氮、碳、氢等亲和力很强，在 300℃以上开始吸氢，在 600℃以上大量吸氧和氮。氢溶于钛中，不仅导致产生气孔，而且冷却时析出的钛氢化合物能急剧降低材料的韧性，在组织应力作用下还会产生裂缝。氧和氮与钛生成的化合物能使焊接接头的硬度提高，塑性急剧下降。高温下碳与钛生成碳化钛也能使焊缝塑性下降，产生裂缝。因此，在钛的焊接时，除应严格控制材料本身的这些杂质外，在焊接前还必须做严格细致的准备工作，清除焊接部位的污染物。为了保证焊接质量，焊接过程中还必须采取有效措施可靠保护焊接熔池和高于 400℃以上的焊接区域，使之免受空气污染。

　　其次，钛的熔化温度高、热导率小、热容量大，因此，焊接时高温区较宽，高温停留时间长, 冷却速度慢, 这就使焊接接头易产生过热组织, 形成粗大晶粒, 降低塑性。根据这个特点, 要求焊接区以快速冷却为宜。但当焊缝冷却速度太快时, 高温 β 相又易转变成不稳定的 α′ 相, 使塑性下降而变脆。由此看出, 为了使焊接接头具有良好的力学性能, 还必须选择合适的焊接规范, 以便使过热倾向和淬硬倾向都相对较小。

根据钛的焊接特点和纯钛组织结构特点, 目前国内外多采用惰性气体保护焊方法。试验中采用手工氩弧焊, 只要采取有效的保护措施, 焊接质量也能得到保证。最近在有关钨极气体保护焊 (GTAW) 工艺发展的研究报道中, 介绍了一种钛板的焊接方法, 这种方法首先应用于不锈钢, 可以采用单面焊双面成形焊接 3 ~ 12mm 厚的钢板。理论计算及试验结果表明, 这种工艺十分适合钛板的焊接。

焊接钛合金时, 合金小部分熔化并快速冷却, 组织变化复杂。环境气氛中的少量氧、氮杂质的污染, 虽然不能改变晶体结构, 但它们常处在晶格的间隙位置, 阻碍位错运动, 显著提高钛的硬度和强度, 引起焊接点的脆化。因此, 焊接钛合金时, 必须采用惰性气体保护, 以防组织和性能变差。为研究组织变化, 采用钨极气体保护焊 (GTAW) 试验了两种焊接接头。用较厚的工业纯钛板, 将要焊接的区域加工成 60° 斜角, 清理干净接头处的氧化物、金属残渣和油污后, 立即进行焊接。一套方案设计为前两道在充氩焊箱内焊接, 后两道在焊箱外用焊炬上的氩气进行保护 (低氧焊缝); 另一套方案为四道均在焊箱外进行, 仅有氩气保护 (高氧焊缝)。焊件的弯曲试验表明, 两种焊缝的强度都不如基体金属: 低氧焊缝的强度约为基体金属的 67%, 而高氧焊缝的强度仅为 25%; 低氧焊缝的氧含量与基体金属和焊丝的基本相同, 而高氧焊缝的氧含量则是基体金属和焊丝的两倍多。扫描电镜及 X 射线衍射分析表明, 沿焊缝自上而下, 接近表面处的氧含量和硬度值最低, 在热影响区有所增加, 基体金属的氧、碳、氮含量基本恒定。但氧含量高的焊缝强度明显高于氧含量低的。两种焊缝的低倍组织显示, 弯曲试验后, 焊缝上均发生开裂。由于两种焊缝的热输入相同, 焊缝和热影响区的组织相似: 焊缝的组织为典型的 α 相, 中心处的晶粒尺寸约 1mm, β 相在晶界上析出; 在热影响区, 晶粒尺寸从中心线上的 1mm 降至基体金属的 20μm; 基体金属的 α 相为等轴晶, α 相的晶内外残留有少量高温 β 相。高氧含量的焊缝上部存在明显的氧污染, 还可以看到带有魏氏体片的针状 α 相和沿晶界析出的 β 相。这是由于在 1740℃ Ti 与 TiO_2 之间发生包晶反应所致, 焊后快速冷却时, 氧的存在使部分 β 相保留到了室温。

4.4.2　表面化学处理

为了提高钛及钛合金的耐磨性, 利用表面强化技术, 如化学热处理、高能束热处理等, 在钛及钛合金表面形成氮化物、碳化物和硼化物等硬质相, 从而提高其表面硬度和耐磨性, 可以获得较好的效果。

工业纯钛要在高温才能渗氮, 适合的温度范围是 780 ~ 950℃。改变渗氮气氛可以生成两种化合物层, 单相 TiN 或双相 Ti_2N + TiN。工业纯钛经离子渗氮后, 耐磨性和耐蚀性大大提高。通过在氮气或在氮气-氢气气氛中加热处理, 而在钛及钛合金表面形成 Ti_2N 及 TiN 等硬质相, 从而提高其表面耐磨性。使用真空 (充气) 石英管炉对纯钛进行气体渗氮，工艺流程如下：将已清洗和化学抛光的试样装入炉内，抽真空至 6.666×10^{-3} Pa 左右，接着升温至 800~970℃，然后通入纯的氮气，保温一定时间停炉空冷。试验结果表明，纯钛经高温气体渗氮后，表面形成一层致密的 Ti_2N 及 TiN 组成的膜，其显微硬度（HV）可达 1018（原始显微硬度为 237）。通过对氮化温度、氮化时间、氮气压力和流量等因素对钛的氮化反应影响的研究，确定了钛表面气体氮化的工艺参数，并对氮化覆层的相组成及各项性能进行了研究，氮化温度及时间是影响氮化反应的主要工艺因素，氮气压力和流量对氮化反应影响不大。在相同条件下，粉末烧结的钛合金与熔炼加工的钛合金比较，前者氮和钛的反应速度更快，氮化层深度更大，材料显示出更大的脆性，这是由于粉末烧结的钛合金中存在孔隙的结果。熔炼加工的钛氮化后，其硬度、耐磨性及在还原性腐蚀介质中的耐蚀性均比纯钛明显提高。气体渗氮工艺简单易行，但是，存在氮化速度慢、渗层薄、渗层脆等缺点。

以空气为介质对钛进行表面处理，外面的表面层由 TiO_2 和少量的 TiN_xO_y 组成，内部的表面层由含有大量的空隙原子的 α-Ti 组成。等离子处理能够得到较厚的硬质表面处理层，并且增加钛的晶格系数和 c/a 值，间隙原子的浓度大，也能够形成固溶体。

等离子体渗氮是利用辉光放电来实现的，在等离子体渗氮过程中，等离子状态的氮离子被电场加速，撞击工件，离子动能转变为热能，使工件温度升高，同时通过离子冲击时的溅射作用及扩散作用，使氮原子向工件内部扩散，达到氮化的目的。利用纯氮、氮-氢混合气体、氮-氩混合气体作为氮化源，对 TA2 纯钛和 TC4 钛合金进行离子氮化处理，金相分析表明，渗氮层是由化合物层和过渡层组成，化合物层中包括 Ti_2N 及 TiN 两种氮化物，过渡层则是氮在 α 钛中的固溶体。氮化处理后试样的表面硬度值见表 4-21。由表可以看出，在 940℃氮化 2h 的试样中，TA2 纯钛的表面硬度值可提高 6~8 倍，TC4 合金的表面硬度值可提高 4 倍左右。

表 4-21　TA2 及 TC4 氮化试样的表面硬度

材质	主要工艺参数	表面硬度(HV)	材质	主要工艺参数	表面硬度(HV)
TC4	未氮化	380~400	TA2	未氮化	189~200
TC4	800℃，2h，$N_2/Ar = 1$	800~1100	TA2	940℃，2h，$N_2/H_2 = 1$	1150~1620
			TA2	940℃，2h，纯 N_2	1200~1450
TC4	940℃，2h，$N_2/H_2 = 1$	1358~1670	TA2	940℃，2h，$N_2/Ar = 1$	1385~1540

注：N_2/Ar，N_2/H_2 为摩尔比。

采用辉光放电等离子对工业纯钛进行表面渗氧处理，结果表明渗氧层厚度与氧分压、温度和时间有明显的对应关系，特别是在空心阴极辉光放电条件下，离子轰击会加强氧的离子化，促进渗氧，有助于低价态氧化物的形成，在表面形成的氧化钛其硬度接近或达到氮化钛的硬度水平，表明等离子渗氧处理也可以为钛材提供一个致密并具有高硬度、耐磨抗蚀的表面改性层。通过对三种钛合金的高温渗氧行为的对比研究发现，同一条件下，纯钛（TA2）的氧化膜较薄；β 钛合金（TB5）形成较厚的氧化膜，有贫铝区形成；α/β 双相钛合金（TC11）的氧化膜很薄且致密。三种钛合金中均存在较厚的氧在 α 相中的扩散固溶层且显微硬度得到提高。三种钛合金的氧化动力学曲线均呈抛物线形。β 钛合金渗氧过程以氧化为主；双相钛合金及 α 钛合金渗氧过程以氧的固溶为主，因此，其氧化动力学应该考虑氧固溶的影响。

4.4.3　钛的表面加工强化

对 TA2 施以表面喷丸强化工艺，其表层组织的微观结构有以下特点：具有 α 晶粒（原始组织）和 α′晶体（马氏体）的 TA2 工业纯钛表面喷丸强化层中会出现桁架状孪晶栅栏。在外表面严重变形层中除孪晶栅栏外，还存在条状的变形带；从结构演化的角度看，变形孪晶在喷丸过程中分批形成，后续孪晶对先期孪晶的冲击作用可能会在二者的交接点造成显微损伤；与面心立方合金形成的孪晶栅栏相比，六方 α-Ti（α 和 α′）喷丸强化层中的栅栏具有明显的局域性，由于栅栏的连续性不好，加之可能带有显微损伤，因此，对疲劳抗力提高的贡献不如在面心立方合金中那样显著。除了喷丸强化外，对 α-Ti 通过滚压方式进行表面强化，发现平衡的六方晶体 α-Ti 晶体经过滚压强化后，表面强化层中会出现位错胞组态和变形孪晶。变形孪晶的外形呈叶片状，成长方式为单个长大，故在强化层密度不高，只能构成不完整的栅栏；淬火 TA2 组织中包含有粗大的针状组织，针状组织有可能是先期 β 晶体孪生切变相变留下的痕迹，由于方位上的差别，它仍能在金相组织和暗场像上显示出来；淬火 TA2 组织经滚压强化后表面层中也会出现孪晶，其形态和平衡 α 相中形成的类似。由于滚压强化的变形速率比喷丸慢得多，因此强化方式本身对亚结构的形成过程也会产生一定的影响。因此，在工业纯钛表面层组织中，滚压强化形成大量位错及分散的少量孪晶，且孪晶界相互作用；而喷丸强化则有变形带、准孪晶栅栏出现，孪晶和孪晶间的交互作用强烈。两种强化方式中孪晶的产生都促使塑性变形，因而提高了疲劳强度，但疲劳强度的高低与孪晶数量并没有数值上的比例关系。

对工业纯钛进行表面纳米化处理发现，在表面机械研磨 5min 后表面已经实现纳米化，样品表面的显微硬度远远高于内部的显微硬度，随着深度的增加硬度陡然下降，通过电镜观察结果认为，在表面纳米化过程中，纯钛表面因剧烈塑性变形产生了大量的孪晶，并且孪晶不断向表面运动，与此同时，随着滑移系的开动，位错数目不断增多，当位错胞能量大于晶界能量时，位错胞转变为晶界，并且随着所转变的晶界数量的增多，表面晶粒不断细化，最终达到纳米量级。硬度的增加是由于晶粒的细化，因此，显微硬度随着距处理表面的距离增加而下降。

4.4.4　耐蚀性表面处理

由于钛自身具有优异的耐蚀性，一般不需要进行进一步提高其耐蚀性的表面处理，但是，为了防止钛在较易腐蚀的盐酸、硫酸等非氧化性酸水溶液中的全面腐蚀，以及在

NaCl 水溶液中的间隙腐蚀和点蚀，有时需要进行表面处理。

　　钛在高温大气中放置，其氧化膜会随温度的升高、时间的延长而增厚。大气中氧化处理对防止钛的全面腐蚀、间隙腐蚀都有效，其方法比较简便，但是耐久性并不十分可靠。这是因为大气中氧化处理仅使氧化膜增厚，纯钛在腐蚀环境中，增厚的氧化膜随时间的延长而变薄，最终导致腐蚀。其耐蚀性能维持的时间由大气中氧化处理条件以及腐蚀环境的苛刻程度所决定，具体预测这个时间很困难。要求长期稳定工作的部件一般并不采用这种方法。

　　氧化层的厚度会影响纯钛的断裂特性，氧化层越厚，韧性降低越明显。钛的耐蚀性依靠表面形成的氧化膜来维持。这种氧化膜的生成反应，一般由下式表示：

$$Ti + 2H_2O = TiO_2 + 4H^+ + 4e \qquad (4-2)$$

　　这一反应是阳极反应，因此，只要提高钛的电位就可以促使此反应进一步向右方向进行，意味着钛的氧化膜的稳定性和耐蚀性的提高。提高钛的电位，必须从外部施加高电压，但是面积大时，施加均匀电压比较困难，所以并不常采用。一般来说，贵金属在苛刻的环境下也不腐蚀，显示高电位。利用这一点，在钛表面涂覆贵金属，钛的电位就向电位高的方向移动，从而提高其耐蚀性。在贵金属中，通常采用较便宜的 Pd、Ru 或者它们的氧化物（PdO、RuO_2）进行钛的涂覆。在钛上涂覆贵金属或其氧化物，对改善其耐蚀性极其有效，缺点是在流体或含固形物的流体中长期使用时，有少量贵金属膜会从钛表面剥离。

　　TiC、TiN 及 TiCN 具有比钛更优良的耐蚀性，形成方法有气体法、CVD、PVD、PCVD 以及离子镀（HCD）等。由于必须在远高于钛相变点温度下加热，使组织、性能发生变化等，造成制品不能满足使用要求；而 CVD、PVD、PCVD 法需要特殊设备，成本高。这些处理方法有时用来提高耐磨性，极少用于提高耐蚀性。美国一家公司研究出一种改善钛合金抗氧化性的新方法，就是在钛合金基体上加一种均匀的铜合金涂层。涂层所用的铜合金可从以下三种组成中选取一种：Cu-7% Al；Cu-4.5% Al；Cu-5.5% Al-3% Si。涂层是在基体温度低于 619℃ 的条件下进行涂覆的，在施加涂层时应防止涂层组成元素扩散进入基体并形成金属间化合物相。另外，也可以通过激光重熔的方法，增加钛的耐蚀性。用空心离子镀（HCD）技术在钛和钛合金上涂镀氮化钛层，室温条件下，在浓度为 74% H_2SO_4 溶液的浸泡试验表明，0.379 氮分压沉积的氮化钛样品比纯钛的耐蚀性提高了三个数量级，年腐蚀速率降到 0.01mm/a。

4.4.5　钛的热氢处理

　　氢对钛及钛合金的性能具有不利影响，另一方面，利用氢致塑性、氢致相变以及钛合金中氢的可逆合金化作用，可以获得钛氢体系最佳的组织结构、改善加工性能的新合金、新方法和新手段，利用该技术不仅可以改善钛合金的加工性能，而且可以提高钛合金件的使用性能，降低钛产品的制造成本，提高钛合金的加工效率。这种工艺称为热氢处理（Thermo Hydrogen Treatment，简称 THT）。

　　热氢处理利用了氢在钛合金中的特性，把氢作为临时合金化元素，以氢的可逆合金化和热影响相结合为依据。它包括以下 3 个主要形式：

1) 氢是 β 相稳定元素，可以有效地降低 β→ (α + β) 的相变温度，相应增加退火和淬火合金中 β 相的数量。如渗氢后纯钛的 β 相转变温度由 860℃ 降至 330℃；对 TC4 合金，0.5% 的氢可使 β 相转变温度由 980℃ 降至 805℃。同时，由于氢增加了 β 相的稳定性，降低临界冷却速率和马氏体转变的特征温度，因此，在较低温度和较低冷却速度下淬火可以得到大量亚稳相。

2) 氢对钛合金相变和组织形成的影响与置换元素 (V、Mo、Cr、Fe 等) 作为 β 相稳定剂的结果相似，0.1% (质量分数) 的 H 对 β 相的稳定效果与 3.3% Nb、1.62% V、1.05% Mo、0.66% Fe 和 0.64% Cr 相当。

3) 氢是钛的共析反应元素，可导致 β→α + TiH$_2$ 共析反应，可以利用这种共析转变细化粗大的钛合金组织。即使合金中无或有少量的 β 相稳定元素，加入氢也会出现共析转变和马氏体转变，且在温度较低时，马氏体转变产生大量的晶格缺陷，并在随后冷却过程中保留在 β 相中，因而可以将不能热处理强化的 α 型钛合金和近 α 型钛合金转变为可热处理强化的 α + β 型钛合金。

研究结果表明，热氢处理不仅降低了钛合金的变形应力，而且有助于热处理和最终真空退火时的组织变化，从而改善钛合金的组织结构和加工性能。氢合金化的钛合金，其粗大的组织明显细化。另外，合金的切削加工温度可以降低 50 ~ 150℃，切削力降为 1/ (1.3 ~ 1.5)，同时工具寿命提高 2 ~ 10 倍。

参 考 文 献

[1] 张喜燕，赵永庆，白晨光. 钛合金及其应用 [M]. 北京：化学工业出版社，2005.

[2] 周彦邦. 钛合金铸造概论 [M]. 北京：航空工业出版社，2000.

[3] 李松瑞，周善初. 金属热处理 (再版) [M]. 长沙：中南大学出版社，2003.

[4] 王金友，葛志明，周彦邦. 航空用钛合金 [M]. 上海：科学技术出版社，1985.

[5] 张宝昌. 有色金属及其热处理 [M]. 西安：西北工业大学出版社，1993.

[6] 吴承建，陈国良，强文江. 金属材料学 [M]. 北京：冶金工业出版社，2000.

[7] C. 莱因斯，M 皮特尔斯. 钛与钛合金 [M]. 陈振华，等译. 北京：化学工业出版社，2005.

[8] 宋西平，顾海澄. 工业纯钛低温拉伸和循环变形中的孪生行为 [J]. 材料研究学报，2000，14 (SP1)：194-199.

[9] 韩明臣. 钛合金的热氢处理 [J]. 宇航材料工艺，1999，(1)：23-27.

[10] 侯红亮，李志强，王亚军. 钛合金热氢处理技术及其应用前景 [J]. 中国有色金属学报，2003，13 (3)：533-549.

[11] Sun Z, Annergren I, Pan D et al. Effect of Laser Surface Remelting on the Corrosion Behavior of Commercially Pure Titanium Sheet [J]. Mater Sci Eng A, 2003, 345 (1-2): 293-300.

[12] 曾正明. 实用有色金属材料手册 [M]. 2 版. 北京：机械工业出版社，2008.

[13] Jarvis B L, Ahmed, N U. Development of Keyhole Mode Gas Tungsten Arc Welding Process [J]. Science Technology of Welding & Joining, 2000, 5 (1): 21-1718 (1698).

[14]　孙荣禄，郭立新，董尚利，等. 钛及钛合金表面耐磨热处理 [J]. 宇航材料工艺，1999，(5)：15-19.

[15]　郑传林，徐重，谢锡善，等. 钛等离子渗氧研究 [J]. 北京科技大学学报，2002，24 (1)：44-46.

[16]　贾翎，夏志华. 钛表面气体氮化的工艺研究 [J]. 稀有金属，1998，22 (4)：295-299.

[17]　张淑兰，陈怀宁，林泉洪，等. 工业纯钛的表面纳米化及其机制 [J]. 有色金属，2003，55 (4)：5-9.

[18]　赵永庆，朱康英. 纯 Ti 纳米结构表层的探讨 [J]. 稀有金属材料与工程，2004，33 (6)：615-619.

[19]　赵树萍. 钛合金及其表面处理 [M]. 哈尔滨：哈尔滨工业大学出版社，2003.

第 5 章 轻合金在航空航天中的应用

5.1 铝合金在航空航天中的应用

5.1.1 铝合金在航空航天中的应用概况

铝合金是飞机和航天器轻量化的首选材料，铝材在航空航天工业中应用十分广泛。每架空中客车上使用了 180t 的厚铝板，大多数巡航导弹壳体都采用优质的铝合金铸锻件。目前，铝材在民用飞机结构上的用量为 70%~80%，在军用飞机结构上的用量为 40%~60%。表 5-1 和表 5-2 分别列出了国外某些民用与军用飞机结构上的用材比例。

表 5-1　国外某些民用飞机结构上的用材情况　　　（单位:%）

机种 \ 材料	铝合金	钢铁	钛合金	复合材料
B747	81	13	4	2
B767	80	15	2	3
B767-200	74.5	15.4	5.1	5
B757	78	12	6	4
B777	70	11	8	11
B787	20	10-15	15	50
A300	76	13	6	5
A320	26.5	13.5	45	15
A340	70	11	7	12
A380	60	10	5	25
MD-82	74.5	12	6	7.5

表 5-2　国外某些军用飞机结构上的用材情况　　　（单位:%）

机种 \ 材料	钢	铝合金	钛合金	复合材料	购买件及其他
F-104	20	70	0	0	10
F-4E	17	54	6	3	20
F-14E	15	36	25	4	20
F-15E	4.4	35.8	26.9	12	20.9

（续）

材料 机种	钢	铝合金	钛合金	复合材料	购买件及其他
飓风	15	46.5	15.5	3	20
F-16A	4.7	78.3	2.2	4.2	10.6
F-18A	13	50.9	12	12	12.1
AV-8B	0	47.7	0	26.3	26
F-22	5	15	41	24	15
EF2000	0	43	12	43	2
F-15	5.2	37.3	25.8	1.2	30.5
L42	5	35	30	30	0
S37	0	45	20	15	20
苏27	0	64	18	0	18

铝合金在飞机上的应用非常广泛，主要用于机翼和机身上，表5-3是铝合金在飞机各部位应用的典型实例。

表5-3　铝合金在飞机各部位应用的典型实例

应用部位	应用的铝合金
机身蒙皮	2024-T3，7075-T6，7475-T6
机身桁条	7075-T6，7475-T76，7075-T73，7150-T77
机身框架和隔框	2024-T3，7075-T6，7050-T6
机翼上蒙皮	7075-T6，7150-T6，7055-T77
机翼上桁条	7075-T6，7150-T6，7055-T77，7150-T77
机翼下蒙皮	2024-T3，7475-T73
机翼下桁条	2024-T3，7075-T6，2224-T39
机翼下壁板	2024-T3，7075-T6，7175-T73
翼肋和翼梁	2024-T3，7010-T76，7175-T77
尾翼	2024-T3，7075-T6，7050-T76

几乎全部铝合金在航空工业上都得到了应用，作为结构材料主要是 Al-Cu-Mg 系合金与 Al-Zn-Cu-Mg 系合金。我国航空工业中所用的铝合金主要特性及用途见表5-4。

表5-4　我国航空工业中所用铝合金的主要特性及用途

牌号	主　要　特　性	用途举例
1060 1050A 1200	导电导热性能好，耐蚀性高，塑性高，强度低	铝箔用于制造蜂窝结构、电容器及导电体

（续）

牌号	主　要　特　性	用途举例
1035 1100	导电导热性能好，耐蚀性高，塑性高，强度低，焊接性能好，切削性不良，易成形加工	飞机通风系统零件，电线，电缆保护管，散热片
3A21	O 状态的塑性高，HX4 时塑性也好，不能热处理强化，耐蚀性好，焊接性能良好，切削性不佳	副油箱，汽油，润滑油导管，用于深拉法加工的低负荷零件和铆钉
5A02	O 状态的塑性高，HX4 时塑性也好，热处理不能强化，耐蚀性与 3A21 合金相近，疲劳强度较高，电阻焊和氢原子焊接性良好，氩弧焊时易形成热裂纹，焊缝的气密性不高，焊缝强度为基体强度的 90% ~95%，焊缝塑性高，抛光性能好，O 时的切削性能不良，HX4 时切削性能良好	焊接油箱，汽油润滑油导管，其他中等载荷零件，铆钉线和焊丝
5A03	O 状态的塑性高，HX4 时塑性尚可，不能热处理强化，焊接性能好，焊缝气密性好，焊缝强度为基体的 90% ~95%，O 时的切削性能不良，HX4 耐蚀性好	中等强度的焊接结构件，冲压零件和框架等
5A06	强度与耐蚀性好，O 状态的塑性高，焊接性能好，焊缝气密性好，焊缝强度为基体的 90% ~95%，切削性能良好	焊接容器，受力零件，蒙皮，骨架零件等
5B05	O 状态的塑性高，不能热处理强化，焊接性能好，焊缝气密性好，铆钉应经过阳极化处理	铆接铝合金与镁合金结构的铆钉
2A01	热态、冷态下塑性都好，铆钉在固溶处理和时效处理后铆接，在铆接的过程中不受热处理后的时间限制，铆钉需经阳极氧化处理	中等强度和工作温度不超过 100℃的结构用铆钉
2A02	热塑性高，挤压半成品有形成粗晶化倾向，可热处理强化，耐蚀性能比 2A70 和 2A80 合金高，有应力腐蚀倾向，切削性能好	工作温度为 200 ~300℃ 的涡轮喷气发动机、轴向压气机叶片等
2A04	抗剪强度和耐热性较高，压力加工性能和 2A12 合金相同，在淬火和退火状态下塑性也较好，可热处理强化，普通腐蚀性能与 2A12 合金相近，在 150 ~250℃ 形成晶间腐蚀的倾向比 2A12 合金要小，铆钉在新淬火状态下铆接	用于铆接工作温度为 125 ~250℃ 的结构
2B11	抗剪强度中等，在退火、新淬火和热态下塑性好，可热处理强化，铆钉必须在淬火 2h 后铆完	中等强度铆钉
2B12	在淬火状态下的铆接性能较好，必须在淬火后 20min 内铆完	铆钉
2A10	热塑性与 2A12 合金相同，冷塑性较好，可在时效后的任何时间内铆接，铆钉需经阳极氧化处理	用于制造强度较高的铆钉，温度超过 100℃ 时有晶间腐蚀倾向
2A11	在退火、新淬火和热状态下的塑性较好，可热处理强化，焊接性能不好，焊缝气密性较好，焊缝的塑性低，包铝板材有良好的耐蚀性，温度超过 100℃ 后有晶间腐蚀倾向，阳极氧化处理可显著提高挤压材与锻件的耐蚀性	中等强度的飞机结构件，如骨架零件，连接模锻件，支柱，螺旋桨叶片，螺栓，铆钉

（续）

牌号	主 要 特 性	用途举例
2A12	在退火、新淬火和热状态下的塑性较好，可热处理强化，焊接性能不好，焊缝的塑性低，耐蚀性不高，有晶间腐蚀倾向，阳极氧化处理可显著提高挤压材与锻件的耐蚀性	除模锻件外，可用作飞机的主要受力部件，如骨架零件，蒙皮，隔框，翼肋，铆钉
2A06	压力加工性能与切削性能与 2A12 合金相同，在退火和新淬火状态下的塑性较好，可热处理强化，耐蚀性不高，在 150 ~ 250℃有晶间腐蚀倾向，焊接性能不好	板材用于 150 ~ 250℃ 工作的结构，在 200℃ 工作的时间不宜长于 100h
2A16	热塑性较好，无挤压效应，可热处理强化，焊接性能较好，未热处理的焊缝强度为基体的 70%，耐蚀性不高，阳极氧化处理后可以显著提高耐蚀性能，切削加工性能较好	用于制造在 250 ~ 350℃ 工作的零件，如轴向压缩机叶轮圆盘，板材用于焊接室温和高温容器及气密舱等
6A02	热塑性高，T4 时塑性较好，耐蚀性与 3A21 及 5A02 合金相当，但在人工时效状态下有晶间腐蚀倾向，淬火与时效后的切削性能较好	高塑性与高耐蚀性的飞机发动机零件，直升机桨叶，形状复杂的锻件与模锻件
2A50	热塑性高，可热处理强化，T6 状态下材料的强度与硬铝相近，工艺性能较好，有挤压效应，耐蚀性较好，有晶间腐蚀倾向，电阻焊，点焊性能良好，电弧焊与气焊性能不好	形状复杂的中等强度的锻件和模锻件
2B50	热塑性比 2A50 合金要高，可热处理强化，焊接性能与 2A50 相近，切削性能较好	复杂形状零件，如压气机轮，风扇叶轮
2A70	热塑性好，工艺性能比 2A80 合金稍好，可热处理强化，高温强度高，无挤压效应，电阻焊、点焊性能良好，电弧焊与气焊性能较差	内燃机活塞，在高温下工作的复杂锻件，高温结构板材
2A80	热塑性好，工艺性能比 2A80 合金稍好，可热处理强化，高温强度高，无挤压效应，耐蚀性较好，但有应力腐蚀开裂倾向	压气机叶片，叶轮圆盘，活塞，其他在高温下工作的发动机零件
2A14	热塑性好，切削性能良好，可热处理强化，高温强度高，有挤压效应，电阻焊，点焊性能良好，电弧焊与气焊性能较差，耐蚀性不高	承受高负荷的飞机自由锻件与模具零件
7A03	在淬火与人工时效状态下塑性较高，可热处理强化，室温抗剪强度较高，耐蚀性较好	受力结构铆钉，当工作温度低于 125℃时可取代 A210 合金铆钉
7A04	高强度合金，在退火与新淬火状态下塑性与 2A12 合金相近，在 T6 状态下用于飞机结构，强度高，塑性低，点焊接性能与切削性能良好	主要受力构件，大梁，加强框，蒙皮，接头，起落架零件
7A05	强度较高，热塑性尚好，不易冷校正，耐蚀性与 7A04 合金相同，切削加工性能良好	高强度形状复杂锻件，如桨叶

（续）

牌号	主　要　特　性	用途举例
7A09	强度高，在退火与新淬火状态下稍次于同状态的 2A12 合金，稍优于 7A04 合金，在 T6 状态下塑性显著下降。7A09 合金板的静疲劳，缺口敏感性，应力腐蚀开裂性能稍优于 7A04 合金，棒材的这些性能与 7A04 合金相当	飞机蒙皮结构件和主要受力零件

　　由于航空航天工业中对铝合金的特殊需求，促进了铝合金制备工艺的不断改进，越来越多的综合性能更好的铝合金也在不断开发，下面着重介绍超高强度铝合金、超塑性铝合金及几种新型合金在航空航天中的应用情况。

5.1.2　超高强度铝合金在航空航天中的应用

　　这些材料既具有 600MPa 以上的抗拉强度，又能保持较高的韧性和耐蚀性，且成本较低，在很多领域取代了昂贵的钛合金，成为目前军用和民用飞机等交通运输工具中不可缺少的重要轻质结构材料。

1. 超高强度铝合金在航空航天中的发展历史

　　早在 20 世纪 30 年代，人们就开始研究 Al-Zn-Mg-Cu 系合金，但由于该系合金存在严重的腐蚀现象而未得到实际应用。20 世纪中期，通过在合金中添加 Mn、Cr、Ti 等微量元素提高抗应力腐蚀性能，美国与苏联相继开发出 7075 合金和 B95 高强铝合金，用于制造飞机部件，开始研究超高强铝合金。1956 年，苏联学者在深入研究 Al-Zn-Mg-Cu 系合金的基础上，研制出世界上第一种超高强度铝合金 B96Ц（部分超高强铝合金的成分与性能见表 5-5 和表 5-6），继而通过提高合金纯度、降低合金元素含量开发出 B96Ц 的改型合金 B96Ц21 和 B96Ц23。近年来，又改变时效制度，采用过时效代替峰值时效态，提高了合金的耐蚀性和断裂韧度，且静强度降低幅度小，因而应用领域广泛。

　　1972 年，美国铝业公司通过降低 7075 合金中的 Fe 和 Si 等杂质含量，调整合金元素，并在合金中添加 Zr 代替 Cr，开发出了 7050 合金；1978 年，对 7050 合金的成分进行微调，成功研制了 7150 合金，并将其加工成 T651 及 T6151 态厚板和挤压件，用于制造波音 767、空中客车 A310 等飞机的上翼结构。

　　20 世纪 80 年代，美国铝业公司采用传统 RS/PM 制备方法，制备 PM/7090、PM/7091、CW67 等合金，其强度与 IM/7075-T6 的相当，耐蚀性与 IM/7075-T73 的相当。1992 年，日本住友轻金属公司采用真空平流制粉、后续真空压实烧结工艺，在实验室制备出抗拉强度 R_m 达 700MPa 以上的超高强铝合金。但是，由于传统 RS/PM 工艺难以制备大尺寸材料，生产成本高，且合金中锌含量很高，导致粉末烧结困难。因此，采用传统 RS/PM 工艺生产的超高强铝合金并未得到实际应用。

　　20 世纪 90 年代初期，随着以喷射成形技术为代表的新一代 RS/PM 工艺走向规模化、实用化，使 RS/PM 工艺生产实用超高强铝合金材料变为现实。利用喷射成形技术制备的材料，除保持了晶粒细小、组织均匀、能够抑制偏析等优点外，由于从合金熔炼到坯件近终成形可一次完成，减少了材料在制备过程中被氧化的可能，缩短了制备流程，降低了成本，且易于制备大尺寸块状材料。到 20 世纪 90 年代末，美国、英国、日本等工业发达国家利用喷射成形技术开发出了锌的质量分数在 8% 以上（最高达 14%），抗拉强度 R_m 为 760 ~ 810MPa，断后伸长率 A 为 8% ~ 13% 的新一代超高强铝合金，用于制造交通运输领域的结构件及其他高承力结构件。国内超高强铝合金的研究开发起步较晚，20 世纪 80 年代初才开始研制 Al-Zn-Mg-Cu 系高强高韧铝合金。目前，在普通 7×××系铝合金的生产和应用方面已实现工业化生产，产品主要包括 7075 和 7050 等合金。

　　20 世纪 90 年代中期，我国开始采用常规半连续铸造法制备出了 7A55 超高强铝合金，及强度更高的 7A60 合金。仿 B96Ц 合金成分的超高强 7×××系铝合金以及具有更高锌含量的喷射成形超高强铝合金已经可以用于制造各种尺寸的（模）锻件、挤压材，合金的屈服强度已分别达到 750 ~ 780MPa 和 630 ~ 650MPa，断后伸长率则分别达到 8% ~ 10% 和 4% ~ 7%，接近国外 20 世纪 90 年代中期的水平。表 5-5 和 5-6 分别列出了部分超高强度铝合金的化学成分和力学性能。

表 5-5　部分超高强度铝合金的化学成分

合金	元素（质量分数,%）								
	Zn	Mg	Cu	Mn	Cr	Zr	Fe	Si	Al
B96Ц	8.0 ~ 9.0	2.3 ~ 3.0	2.0 ~ 2.6	2	2	0.10 ~ 0.20	≤0.40	≤0.30	余
B96LЦ	8.0 ~ 8.8	2.3 ~ 3.0	2.0 ~ 2.6	0.30 ~ 0.80	2	0.10 ~ 0.15	≤0.25	≤0.15	余
B96Ц3	7.6 ~ 8.6	1.7 ~ 2.3	1.4 ~ 2.0	0.05		0.10 ~ 0.20	≤0.20	≤0.10	余
7150	5.9 ~ 6.9	2.0 ~ 2.7	1.9 ~ 2.5	0.10	0.04	0.05 ~ 0.15	≤0.15	≤0.10	余
7055	7.6 ~ 8.5	1.8 ~ 2.3	2.0 ~ 2.6	0.05	0.04	0.05 ~ 0.25	≤0.05	≤0.05	余

表 5-6　部分超高强度铝合金的性能

加工形式	合金牌号	R_m/MPa	$R_{p0.2}$/MPa	$A(\%)$	K_{IC}(MPa·m$^{1/2}$)	ρ/(g/cm^3)
挤压材	B96Ц	617	568	5	2	2.90
	B96Ц21	650	610	8	57	2.89
	B96Ц23	620	590	10	109	2.87
	70552T77	662	641	10	33	2.85
	71502T77	648	614	12	30	2.82
	7A55	705	681	13	27	2.89
	7A60	715	691	10	2	2
板材	70552T77	648	634	11	29	2.85
	71502T77	607	572	12	27	2.82

2. 超高强度铝合金的主要性能特点

超高强 Al-Zn-Mg-Cu 系合金具有以下突出的特点：

1) Zn 和 Mg 含量较高。Zn 的质量分数为 7% ~ 12%，Mg 的质量分数为 2% ~ 3%，Zn 与 Mg 质量比大于 3.0，Zn 和 Mg 在合金中形成主要强化相 $MgZn_2$。$MgZn_2$ 相在合金中的溶解度随温度的降低而急剧下降，具有很强的时效硬化能力。在固溶极限范围内，提高 Zn 和 Mg 含量可以大大提高合金强度，但会导致合金的韧性和抗应力腐蚀开裂（SCC）性能降低。

2) 在 Zn 含量较高的合金中加入 2% ~ 3%（质量分数）的 Cu，能同时提高强度、塑性、耐蚀性和重复加载抗力。曾有研究者认为，高 Zn 合金中，Cu 原子溶入 GP 区，可以提高 GP 区的稳定温度范围，延缓时效析出。Cu 原子还可溶入 η' 和 η 相中，降低晶界和晶内的电位差，提高合金的抗应力腐蚀能力。对于 $m(Zn)/m(Mg)$ 较大的合金，即使其 Cu 含量较高，仍能保持较强的韧性。在超高强铝合金中保持较高的 $m(Zn)/m(Mg)$ 和 $m(Cu)/m(Mg)$ 是得到良好性能的基础。

3) 超高强铝合金一般添加 0.05% ~ 0.15%（质量分数）的 Zr。Zr 和 Al 结合形成 Al_3Zr 金属间化合物，这种金属间化合物有两种结构和形态：从熔体中直接析出的 Al_3Zr 为四方结构，可显著细化合金的铸态晶粒；另一种是铸锭均匀化过程中析出的球形粒子，具有 LI2 结构，与基体共格，具有强烈抑制热加工过程中再结晶的作用。在时效过程中，次生的 Al_3Zr 粒子可加速 η'（$MgZn_2$）相的析出。此外，含 Zr 合金淬火敏感性不强，合金的淬透性提高。总的来说，微量 Zr 可提高合金的强度、断裂韧度和抗应力腐蚀性能。

4) Fe 和 Si 是有害杂质，在合金中主要以不溶或难溶的 AlFeSi 等脆性相的形式存在。热加工变形后，容易形成沿变形方向断续排列的带状组织。塑性变形过程中，由于基体与脆性相变形不协调，容易在相界面上形成孔隙，产生微细裂纹，成为宏观裂纹的发源地，显著降低合金的断裂韧度。目前，超高强铝合金中 Fe 和 Si 等杂质的含量一般控制在 0.1% ~ 0.05%（质量分数）以下。

5.1.3 超塑性铝合金在航空航天中的应用

20 世纪 70 年代初，国外为了减轻飞机结构质量，降低油耗，在研究高性能铝合金和铝锂合金的同时，加强了对铝合金整体构件的加工制造技术的开发，铝合金的超塑性成形是关键技术之一。铝合金要获得良好的超塑性，其先决条件是合金的显微组织应是等轴、均匀的细晶，尺寸为 5 ~ 12μm，且有好的热稳定性。铝合金的超塑性是以在高温和非常低的应变速率下变形时所呈现的非常大的延展性（通常用断后伸长率）来表征的。

1974 年，英国 Alcan 公司和超塑成形金属公司通过添加锗、硅等合金元素，先后研制成功了当代第一个高强超塑性铝合金——Supral220，这种 Al-Cu-Zr 合金是利用动态（连续）再结晶获得细晶，极细微的 Al_3Zr 弥散相对促进连续再结晶和延缓晶粒长大起着关键作用。在美国，高强超塑性铝合金的研究发展工作侧重点集中在现用的高强 7 × ×× 系和 2 ××× 系合金上，特别对其中的高强高韧性 7475 和 7075 合金更感兴趣。美国 Rockwell International 公司、Reynolds 公司和 Alcan 公司通过特殊的形变热处理使上述合金获得了微观组织稳定的等轴细晶，使商用的 7475 和 7075 合金获得了可超塑成形的性能。由于这种方法较研制新的高强超塑性铝合金要简单得多，已成为目前高强铝合金获得超塑性的主要方法。1980 年，美国 Reynolds 公司采用温/冷轧工艺，通过合金静态（非连续）再结晶研制成功了细晶的 7475（即 SP7475）薄板。1981 年 Northop／Reynolds 公司用 Reynolds 公司温/冷轧工艺加工的 SP7475 铝合金板材，获得了纵向晶粒为 8.33μm，横向晶粒为 8.02μm，用其超塑成形的机翼前缘和电子设备前面板等结构件，在功能上可实现与 F-5E/F 战斗机相应结构件的互换。此外，Fairchild 公司利用 Supral220 等合金制造了实际飞机零件（A-10 排烟管和 T-46 发动机舱前缘）和样机舱门装配件。表 5-7 列出了某些超塑性成形铝合金及铝基复合材料的化学成分及其在最佳成形条件下的断后伸长率。

表 5-7　超塑性成形铝合金材料化学成分及断后伸长率

合金牌号	化学成分（质量分数,%）							A（%）
	Cu	Mg	Zr	Fe	Zn	Li	Al	
Supral 220	5.9	0.35	0.4	0.18	0.07		余量	930
SP7475	1.6	2.4	—	<0.2	5.7	—	余量	600~1200
KS7475	1.2/1.9	2.2		<0.12	5.7	—	余量	780
7475-0.7Zr	1.5	2.1	0.67	0.08	5.4		余量	1500
7075	1.2/2.0	2.1/2.9	—	0.5	5.1/6.1		余量	1200
2124-0.6Zr	3.67	1.8	0.6				余量	720
2090	2.4/3.0	<0.25	0.08/0.15	<0.15		1.9/2.6	余量	730~1000
8090	1.16	0.67	0.11	0.14	—	2.3	余量	550~600
Al-Cu-Li-Mg-Zr	3	1	0.2			2	余量	1000
IN9021	4.0	1.5	—				余量	750
Al-Ca-Zn	—				4.9		余量	930
SiCw/7475	12~15SiC（体积分数）							350
SiCp/7475	15							310
SiCw/2124	20							300~350
SiCp/8090	20							300~500

　　Superform 公司从 1974 年到 1990 年的 16 年内，采用超塑性成形（SPF）技术制造的 Supral 系列合金超过 20 万件。图 5-1 所示为 Superform 公司为 Learjet45 商务机制造的 7475 合金行李舱门。图 5-2 所示为该公司为波音 777 制造的 2004 合金翼梢。美国 B-IB 战略轰炸机机身构架采用铝合金超塑成形件代替原来的机加工铆接件，质量减轻 13%，成本降低 50% 以上，零件数由 15 件减为 3 件，连接件由 212 个减少为 45 个。该机用铝合金超塑性成形技术制成的襟翼翼肋代替原机械加工整体翼肋，质量减轻近 15%，成本降低 50%。为欧洲战斗机（EFA）研制的超塑性成形零件有正弦波翼梁（SP7475）、

辅助动力装置剪切墙（SP7475）、箱体剪切墙、防火隔板及 8090 铝锂合金超塑成形的断路器门的加强筋。英国超塑成形分公司生产了超塑成形的翼尖整流罩，由 1.6mm 厚的 8090 铝锂合金经超塑性成形制成，成形时 8090 板材在 Supral100 铝合金隔板下，这样成形可获得厚度均匀、空穴低，且不需加反压的构件。英国 EAP 战斗机使用了 8090 铝锂合金超塑成形的起落架舱门，零件数由原来的 96 个减少至 11 个，减轻质量约 20%。超塑成形铝锂合金舱门，使成本节约了 68%，构件减轻质量约 23%。日本住友金属公司与三菱重工业公司合作已成功地开发出超塑成形的铝锂合金飞机格板门的整体成形件。美国还用 SP7475 合金超塑成形了 T-39 的前机身隔板。道格拉斯公司超塑成形了 F-15 飞机的侦察设备吊舱整流罩零件，其尺寸为 660mm×1778mm。

图 5-1　美国 Superform 公司为 Learjet45　　　图 5-2　美国 Superform 公司为波音 777
商务机制造 7475 合金行李舱门　　　　　　　　　　制造 2004 合金翼梢

　　欧洲"狂风"战斗机的结构上，占总空重高达 13% 的结构将采用超塑成形的铝合金。使用超塑成形的部位包括尾翼、舱门、前缘、进气口和检查口盖等。采用超塑性成形技术的先进尾翼结构，成本降低 30%，质量减轻 15%。"狂风"战斗机铝合金舱门，原来有 13 个零件、114 个紧固件，采用超塑性成形技术后，仅有 7 个零件、87 个紧固件，节约成本 68%，减轻质量 23%。该机的前设备舱门有 59 个零件，590 个连接件，超塑成形后零件减为 10 个，连接件减为 234 件，成本节约 36%。

　　美国洛克希德航空公司对 8090 和 2090 铝锂合金板材用超塑成形方法制造大型盒形件作了性能试验和评估。认为用超塑性成形技术制造的铝锂合金飞机框架结构件是可行的，并可用超塑性成形的 8090 和 2090 铝锂合金板来取代常规的 2024-T3 铝合金板。现在铝合金超塑性成形件已由半承力构件向承力构件发展。

5.1.4　铝锂合金在航空航天中的应用

　　铝锂合金具有低密度、高比强度和高比刚度等特点，用其代替常规高强铝合金，能使构件的质量减轻 8%~20%，刚度提高 15%~20%，被认为是 21 世纪航空航天飞行器主要的结构材料之一。表 5-8 是航空航天中常用的 2090、2091、8090 铝合金的物理性能。

表 5-8　几种铝锂合金的物理性能

性能 \ 合金	2090	2091	8090
密度/(g/cm^3)	2.59	2.58	2.55
熔化温度/℃	560~650	560~670	600~655
电导率/(S/m)	17~19	17~19	17~19
25℃时的热导率/(W/m·K)	84~92.3	84	93.5
100℃的比热容/[J/(kg·K)]	1203	860	930
20~100℃时平均线胀系数/(10^{-6}K^{-1})	23.6×10^{-6}	23.9×10^{-6}	21.4×10^{-6}
弹性模量/GPa	76	75	77
泊松比	0.34	—	—

第一代铝锂合金，如 2090、8090 内锂的质量分数为 2%，目前商品化的铝锂合金内锂的质量分数则低于 2%，它所表现出来的各向异性要小一些。美国于 1992 年 10 月开始研制的第二代铝锂合金名为 AF/C489，最初是用作飞机的骨架材料。在航空领域，由于飞机频繁起飞、降落，飞行过程中材料的抗疲劳性能非常重要。而对于航天运载火箭的低温箱，主要关心的则是材料的断裂韧度，它要求材料的低温韧性与室温韧性的比值大于等于 1.1，AF/C489 的低温韧性与室温韧性的最小比值为 1.1。

表 5-9 列出了常见的铝锂合金在飞机上的应用，由于铝锂合金的生产成本通常是传统高强度铝合金的 3~5 倍，因而其应用仅限于对自身质量有特殊要求的部件。

表 5-9　常见的铝锂合金在飞机上的应用

合金	应　　用
2090	飞机的前缘和尾缘，绕流片，底架梁，吊架，牵引连接配件，舱门，发动机舱体，整流装置，座位滑槽和挤压制品
8090	机翼及机身蒙皮板，锻件，超塑性成形部件及挤压制品
2091	耐破坏性机身蒙皮板

铝锂合金的焊接性能是决定其能否实际应用的一个重要问题，目前主要应用的焊接材料有两种。一种是 2319 铝合金焊条，另一种是专门研制的含有元素钪的铝锂合金焊条。实验结果表明，后者的焊接效率要比前者高 2 倍。但用含钪的铝锂合金焊条焊后，其焊缝的断后伸长率只有 2%。

俄罗斯研制出了一系列可焊接的铝锂合金，如 1420、1430、1440、1450 及 1460 合金。1420 应用于一般的飞机，1460 应用于低温系统。这些合金可以使用钨极电弧焊（GTAW）、脉冲气体保护金属电弧焊（GMAW）和等离子电弧焊技术进行焊接。铝锂合金中，沿着焊缝熔池的边缘易形成非树枝等轴晶的区域，从而可能在该区域出现裂纹。加钪可以解决这一问题，如俄国的 14×× 系列铝锂合金，大部分就添加了钪。随着对铝锂合金性能更深的了解、先进生产工艺的应用及焊接技术的发展，可焊铝锂合金的研究必将会有更大的进展。目前，国外铝锂合金已进入实际应用阶段，在航空航天领域的应用正在迅速扩大。如图 5-3 所示的是航天飞机用 2915 铝锂合金外部低温燃料箱。

5.1.5　铝钪合金在航空航天中的应用

用微量 Sc（0.07% ~ 0.35%，质量分数，以下同）合金化的铝合金称为 Al-Sc 合金或含 Sc 的铝合金。与不含 Sc 的同类合金相比，Al-Sc 合金强度高、塑性好、耐蚀性和焊接性能优异，是继 Al-Li 合金之后新一代航天、航空、舰船用轻质结构材料。20 世纪70 年代以后，苏联已经对 Sc 在铝合金中的存在形式和作用机制进行了系统的研究，并开发了 Al-Mg-Sc、Al-Zn-Mg-Sc、Al-Zn-Mg-Cu-Sc、Al-Mg-Li-Sc 和 Al-Cu-Li-Sc 等 5 个系列17 个牌号的 Al-Sc 合金，产品主要瞄准航天、航空、舰船的焊接承重结构件以及碱性腐蚀介质环境用铝合金管材、铁路油罐、高速列车的关键结构件等。使用了 Al-Sc 合金的米格 29 飞机如图 5-4 所示。

图 5-3　航天飞机用 2915 铝锂合金
外部低温燃料箱

图 5-4　使用了 Al-Sc 合金的米格 29 飞机

1. Al-Mg-Sc 系合金

在俄罗斯，这个系的合金有以下 7 个品种：01570、01571、01545、01545K、01535、01523 和 01515。这些合金除 Mg 含量不同外，都是用 Sc 和 Zr 微量合金化的 Al-Mg 系合金，其中，01571 是一种焊丝合金。此外，合金中还添加有微量的 Mn 和 Ti 等。表 5-10 列出了 Al-Mg-Sc 系合金热加工态或退火态的拉伸力学性能。

表 5-10　Al-Mg-Sc 系合金热加工态或退火态的拉伸力学性能

合金系	合金牌号	主要合金元素平均含量(质量分数,%)	R_m/MPa	$R_{p0.2}$/MPa	$A(\%)$
Al-Mg	AMg1	Al-1.15Mg	120	50	28
Al-Mg-Sc	01515	Al-1.15Mg-0.4Mn-0.4(Sc + Zr)	250	160	16
Al-Mg	AMg2	Al-2.2Mg-0.4Mn	190	90	23
Al-Mg-Sc	01523	Al-2.1Mg-0.4Mn-0.45(Sc + Zr)	270	200	16

（续）

合金系	合金牌号	主要合金元素平均含量（质量分数,%）	R_m/MPa	$R_{p0.2}$/MPa	A(%)
Al-Mg	AMg4	Al-4.2Mg-0.65Mn-0.06Ti	270	140	23
Al-Mg-Sc	01535	Al-4.2Mg-0.4Mn-0.4(Sc + Zr)	360	280	20
Al-Mg	AMg5	Al-5.3Mg-0.55Mn-0.06Ti	300	170	20
Al-Mg-Sc	01545	Al-5.2Mg-0.4Mn-0.4(Sc + Zr)	380	290	16
Al-Mg	AMg6	Al-6.3Mg-0.65Mn-0.06Ti	340	180	20
Al-Mg-Sc	01570	Al-5.8Mg-0.55(Sc + Zr + Cr)	400	300	15

01570 合金中 $w(Mg)5.3\% \sim 6.3\%$，$w(Mn)0.2\% \sim 0.6\%$，$w(Sc) + w(Zr)0.25\%$ ~0.40%，$w(Ti)0.01\% \sim 0.05\%$。合金的熔炼和铸造可以采用传统的熔炼、半连续激冷铸造方式，微量 Sc 采用 Al-Sc 中间合金的形式加入，铸锭均匀化后经热轧、热挤或热锻成材，热轧板材冷轧后需经退火处理，以增强抗剥落腐蚀和抗应力腐蚀的能力。01570 合金在很宽的温度（440～500℃）和应变速率（$10^{-4} \sim 10^{-1}$/s）范围内，具有天然的超塑性。01570 合金的焊接性能非常好，可以用氩弧焊焊接，也可以用电子束进行熔焊。焊接接头在有余高时，试验温度为 -196～250℃，焊接接头强度与基体金属相同；无余高时，焊接接头的强度由焊缝铸态金属的强度决定，约为基体金属强度的85%，在不需热处理强化的铝合金中焊接系数是最高的，航天工业中已用这种合金作焊接承力件。

01545 合金含 4.0% ~4.5%（质量分数）的 Mg 以及微量的 Sc 和 Zr。由于 Mg 含量较 01570 合金的低，加工成形性能比 01570 合金的好。在此基础上，俄罗斯又开发了一种称为 01545K 的合金，这种合金在液氢温度下（20K）有很高的强度和塑性，可用于液氢-液氧作燃料的航天器贮箱和相应介质条件下的焊接构件。

2. Al-Zn-Mg-Sc 系合金

在俄罗斯，这个系的合金有 01970 和 01975 两个牌号。其中 Zn 的质量分数为 4.5% ~5.5%，Mg 的质量分数约为 2%，Zn/Mg 质量比为 2.6。此外，还含 0.3% ~1.0%（质量分数）的 Cu，以及总量为 0.30% ~0.35%（质量分数）的 Sc、Zr 等。

01970 合金有很高的抵抗再结晶的能力。即使进行了很强的冷变形，合金的起始再结晶温度仍比淬火加热温度高。例如，冷变形量为 83% 的冷轧板，经 450℃固溶处理后水淬，仍然保留了完整的非再结晶组织。01970 合金板材有很好的综合力学性能，冷轧板具有天然的超塑性，01970 合金的过饱和固溶体稳定性高且存在较宽的温度范围。超塑成形的零件空冷后进行人工时效，合金的力学性能可达到抗拉强度 $R_m = 530$MPa，断后伸长率 $A = 8\%$。这种独特的性能为气动成形生产高强度、形状复杂的精密零件提供了广阔的前景。

3. Al-Mg-Li-Sc 系合金

在工业 01420Al-Li 合金基础上加入微量 Sc，形成了 2 种新的称之为 01421、01423

的合金。与所有 Al-Li 合金一样，含 Sc 的 Al-Li 合金均可在惰性气体保护下进行熔炼和铸造。铸锭均匀化处理后再进行热加工、冷加工和固溶-时效处理。这 3 种合金的密度约为 2.5g/cm³，焊接性也很好，已成功地应用于航天和航空部门。表 5-11 列出了含 Sc（01421）和不含 Sc（01420） Al-Mg-Li-Zr 合金的力学性能。

表 5-11　Sc 对 Al-Mg-Li 合金的性能影响

合金牌号	半成品	R_m/MPa	$R_{p0.2}$/MPa	A（%）
1420	棒材	500	380	8
1421	棒材	530	380	6

4. Al-Cu-Li-Sc 系合金

Al-Cu-Li-Sc 系合金包括 01460、01464 等一系列合金。

01460 的合金成分为 Al-3Cu-2Li-0.2 ~ 0.3（Sc，Zr），时效态合金力学性能为抗拉强度 R_m = 550MPa，断后伸长率 A = 7%。可以用氩弧焊方法进行焊接，焊接性能和低温性能好。测试温度从室温降到液氮温度，抗拉强度从 550MPa 增加至 680MPa，断后伸长率则由 7% 增至 10%，俄罗斯已将这种材料用于航天低温燃料贮箱。

01464 合金是俄罗斯在 01460 的基础上对 Al-Cu-Li-Sc 系合金的成分和工艺进行调整，研制出了 01464 合金。该合金的成分和制备工艺没有公开报道，但合金的性能已公开。合金的密度为 2.65g/cm³ 时，弹性模量为 70 ~ 80GPa，经形变热处理后，合金同时具有高的强度、高的塑性、耐蚀性、焊接性、抗冲击性和抗裂性。这种合金还具有高的热稳定性，可用于 120℃ 下长期工作的航天航空结构件。

5.1.6　铍铝合金在航空航天中的应用

铍铝合金（典型的密度为 2.6g/cm³）具有质量轻、比强度高、比刚度高、热稳定性好、高韧性、抗腐蚀、结合了铍的低密度与铝的易加工性等许多优良特性，随着航空、航天工业、计算机制造业、汽车工业及高精度、高速度电焊机器制造工业的飞速发展，其已成为一种越来越重要的新型材料。铍铝合金按铍含量可分为铝基合金和铍基合金，前者铍的质量分数在 5% 以下，用作冶金添加剂；后者铍的质量分数在 60% 以上，用作结构材料。下面主要介绍铍铝合金在航空航天中的应用。

1. 发展概况

20 世纪 70 年代美国核金属公司（现称为 Starmet 公司）和 Lockheed Martin Space Systems Company 公司（洛马公司）合作开发洛克合金，这是最早的商业用铍铝合金。洛克合金含有 62% 的铍（质量分数）和 38% 的铝（质量分数），用预合金化粉末制取，仅用于制造高精密产品。复杂的工艺过程决定了该合金的高成本，最终导致了这种商业产品在 20 世纪 70 年代后停止生产。冷战后期，Starmet 公司和 Bush Wellman 公司联合开发新型铍铝合金，用以弥补国防工业对低铍材料的需求。Starmet 公司开发了 Berylcast 族铍铝合金，Bush Wellman 开发了 AlBeMet 系列合金。Berylcast 和 AlBeMet 结合了铍的高比刚度和低密度与铝的易加工性，且保持了两种金属的特性。Berylcast363 合金含铍 65%（质量分数），比刚度是铝的 3.5 倍，且比铝轻 22%。

自 20 世纪 70 年代洛克公司使用粉末冶金法生产铍铝合金以来，采用该工艺生产铍铝合金已成惯例。除了一些小的改进以外，基本流程保持不变。先用惰性气体雾化法制取预合金粉，而后制成 3 ~ 5μm 的枝晶状粉粒，该尺寸对最终产品的强度是至关重要的。粉末经冷等静压压至约理论密度的 80%，再热等静压成形，最后经挤压进一步提高密度。挤压成的棒材可直接加工成部件，或切割后轧制成板材，其最大尺寸可达 107cm × 107cm。制板时挤压棒应包覆在钢套或铜套中，挤压温度通常为 370 ~ 510℃。Bush Wellman 的 AlBeMet 条材可以生产厚度小于 25cm，可轧成 107cm² 的板材。板材具有最重要的各向同性特性。用挤压工艺生产的挤压件直径可达 25cm，使该合金获得广泛应用变得经济且可行。例如，经挤压的 AlBeMet 型材被加工成计算机硬盘驱动臂，一级方程式赛车的制动器扳手目前也采用这种材料挤压制成。

为降低成本，还可采用净成形或近净成形生产工艺。熔模铸造已被认为是一种能生产近净成形部件的方法，该法直到最近才被用于制造 AlBe 合金部件。AlBe910 铸造合金是 Al-Be 熔模合金家族中的首批产品。典型的轴承箱铸件直径为 71cm，高为 15cm，腹壁厚为 9mm，质量为 419kg。Bush wellman 公司还开发了几种熔模铸造铍铝合金的方法，可以生产较为经济的高精度复杂部件。AlBeMet 合金已被收入铍铝合金的 AlBeCast 合金族用于熔模铸造。该族合金的第一种，AlBeCastIC910 含 62% 的铍（质量分数）和 38% 的铝（质量分数），已通过美国高级研究项目机构（DARPA）的评价，将用于汽轮机活动叶片。

AlBeCastIC910 合金铸件可以用和标准铝铸件相同的方法进行加工和涂敷，以减少最终部件的成本。AlBeCastIC910 铸件也可通过快速原型（RP）技术制作，用作连接件。铍铝合金固有的特性决定了其以铸件形式应用的困难。铍和铝之间的固溶度很低，使得这两种材料在固溶体中独立存在。铍铝合金的凝固温度范围宽（约大于 550℃），铸造凝固过程需要加强补缩，铸件容易出现缩孔、缩松。因为铍熔化需要非常高的温度，因此，铍铝合金有与坩埚及模的大多数难熔材料反应的倾向。

2. 铍铝合金的性能

铍铝合金的力学性能主要取决于合金中铍含量，其次是生产工艺。最常见的 Al-Be162（洛克合金）含有 62% Be（质量分数），其用途非常多。Al、Be 之间的固溶度很小，而且按混合的比例可以预测其物理特性怎样随着组分的改变而变化。变化最明显的当属弹性模量和密度。与其他 AlBe 合金材料相比，其弹性模量很高而密度很低。航空用铍铝合金的某些特性见表 5-12。

表 5-12　铍铝合金的物理特性

合金	弹性模量/GPa	密度/(g/cm³)	热导率/[W/(m·K)]	线胀系数 CTE/10^{-6}K
AlBe162	200	2.1	210	13.9
Al6061	69	2.8	170	23.6

（续）

合金	弹性模量/GPa	密度/(g/cm³)	热导率/[W/(m·K)]	线胀系数 CTE/10⁻⁶K
Be	300	1.85	210	11.5
Al-Li	90	2.5	120	23.6

3. 铍铝合金的应用

（1）铍铝合金在航空器上的应用　Starmet 公司（Berylcast）和 Bush wellman 公司（AlBe2Met）都生产用于飞行器的铍铝合金。Starmet 公司生产的 Berylcast 合金熔模铸件被用在美国的 RAH266 Comanch 型军用直升机和爱国者 PAC23 型导弹系统。

AlBeMet162 应用于先进的 F215 战斗机的方向舵上。用作 F215 方向舵的唯一竞争材料是波音飞机已使用的价格昂贵的硼-环氧树脂。因为简化了设计，在 F215 方向舵中使用 AlBeMet162 比硼-环氧树脂便宜，且减轻了重量，提高了性能。Bush Wellman 公司制造的 AlBeMet 机载结构如图 5-5 所示。

图 5-5　Bush Wellman 公司制造的
AlBeMet 机载结构

（2）铍铝合金在航天器上的应用　美国轨道科学公司把 Bush wellman 公司生产的 AlBeMet 铍铝合金用在了 28 个 ORB-COMM 型低轨道通信卫星上。太空飞行器的外圈由三块弧形 AlBe-Met162 合金嵌板组成，并由相同材料的托架固定。AlBeMet 合金因其优良的刚度和低密度，所以被优先使用。

5.2　镁合金在航空航天中的应用

5.2.1　概述

航空材料减重带来的经济效益和飞行器性能的改善十分显著，减轻相同重量，商用飞机与汽车所带来的燃油费用节省，前者是后者的近 100 倍，而战斗机的燃油费用节省又是商用飞机的近 10 倍，更重要的是其机动性能改善可以极大地提高其战斗力和生存能力。正因为如此，人们早在 20 世纪 20 年代就开发出了镁合金部件，包括发动机曲柄箱、发动机零件（铸件）、气球吊篮（薄板）、客机座椅、起落轮（薄板、挤压件）；在 20 世纪 40 年代，开发出的镁合金产品有 JU88 起落架支持框（铸件）、He177&Ju90 部件（铸件）、无线电设备底座（压铸件）、定向仪（压铸件）、尾轮（压铸件）、B-36 轰炸机部件；在 20 世纪 50 年代，镁合金的应用有 RR Dart 发动机部件（铸件），S55 直升机发动机基座、蛤壳式门、尾锥（铸件）和蒙皮（薄板），火箭和导弹零部件（薄板），直升机齿轮箱（砂型铸造件），直升机车轮及发动机部件（砂型铸造件）、涡轮喷气发动机机罩（砂型铸造件），主起落轮（砂型铸造件、锻造件），B-47 轮及发动机部件（砂型铸造件），机轮外壳（离心铸造薄板），C-121 和 C-124 运输机地板横梁（挤压件）；在 20 世纪 60 年代，镁合金的应用有 B-47 和 B-52 主起落轮（锻件）、卫星零部件、HC-18 直升机地板（挤压件）、飞机座舱顶棚框架（砂型铸造件），Apollo 振动监测设备（砂型铸造件），S-64B 起落架齿轮箱（砂型铸造件）；在 20 世纪 70 年代，镁合金的应用有 F-20 减速装置及座舱顶棚框（砂型铸造件）和 CH-53E 直升机传送箱（砂型铸造件），在 20 世纪 90 年代镁合金的应用有直升机传动系（砂型铸造件），PW100 涡轮发动机部件（砂型铸造件），Garrett TPE TPE331-14&-15 主涡轮发动机部件（砂型铸造件），恒速传动、辅助动力设备进气管、喷气发动机传动齿轮箱。

随着镁合金制备技术的发展，材料的性能（如比强度、比刚度、耐热强度、抗蠕变等性能）不断提高，其应用范围也不断扩大。目前其应用领域包括民用、军用飞机的发动机零部件、螺旋桨、齿轮箱、支架结构以及火箭、导弹、卫星的一些零部件。如用 ZM2 制造 WP7 各型发动机的前支撑壳体和壳体盖；用 ZM3 镁合金制造 J6 飞机的 WP6 发动机的前舱铸件和 WP11 的离心机匣；用 ZM4 镁合金制造飞机液压恒速装置壳体、战机座舱骨架和镁合金机轮；以稀土金属钕为主要添加元素的 ZM6 铸造镁合金已扩大用于直升机 WZ6 发动机后减速机匣、歼击机翼肋等重要零件；研制的稀土高强镁合金 MB25、MB26 已代替部分中强铝合金，在歼击机上获得应用。

5.2.2 航空航天常用镁合金材料的性能与用途

结构减重和机构承载与功能一体化是飞机机体结构材料发展的重要方向。航空、航天领域要求镁合金力学性能和高温性能优异，耐蚀性好，有良好的综合性能。适合的合金包括 AZ91E、QE22（MSR）、ZE41（RZ5）、EQ21、（ZRE1）、WE43 等，其性能比较如图 5-6 所示。从图中可知，飞机的各种机箱体、传送箱和电源装置，直升机主要传送系统的零部件、螺旋桨系统可以采用 ZE41 和 QE22 合金制造；而在高温下服役的零部件可采用 WE43 或 EQ21 合金制造。另外，WE43 合金还具有极好的耐蚀性，可用作飞机螺旋桨罩壳。McDonnell Dougles MD50 直升机采用了 WE43 合金的变速器壳体。

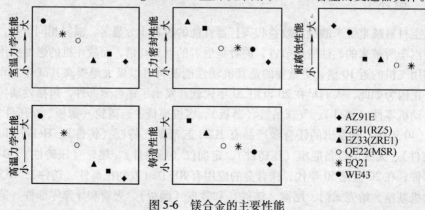

图 5-6　镁合金的主要性能

目前，常用的航空航天铸造镁合金及其性能和用途见表 5-13。

表 5-13　航空航天工业常用铸造镁合金的性能和用途

镁合金	性　能	缺　点	应　用
AZ91 AZ91E	最常用的商业镁合金，属于低成本镁合金，新型高纯度 AZ91E 能提供优良的耐蚀性	就收缩和脱模而言，其铸造性能一般；中等力学性能，在厚壁铸件中表现更差；最高工作环境温度不超过 100℃；要求 T6 热处理	用于航空器控制装置，各种支架、传动器壳体以及机轮
AZ92	由于更高含量的锌，比 AZ91 具有更高的室温抗拉强度；高纯净度牌号具有高的耐蚀性，但生产较困难	与 AZ91 相近的铸造性能；比 AZ91 具有更好的力学性能，仍然不能用于高温环境；要求 T6 态热处理	与 AZ91 的应用相近
ZE41	良好的铸造性能，较容易生产；工作温度提高到了 150℃；优异的耐蚀性	中等强度，中等耐腐蚀合金，比 AZ 系列合金更容易氧化	广泛应用的中等强度，较好高温性能的镁合金；主要用于航空发动机部件、辅助推进装置（APU）、直升机壳体的铸造
QE22	优良的铸造性能，生产较容易；极好的振动吸收性能；工作环境可达到 250℃；中等成本合金	比 ZE41 更难以铸造；好的耐蚀性；由于含银，成本高；要求 T6 态热处理	高强度高温合金；通常用于航空发动机壳体、发动机结构部件、发电机壳体等高温环境中的工作部件
WE43A	很高的室温强度；极好的高温性能，工作温度可高达 300℃；优异的耐腐蚀能力	最难铸造的镁合金；需要额外的熔化和铸造控制手段；由于含有钇使其成为高成本合金；要求 T6 热处理	高强度的高温抗蠕变合金；用于发动机变速器和直升机传动箱
EZ33	优良的铸造性能，生产较容易；极好的吸收振动性能；工作环境可达到 250℃；中等成本合金；要求 T6 热处理	低强度合金；中等综合腐蚀率；比 AZ 合金更易氧化	适合于较高工作温度的低强度应用，特别适合既要求铸造质量又要求减振的部件；适用于减振部件、齿轮传动部件

　　过去 ZE41（RZ5）镁合金通常用于制造直升机的变速器壳体和传动箱壳体，后来由于航空工业对材料安全使用期限和耐蚀性提出了更高的要求，使得 WE43 镁合金逐渐取代了 ZE41（RZ5）的位置而成为制造包括主变速器壳体在内的众多直升机部件的首选镁合金材料，比如欧洲直升机公司 EC120 型民用直升机和北约直升机工业公司的 NH90 军用直升机就采用了 WE43 合金制造的变速器壳体。

　　ZRE1、MSR 和 EQ21 镁合金也都广泛应用于飞机的发动机部件，如同 WE43 镁合金由于具有优良的耐蚀性和高温性能而广泛应用于变速器壳体一样，这些合金的应用也将会持续增长。许多大型镁合金铸件都可以采用这些镁合金制造，比如 MSR 镁合金制造

的重达 130kg 的劳斯莱斯 Tay 和 BR70 型发动机的空压机壳体。其他的航空应用包括
MSR 或 RZ5 制造的 F16、"欧洲台风" EF2000、旋风战斗机的辅助变速器壳体，MSR 或
EQ21 制造的 "空中客车" A320、旋风战斗机和协和超音速飞机的发电机壳体。

　　镁合金锻造件也用作航空部件，英国西陆公司 "海王" 反潜直升机上的变速器部
件就是用 ZW3 镁合金锻造的。除此之外，镁合金锻件在航空发动机上以及机轮上都有
应用，将来还可能用于高温环境下工作的部件。

　　在苏联镁合金曾在 1947 年设计的 AN-2 飞机上就有使用，并以 ML-5 合金（Mg-Al-
Mn 系）铸件的形式用于飞机的飞行控制系统中。从 1960 年起，BM65-1 合金（MA-14）
就用于飞机上小型锻件的生产。

　　与铸造镁合金相比，变形镁合金组织更细、成分更均匀、内部更致密，因此，变形
镁合金具有高强度和高断后伸长率等优点。同时，在满足相同工作条件下，比变形铝合
金更轻。因此航空器特别是导弹、卫星以及航天飞机大量应用各种变形镁合金。例如
B-36 重型轰炸机每架使用 4086kg 镁合金薄板，喷气式歼击机 "洛克希德 F-80" 的机翼
也是用镁合金制造的，由于采用了镁合金板，使结构零件的数量从 47758 个减少到
16050 个；Talon 超音速教练机有 11% 的机身是由镁合金制造的（160kg 板材，128kg 的
铸件和少量挤压件、板材和管材）；B-52 轰炸机用了 1650kg 的镁合金（其中 199 件挤
压件、19 件锻件、542 件砂型铸件和 180kg 的板材）；Falon GAR-1 空对空导弹有 90% 的
结构采用镁合金制造，其中，弹身是由厚度为 1mm 的 AZ31B-H24 轧制板加工而成的，
纵向焊接，然后拉深成形。"德热米奈" 飞船的启动火箭 "大力神" 中曾使用了 600kg
左右的变形镁合金；"季斯卡维列尔" 卫星中使用了 675kg 的变形镁合金；直径 1m 的
"维热尔" 火箭壳体是用镁合金挤压管材制造的；战术航空导弹的舱段、副翼蒙皮、壁
板、加强框、舵面、隔框等厚件，诱饵鱼雷壳体，以及雷达，卫星上用的井字梁，也都
大量采用变形镁合金。图 5-7 所示为某型号飞机上使用镁合金零部件的情况。

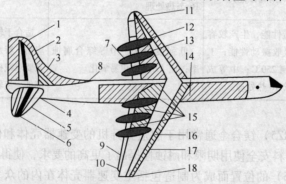

图 5-7　某型号飞机上使用镁合金的情况

1—方向舵上的蒙皮和整流器罩　2—垂直安定面的整流包皮　3—机身与垂直安定面连接部分的蒙皮
4—水平安定面及升降舵的整流包皮　5—前缘蒙皮　6—水平安定面的尖端　7—发动机整流罩
8—机身与垂直安定面的连接整流包皮　9、10—襟翼、副翼的蒙皮　11、18—翼尖　12、13—发动
机包皮　14—机身蒙皮　15—机翼的中段蒙皮　16、17—机翼前缘蒙皮

5.2.3 主要航空航天器零部件的镁合金应用情况

1. 框架结构部件的镁合金化

一般航空航天结构用镁合金主要是板材和挤压型材，也有部件是铸造件。用镁合金板材制造的飞机零部件有各种壁板、整流罩、发动机罩、门、盖板、口盖框架、内部加强型材组合件、各种连接整流包皮、翼尖、尾面、副翼及襟翼蒙皮、油箱等。飞机上大量采用镁合金零部件后，其重量大大减轻，飞行速度及航程均显著提高。DOW 化学公司采用快速凝固 ZK60 镁合金挤压型材制造 C133 运输机的地板支撑梁和固定装货滑道，如图 5-8 所示。

图 5-8　C133 运输机使用镁合金的情况

镁合金铸件在飞行器结构方面应用很多，包括各种民用、军用飞机和航空器，其用量因具体结构不同而异，并在一定程度上取决于镁合金表面涂层技术的发展。在镁合金的应用过程中，要兼顾零部件的腐蚀行为和抗疲劳性能。提高合金的纯度可以改善耐蚀性，而在合金表面涂层处理，既可以提高耐蚀性，还可以提高其耐磨性能。图 5-9 所示为一种飞机框架材料，尺寸为 1500mm × 1000mm × 200mm。

图 5-9　飞机框架材料

Mg-RE 合金的铸造性能及焊接性能均很好，研制出来后就被用于制造结构复杂的军用飞机驾驶舱舱罩的框架。据 1969 年 Evans 报道，采用镁合金制造 Vampire 和 Venom

飞机的双座椅结构件是当时镁合金应用所达到的最高水平。由于镁合金双座椅结构件使用效果很好，直到现在还在应用。图 5-10 所示为座舱罩铸件。西班牙 CASA 在其战斗机上也采用了类似的结构件。镁合金飞行器中的另一个应用是钢丝索移动控制滑轮，然而欧洲生产商认为镁合金滑轮容易磨损，并不合适。但 Bae 公司通过在滑轮上涂上一层塑料涂层（如尼龙），使这种应用获得成功，并从 1960 年开始在很多民用飞机上使用。

　　一些刚性较好的镁合金铸件还被广泛用于制造驾驶室中的手动控制装置件，如操纵杆及方向盘，中央操纵台及操纵盘等部件，并被应用于 Trident Bae146 等飞机上，此外还有 Fokker 的 F100 飞机。图 5-11 所示为飞行员座椅架。Kent Aerospace 和 LMI France 将复杂的镁合金铸件用于 Bae146、125 和 Air Bus 的压缩系统。先后有很多民用飞机使用了镁合金部件，数量达到 250 多种。

图 5-10　座舱罩铸件
（小的用于 CASA 飞机）

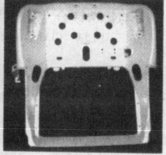

图 5-11　飞行员座椅架

2. 航空航天发动机部件的镁合金化

　　镁合金在航空发动机中的应用主要是压缩机尾部箱体和装有大量减速齿轮辅助设备的大齿轮箱。Pratt & Witney 发动机公司在 Bae146 飞机上采用了镁合金 ACCO Lycoming 双路式涡轮喷气发动机罩。

　　另外，为了提高发动机热稳定性，允许较小的外壳间隙，同时提高发动机效率，制造商研制了适用于民用和军用飞机的发动机箱体。图 5-12 所示为采用镁合金的发动机箱体。由此可见，镁合金用作发动机箱体材料优势明显。

　　齿轮箱式镁合金大型铸件是另一个典型应用实例。Kent 航空铸造公司曾采用镁合金制造巨大的 Rolls Royce RB211 发动机齿轮箱，这类装置在合理的保护条件下可以正常服役很多年。此外，直升机螺旋桨推进器的齿轮箱也可以采用镁合金制造，图 5-13 为几种镁合金齿轮箱实物图。所用材料包括 ZE41、WE43 和 AZ91E 等。连接 BR710 发动机换向系统各零部件的驱动系统也可以采用 WE43 和 AZ91E 合金（见图 5-14），承载

应力都处在合金强度和耐腐蚀能力范围内，部分铸件可以在较高温度下使用。图 5-15
所示为英国某型号直升机上使用的采用锻造法生产的齿轮箱及其连接件。

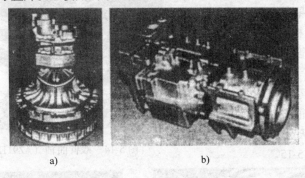

a)   b)

图 5-12 发动机箱体
a) T117BMW-Rolls Roys 发动机箱体 b) Eurofighter ES Wedel 发动机箱体

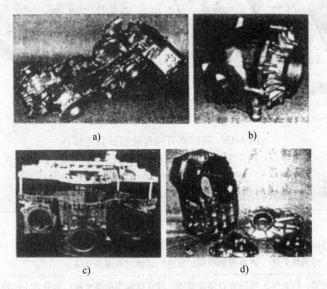

a)   b)

c)   d)

图 5-13 镁合金齿轮箱
a) Turbine BR710 ZF-Luftfahrttechnik 齿轮箱及箱盖 b) Tailrotorsystem Tiger ZF-Luftfahrttechnik
齿轮箱 c) Tiger EC France 直升机主齿轮箱 d) Strato2 ZF-Luftfahrttechnik 齿轮箱

在用于制造以上零部件的材料中，稀土镁合金具有比强度和比刚度高、耐热强度及
抗蠕变性能优异等特点，既可满足航空结构材料减轻自重的需要，也可满足在 200 ~
300℃高温条件下长时间工作的航空发动机零部件的需要。欧美早期曾开发过 EK、EZ、
EQ、AE 系列稀土镁合金，EK31、EZ33、QE22 等合金都曾用于航空发动机。20 世纪 80
年代末推出了 WE 系列稀土镁合金，McDonnell 公司已经用 WE43 代替 ZE41 作为 MD500
直升机零部件。我国至今已开发出了 ZM3、ZM4、ZM6、ZM9 等系列稀土镁合金。

　　随着航空工业对零部件小型化、高效率的要求，目前已能生产厚度为3.5mm的铸造薄壁件，公差可以达到±0.5mm。现已标准化生产直径为2mm的液压传动管道，能够承受9MPa的压强。

　　应用于航空零部件的镁合金种类较多，应用范围很广。下面以加拿大Magellan航空航天公司为例介绍，分别见表5-14和表5-15。

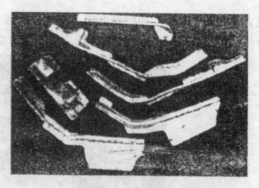

图 5-14　双臂曲轴（AZ91E、WE43）

a)

b)

图 5-15　英国直升机齿轮箱及其连接件

a) 阀盖（ZK60-T6，44kg）　b) 连接件（AZ80-F）

表 5-14　加拿大 Magellan 公司的部分航空镁合金产品

航空器系统	镁 合 金 部 件
镁合金航空发动机部件	前框、中间箱体、进气口箱体；螺旋推进器、变速器壳体；压缩机进气口箱体；润滑泵壳体、传送泵壳体、燃料控制箱盖；发电机壳体、加速器壳体
机身零部件	支架、门壳体、货物装卸装置壳体；战斗机起飞助推系统；直升机主传动箱、副传动箱

表 5-15　加拿大 Magellan 公司部分航空镁合金产品的使用厂商及机型

航空器制造商	适 用 机 型
阿古斯塔-西陆（Agusta-Westland）直升机公司	EH101
加拿大贝尔直升机公司	V22、BA609、206、427、430、AH-1T
波音民用	747、757、767
波音军用	CH47、AH-64
通用电气	J85、CF6-80、F404、F110、GE90、T700、LM6000、CFM56-5

（续）

航空器制造商	适 用 机 型
美国汉密尔顿盛特兰（Hamilton Sundstrand）公司	F-15、F-16、F18-C/D、F-18E/F
美国霍尼韦尔（Honey-well）公司	TPE331、AS907、331-600、131-9、LV100、RE100
加拿大普惠（Pratt & Whitney Canada）公司	PT6、PW100、PW206、PW306、PW307、PW308、PW500、PW600
美国普惠（Pratt & Whitney）公司	PW2000、PW4000、PW6000、V2500
英国劳斯莱斯公司	T56、Model 250、AE2100、AE3007、T800
美国西科斯基飞机公司（Sikorsky Aircraft）	CH53、UH-60、SH-60、RAH-66、S92

注：以上铸件的直径为 127 ~ 2000mm，质量为 0.45 ~ 365kg。

5.3　钛合金在航空航天中的应用

5.3.1　前言

一种新金属或合金的开发往往是由于科研和应用的需要所致，航空和宇航的飞速发展，促进了钛合金的研发。航空和宇航对材料的要求很严格，不仅要求材料强度高、耐高温、耐腐蚀，而且要求有好的成形性和良好的加工性能，同时也会采取特殊表面处理技术增加其强度和硬度。钛及其合金在航空及宇航方面的应用广泛。由于飞机和导弹的速度已增加到远远超过音速，原来使用铝合金的地方，因其耐热性的要求，已不大适应，所以采用新材料，尤其是钛及其合金来代替。钛的密度小，又具有高的热强性和持久强度，对在振动载荷及冲击载荷作用下裂纹扩展的敏感性低，并且有良好的耐蚀性。因此，在发动机及壳体结构中优先采用了高强度的钛及钛合金。

钛是二战后于20世纪40年代末至20世纪50年代初开始工业化生产并逐步发展起来的一种高性能的重要结构材料。其最早的应用，就是为军事航空工业提供高性能材料。随着各国军事工业的发展，钛的应用领域被不断拓宽。至今，钛已在航空航天、核能、舰船、兵器等诸多领域获得了越来越多的应用，成为重要的战略金属材料。

钛在军事工业上应用，主要是得益于钛及钛合金具有的优异性能：

1）减轻结构质量，提高结构效率。先进的战机性能要求飞机具有比较低的结构质量系数（即机体质量/飞机正常起飞质量），钛合金的密度小，比强度高，代替结构钢和高温合金，能大幅度减轻结构质量。

2）钛合金的耐热性满足高温部位的要求。目前经合金化后的热强钛合金最高使用温度可达 500 ~ 600 ℃，结构钛合金的使用温度也可达 300 ~ 400 ℃，常用的 Ti-6Al-4V 能在 350 ℃ 下长期工作，在飞机的高温部位（如后机身等）可取代因高温使用性能不能满足要求的铝合金，TC11 能在 500 ℃ 下长期工作，在发动机的压气机部位可取代高温合金和不锈钢。

3）可与复合材料结构匹配。为减轻结构质量和满足隐身要求，先进飞机大量使用复合材料，钛与复合材料的强度、刚度匹配较好，能获得很好的减重效果，同时，由于二者的电位比较接近，不易产生电偶腐蚀。

4）优异的耐蚀性。钛在中性和氧化性气氛及众多恶劣环境中具有比其他常用金属材料更优异的耐蚀性，受环境条件制约的程度小。

除上述特性外，钛合金还具有高韧性、高弹性、无磁性等诸多优点。这些都为钛合金在航空航天工业中的应用提供了可选择的前提。

5.3.2　钛的生产及航空航天用钛概述

自 1948 年美国开始海绵钛的工业化生产、1951 年生产出钛加工材以来，钛首先用于飞机上。1954 年用于 J57 航空发动机，该发动机装于 B-52 战略轰炸机上。其后的一段时期，美国生产的钛材基本上用于军事工业，尤其以航空为主。20 世纪 60 年代以后，才逐步扩大民用领域的用钛比例。现在，美国军工用钛的比例已远低于包括民用航空在内的民用比例。但由于钛的总产量已比以前有大幅度增加，实际上军工用钛的数量比以前高得多。

钛合金是当代飞机和发动机的主要结构材料之一，美国自 20 世纪 80 年代以后设计的各种先进军用战斗机和轰炸机中，钛的用量已在 20%（质量分数）以上。如第三代 F-15 战斗机的钛合金用量占 27%（质量分数），而第四代 F-22 战斗机的钛合金用量占 41%（质量分数），详见表 5-16。

表 5-16　美国各种飞机中不同材料所占比例（质量分数）

机型	设计年份	钛合金（%）	复合材料（%）	铝合金（%）	钢（%）
F-14	1969	24	1	39	17
F-15	1972	27	2	36	6
F-16	1976	3	2	64	3
F-18	1978	15	10	49	17
AV-8B	1982	9	26	44	8
F-117A	1983	25	40	20	5
B-1	1984	22	1	41	15
C-17	1986	9	7	77	13
B-2	1988	26	38	19	6
F-22	1989	41	24	16	5

F-22 战斗机是美国洛克希德公司、波音公司和通用动力公司设计的战术战斗机，是目前世界上具有代表性的第五代战斗机。它首次将隐身、高机动性和敏捷性、不加力

超音速巡航等特性融于一体，作为美国空军 2000 年以后的主力制空机种。在选材方面，主要考虑的因素有：非常规机动带来的减重要求；抗超音速巡航导致的持续升温要求；由隐身引出的对应用吸波材料的要求等。各种材料的结构质量比例见表 5-17。

表 5-17　F-22 材料结构质量比例（质量分数）

	80 年代初设想（%）	YF-22（%）	F-22 EMD（%）
铝合金	9.2	35	16
钛合金	15.9	24	41
钢	2.7	5	5
热塑性复合材料	41.1	10	1
热固性复合材料	6.6	13	23
金属基复合材料	12.3	—	—
其他	12.2	13	14

可以看出，设想的钛合金用量比例为 15.9%（质量分数），而进入工程制造和发展阶段，钛合金的比例已提高到 41%（质量分数）。F-22 主要使用了两种钛合金：Ti-62222（Ti-6Al-2Sn-2Zr-2Cr-2Mo）和 Ti-6Al-4V。Ti-6Al-4V 有锻造和铸造两种产品形式，Ti-6Al-4VELI 合金在 β 退火条件下使用。另外，还使用了 Ti-6Al-4V 液压导管；Ti-62222仅有锻造产品形式。在 F-22 的后机身段，钛的结构质量达 55%，多为耐热钛合金，其中也采用了 Ti-6Al-4V ELI。怀曼戈登公司提供了发动机舱隔框。隔框为整体式 Ti-6Al-4V 锻件。该锻件长 3.8m，宽 1.7m，重 1590kg，投影面积大于 $5m^2$。复杂的中机身段30% 为钛合金，有 4 个锻造的钛合金整体式力框，其中最大的重 2770kg，投影面积5.53 m^2，也是由怀曼戈登公司提供的。机翼结构中钛合金占 42%（质量分数），主翼梁由钛合金锻件切削而成。F-22 中一个创新点是用钛合金制造主承力结构的复杂零件，采用热等静压技术，用一个复杂形状的铸件代替多零件的组装件，如副翼、襟副翼、方向舵制动器壳体、机体上连接机翼与机身的侧向接头及进气口框架。F-22 的发动机（F119）上还采用了美国新发展的阻燃钛合金 Alloy C，用于高压压气机机匣、加力燃烧室筒体及尾喷管上。

对于舰载飞机，要求使用的材料：具有良好的综合性能，即具有高的疲劳强度和断裂韧度；具有防盐雾、潮湿及霉菌的能力；隐身性。表 5-18 为 F/A-18 系列的材料分布。

表 5-18　F/A-18 系列飞机材料分布（质量分数）

	YF-17（%）	F/A-18 A/B（%）	F/A-18 C/D（%）	F/A-18 E/F（%）
铝	73	49.5	50	29
钛	7	12	13	15
钢	10	15	16	14
复合材料	8	9.5	10	23
其他	2	14	21	19

在 F/A-18 中，钛合金主要用于飞机的承力框纵梁、翼根和尾部机构等关键部位。所用钛合金主要有 Ti-6Al-4V 和 Ti-15-3（Ti-15Mo-3Al-3Sn-3Cr）。机身和机翼接头均采用 β 退火的 Ti-6Al-4V 铸件。另外，为降低成本，提高材料利用率，着陆拦阻钩支架接头及发动机安装架还采用热等静压的 Ti-6Al-4V 粉末冶金件制造。

联合攻击战斗机（JSF）是一种低成本、多用途战术攻击战斗机，将取代美国空军现役的 F-16C 和 A-10、海军的 F/A-18E/F、海军陆战队的 F/A-18 和 AV-8B 等机型，与 F-22 一起构成新一代战斗机的高、低搭配。目前，波音公司和洛克希德马丁公司已分别完成了 X-32 和 X-35 验证机的研制工作。JSF 订单已超过 3000 架，估计其总用钛量可达 55000t。将来 JSF 的订单可能达到 6000 架。

V-22 是美国贝尔直升机公司为海军陆战队研制的运输型倾转旋翼机，具有直升机能垂直起降、悬停等飞行优点，又增加了固定翼飞机高速飞行与远航程的优点。有 MV-22 突击运输型、HV-22 战斗搜索和救援型、CV-22 远程作战型和 SV-22 反潜型等多种型号。V-22 倾转旋翼机是能与喷气发动机或直升机的发明相媲美的技术。其中风挡密封框架、发动机短舱主结构、主防火墙等使用了钛合金，而作为转子系统、发动机主要支承件的转动接头，则由 Howmet 公司用一个整体钛铸件取代了原有的 43 个元件和 536 个紧固件。

5.3.3　钛在航空航天中的实际应用

1. 飞机

钛在航空工业上是向铝挑战的唯一真正有实力的"英雄"。钛的密度虽然是铝的 1.5 倍，但强度却比铝高 6～7 倍。尤其是喷气机的出现，使飞机的飞行速度由亚音速提高到超音速，现代战斗机的飞行速度已达 3Ma（Ma 为马赫数，即 3 倍音速）以上。我们知道，在飞行中，飞机表面的空气会受到强烈摩擦阻滞和压缩，动能转化为热能，使飞机表面温度急剧升高，飞行速度越大，温度升高也越激烈。实验证明，在同温层飞行（那里是 -56 ℃），当飞行速度为一倍音速时，飞机表面升至 -18 ℃；两倍音速时，温度升至 98 ℃；3 倍音速时，飞机表面温度已高达 300 ℃。铝合金的使用温度一般不超过 180 ℃。也就是说亚音速飞机或 2M 以下超音速飞机用铝合金制造是可以的。对于更大马赫数的飞机，铝合金就不能胜任了，只有钛合金和不锈钢能够满足使用要求。不锈钢的密度大，两者相比，钛合金就成为更理想的新式战斗机的结构材料。美国是最先研究和使用钛合金制造飞机的国家。1950 年，美国首先在 F-84 战斗机上使用钛合金做后机身隔热板、导风罩、机尾罩等非承力构件。20 世纪 60 年代使用部位由后机身移至中机身代替钢结构制造框架、梁襟等重要承力构件。这时钛合金在飞机上的用量迅速增加，达到飞机质量的 20%～25%。随后，民用飞机也开始使用钛合金，如波音 747 飞机用钛量每架达 3640kg，约占飞机质量的 9.2%。不过，当时使用钛代替铝合金的主要目的是为了减轻飞机自重，提高飞行速度，节省燃料。20 世纪 70 年代及其以后，大量使用钛合金制造飞机，既是为了减轻自重，也是为了满足飞机对结构材料提出的更高要求。这期间美国研制生产的军用飞机，如 F-14、F-15 战斗机和 B-1 战略轰炸机都大量使用钛合金制造。据统计，每架 F-14 用钛量约为 8t，F-15 约为 7t，B-1 约为 70t。美国著名的 SR-71 高速高空侦察机，用钛量高达 93%（质量分数），号称全钛飞机，飞行速度可达 3 倍音速，飞行高度可达 26212m。

美国的高空超音速侦察机 SR-71 是早期的应用例证，如图 5-16 所示。20 世纪 60 年代生产的 SR-71 用钛量达机体质量的 93%，而且首次采用了 β 型钛合金。航空和宇航事业对钛工业的发展有着重要的战略意义和经济意义。如 B-52 轰炸机装备 8 台普惠 J57 发动机，每台需要 1.6t 钛半成品；壳体结构要 630kg 钛半成品。这样，每架飞机则需 13.4t 钛半成品，这是美国当时钛半成品年产量的 0.3%。火箭及宇航运载工具的发展也使得其他较高功率发动机及壳体结构用钛量增加。

二战以后日本飞机工业再次兴起是以修理和检修美国军用飞机开始的，一边学习新技术，一边在许可的条件下制造飞机，主要制造喷气式战斗机（F-86F）、直升机以及侦察机（P2V-7）等。并开始在飞机上采用钛及其合金。初期用钛以

图 5-16　美国的全钛侦察机 SR-71

耐热性和轻量化为主要目标，但随着飞机的高速化、大型化以及结构的复杂化，外板、框架、连接用具及紧固件等则使用了强度更高的钛合金，用量不断增加。发动机和主机翼部位使用了 Ti-6Al-4V 大型锻件（锻件重约 62kg，制品重约 70kg），中后机身的发动机附近几乎全使用了钛材。日本制造的飞机机体上用钛情况见表 5-19。

表 5-19　钛在日本制造的飞机机体上的使用情况

飞机类型	飞机特征	钛的用量（质量分数,%）	使用部位
战斗机	初期许可证机	2.6	外板
	中期许可证机	8.8	外板，连接夹具，插入件
	日本国产发动机（F-2，F-1）	9.1	外板，连接夹具
	最近许可证机（F-15）	26.1	外板，连接夹具，隔壁
运输机	日本、德国共同开发（B-76）	<1	连接夹具，尾翼
直升机	许可证机		外板，防火壁

飞机襟翼滑轨是美国 20 世纪 60 年代航空首次试用的钛铸件之一，如图 5-17 所示。其原型铸件采用了石墨捣实型工艺制造。美国工程师针对这个典型铸件进行了不少性能测试工作。

从 1972 年起，铸造钛合金开始正式应用在飞机上。当然，首先应用的是那些受力不太大的中小型结构件，包括支座、接头、框架和铰结构架等。图 5-18 右上方为德国 TITAL 公司制造的铸造 Ti-6Al-4V 合金襟翼导力框，尺寸为 320mm × 400mm ×150mm，原由 9 个锻件组合而成，后改用整体熔模铸造工艺，1982 共生产了 1128 件。表 5-20 列

出了 Ti-6Al-4V 襟翼导力框两种加工工艺经济效果的比较。从中可以看出，整体铸件的成本几乎只有老工艺的一半。

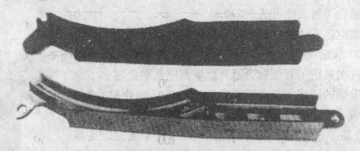

图 5-17　飞机用铸钛襟翼滑轨

图 5-18　欧洲空中客车飞机用钛合金精铸件

表 5-20　Ti-6Al-4V 合金襟翼导力框加工工艺的经济比较

项　　目	锻件组合工艺	整体精铸工艺
零件重/kg	4.5	4.4
模具夹具费(%)	100	64.6
材料费(%)	100	96.5
加工与装配费(%)	100	3.9
总制造费(%)	100	50.5

钛及钛合金精铸件的使用获得了满意的经济效果；钛合金铸件质量的不断提高，加上十多年的使用考验，钛合金铸件在飞机结构件的使用安全性已为设计人员普遍接受。因此，在 20 世纪 80 年代到 20 世纪 90 年代，欧美飞机钛及钛合金铸件的应用数量呈大幅度的增加趋势，如图 5-19 和图 5-20 所示都是飞机用构件。此外，日本在飞机上的钛及其合金铸件的用量也在逐年增加。

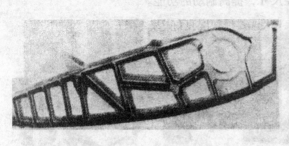 

图 5-19　飞机用钛合金精铸件　　　　　　　图 5-20　飞机用铰链构架钛铸件

随着钛及钛合金铸件在飞机上应用的推广，不少受力结构件也开始选用了钛铸件。波音飞机上吊装 CF6-80 发动机的安装吊架，如图 5-21 所示，是受力条件非常严峻的结构件，现在采用了 Ti-6Al-4V 合金精铸件，运行状况良好。

图 5-21　飞机装吊 CF6-80 发动机的 Ti-6Al-4V 精铸件

我国飞机用支撑发动机的发动机接头，在发动机外部的余热环境中，承受发动机的压力和振动。由结构钢件改成钛合金精铸件，如图 5-22 所示，不仅减轻了重量，而且使用效果与钛合金锻件相当。

钛合金熔模精铸技术的发展，也为飞机扩大应用钛及其合金铸件提供了条件。越来越多的大型薄壁结构件开始采用精铸工艺。图 5-23 所示的用高肋强化的薄壁结构件钛合金精铸件，就是这类铸件的代表。到 20 世纪 90 年代，这种铸钛整体壁板在波音与空中客车系列飞机中，应用越来越广泛。波音 777 上使用了一个形状复杂、长达 2.13m 的钛合金隔热屏，它是用高温钛合金 Ti-6Al-2Sn-4Zr-2Mo 铸造而成的。这种大型薄壁精铸工艺充分地体现了现代铸钛技术的成就。

飞机用制动壳体钛合金铸件研制工作开展很早，应用的品种也很多，如图 5-24 所示。最近开始用 Ti-15-3 合金制造飞机制动壳，这种强度达 1140MPa 的铸

图 5-22　国产飞机用发动机接头
Ti-6Al-4V 精铸件

造高强钛合金的应用，可减少壳体直径尺寸，提高制动的功能。

图 5-23　飞机用钛合金精铸结构件　　　　图 5-24　各种飞机用铸钛制动壳体

　　现代直升机用钛量虽然还未达到一般飞机用钛水平，但总用量已达 10%。最早研究的直升机钛合金铸件，是旋翼桨毂，如图 5-25 所示，这是一个重要的受力转动件，到目前为止，还没有看到它的批量生产。黑鹰 UH-60A 直升机的旋叶托座，是 Ti-6Al-4V 合金精铸件，已经批量生产。

　　垂直与短距离起飞飞机 V-22 的变速装置是飞机转子系统、旋桨齿轮箱和发动机的主要支承。这是一个非常复杂的部件，在飞机与直升机两种飞行模式下，它承受发动机给予的高周期振动负荷，如图 5-26 所示。V-22 的变速装置原为 43 个零件和 536 个紧固件组成，加工与装配的工时超过 1100h。新设计采用了三个 Ti-6Al-4V 合金熔模精铸件与 32 个紧固件，总工时减少 62%，从而降低了飞机制造成本。制得注意的是，选用经热等静压的钛合金熔模铸件，结构设计计算所取的铸件系数为 1。

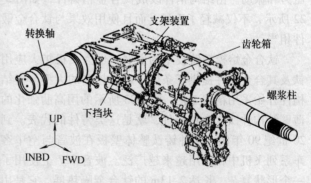

图 5-25　Bo105 直升机旋翼　　　　　图 5-26　V-22 机动力传动系统结构图
　　　　桨毂钛合金铸件

　　F-22 战斗机制动装置采用钛合金铸件，波音公司已从 Howmet 铸件公司订购了价值 800 万美元的钛合金精密铸件，这些铸件用于 F-22 战斗机。订单中包括一个新件——F-

22 战斗机制动器，其大小为 150cm×13cm×9cm。这个对抗疲劳性能要求很高的部件将用 Ti-6Al-4V 合金铸造，而后 β 相变温度固溶处理。F22 飞机用钛量高达 41%（质量分数），图 5-27 为使用钛合金的具体部位。据有关人士介绍，越来越多的飞机结构件生产都转向了熔模精铸技术，原因是省钱省时。随着铸造技术的不断进步和铸件性能的改进，钛合金铸件可能用于未来的飞机机架等。

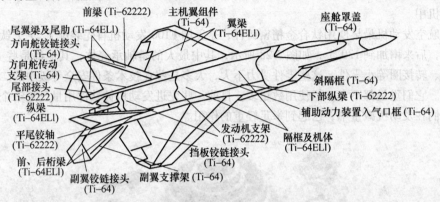

前梁 (Ti-62222)　　主机翼翼组件 (Ti-64)　　翼梁 (Ti-64ELI)　　座舱罩盖 (Ti-64)
尾翼梁及尾肋 (Ti-64ELI)
方向舵铰链接头 (Ti-64)
方向舵传动支架 (Ti-64)
尾部接头 (Ti-62222)
纵梁 (Ti-64ELI)
平尾铰轴 (Ti-62222)
前、后桁梁 (Ti-64ELI)
副翼铰链接头 (Ti-64)　　副翼支撑架 (Ti-64)
挡板铰链接头 (Ti-64)
发动机支架 (Ti-62222)
斜隔框 (Ti-64)
下部纵梁 (Ti-62222)
辅助动力装置入气口框 (Ti-64)
隔框及机体 (Ti-64ELI)

图 5-27　F22 飞机使用钛合金的部位示意图

F-22 飞机的低龙骨翼舷使用了 Ti-62222S 锻件，约重 20kg，该合金还计划用于 X-33 样机——重复发射飞船和联合攻击型战斗机。此外，美 B-2 轰炸机、法幻影 2000 及俄 Cy-27CK 战斗机的钛合金用量也分别达到了 26%、23%、25%（质量分数），我国 20 世纪 60 年代投产的歼 7 飞机钛合金零件质量只有 9kg，20 世纪 70 年代生产的歼 8 白天型飞机的钛合金零件质量增至 60kg。20 世纪 80 年代，抓住歼 8Ⅱ研制的机遇，使飞机的钛合金用量达到了总结构质量的 2%，钛合金零件质量达到 93kg，进一步可使钛合金用量增至 3%。

钛合金在民用飞机中的应用可通过波音飞机的例子得到体现，详见表 5-21。在波音 777 上大约用了 11% 的钛合金材料，可锻性好的介稳定 β 型钛合金 Ti-10-2-3 用作波音 777 的起落架，每架用钛合金 5896.7kg，β-21S 耐高温液压油的腐蚀主要用于后整流罩。另外，超音速民航机设计巡航速度为 2.14M，载客 300 名，航程 5500～6000nmile（10175～11100）。在这种飞机上，除使用 Ti-6Al-4V 合金外，还将考虑使用 Ti-62222S 合金及 Ti-4Al-4Mo-2Sn-0.5Si 合金，其用量将达到 12247kg。

表 5-21　波音 777 飞机中使用的钛合金材料

垂直尾翼稳定板	厚度为 5mm 的 Ti-6Al-4V 热轧板
辅助动力装置排气管道	单边约 1m 长的 Ti-6Al-4V 精密铸造件
起落架	Ti-10V-2Fe-3Al 锻造件
空气调节管道	Ti-15V-3Cr-3Al-3Sn
发动机短舱等	Timetal 21S 在高温磷酸水溶液中有优良耐蚀和耐氢脆性

2. 航空发动机

钛合金在航空发动机上已取代铝合金、镁合金及某些钢构件，主要用作压气机盘、涡轮盘、叶片以及机匣等。飞机制造商普遍将大量钛合金用于飞机骨架中承受大应力的、要求严格的部件。在美国，1954 年首先在 Pratt & Whitney J57 中用钛合金作发动机零件，包括压气机部分的盘、叶片及隔片；在英国，则于 1954 年用在 Rolls-Royce Avon 发动机中。

航空发动机最早使用钛合金精密铸件，是美国 F100 发动机首先装配了 27 个钛合金铸件，后来增加到 130 个，如图 5-28 所示，其中最大的是轴承壳体，其他都是些支架、接头、转接圈等小零件。这些零件受力不大，大多是些在技术条件安全等级中的二三类铸件。它们重量都不大，但使用数量多，目前一些先进发动机铸钛件用量已近千个，因此它们在发动机减重中，已起到举足轻重的作用。

图 5-28　发动机用钛合金精铸件

在发动机上使用的比较关键的钛铸件是压气机机匣。这种铸件首先是在小型发动机上开始使用的。美国 T700 发动机是 GE 公司为直升机生产的小型涡喷发动机，ϕ100mm 对开式的整体机匣的应用，取得了良好的技术经济效果，如图 5-29 所示。

钛合金大型整体拼合熔模精铸技术是在发动机需求刺激下发展起来的。20 世纪 70 年代末，RB199 等大型涡喷发动机开始试用由十几个零件拼合的整体钛合金精铸中间机匣，如图 5-30 和图 5-31 所示，它的零件最终成本仅为原来工艺制造的 20%。从此以后，所有先进的涡喷发动机基本上都选用钛合金精铸工艺制造中间机匣，见表 5-22。很多压气机匣开始应用钛合金铸件制造，在压气机高压段，有的还是高温钛合金铸件，如图 5-32 所示。

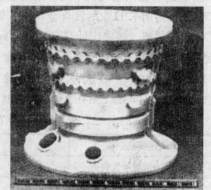

图 5-29　T700 涡喷发动机钛
精铸压气机匣

图 5-30　RB199 发动机 Ti-6Al-4V 精铸中间机匣

图 5-31　CF6-80 发动机钛合金中间机匣（ϕ1275mm）

表 5-22　发动机用大型钛合金铸件

铸件名称	发动机型号	尺寸/mm	重量/kg	合　　金
中间机匣	RB199	ϕ740	48	Ti-6Al-4V
	CF6-80	ϕ1275	136	Ti-6Al-4V
	G. E101	—	—	Ti-6Al-4V
	P. W2037	ϕ1020×324	107	Ti-6Al-4V
	F100	ϕ860	54	Ti-6Al-4V
压气机匣	P. W2037	ϕ686×470	82	Ti-6Al-4V
	—	ϕ710	71	Ti-6Al-2Sn-4Zr-2Mo
	T700	ϕ280	10	Ti-6Al-4V
	P. W4000	ϕ854×482	72	Ti-6Al-2Sn-4Zr-2Mo
	CFM-56	ϕ724×430	115	Ti-6Al-4V

　　钛合金精铸整体叶轮的研制成功，充分显示了当今铸钛技术的水平和突出的经济、技术效益，如图 5-33 所示。目前，美、法、俄等国都研制生产了这种铸件。

　　钛合金精铸件在转动件上的应用，对制造工艺和合金性能都是一种挑战。20 世纪 70 年代美国在试验钛合金铸造叶轮的超转性能试验中，曾遇到过失败，但随着工艺技术的提高，包括热等静压技术的合理应用，现在制造的小发动机压气叶轮，已具有良好的质量，充分保证了使用的安全性。目前已经开始在很多直升机用的涡轴发动机上获得应用，如

图 5-32　Ti-6Al-2Sn-4Zr-2Mo 合金压气机匣（ϕ710cm，70kg）

图 5-34 所示。

　　除此以外，发动机转子叶片钛合金精铸件的研制工作也在开展之中，钛及钛合金熔模精铸技术可用于制造各种空心叶片。

图 5-33　发动机钛合金整体
叶轮精铸件（φ100mm）

图 5-34　小型涡喷发动机压气机
用铸钛合金叶轮

　　钛合金精铸技术在航空发动机上取得的成就，大大促进了钛及钛合金铸件用量的增长。到 20 世纪 90 年代，虽然世界航空发动机钛合金总用量基本在一万吨左右波动，但钛铸件用量在明显增加。

　　国外先进航空发动机的钛用量可达 30%（质量分数）左右，如 V2500 发动机的钛用量就高达 31%（质量分数）。我国 20 世纪 80 年代开始批量生产的涡喷十三系列发动机的钛用量约为 13%（质量分数），即将批量生产的一种涡喷发动机的钛用量将提高至 15%（质量分数）左右，正在研制的一种涡扇发动机的钛用量将超过 20%（质量分数）。

　　飞机上钛的主要应用对象是发动机，用钛量取决于其尺寸和功率。亚音速发动机达到其质量的 30%，发动机减重大约 600kg。钛合金主要制造压气机的模锻件和板式结构。如在普惠 J57（见图 5-35）发动机中，Ti-6Al-4V 用于制作 9 级预压气机叶片及叶轮盘，Ti-5Al-2.5Sn 板用于制造隔离环及壳体件。此后，

图 5-35　P&WJ57 发动机

美国普惠公司和欧洲罗-罗公司采用钛合金制造了很多飞机发动机，如罗-罗公司的 AVON 发动机 9～12 级压气机叶轮及叶片。协和飞机用的 Olympus-593 发动机中有 11 个定子和 10 个转子由钛合金制造，其中，第 1 级由 Ti-6Al-4V 制造，其他各级用 Ti-6Al-5Zr-0.5Mo-0.2Si 制造。图 5-36 所示为 Svenska 飞机的具有后燃烧器的改进普惠 RM8 发

动机的各种零件，压气机圆盘及低压压气机叶片用 Ti-6Al-4V 制造，高压压气机叶片用 Ti-8Al-1Mo-1V 制造，隔离环及发动机换向件由 Ti-5Al-2.5Sn 及工业纯钛制造。美国新一代 F-22 战斗机的 F199 发动机（见图 5-37）不仅用钛合金制作叶片，而且发动机机匣、加力燃烧室筒体及尾喷管还用了新发展的阻燃钛合金 Alloy C。

表 5-23 给出了轴流式涡轮机压气机空气入口及出口温度与飞行速度的关系。在 315℃ 适宜采用 Ti-5Al-2.5Sn，350℃ 时适宜采用 Ti-6Al-4V，400℃ 时适宜采用 Ti-8Al-1Mo-1V，而在 450℃ 时宜采用 Ti-6Al-4Zr-2Sn-2Mo 及 Ti-6Al-5Zr-0.5Mo-0.2Si。此外，这些钛合金可承受超过允许温度 80℃ 的短期过热。钛合金最高允许使用温度在 1955 年为 315℃，1970 年大约为 400℃，1980 年允许超过 480℃。

图 5-36 RM 8 发动机用的钛合金锻件

图 5-37 F-22 战斗机的 F119 发动机

表 5-23 飞行速度对不同压缩比的压气机空气入口温度和出口温度的影响（轴流式涡轮机）

速度/Ma	入口温度/℃	不同压缩比时的出口温度/℃		
		1:6	1:9	1:12
1.5	60	330	405	475
2.0	130	430	500	575
2.5	210	500	560	640
3.0	320	540	595	665

普惠 JT9D 型、GE 的 TF39 型发动机，如图 5-38 所示，或罗-罗 RB211 型发动机，每组具有长度超过 750mm、宽度 180mm 的 30～40 个叶片，叶片用 Ti-6Al-4V 制造，中压压气机的叶片及圆盘由 Ti-6Al-4V 制造，高压压气机则采用 Ti-6Al-4Zr-2Sn-2Mo 或 Ti-6Al-5Zr-0.5Mo-0.2Si 制造。图 5-39 所示为我国某新型发动机的 SPF/DB 导向叶片，用钛合金制造。图 5-40 所示为焊接成形钛合金技术在飞机上的应用。

图 5-38　　GE TF39 发动机零件

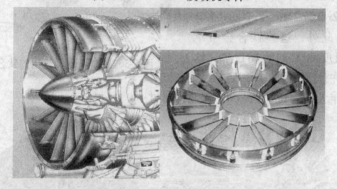

图 5-39　　我国某新型发动机导向叶片

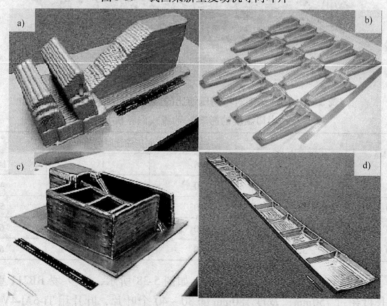

图 5-40　　激光快速成形技术

a）美国成形后的 F22 吊耳　b）激光成形 TA15 钛合金试件
c）激光快速成形不锈钢试验件　d）激光快速成形 TC4 构件

3. 导弹与航天飞行器

　　钛及钛合金具有比强度高、既能耐高温又能耐低温的优异性能，更是航天工业不可多得的金属材料。用它制造火箭、导弹的燃料贮箱及其他高压容器，可以经受 253MPa，能满足在低温或超低温条件下工作的要求。在液氮贮箱为 –196 ℃；液氟贮箱为 –212 ℃；液氢贮箱为 –253 ℃；宇宙飞行器中，液氧贮箱的工作温度为 –183 ℃；液氦贮箱为 –269 ℃。一般金属材料在零下几十摄氏度就会变得很脆，更不用说在超低温条件下工作了，超低温钛合金就可以满足上述要求。目前实际应用的钛合金主要有 Ti-5Al-2.5Sn 和 Ti-6Al-4V。Ti-5Al-2.5Sn 的使用温度可低至 –253 ℃，用于制造宇宙飞船的液氢容器等；Ti-6Al-4V 的使用温度可低至 –196 ℃，主要用于制造低温高压容器，如导弹贮氢气的球状高压容器就是用它制造的。

　　美国还研制了一种 Ti-5Al-2.5V-2.5Sn-1.3Nb-1.3Ta 钛合金，实际是以 Ti-5Al-2.5Sn 合金为基础，加入铌、钒、钽而成，其强度、韧性、成形性和焊接性均获得了进一步的改善。美国 85% 的火箭、导弹的压力容器是用钛合金制造的。此外，钛合金也用于制造火箭发动机的壳体，宇宙飞船的舱体、骨架等结构件。选用钛合金制造这些结构件可以提高可靠性和减轻重量。减轻重量不仅能改善火箭、导弹、宇宙飞船的运行性能，而且可以节省大量昂贵的燃料，降低制造和发射费用。美国民兵式导弹用钛合金代替钢制作二级发动机外壳，减轻重量约 30%。美国阿波罗宇宙飞船，飞船重 50t，火箭重 2900t，其中用钛合金制成的构件就有 68t。减轻重量对导弹的战术技术性能的影响在远程导弹上极为明显。远程导弹重量每减轻 1kg，可以增加射程 7.7km；在三级火箭中，末级火箭每减轻 1kg，可以减少 30~100kg 的发射总重量，射程可以增加 15km 以上。由于钛在航天工业上的重要作用，消费量越来越多，所以钛被称为"空间金属"。

　　20 世纪 50 年代后期，美国的钛合金应用重点从航空领域转向导弹领域。目前，钛合金铸件在导弹上使用比较普遍，有尾翼、弹头壳体、火箭壳体及连接座等，如图 5-41 所示。这是因为导弹技术与铸钛技术是在同一时期发展起来的，而钛合金铸件具有密度小、强度高、耐腐蚀和复杂件成形性好等优点，可满足从小型的空空导弹到大型的洲际导弹的需要。

　　导弹用钛合金铸件的制造大部分采用熔模铸造工艺，如图 5-42 所示。美国 TiTech 公司在生产麻雀型导弹尾翼时采用了加工石墨型；俄

图 5-41　美国导弹尾翼钛铸件

罗斯远程导弹使用的铸造钛合金壳体，直径达两米多，采用的是石墨捣实型工艺。应用于巡航导弹的升降副翼壳体，是一个复杂的薄壁精铸件，如图 5-43 所示。

　　航天飞行器和人造卫星使用的钛合金铸件，主要是一些支座、板架与接头等结构件，尺寸大多在 100~500mm 范围，如图 5-44 所示。值得注意的是，人造卫星上的照相机框架是用铸造钛合金制造的，这不仅仅因为钛合金具有重量轻、耐腐蚀等特点，更重

要的是，钛合金的热膨胀性能与光学玻璃材料相近，它们具有良好的匹配性。我国在航空航天钛合金铸件应用研究方面开展了长期工作，图 5-45 所示为部分国产航空航天用钛合金精密铸件。

图 5-42　德国导弹、火箭壳体钛合金
熔模铸件

图 5-43　Boeing 巡航导弹升降副翼
壳体钛合金熔模铸件

图 5-44　Martin 航天飞机支座钛合金铸件

图 5-45　国产航空航天钛合金铸件

飞机壳体的结构件一般工作温度很低，如大多数连接件、衬板、轴类件、翼梁、手柄、制动块、移动装置件和螺栓、起落架、液压装置的零件，因此，经常采用工业纯钛，且 40% 为模锻件。另外，也采用 Ti-6Al-4V 和 Ti-6Al-6V-2Sn 之类的钛合金。采用钛合金制造燃烧室舱壁及发动机壳体正是利用了钛合金导热性低，阻燃温度高的优点。液压装置、除冰装置及热风管路和其他件也采用钛及钛合金制造。例如，采用钛及钛合金铸件制造这些零件，见表 5-24。直升机及垂直起降飞机中，除了大量应用工业纯钛板式结构件外，也采用 Ti-6Al-4V 及 Ti-6Al-6V-2Sn 合金锻件。例如，用工业纯钛板制造燃烧舱壁和舱底，用锻件制造法兰轴、转子板连接件、主转子体和后置式转子体以及行星轮系支架和连接件、铆钉及螺栓。

在飞航式导弹（飞行体）中，除了主要采用低密度材料外，也采用对温度、交变应力敏感性特别小的材料；除了应用具有良好疲劳韧性的材料之外，也选用在超低温下具有优越力学性能的材料。例如，钛制的 NASA-卫星齿轮系外套、914mm 伸缩式架、重约 1.6t 的外套；肋板及具有 320kg 单件衬里的总重 1t 的水银密封舱用 Ti-5Al-2.5Sn

制造；阿波罗计划的宇宙飞船双人舱及密闭舱翼梁及肋同样用 Ti-5Al-2.5Sn 制造，而衬里则用纯钛制造；ELDO-欧洲 1 号火箭外套用 Ti-13V-11Cr-3Al 制造；高压储气罐或燃料储藏器优先采用 Ti-6Al-4V 合金制造；阿波罗火箭用的储压器、后喷嘴由 13 个锻造的 Ti-6Al-4V（具有低氧含量）合金板组成，并经过焊接而制成储压器。该储压器用于储藏动力燃料的氧化催化剂。

表 5-24　钛及钛合金在航空及宇航中的应用

零部件名称	采用钛及钛合金									零部件名称	采用钛及钛合金								
	a	b	c	d	e	f	g	h	i		a	b	c	d	e	f	g	h	i
发动机										直升机									
压气机涡轮叶片		×		×	×			×	×	各种层状连接衬板					×				
压气机导向叶片		×	×							舱室底板			×	×					
压气机圆盘				×	×		×			传动轴					×	×			
圆环		×	×							驱动件					×				
启动装置		×	×							发动机的悬架系统部件					×	×			
各种衬板（护板）		×	×	×				×	×	转子体					×	×			
螺栓										燃烧舱壁	×	×							
油箱	×									火箭结构									
机身衬里	×	×	×							喷嘴及喷嘴闸门								×	
后燃烧器衬里			×							燃烧室壳体					×				
燃烧舱壁	×		×							动力燃料储压器					×	×	×		
壳体及飞行装置										衬板（护板）					×	×	×		
肋板、翼梁				×	×	×	×			结构件					×				
各种衬板（护板）				×	×					宇航装置									
各种连接衬板				×	×	×				结构件					×				
飞行装置零件				×						移动支架					×				
螺栓				×						圆环					×				
各种厚板件			×	×	×	×				储压器					×				
热风管路	×	×	×																

注：a—Ti（R_m = 550MPa）；b—Ti-2Cu；c—Ti-5Al-2.5Sn；d—Ti-8Al-1Mo-1V；e—Ti-6Al-4V；f— Ti-6Al-6V-2Sn；g— Ti-7Al-4Mo；h—Ti-6Al-4Zr-2Mo-2Sn；i—Ti-6Al-5Zr-0.5Mo-0.25Si。

4. 其他应用

随着反装甲威胁的日益增加，防护装甲也越来越厚，战车的质量在最近十几年中增加了 15% ~20%，严重影响其运输能力及机动性，用钛合金替代轧制均质装甲钢是减重的有效途径。在美国钛合金已用在 M1 艾布拉姆斯主战坦克和 M2 布莱德雷战车上。针对 M1 主战坦克，美国陆军研究了许多可应用钛合金的部件，例如，设计的钛合金坦克炮塔比钢炮塔轻4t。美国还开展了用钛合金取代轧制均质钢制坦克其他部件的技术项目，在该项目的第一个阶段中生产和鉴定了两组部件，每组包括7个部件：回转炮塔板，核、生物和化学武器对抗系统护盖，炮手主瞄准具罩，发动机顶盖，炮塔枢轴架，指挥舱盖和车长热成像观察仪罩。上述钛合金部件可使M1主战坦克减重475kg。在第二个阶段中选择了回转炮塔板和炮手主瞄准具罩交付生产，通用动力地面系统公司已承包制造这两种部件。在M1A2主战坦克改进计划中要采用这两种部件，该计划始于1996年10月，在随后5年中改进580辆M1A2主战坦克。在实施改进计划的过程中，还有可能采用其他的钛合金部件，例如，铸造钛合金炮塔座圈用Ti-6Al-4V替代装甲钢，在不降低坦克的防护水平的情况下，可以达到减重的目的。在M1主战坦克上还将继续考虑用钛合金作替代件。在M2战车上钛合金主要用于指挥舱盖和顶部攻击装甲的改进。M2的指挥舱盖是美国陆军首次应用低成本钛合金的部件，该舱盖原来用锻造铝合金制成，现在已用锻造Ti-6Al-4V合金制造，指挥舱盖每个重68kg，要用100～127mm厚的钛合金板加工而成，总计有1000辆M2战车要改装，1997年第一批已改装了580辆，顶部攻击装甲用80mm厚的钛板，已改装了91辆，改用钛合金材料后减重35%，并大大增加了防弹能力。加强M2战车装甲的一个措施是在某些特定部位采用锻造钛合金附加装甲板，以防大口径弹药的攻击。M113装甲运输车也采用钛合金附加装甲以提高装甲的防弹能力。但相对于装甲钢，钛合金还是太贵，如果钛合金价格能降至接受的水平，M113装甲输送车即可用钛合金改进防护水平，若将50%的M113改进，大约要用钛80000t，如侧面保护的附加装甲要用32mm厚的钛板，重1026kg，而前斜装甲则需50.8mm厚的钛板，重751kg。

火炮系统中有两种155mm轻型牵引榴弹炮中大量使用了钛合金。美国联合防务有限公司发展的装甲火炮系统，采用了钛合金附加装甲，在未来的十字军战士155mm自行榴弹炮中，有许多部件要使用钛合金。美国海军陆战队正在寻求减轻先进两栖突击车质量的各种方案。一种方案是采用轻型装甲，另一种方案是用钛合金取代钢，制造负重轮平衡臂、负重轮齿轮箱等部件。

参 考 文 献

[1]　张钰. 铝合金在航天航空中的应用 [J]. 铝加工, 2009, (3): 50～53.

[2]　杨守杰, 戴圣龙. 航空铝合金的发展回顾与展望 [J]. 材料导报, 2005, (2): 76～80.

[3]　謇海根, 姜锋, 徐忠艳, 等. 航空用高强韧 Al-Zn-Mg-Cu 系铝合金的研究进展 [J]. 热加工工艺, 2006, (6): 61～66.

[4]　王洪斌, 黄进峰, 杨滨, 等. Al-Zn-Mg-Cu 系超高强度铝合金的研究现状与发展趋势 [J]. 材料导报, 2003, (9): 1～5, 15.

[5]　杨守杰, 陆政, 苏彬, 等. 铝锂合金研究进展 [J]. 材料工程, 2001, (5): 44～47.

[6]　陈建. 铝锂合金的性能特点及其在飞机中的应用研究 [J]. 民用飞机设计与研究, 2010, (1): 39～57.

[7]　刘斌, 陈铮铮, 顾冰芳, 等. 铝锂合金的发展与应用 [J]. 现代机械, 2001, (4): 71～73, 39.

[8] 吴静. 铝锂合金的研究与发展 [J]. 高能量密度物理, 2007, (4): 169~174, 168.

[9] 尹登峰, 郑子樵. 铝锂合金研究开发的历史与现状 [J]. 材料导报, 2003, (02): 18~20.

[10] 霍红庆, 郝维新, 耿桂宏, 等. 航天轻型结构材料——铝锂合金的发展 [J]. 真空与低温, 2005, (2): 63~69.

[11] 陈飚, 赵平. 铸造铝锂合金热处理工艺的研究 [J]. 铸造, 2006, (2): 132~134.

[12] 黄玉凤, 党惊知. 含钪铝合金的现状与开发前景 [J]. 大型铸锻件, 2006, (4): 45~48.

[13] 张雪飞, 温景林, 周天国, 等. Al-Sc 合金的现状与开发前景 [J]. 轻合金加工技术, 2005, (8): 7~9.

[14] 黄兰萍, 郑子樵, 陈康华, 等. 微量 Sc 对 Al-Li-Cu 合金组织和性能的影响 [J]. 粉末冶金材料科学与工程, 2003, (3): 265~270.

[15] 张明杰, 梁家骁. 铝钪合金的性质及生产 [J]. 材料与冶金学报, 2002, (2): 110~114.

[16] 蒋晓军, 李依依, 桂全红, 等. Sc 对 Al-Li-Cu-Mg-Zr 合金组织与性能的影响 [J]. 金属学报, 1994, (8): 355~361.

[17] 李汉广, 尹志民, 刘静安. 含钪铝合金的开发应用前景 [J]. 铝加工, 1996, (1): 45.

[18] 刘孝宁, 马世光. 铍铝合金的研究与应用 [J]. 稀有金属, 2003, (1): 62~65.

[19] Michael M. Avedesian and Hugh Baker. ASM Specialty Handbook—Magnesium and Magnesium Alloys [M]. Materials Park, OH: ASM International, 1999.

[20] 陈振华. 镁合金 [M]. 北京: 化学工业出版社, 2004.

[21] 张津, 章宗和. 镁合金及应用 [M]. 北京: 化学工业出版社, 2004.

[22] 刘正, 张奎, 曾小勤. 镁基轻质合金理论基础及应用 [M]. 北京: 机械工业出版社, 2002.

[23] 许并社, 李照明. 镁冶炼与镁合金熔炼工艺 [M]. 北京: 化学工业出版社, 2006.

[24] 胡忠. 铝镁合金铸造工艺及质量控制 [M]. 北京: 航空工业出版社, 1990.

[25] 丁文江. 镁合金科学与技术 [M]. 北京: 科学出版社, 2007.

[26] 工程材料实用手册编辑委员会. 工程材料实用手册——铝合金, 镁合金, 钛合金 [M]. 北京: 中国标准出版社, 1989.

[27] 袁成祺. 铸造铝合金镁合金标准手册 [M]. 北京: 中国环境科学出版社, 1994.

[28] 钟礼治. 铝镁合金自硬砂铸造 [M]. 北京: 国防工业出版社, 1984.

[29] 工程材料实用手册编辑委员会. 工程材料实用手册: 第 3 卷 (铝合金 镁合金) [M]. 北京: 中国标准出版社, 2002.

[30] 陈振华. 变形镁合金 [M]. 北京: 化学工业出版社, 2005.

[31] 黎文献. 镁及镁合金 [M]. 长沙: 中南大学出版社, 2005.

[32] 宋光铃. 镁合金腐蚀与防护 [M]. 北京: 化学工业出版社, 2006.

[33] 潘复生, 韩恩厚. 高性能变形镁合金及加工技术 [M]. 北京: 科学出版社, 2007.

[34] 耿浩然. 铸造铝、镁合金 [M]. 北京: 化学工业出版社, 2007.

[35] 徐河, 刘静安, 谢水生. 镁合金制备与加工技术 [M]. 北京: 冶金工业出版社, 2007.

[36] 刘楚明, 朱秀荣, 周海涛. 镁合金相图集 [M]. 长沙: 中南大学出版社, 2006.

[37] 陈振华. 耐热镁合金 [M]. 北京: 化学工业出版社, 2007.

[38] 赵树萍, 吕双坤. 钛合金在航空航天领域中的应用 [J]. 钛工业进展, 2002, (6): 18-

21.

[39] 韩明臣，黄淑梅. 钛在美国军工中的应用 [J]. 钛工业进展，2001，(2)：28-32

[40] 韩明臣，黄淑梅. 钛在美国军工中的应用 [J]. 金属世界，2001，(5)：4-5.

[41] 瓦利金 N，莫依谢耶夫. 钛合金在俄罗斯飞机及航空航天上的应用 [M]. 董宝明，等译. 北京：航空工业出版社，2008.

[42] 张喜燕，赵永庆，白晨光. 钛合金及应用 [M]. 北京：化学工业出版社，2005.

[43] 周彦邦. 钛合金铸造概论 [M]. 北京：航空工业出版社，2000.

[44] Leyens Christoph, Peters Manfred. Titanium and Titanium Alloys: Fundamentals and Applications [M]. Weinheim: WILEY-VCH, 2003.

[45] 李明怡. 航空用钛合金结构材料 [J]. 世界有色金属，2000，(6)：17-20.

第6章 轻合金在机械工程中的应用

6.1 铝合金在机械工程中的应用

在与其他材料的竞争中，由于铝材的综合性能好，在机械行业中得到了广泛的应用。在所使用的铝材中，包括铸件、压铸件、各种塑性变形加工铝材及铝基复合材料等新型材料。据统计，机械制造、精密仪器和光学器械等行业中耗铝量占机械材料总量的6%~7%。尽管在机械工业部门中，铝材的消耗量并不是很大，但是，铝材具有质量轻，比强度高，耐蚀性、耐低温性好，易加工等优良的性能，因而具有广泛的应用前景。

本章将主要介绍铝及其合金在机械工程领域中几个主要行业的应用情况。

6.1.1 铝合金在汽车中的应用

为适应人类社会可持续发展的需要，汽车正向着轻量、安全、无公害、高速、节能、舒适、多功能、低成本及长寿命方向发展。汽车的节能途径主要有提高发动机效率、减少行驶阻力、改善传动机构效率及减轻汽车自重，其中，减轻自重的潜力较大，减轻自重可以通过改进汽车结构使零件薄壁化、中空化、小型化或采用轻量化材料。

从汽车制造的用铝水平看，20世纪80年代，每辆汽车平均用铝55kg，90年代每辆车用铝130kg，2000年每辆车用铝为270kg。铝合金作为典型的轻质材料已经广泛应用于各种汽车上。如美国福特公司的"林肯"牌1981年型车，其铝合金零件就达90kg，英国利兰汽车公司和奥康铝材公司合作生产的ECW三型铝合金汽车，仅重665kg，加速性、燃油经济性均较好。每百公里油耗仅为7.06L。国外汽车的铝合金部件主要有活塞、气缸盖、气缸体、离合器壳、油底壳、保险杠、热交换器、支架、车轮、车身板及装饰部件等，奥迪公司已推出了A8全铝车（见图6-1）。

图6-1 奥迪A8全铝车

汽车铝材用量的增加所带来的效益主要体现在以下几方面：

（1）促进汽车轻量化，节能降耗，有利环保 通常使用1kg铝合金，汽车自重要下降2.25kg。对于1300kg重的轿车，若其重量下降10%，其燃料消耗可降低8%，或者说每行驶100km，就可节省0.7kg汽油。美国目前每辆轿车用铝合金至少100kg，可减重225kg，一辆轿车使用10年就可节约6.3t汽油，效益可观。

（2）铝合金零部件可回收再利用，进一步节约能源 通常铝合金的回收率不低于85%，有60%的汽车用铝合金来自回收的废旧料，至2010年，这一数值已上升至95%左右。再生铝合金的生产能耗只有电解原铝的3%~5%，因此可节约铝生产过程中所需要的大量能源。

（3）增加耐蚀性，延长使用寿命 铝及铝合金在常温自然条件下，表面就可生成一层致密的氧化膜，此氧化膜的生成可阻止铝及铝合金基体进一步和空气当中的氧气发生反应，因而经表面处理的铝材其耐蚀性、耐氧化性能大大高于钢铁材料。某些铝质汽车零部件，不需防腐处理就可达到汽车的服役年限。由于铝合金的耐蚀性较好，相应地延长了零部件的使用寿命。同时，铝合金具有优良的表面处理性能，适合于氧化着色、喷粉、涂漆等多种表面处理工艺，不仅能进一步增强其耐蚀性，而且可大大改善汽车的外观，美化汽车，增强个性化。

（4）有助于提高汽车行驶的平衡性和安全性 减轻车重可提高汽车的行驶性能。美国铝业协会提出，如果车重减轻25%，就可使汽车加速到60km/h的时间从原来的10s减少到6s，使用铝合金车轮可使震动变小，从而可以使用更轻的反弹缓冲器；另外，由于使用铝合金材料是在不减少汽车容积的情况下减轻汽车自重，因而使汽车更稳定，在受到冲击时铝合金结构能吸收、分散更多的能量，因而更加安全和舒适。

1. 在汽车轮毂上的应用

随着ABS（防抱死制动装置）安装普及率的提高，车辆设计者又提出了减轻非悬架系统部件重量的要求，从而促进了铝合金车轮的使用。目前国外铝合金车轮的安装率为30%~50%。铝合金车轮目前主要采用重力铸造、低压铸造。

日本企业开发出惰性气体的低压铸造技术"HIPAC-1"，且此技术已引入生产线，用于铝轮毂的生产。鲍许公司用铝板（Al-MgSi$_1$F$_{31}$）制造了分离车轮，比铸造车轮轻25%，成本也减少25%。美国的森特莱因·图尔公司用分离旋压法试制出整体板材（6061）车轮，仅重4.3kg。且旋压加工所需时间每个不到90s，且不需组装，具有和轧材同样的强度和铸件同样的经济性，适合大批量生产，市场前景广阔。如图6-2所示的是德国莱菲尔德轮毂旋压机及其制造的轮毂。

2. 在汽车车身中的应用

车身占整车重量的比例很大，降低车身的重量对整车轻量化非常有利。近年来为进一步满足汽车工业的要求，日本在4000系的Al-Si合金、6000系的Al-Mg-Si合金、7000系的Al-Mg-Zn合金、Al-Zn-Si-Mg-Cu合金中加入微量的Cu、Ni、Mn、Cr、Zr等可提高强度及成形性的元素，同时改进铸造、轧制及热处理工艺，克服铝合金材料本身加工成形时的不足，经调整后的合金板材不仅具有较高的强度，而且具有良好的成形性能，可作为汽车车身、车轮、油箱、铝罐、机器盖板、电机壳体等材料，例如，（6000 系）热处理合金和 Al-Mg 系（5000 系）非热处理合金，前者通过涂装烘干（170～200℃、20～30min）工序后强度得到提高，主要用于外板等注重强度、刚性的部位，后者成形性优良，主要用于内板等形状复杂的部件。表 6-1 是欧美国家车身用铝合金的牌号及化学成分。

图 6-2　德国莱菲尔德轮毂旋压机与制造的轮毂

表 6-1　欧美国家车身用铝合金的牌号及化学成分（质量分数，%）

材质	Si	Fe	Cu	Mn	Mg	Cr	Zn	Ti	Al
2002	0.35～0.8	0.30	1.5～2.5	0.20	0.50～1.0	0.20	0.20	0.20	
2008	0.50～0.8	0.40	0.7～1.1	0.30	0.25～0.5	0.10	0.25	0.10	
2117	0.80	0.70	2.2～3.0	0.20	0.20～0.5	0.10	0.25	—	
2036	0.50	0.50	2.2～3.0	0.10～0.4	0.30～0.6	0.10	0.25	0.15	
2037	0.50	0.50	1.4～2.2	0.10～0.4	0.30～0.8	0.10	0.25	0.15	
5182	0.50～1.3	0.60	0.80～1.8	0.10～0.4	0.40～1.0	0.20	0.50	0.15	余量
5058	0.30	0.40	0.15	0.20	5.8～6.8	0.20	0.20	0.10	
6009	0.60～1.0	0.50	0.15～0.6	0.20～0.8	0.40～1.0	0.10	0.25	0.10	
6010	0.80～1.2	0.50	0.15～0.6	0.20～0.8	0.6～1.0	0.10	0.25	0.10	
6111	0.70～1.0	0.40	0.50～0.9	0.15～0.45	0.50～1.0	0.10	0.15	0.10	
6016	1.0～1.5	0.50	0.20	0.20	0.25～0.6	0.10	0.20	0.15	

　　我国 1980 年开始研制全铝车身，首先在某些大客车上实现了车身的铝化，之后又成功地研制出高档轿车用钢铝车门，其中，车门的门框、窗框采用铝合金型材，内衬板采用铝合金板材，车门外蒙皮采用钢板。

　　大客车车身框架采用 6×××系铝合金型材，客车框架是将型材通过焊接来制造的，6×××系合金属于可热处理强化合金，热成形性能好、中等强度、挤压成形后耐蚀性能较好。大客车蒙皮材料选用 3×××系铝合金，该系铝合金为不可热处理强化合金，中等强度，压力加工和成形性、耐蚀性都较好。

小轿车用的车门边框和车窗框架也选用了 6××× 系合金，车门框架是将该系合金型材在模具上冷弯成形，再经过高精度全自动机器人焊接而成的。这种合金型材在冷弯时强度较低，冷弯完成后，随着时间的推移，合金强度会逐渐提高，最后达到规定值。车门内衬板则选用 5××× 系合金板材，该系合金属于中强合金且不可热处理强化，其焊接性能、耐蚀性和成形性能较好，车门制造厂要将板材经多道次冲压，冲成所要求的复杂形状，然后再经自动焊接机器人将内衬板和车门边框焊接在一起。

低密度、高强度、高弹性模量、焊接性和超塑性优良的 Al-Li 合金，以及基于低噪声的需要并有助于轻量化而开发的铝防振板等，也有望用于车身壁板。

目前，我国汽车车身的铝化已得到快速发展，市场前景非常广阔。据调查，2004年我国用于全铝车身的型材就达 2000t 以上，板材超过 3000t。随着我国汽车工业的飞速发展，车身铝化程度还会大大提高，车身用铝材的数量和品种会进一步大幅度增加。

汽车车身的板材压力制品尺寸大、形状复杂，主要通过深冲和鼓凸两种方法复合成形，以鼓凸成形为主，这样可避免以深冲为主时常出现的压皱等不良形状。铝合金车身板的结合有焊接、粘接或二者兼用等方式。

3. 在热交换器中的应用

1980 年以前国外汽车用换热器主要采用铜质材料，由于铝较铜的密度小（仅为铜的 1/3）且造价低，故散热器逐渐由铜质材料改为铝质材料。到了 20 世纪 80 年代中期，全铝汽车换热器在国外得到了广泛应用，其中，欧洲铝换热器占 99%，美国占 60%。到了 90 年代，欧洲汽车用空调器几乎全部是铝质的，日本汽车空调器的铝化率也达 100%。全铝换热器在外形尺寸相同的情况下，较铜质的轻 2/3。在散热器铝合金的用材方面，日本一般使用 A3003、A6951、A1050；美国倾向使用 AA3003、AA3004、AA5005 和 AA5052。表 6-2 是美国及日本散热器用铝合金的化学成分。

表 6-2　美国及日本散热器用铝合金的化学成分

专利号	化学成分（质量分数,%）											用途
	Cu	Si	Mg	Fe	Mn	Zn	Zr	Cr	Ti	其他	Al	
日本 88118046A	0.05 ~ 0.3	0.2 ~ 0.7	0.5 ~ 1.5	—	0.2 ~ 0.7	3 ~ 4	0.05 ~ 0.02	0.05 ~ 0.3	0.05 ~ 0.2	V 0.5 ~ 0.2	余量	连接器
美国 4728780A	0.1 ~ 0.3	—	1 ~ 3	—	0.5 ~ 1.5	—	<0.3	<0.3	—	—	余量	连接器
日本 048808	0.01 ~ 0.2	6 ~ 10	—	0.1 ~ 1.8	—	0.02 ~ 0.5	—	—	—	Bi 0.01 ~ 0.2	余量	覆盖层
日本 179789A	—	10	1.5	—	—	—	—	—	—	—	余量	覆盖层
美国 4737198A	—	0.05	≤0.2	0.5 ~ 1.2	0.7 ~ 1.3	0.7 ~ 2.0	—	—	≤0.6	Ca 0 ~ 0.1	余量	散热片

（续）

专利号	化学成分（质量分数,%）											用途
	Cu	Si	Mg	Fe	Mn	Zn	Zr	Cr	Ti	其他	Al	
日本 88125635A	—	0.5 ~ 1.3	0.1 ~ 1.0	—	0.8 ~ 1.5	0.1 ~ 1.0	0.03 ~ 0.15	—	—	Sn 0.05 ~ 1.5	余量	散热片
美国 4412869	<1	2 ~ 13	—	≤1	—	0 ~ 4	—	—	—	Sn 0.005 ~ 0.5	余量	冷却水管
日本 88118044A	0.2 ~ 1	—	—	—	0.05 ~ 0.5	—	0.05 ~ 0.3	0.05 ~ 0.3	—	—	余量	冷却水管
日本 88118044A	0.1 ~ 0.6	0.1 ~ 1.2	—	—	0.3 ~ 1.5	—	0.003 ~ 0.15	—	—	—	余量	芯板
日本 87280343A	0.3 ~ 1	—	—	—	0.5 ~ 1.5	—	≤0.3	<0.3	≤0.3	—	余量	芯板

　　全铝换热器所用的铝合金加工材有复合箔（带）、光箔、板、管和棒。成品换热器的制造方法有机械装配式和钎焊式两种。复合箔、带（以下简称复合箔）是制造换热器所必需的、最重要的材料，其生产周期长，工序多、工艺复杂。该材料通常由三层金属组成，外层选用4×××系合金，常用4045、4004、4104、4047合金；芯层选用3×××系合金，常用3003、3005合金，常用结构为4045/3003、4045/3005、4004/3003、4104/3003、4047/3003，包覆率各生产厂要求不同，一般在4% ~30%范围内。

　　口琴管是组成全铝换热器的重要材料之一，其截面类似口琴，故称为口琴管。冷却介质在口琴管的内部流通以达换热目的。该类材料通常选用1×××系和2×××系合金来制造（2×××系合金时含Cu较低）。口琴管的孔数越多、壁越薄就越难于制造，目前此类材料最薄壁厚只有0.3mm，最多孔数可达25个。该材料是通过热挤压或连续挤压（盘卷）制造的。

　　接头用圆管主要为3×××系和6×××系，要求有一定力学性能，加工冷弯时不开裂。接头螺母主要用6×××系和7×××系的12、14、18、24mm等六角棒，要求焊接性能好、硬度高、车削性能优良。

　　铝合金复合板主要用于制造换热器的隔板或端板，可进行单面或双面包覆，合金的组成和复合箔相同，其皮材为4×××系合金，芯材为3×××系合金，通常使用厚度为0.5~3.0mm，包覆率为4% ~20%。

　　我国换热器用铝材的制造业从1990年初开始起步，全铝换热器制造厂从国外引进的多条生产线都具有20世纪90年代先进水平。在引进消化、吸收的基础上，我国研制开发出了自己的汽车热交换器生产线及其所需的配套材料，如复合板、圆管、六角棒、口琴管等铝材。目前，我国汽车用水箱、散热器等零部件的铝化率已超过60%，随着汽车工业的发展，铝化率的程度还会大幅度增高。

4. 在发动机上的应用

过去主要是活塞、连杆、摇臂等发动机零件上使用铝合金材料,近年来,占发动机总质量25%的气缸体正在加速铝合金化。气缸盖和气缸体是发动机中用铝合金代替铸铁而减重最多的零件,预计铝合金缸体的产量将会不断地增长。美国福特汽车公司制造的V-6发动机,铝合金材料的用量超过45kg,其缸体、缸盖、活塞、进气歧管等都采用铝合金材料制造,日本某汽车厂生产的2.0L发动机每台铝合金材料用量约26kg,发动机本体的铝合金化率为17%,若气缸体采用铝合金化后,铝合金材料的用量将增加0.8倍,可减轻发动机重量20%。日本本田公司采用新的压铸技术,成功地使气缸体达到了100%的铝合金化。新近开发的Al-(20%~25%)Si系耐热耐磨铝合金Al-(20%~25%)Si-(Fe, Ni)和Al-(7%~10%)Fe系耐热铝合金等正在用于制作活塞、连杆、气缸套等发动机零部件。近年来,铝基复合材料(MMC)发动机零部件也已经开始工业应用。

1983年日本丰田公司用氧化铝、硅酸铝短纤维局部增强铝活塞代替传统的铝活塞用于丰田汽车上获得了成功。这种活塞的高温强度、热稳定性明显提高,抗咬合性和导热性好、疲劳强度较高,热胀系数比普通铝活塞低8%~15%,从而减小了气缸间隙、降低了噪声。1985年,ArtMetal公司的复合材料活塞的月产量已达10万件,其活塞的最大直径达200mm,主要用于8种系列的丰田车用柴油机上。1984年英国AE公司也推出了陶瓷纤维增强铝活塞的样品。

连杆是发动机的运动件,减轻其重量可降低噪声,减小发动机的振动,使发动机有更快的反应特性。日本本田公司为其国内市场家庭用小汽车研制的不锈钢纤维增强铝合金连杆,质量比锻钢连杆减轻了27%,发动机的功率、反应特性提高,振动得到改善。目前其用量已达5万根。

在气缸体中的应用有两种方法:

①利用液态铝合金浸渗气缸套预制件。

②单独制造铝基复合材料气缸套,然后在后续的铸造过程中再将复合材料气缸套嵌铸入气缸体中。

用上述两种方法制造的铝基复合材料气缸套,减轻了缸体的重量,并减轻了缸套和活塞的磨损,提高了发动机的效率。图6-3所示的是铝合金汽车发动机缸体。此外,铝基复合材料还在汽车摇臂、悬架臂、车轮、驱动轴、制动卡钳、阀盖、凸轮座、气门挺杆等零件中获得了实际应用。

5. 在汽车空调中的应用

传统汽车空调的散热片主要采用1050、3003和7072等铝合金材料,

图6-3　铝合金汽车发动机缸体

板材厚度通常为 0.12~0.15mm。铝材状态为 O 或 HX4。散热片和管体的组合采用钎焊法完成。目前所用的铝合金热交换器的散热片是新的铝合金材料，经钎焊加热后不变形，具有良好的耐下垂性，对管体也有良好的阳极保护效果，其成分见表 6-3。

表 6-3　新型散热片铝合金成分

元素	Zn	Mn	Fe	Si	Cr	Zr	Al
含量（质量分数,%）	0.6~2.0	0.7~1.5	0.2~0.7	0.1~0.9	0.03~0.3	0.03~0.2	余量

将成分合格的铸锭经匀热-热轧-冷轧-中间退火-最终冷轧，制成 0.13mm 厚板材即可用于制备散热片的原料。另外，空调中的热交换器管也是用铝合金制成的。

日本三菱铝业公司研制的一种高强度，耐蚀性极佳的热交换器管已经在大量应用，这种铝合金的成分如表 6-4 所示。

表 6-4　热交换器管的化学成分

元素	Mn	Si	Zr	Cr	Ti	Mg	Al
含量（质量分数,%）	0.5~1.5	0.3~1.3	0.05~0.25	0.05~0.25	0.1~0.25	0.05~0.2	余量

6. 悬架系统零件的铝合金化

减轻悬架系统重量时，要兼顾行驶性，乘坐舒适性等。铝合金化应和其机构的改进同时进行，例如下臂、上臂、横梁、万向节类零件及盘式制动器卡爪等已使用 6061T6 铝合金锻件和 AC4C、AC4CH 等铝合金挤压铸造件，质量比钢件小 40%~50%；动力传动框架、发动机安装托架等已采用 6061T6 等铝合金板材使其轻量化；保险杠、套管等已使用薄壁、刚性高的双、三层空心挤压型材（7021、7003、7029 和 7129 等铝合金）；传动系中传动轴、半轴、变速器箱在采用铝合金以轻量化和减少振动等方面取得了很大进展，并有进一步铝合金化的趋势。

6.1.2　铝合金在高速列车中的应用

1. 铝合金在列车车体中的应用

高速列车对车体材料提出了新的要求，世界各国在制造高速列车车体时，为减轻自重和提高耐蚀性，对传统材料都进行了革新，采用高强度耐腐蚀材料，如铝合金、不锈钢、耐候钢、纤维增强材料等。

目前各国高速列车车体的用材情况是：普通钢质材料正在逐渐被淘汰；耐候钢很少应用，不锈钢在日本、俄罗斯、美国用得多；铝合金在欧洲和日本普遍应用，俄罗斯也开始应用，美国主要用于货车；纤维复合增强塑料在德国、日本、俄罗斯、美国、瑞典等已均有应用，但还只是用于制造车体的部分构件。日本从 20 世纪 80 年代起先后采用 6000 系、7000 系、8000 系铝合金制造地铁车辆车体，意大利米兰市地铁及奥地利维也纳、新加坡地铁车辆也采用了铝合金车体。上海市和广州市的地铁车辆也是铝合金的。2010 年底，我国拥有铝合金车体地铁约 1900 辆，占地铁车辆总数 3500 辆的 35%，到

2050 年我国城轨系统对铝合金城轨车的需求量约为 5 万辆。如图 6-4 所示的是我国 2005 年首次批量生产的铝合金结构高速豪华型"子弹头"列车。

图 6-4　2005 年我国首次批量生产的铝合金结构
高速豪华型"子弹头"列车

铝合金得到发展的原因主要有以下几个方面：

1）挤压性能好的新型 Al-Mg-Si 合金的开发及大型薄壁铝型材的应用。新型 Al-Mg-Si 合金 6005（欧洲）及 6N0l（日本）的开发，使铝合金的加工性能和焊接性得到很大改善，大型挤压铝型材宽达 700 ~ 800mm，长度可达 30m（与车辆同长），使车辆制造工艺大为简化，减少了工序，全车仅有纵向焊缝，又可用自动焊机进行 TIG、MIG 焊。有些车甚至不用点焊，因此总的制造工作量比钢质车体减少了 40%。虽然铝材的材料费较高，但由于制造工艺简化，节省了大量加工费，所以总成本与钢制车体相当，比不锈钢车体还低一些。

2）减重效果好，刚性可达到要求。组装车辆用的大型挤压铝合金型材为薄壁、中空结构，且减少了很多横向构件，板材为带筋板材，使铝合金车辆重量大幅度降低。钢制车辆、不锈钢车辆、铝合金车辆车体三者的质量比为 10：7：5。大型挤压铝型材经组焊制成的车辆刚性好，符合车辆相撞时要求达到的载荷标准。

3）运行性能好。铝合金车辆由于自重小，大大节省了牵引的能量消耗，而且加速性提高，制动力小，动力性能改善，舒适度提高，噪声降低。并能保证由于高速通过隧道时气压迅速变化对车辆提出的高的密封性要求。

4）维修费低。铝合金车辆运行时对线路和车辆本身损伤小，减少了维修费用。

5）耐蚀性好、美观。铝合金耐蚀性优良，车辆可以不涂装使用，且车体外表美观。

国外高速列车用的铝合金主要为 5×××系（Al-Mg 系）、6×××系（Al-Mg-Si 系），日本主要用 5005、5052、5083、6061、6063、6N01、7N01、7003 等合金；法国主要用 5754（板材）、6005A（型材），其中，6005A 合金用得最多；德国 ICE 高速列车板材用 $AlMgSi_{4.5}Mn$（相当于 5083），型材用 $AlMgSi_{0.7}$（相当于 6005A），俄罗斯主要用 1915 合金。国外高速列车车体主要采用的铝合金的牌号、性能和用途见表 6-5。

表 6-5　国外高速列车车体用主要铝合金的牌号、性能和用途

类别	合金牌号	热处理状态	挤压性	成型性	可焊性	耐蚀性	主 要 用 途
Al-Mg 系	5005	H14，H18，H24，H32	良	优	优	优	车地板，顶板，内部装饰板
	5052	O，H12，H14，H32，H112	—	优	优	优	车顶板，车顶骨架，车门板，地板
	5083	O，H32，H112	差	差	优	优	侧墙和端墙板，车顶板
Al-Mg-Si 系	6005A	T5，T6	优		差	优	底架构件，侧墙和端墙板，车顶板
	6A01	T5	优		良	优	车顶板，车体构件，底架构件
	6061	T6，T4	良	差	—	差	车底补强材料，车顶板，车体构件，底架构件
	6063	T1，T5	优	差	优	优	窗框，压条，侧墙和端墙板，车顶板
Al-Zn-Mg 系	7003	T5	优	差	优	差	上边梁，骨架，外板，车体构件
	7B05	T4，T5，T6	良	差	优	差	底架，车底补强材料，侧墙和端墙板

铝车辆的外板和骨架如不涂装，从耐蚀性和焊接性考虑，可采用 5083 合金；车顶板、地板用耐蚀性和加工性能好的 5005 合金；底架用强度高的和焊接性优良的 7N01 合金。但是对大型挤压铝型材结构来说，日本侧墙板多采用 20 世纪 80 年代初开发的挤压性好又兼有适当焊接性和强度的 6N01 合金；从强度和挤压性能考虑也有一部分采用 7003 合金。

从高速列车用材的发展趋势看，在大型挤压铝型材的三个发展阶段中，用材情况也在变化。第一阶段 7N01、5083 合金占主导地位；第二阶段，由于大型薄壁宽幅带筋板材和中空型材在车辆上使用比例增加，挤压性能好的 Al-Mg-Si 系材料（6N01 或 6005A）在高速列车上的用量则不断增加。

200 系车辆是日本 1980 年开发的东北上越新干线全程车辆，其运行速度为 210km/h。该车车体用型材是日本轻金属株式会社（KOK）和有关会社合作最早开发的车辆用薄壁宽幅型材，从型材断面来看比较简单，宽度也较窄，厚度最薄 2mm，主要是带筋板材。从车体所用材料来看，型材主要采用 7N01，也用了 7003 合金，板材主要采用 5083 合金。

300 系车辆是日本 1981 年开发的山阳新干线全程车辆，由于采用大型薄壁宽幅中空挤压铝型材，大幅度地降低了车体重量，节省了焊接工时和材料费用。这种车辆的型材使用质量比例：型材/全铝合金材达 78.8%；在型材中，中空型材的比例大大增加，中空型材/全部型材达 64.3%。这些型材也是由 KOK 在 93.1MN 挤压机上挤压出的，型材最大宽度：车顶板 567mm，地板 558mm。型材长度等于车体全长，为 18.3m，厚度最薄为 1.6mm。

由于车辆型材挤压件要求大型、薄壁、宽幅、中空，因此，采用了挤压性能极好、强度值中高、耐蚀性好、焊接性也好的 Al-Mg-Si 系合金（6N01），它是欧洲 6005A 合金的 JIS（日本工业标准）化。内部骨架等采用了 5083（型材）-H112，底架枕梁等采用了 7N0IP（板材）-T4 及 7N0lS-TS，短纵梁采用 5083P-O。

在日本，随着车辆中使用大型薄壁中空铝型材的增加，6×××系（Al-Mg-Si 系）材料用量也在增加，特别是 6N01 材料。在欧洲国家也有类似的情况，如德国 ICE 高速列车车体型材主要用 $AlMgSi_{0.7}$（相当于 6005A），板材用 $AlMg_{4.5}Mn$（相当于 5083）；车底架是各向异性的中空桁架式结构，由五块拼装组成；侧墙板宽 700～800mm，上墙板宽 560mm；车顶由 5 块挤压型板焊成，型板宽 599mm，两侧为大的宽 346mm、高 320mm 中空断面的上边梁。以上型材与车同长（25.8m），所以全长均为纵向焊缝。

随着运营速度的提高，大型挤压铝型材的壁更薄，在车体中所占比例也更多，最近，德国的 ICE 高速列车中车体的材质改为更多地采用挤压性能和焊接性能良好、强度中到高的 $AlMgSi_{0.7}$（相当于 6005A）合金，在强度要求较高的地方采用 7020 合金。

在车体材料方面我国与国外还存在很大的差距：

1）我国现有的铝合金材料品种还不足，我国已有防锈铝、锻铝、超硬铝等常用合金牌号。但国外比较重要的挤压大型宽幅中空薄壁铝型材用的材料 6005（相当于日本 6N01）、高强度材料如日本 7N01，在我国铝合金加工业中还不成熟。

2）我国还没有生产与车同长的大型挤压铝型材的丰富经验，挤压机能力足够，但辅助设备跟不上。我国有飞机用铝材生产的经验，而飞机为薄壳铆接结构，与车辆焊接结构用材不一样，我国在车辆、船舶用铝材生产方面的数量还较少。要生产成套的车辆用大型挤压铝型材，需解决型材的复杂和特殊形状断面及长度问题。从型材断面形状来看，当车顶小，弯梁部件如果曲率半径太小时就有问题（因回弹严重，达不到预定的曲率半径，且易产生应力）。从型材长度来看，需要解决成本过高和国内技术还不过关等问题。

2. 铝合金在列车传动系统中的应用

高速铁路的发展对车体零部件材料有相当高的要求，其中，减轻其质量正是适应这一要求提出的新方向。高速机车传动装置轻量化的主要措施是，轴箱和齿轮箱箱体采用铝合金铸件并简化其结构，如日本新干线、德国 ICE、法国 TGV 等列车。

目前世界上使用的高强度铸造铝合金材料主要有两大类：一类是 Al-Cu 系，该类合金的特点是具有很好的力学性能，但其铸造工艺性能很差，易产生缩松和热裂，且耐蚀性较差，使其应用受到一定的限制；另一类是 Al-Si 系合金，它具有优良的铸造性能，如收缩率小、流动性好、热裂倾向小等，同时具有较好的力学性能、物理性能、切削加工性能和气密性，是铸造铝合金中品种最多、应用最广的合金。

高强度铸造铝合金的研究，早已受到世界先进国家的重视。早在 20 世纪 50 年代就有这方面的报道。美国在 356 和 355 铝合金的基础上，通过提高合金纯度，添加 Ti 细化晶粒，改进热处理工艺等手段研制出了 A356 和 A355 等高强度的 Al-Si 合金，并用于优质铸件的生产，以后又在 A356 和 355 的基础上，成功研究开发了 A357、A359 等更高强度的 Al-Si-Mg 系列合金。在 20 世纪 60 年代后,又出现了一批以 Al-Cu 系为基础的高强度铝合金,其中有法国的 AlCu5GT、西德的 GAlCu4TiMg、英国的 RR355(Al-Cu-Ni)。

1964 年日本建成的第一条新干线,电力机车用的齿轮装置中齿轮箱采用 Al-Si-Mg 系的 AC4C 合金,质量比铸钢减小 65%,整个齿轮装置减轻 43t。新干线 300 系列电力机车(最高速度为 270km/h)采用 A7050 铸造铝合金制造轴箱,其质量由原来铸钢结构的 73kg 降到 28kg(减小约 62%),冲击试验和耐久试验表明,材料能够满足要求,而且其耐蚀性较好。德国的市郊列车、有轨电车、地铁列车以及 350km/h 的 ICE 高速机车,均采用铝合金作为轴箱材料,如 G-AlSi7Mg 高温时效处理和 AlSi10Mg 高温时效处理等合金。

20 世纪 70 年代初,美国研制出了强度达 428～496MPa 的 A201 等,这些合金的强度已达到某些锻铝合金的水平。苏联的 Al-Si-Mg 合金强度达 500～530MPa,塑性为 4%～8%。其性能已接近钛合金,是取代昂贵的、工艺性能差的钛合金较理想的材料。德国 120 系列机车上采用的高强度 Al-Cu 合金轴箱,可使每台车减轻约 690kg,而钢与铝之间的电偶腐蚀完全可以通过绝缘消除。ICE 动力机车采用铝合金轴箱后,每节车的簧下质量可比球铁轴箱减轻 640kg。

多年来,国内也一直很重视高强度铝合金的研究和应用,并取得了较大的成果。航空航天三院 239 厂研究的 702A 合金性能为 R_m >260MPa;中船总公司 12 所研制了 725 合金,单铸砂型试棒 T6 处理后,其性能为 R_m >290MPa;哈尔滨工业大学在国内研究的基础上,研制出一种高强度铸造铝合金,使用四元 Na 盐变质处理,添加微量稀土元素,采用两次精炼技术和 T6 热处理制度,合金的抗拉强度达到 300～330MPa,与美国的 A357 接近。

6.1.3 铝合金在造船工业中的应用

自从 1891 年铝合金材料在船舶上应用以来,经过百余年的研究和发展,铝合金在船舶上的应用越来越广泛,并成为造船工业很有发展前途的材料。最早应用于船舶上的铝合金为 Al-Cu 系合金,继而采用的是 Al-Cu-Mg 系合金,但这些合金的主要缺点是耐蚀性差,因而也限制了铝合金在造船工业中的应用。

20 世纪 30 年代,开始采用 6061-T6 铝合金,并用铆接方法构造船体。20 世纪 40 年代,开发出了可焊、耐蚀的 Al-Mg 系合金,20 世纪 50 年代开始采用 TIG 焊技术,这一时期铝合金在造船上的应用进展很快,20 世纪 60 年代,美国海军先后开发出了属于 Al-Mg 系合金的 5086-H32 和 5456-H321 合金板材、5086-H111 和 5456-H111 合金挤压型材,通过采用 TH116 和 H117 调质状态,解决了剥落腐蚀和晶间腐蚀问题。随后,由于需要屈服强度更高的材料,于是,在造船工业中又广泛应用了耐海水腐蚀性能良好的 Al-Mg-Si 系合金,在较长的一段时间内,船体用铝合金主要在 Al-Mg 系合金和 Al-Mg-Si 系合金中选择,而苏联则较多地选择 Al-Cu-Mg 系合金用于造船,作为快艇壳体材料。近年来对中强可焊的 Al-Zn-Mg 系合金的研究日益增多,并取得了一些进展,有可能在未来的造船工业中得到应用和发展。

20 世纪 70 年代到 20 世纪 80 年代以后，人们越来越重视船舶结构的合理化和轻量化，大型船舶的上层结构和舾装件开始大量使用铝合金。为此，这一时期开发出了许多上层结构和舾装用铝合金，其中，包括特种规格的挤压型材、大型宽幅挤压壁板和铸件等。

船舶用铝合金按用途可分为船体结构用铝合金、舾装用铝合金和焊接添加用铝合金，其日本工业技术 JIS 标准规定的化学成分见表6-6，表6-7 所示为船体和舾装用铝合金的特性及在船舶上的应用实例。

表6-6　JIS 标准规定的化学成分

类别	合金	化学成分（余量为 Al）（质量分数，%）							
		Si	Fe	Cu	Mn	Mg	Cr	Zn	Ti
船体用	5051	≤0.25	≤0.40	≤0.10	≤0.10	2.2 ~ 2.8	0.15 ~ 0.25	≤0.10	—
	5083	≤0.40	≤0.40	≤0.10	0.40 ~ 1.0	4.0 ~ 4.9	0.05 ~ 0.25	≤0.25	≤0.15
	5086	≤0.40	≤0.50	≤0.10	0.20 ~ 0.7	3.5 ~ 4.5	0.05 ~ 0.25	≤0.25	≤0.15
	5454(1)	≤0.25	≤0.40	≤0.10	0.50 ~ 1.0	2.4 ~ 3.0	0.05 ~ 0.20	≤0.25	≤0.20
	5456(1)	≤0.25	≤0.40	≤0.10	0.50 ~ 1.0	4.7 ~ 5.5	0.05 ~ 0.20	≤0.25	≤0.20
	6061	0.4 ~ 0.8	≤0.70	0.15 ~ 0.4	≤0.15	0.8 ~ 1.2	0.04 ~ 0.35	≤0.25	≤0.15
	6N01	0.4 ~ 0.9	0.35	0.35	≤0.25	0.4 ~ 0.8	≤0.30		
	6082(1)	0.7 ~ 1.3	0.50	≤0.10	0.40 ~ 1.0	0.6 ~ 1.2	≤0.25	≤0.20	≤0.10
船舾用	1050	≤0.25	≤0.25	≤0.25	≤0.05	≤0.05	—	≤0.05	≤0.03
	1200(2)	Si + Fe≤1.0		≤0.05	≤0.05			≤0.10	≤0.05
	3203(2)	≤0.6	≤0.70	≤0.05	1.0 ~ 1.5	—	—	≤0.10	—
	6063	0.2 ~ 0.6	≤0.35	≤0.10	≤0.10	0.4 ~ 0.9	≤0.10	≤0.10	≤0.10
	AC4A(3)	8.0 ~ 10	≤0.55	≤0.25	0.3 ~ 0.6	0.3 ~ 0.6	≤0.15	≤0.25	≤0.20
	AC4C(3)	6.5 ~ 7.5	≤0.55	≤0.25	≤0.35	0.25 ~ 0.4	≤0.10	≤0.35	≤0.20
	AC4H	6.5 ~ 7.5	≤0.20	≤0.25	≤0.10	0.2 ~ 0.4	≤0.05	≤0.20	≤0.20
	AC7A	≤0.20	≤0.30	≤0.10	≤0.60	3.5 ~ 5.5	≤0.15		
焊接添加	4043	4.5 ~ 6.0	≤0.80	≤0.30	≤0.05	≤0.05		≤0.10	≤0.20
	5356	≤0.25	≤0.40	≤0.10	0.05 ~ 0.2	4.5 ~ 5.5	0.05 ~ 0.2	≤0.10	0.05 ~ 0.2
	5183	≤0.40	≤0.40	≤0.40	0.5 ~ 1.0	4.3 ~ 5.2	0.05 ~ 0.2	≤0.25	≤0.15

注：1. 5454、5456 和6082 合金的化学成分为国际标准规定的。

　　2. 1200 和3203 合金中 Cu 含量变为0.05% ~ 0.20%（质量分数）时，即为1100 和3003 合金。

　　3. AC4A 和 AC4C 合金中，Ni 和 Pb 在0.10%（质量分数）以下，Sn 在0.05%（质量分数）以下；AC4CH 和 AC7A 合金中，Ni、Pb、Sn 都在0.05%（质量分数）以下。

　　4. 舾装用铝合金还包括5052 合金。

表 6-7　船体和舾装用铝合金的特性及在船舶上的应用实例

类别	合金	品种和状态			特　性	应　用
		板材	型材	铸件		
船体用	5052	O H14 H34	H112 O		中等强度，耐腐蚀性和成形性好，较高的疲劳强度	上部结构，辅助构件，小船船体
	5053	O H32	H112 O		典型的焊接用合金，在非热处理合金中，强度最高	船体主要结构
	5086	H32 H34	H112		焊接和耐蚀性好，强度稍低	船体主要结构（薄壁宽幅挤压型材）
	5454	H32 H34	H112		强度比 5052 高，耐腐蚀性和焊接性好，成形一般	船体结构，压力容器，管道
	5456	O H321	H116		类似 5083，但强度稍高，有应力腐蚀敏感性	船底和甲板
	6061	T4 T6	T6		热处理可强化耐蚀性合金，强度高，焊接性较差	隔板结构，框架
			T5		中等强度挤压合金，耐蚀性和焊接性能好	上部结构
舾装用	1050 1200	H112 H12 H24	H112		强度低，表面处理性好	内装
	3003 3203	H112 O H12	H112		强度比 1050 高，加工性、焊接性和耐蚀性好	内装，液化石油气罐的顶板和侧板
	6063		T1 T5 T6		典型的挤压合金，可挤压出形状复杂的薄壁型材	容器结构，框架等
	AC4A			F T6	热处理可强化耐蚀性合金，强度高，焊接性好	箱体和发动机部件
	AC4C AC4CH			F T5 T6 T61	热处理可强化耐蚀性合金，强度高，韧性好，焊接性好	油压部件，发动机，电器部件
	AC7A			F	耐蚀性合金，强度高，韧性好，铸造性较差	舷窗
	AC8A			F T5 T6	耐蚀性合金，强度高，韧性好，铸造性良好	船用活塞

目前，在船舶壳体结构上用的铝合金主要是 5083、5086 和 5456 这三种，它们的机械性能、耐蚀性和焊接性能都很好。挪威船协规定使用 5454 合金，其板材的抗拉强度与 5086 合金的相同，而美国则主要采用 5456 合金，最近在高速艇上使用的是 5086-O 合金板材和 5086-Hlll 合金挤压型材。

Al-Mg-Si 系合金由于在海水中会发生晶间腐蚀，所以主要用于船舶的上部结构。日本就在船舶的上部结构中使用 6N01-TS 合金，美国在船壳体结构上使用 6061-T6 大型薄壁挤压型材。

各国船舶用铝合金的型号比较见表 6-8。

表 6-8　各国船舶用铝合金的型号比较

合金	日本渔船协会		挪威船协		美国小型船舶	
	板材	型材	板材	型材	板材	型材
5052	O H14 H34	H112 O —	— 	— 	H34	—
5083	O H32	H112 O	A B	H112	H116 H321	
5086	—	H112	A B	H112	H112，H116 H32，H34	
5454	—	—	A B	H112	—	—
6061	—	T6	—	—	T4，T6	T6
6N61	—	T5	—	—	—	—
6082	—	—	T4	T4	—	—

在舾装铝合金中，经阳极氧化处理的 6063-T5 合金挤压型材主要用于框架结构，H14、H24 状态的工业纯铝和 3203 合金等的板材主要用于舱室内壁等内装结构，铸造性能优良的 AC4A 和 AC4C 合金铸件主要用于舾装件。AC7A 合金具有优异的耐蚀性，可望在船舶中应用，但它的铸造性能较差。至于锻件，一般来说成本很高，在船舶上的应用较少。

中等强度 Al-Zn-Mg 系合金热处理后的强度和工艺性能比 Al-Mg 系合金还优越，并且可焊和有一定的耐蚀性，对造船业有很大的吸引力。例如，舰艇的上层结构可以用 7004 合金，挤压结构可以用 7004 和 7005 合金，装甲板可以用 7039 合金，此外，还可以用该系合金制作涡轮、引导装置、容器的顶板和侧板等。但无铜的 Al-Zn-Mg 系合金的缺点是对应力腐蚀开裂较为敏感，而且焊接接缝对应力腐蚀开裂、剥落腐蚀也较为敏感，这是该系合金在海船应用方面必须优先解决的问题。

船用铝合金产品按板、型、管、棒、锻件和铸件的分类见表6-9。

表6-9　船用铝合金产品分类

用　途	合　金	产品类别
船侧，船底外板	5083，5086，5456，5052	板，型材
龙骨	5083	板
肋板，隔壁	5083，6061	板
肋骨	5083	板，型材
发动机底座	5083	板
甲板	5052，5083，5086，5456，5454，7039	板，型材
操纵室	5083，6N01，5052	板，型材
舷墙	5083	板，型材
烟筒	5083，5052	板
舷窗	5052，5083，6063，AC7A	型材，铸件
舷梯	5052，5083，6063，6061	型材
桅杆	5052，5083，6063，6061	管，棒，型材
海上容器的结构材料	6063，6061，7003	型材
海上容器的顶板和侧板	3003，3004，5052	板，型材
发动机及其他部件	AC4A，AC4C，AC4CH，AC8A	铸件

板材的使用厚度是由船体结构、船舶规格和使用部位等所决定的，从船体轻量化角度考虑，一般尽量采用薄板，但还应考虑在使用时间内板材腐蚀的深度。通常使用的板材有厚度为1.6mm以上的薄板和30mm以上的厚板。为减少焊缝，常使用2.0m宽的铝板，大型船则使用2.5m宽的铝板，长度一般是6m，也有按造船厂合同使用一些特殊规格的板材。为防滑，甲板采用花纹板。

船舶上用的型材有以下几种：高40～300mm的对称圆头扁铝；高40～200mm的非对称圆头扁铝；厚3～8mm、宽7.5～250mm的扁铝；高70～400mm的同向圆头角铝；高35～120mm的反向圆头角铝；尺寸为15mm×15mm～200mm×200mm的等边角铝；尺寸为20mm×15mm～200×120mm的非等边角铝；凸缘尺寸为25mm×45mm，腹板尺寸为45mm×250mm的槽铝。

除上述的一些常规型材外，船舶上也使用一些特殊型材。船舶上还使用把加强筋与板材经过轧制（或挤压）形成一个整体壁板，它可以轧成平面形状或挤压成管状，管状可沿母线切开，然后拉成平面状。船舶上使用的整体挤压壁板同飞机上用的相比，筋高和筋间距大，宽12m、长4～6m，最长可达15m。采用整体壁板，可以调整外板和纵梁上的厚度，使应力分布最合理，从而得到合理的结构，减轻重量，减少焊缝数量和减小焊接后翘曲程度。

在船舶上，通常用小直径铝合金管材做管道，而大直径管材则用作船体、上层结构、桅杆上的各种构件、梁柱（中空圆筒柱、中空角形柱）等。常用的管材外径为16

~150mm、管壁厚 3～8mm。在对管路用管材进行厚度选择时，既要考虑强度，又要注意腐蚀介质的影响程度。棒材用直径 12～100mm 的 5052、5056 和 5083 合金棒。锻件和铸件在船舶上的用量相对较少，主要用作一些机器构件。

下面重点介绍铝合金在船体和舾装上的应用情况。

1. 船体用铝合金

20 世纪 60 年代，美国海军先后开发出属于 Al-Mg 系合金的 5086H32 和 5456H32 铝合金板材，及 5086H111 和 5456H111 铝合金挤压型材。随后，又研制开发了耐海水腐蚀性能良好的 Al-Mg-Si 系合金，及中强可焊的 Al-Zn-Mg 系合金。

目前，在船舶壳体结构上用的铝合金主要是 5083、5086、5456 这三种合金，它们的耐蚀性、力学性能和焊接性能都很好。1966～1971 年美国建成 14 艘"阿希维尔"级高速炮艇，这是第一批全铝军舰，标准排水量 225t，船长 50.2m、宽 7.2m，吃水 2.9m，主甲板和船底板为 12.7mm 厚的 50862H32 铝合金，型材用 5086H112 铝合金，全艇共用了 71t 铝材，全部用氩弧焊焊接。1981 年美国波音公司船舶系统部门建造了 6 艘铝船体水翼导弹巡逻艇，艇长 40m、宽 8.6m，采用 5456 铝合金焊接结构。美国海军装备有一型航速高达 42km 的江海特种作战艇（SOCR），该艇艇体采用铝合金制造，艇长 10.1m、宽 2.75m，高速行驶时吃水只有 0.23m。俄罗斯在船体上使用较多的是 Al-Cu-Mg 系合金，作为快艇壳体材料。俄罗斯已有各种类型的铝合金高速艇船 1000 艘，得到了广泛应用。如图 6-5 所示的是铝合金双体高速快艇。

图 6-5　铝合金双体高速快艇

我国于 20 世纪 60 年代以后形成舰船及装甲板用的铝合金系列，如 6061、6063、7A19、4201 和 2103 合金等。目前，我国船体结构上主要使用 180 合金。20 世纪 60 年代初，我国用 2A12 铝合金做船体，也成批建造了水翼快艇；80 年代，我国用 180 合金，采用焊接工艺建成了一艘全铝结构的海港工作艇"龙门"号，该艇长 7m、宽 2m。

近年来，由于能源短缺的加剧以及全球环保需求的日益高涨，舰船的轻量化使铝合金在实际应用中得到进一步的发展。表 6-10 是常见船体用铝合金牌号及主要力学性能。

铝船体建造有独特的工艺要求。当今，用焊接方法建造铝船，在工业发达国家已视为常规的生产方法，其特点有二：船体外板均采用 Al-Mg 系合金，且广泛采用整体壁板；多采用熔化极脉冲氩弧焊。与钢相比，铝的线胀系数较大，而弹性模量、热强度又较低，因此，铝构件的焊接变形明显大于钢的焊接变形；另外，铝表面有一层比铝的熔点高（高达 2050℃）、密度大的氧化膜，容易在焊缝中产生夹渣与气孔。因此，建造铝船体的关键技术是如何控制船体的焊接变形及确保焊缝质量。

表 6-10　常见船体用铝合金牌号及主要力学性能

材料		力 学 性 能				硬度 HBW	τ/MPa
				A（%）			
合金	状态	R_m/MPa	$R_{p0.2}$/MPa	板（厚 1.6mm）	棒（ϕ12.7mm）		
5052	O	195	90	25	30	47	125
	H32	230	195	12	18	60	140
	H34	265	220	10	14	68	150
5083	O	295	150		22		170
	H321	325	230	—	16		
	H112	275	135	14	—		160
5086	O	265	120	22			
	H32	295	210	12			190
	H34	330	260	10			
6061	T4	240	150	22	25	65	170
	T6	315	280	12	17	95	210
6A01	T5	275	230		12	88	175
	T6	290	260		12	95	180

2. 船舶用铝合金

船舶内舾装主要包括甲板敷料、围壁材料、卫生设备、防火门窗、装饰、照明灯具、家具造型、五金配件等。表 6-11 列出了舾装用铝合金的力学性能。

表 6-11　舾装用铝合金的力学性能

材料		机 械 性 能				硬度 HBW	τ/MPa
				A（%）			
合金	状态	R_m/MPa	$R_{p0.2}$/MPa	板（厚 1.6mm）	棒（ϕ12.7mm）		
1100	O	90	35	35	45	25	65
	H12	110	105	12	25	28	70
	H14	125	120	9	20	32	75
	H16	150	140	6	17	38	85
3003	O	110	40	30	40	28	75
	H12	135	125	10	20	35	85
	H14	155	150	8	16	40	100
	H16	185	170	5	14	47	105

（续）

材料		机 械 性 能				硬度 HBW	τ/MPa
合金	状态	R_m/MPa	$R_{p0.2}$/MPa	A（%）			
				板（厚 1.6mm）	棒（ϕ12.7mm）		
6063	T1	155	90	20	—	42	100
	T5	190	150	12	—	60	120
	T6	245	220	12	—	73	155

挪威建造豪华客船"海王"号历时 5 年，为了减轻重量，大部分场合均采用了铝及铝合金。日本建造的"富士山"号豪华客船，同样使用了大量的铝及铝合金。

6.1.4 铝合金在其他机械领域中的应用

1. 在纺织机械中的应用

铝在纺织机械与设备中以冲压件、管件、薄板、铸件和锻件等形式获得了广泛应用。铝能抵御纺织厂和纱线生产中所遇到的许多腐蚀剂的侵蚀。铝的质轻和持久的尺寸稳定性可改善高速运转机器构件的动平衡状况，并减少振动。铝通常不需涂装，有边筒子的轴头与轴心通常分别是金属型铸件及挤压或焊接管。

纺织机上用的 2305 盘头是用整体铝合金模锻件来制造的，具有强度高、质量轻，外形美观等特点。纺织用的芯子管采用 6A02 合金挤压或拉拔管制造，强度增加，不易机械损伤，几乎无破损，使用寿命明显提高。箱座是织布机的主机件之一，它用来整理经线与上下交织，要求强度高，轻便耐用。目前，箱座专用铝合金在织机上已获得应用。

我国采用高强度稀土铝合金挤压型材制成的箱座，已达到国外同类产品的水平。此外，铝合金型材在梳棉机上的帘板条、织布机的梭子匣上都得到了应用。如图 6-6 所示的是纺织机铝合金槽筒。

2. 在农业机械中的应用

在农业灌溉中，整个喷灌机组是由喷灌机、主管路、支管路、立管、连接管件和喷头等部分组成的。平均每个机组约需 600m 长输水管道与 400m 长的喷水管道。管路、各种连接管件要占整个机组重量的 69%。铝管由于质量轻、耐腐蚀、使用寿命长，得到了推广和使用。其中，焊接薄壁铝管由于生产率高、产量大、成本低、耗用材料少而受到用户青睐。

图 6-6　纺织机铝合金槽筒

喷灌用铝管品种较为简单，技术条件中除对长度、外径、壁厚、圆度和直线度有一定的规定和公差外，喷灌用铝管还须进行耐水压和试用试验，对其耐压性、密封性、自泄性、偏转角、沿程水头损失、多口系数及压扁性也有一定的规定。

管件包括各种弯管、三通、四通、变径管、堵头、支架、快速接头等。这些管件也都由铝合金材料制成。喷头以旋转式为主，其中又可分为单双喷嘴、高低喷射仰角及全圆或扇形喷洒等种类，几乎全部用铝材制造。铝还被广泛用于制造移动式喷淋器与灌溉系统。移动式工具使用大量的铝合金，用作发电机、内燃机及电动机外罩。精密铸造机座和发动机组件，包括活塞。铝合金还可以用于电钻、电锯、链锯、砂带磨机、抛光机、研磨机、电剪、电锤、各种冲击工具和固定钳工台工具。铝合金锻件除上述用途外，还用于手工工具，如扳手、钳子等。

铝合金在粮食存储设施上也有广泛的应用，大型的机械化铝粮仓采用螺旋状绕型压型铝板制成。铝合金筒式粮仓具有很多的优点，如建仓速度快、建筑费用低、自重轻、强度高、气密性好、储存温度稳定、拆装方便。

3. 在标准件、五金件中的应用

铝合金早已被用来制作各种标准的机械零部件，如各种紧固件、连接器材、设备与机床的零部件、建筑及日用五金件等。

在紧固件中，有各种标准的铝制螺栓、螺钉、螺柱、螺母及垫圈等。其品种、规格均与钢制标准紧固件相同。钢制零件与铝制零部件配用时，需要避免产生电化学腐蚀的危害。铝制通用紧固件可以使用各种铝合金，对剪切强度要求较高的一般用 2A12 或 7A09 等铝合金。

铝铆钉也是一种通用的紧固件。它适用于将两个薄壁零件铆接成一体的场合，用途十分广泛，使用也很方便。最常用的有实心或管状的钉、开口型或封闭型抽芯铆钉、击芯铆钉等种类。其他还有航空铆钉、抽芯铆钉、环槽铆钉等品种。铝铆钉在使用时除了一般铆钉需在工作的两侧同时工作外，抽芯和击芯铆钉只需单面工作。其中抽芯铆钉需与专用工具——拉铆枪配用，击芯铆钉仅需手锤打击即可，使用十分简便。

铝及铝合金的焊条、焊丝在机械制造部门中也是常用材料之一。前者主要用于手工电弧的焊接、补焊之用；后者主要用于氩弧焊、气焊铝制机械零件之用，使用时应配用熔剂。铝及铝合金焊条一般采用直流电源。焊条尺寸为直径 3.2mm、4.5mm 两种、长度均为 350mm。焊条的化学成分有多种，应根据被焊合金的种类、厚度、焊接后的质量要求等因素来选用。通常 Al-Si 合金焊条（硅的质量分数约为 5%）主要用来焊铝板、Al-Si 铸件、锻铝和硬铝；Al-Mn 合金焊条（锰的质量分数约为 1.3%）主要用于焊接 Al-Mn 合金、纯铝等。

铝焊丝有高纯铝、纯铝、Al-Si、Al-Mn、Al-Mg 等种类，焊丝直径在 1～1.5mm 范围内。气焊时应配用碱性熔剂（铝焊粉），以溶解和有效地除去铝表面的氧化膜，并兼有排除熔池中气体、杂质、改善熔融金属流动性的作用。电弧焊时，使用惰性气体保护，如氩气等，并可分为钨极惰性气体保护焊（TIG）和熔化极惰性气体保护焊（MIG）两种。

用铝及铝合金制造各种机械的零部件、五金件已经是很普遍。例如，各种管路、管路附件、拉手、旋钮、合页等，而一些强度较高的合金，在克服了硬度较低，表面易磨损的缺陷后用于各种轴、齿轮、弹簧等。铝的板箔产品被广泛用于商标、铭牌、表盘和各种刻度盘等，这些标牌的设计既与制版、印刷技术有关，又与铝材的质量、氧化着色的工艺有关。

　　精密机加工的铸件、轧制铝板和棒材可以应用于工具与模具。铝板适用于液压模具、液压拉伸定型模具、夹具、卡具和其他工具。铝合金用于钻床夹具，并可作为大型夹具、刨削联合机底座和划线台的靠模、支肋和纵向加强筋。铸造铝合金用作标准工具可避免因环境温度变化引起不均匀膨胀而造成工具翘曲的问题。大规格铝棒已用来取代锌合金作为翼梁铣床的铣削夹具座，大型高强铝合金锻件和型材用来制作机床导轨、底座和横梁，可减轻质量达 2/3。

6.2　镁合金在机械工程中的应用

　　世界上用于汽车的耗油量占世界交通运输系统的 70% ~ 80%，占世界石油总消耗量的 20% 左右。随着世界能源危机与社会环境污染问题的日趋严重，节能和轻量化已成为汽车及摩托车等交通工具的重要问题。车体重量的大小对其能耗起着重要的作用，为满足环境保护和节省燃料的要求，通常采取降低车体重量来达到节能降耗的目的。镁的密度是铝的 2/3，锌的 1/4，不到钢或铸铁的 1/4，对于含 30% 玻璃纤维的聚碳酸酯复合材料来说，镁的密度也不超过它的 110%。因此，为降低车辆的自重以减少能源消耗和污染，镁合金作为一种轻量化材料正越来越多地被应用于交通运输工具的生产制造业。

6.2.1　镁合金在汽车工业上的应用

　　据测算，汽车所用燃料的约 60% 是消耗于汽车自重。汽车重量每降低 100kg，每百公里油耗可减少 0.7L，汽车自重每降低 10%，燃油效率可以提高约 5.5%，如果每辆汽车能使用 70kg 镁合金，则 CO_2 的年排放量将减少 30% 以上。近年来，世界各国尤其是发达国家对汽车的节能和尾气排放提出了越来越严格的限制，迫使汽车制造商采用更多高新技术，生产重量轻、耗油少、符合环保要求的新一代汽车。世界各大汽车公司已经将采用镁合金零部件作为重要的发展方向。随着汽车工业的飞速发展，镁合金在欧、美、日等发达国家汽车工业中的应用出现了持续增长的势头；1991 年全球汽车使用镁合金 25kt，1995 年为 56kt，2000 年使用则达到 145kt，已占全球镁压铸件的 80%，镁合金材料获得了广泛的应用。现在这种趋势正在向更广泛的方向发展。预计在未来的 7 ~ 8 年中，欧洲汽车用镁将占镁总消耗量的 14%，且今后将以每年 15% 的速度递增，汽车工业已成为镁合金应用增长的主要驱动力。图 6-7 为 20 世纪 90 年代以来全球各地区汽车镁合金用量的发展趋势。

　　镁合金用作汽车零部件具有以下优点：

　　1）重量减轻可以增加车辆的装载能力和有效载荷，同时还可改善制动和加速性能。

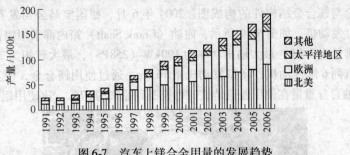

图 6-7　汽车上镁合金用量的发展趋势

2）镁合金压铸件具有一次成形的优势，可以将原来多种部件组合而成的构件一次成形，可以大大提高生产率和零部件的集成度，降低零部件的加工和装配成本，提高汽车设计灵活性，同时，还能达到减少制造误差和装配误差的目的。

3）镁合金具有非常优异的变形及能量吸收能力，采用高塑性镁合金可以提高汽车抗振动及耐碰撞能力，改善汽车的刚度，大大提高汽车的安全性能。

4）可以提高废旧零部件的回收率，有资料显示，镁合金的循环使用并不影响材料的使用性能。而且，再生镁的能耗小，仅为从矿石冶炼能源的百分之几，十分有利于环保和节约资源。

5）提高燃油经济性综合标准，降低废气排放和燃油成本。

6）镁合金材料具有较高的振动吸收性能，对振动的阻尼能力优于铝和钢，因此，对于汽车上一些作重复运动、断续运动的零部件，采用镁合金材料，可吸收振动，延长使用寿命。

镁合金作为实际应用中最轻的结构金属，能够满足交通运输业日益严格的节能和尾气排放要求，从而生产出重量轻、耗油少、符合环保要求的新一代交通工具。

1. 国外镁合金在汽车上的应用

汽车生产制造厂商利用镁合金来减轻汽车重量，已有 70 多年的历史。德国大众汽车公司是最早在汽车上大规模应用镁合金的汽车公司，早在 20 世纪 30 年代就有大众汽车使用镁合金。1930 年德国首次在汽车上应用镁合金 73.8kg。1936 年，德国大众汽车公司开始用压铸镁合金生产"甲壳虫"汽车（见图 6-8）的曲轴箱、传动箱壳体等发动机、传动系零件，到 1946 年，每车用镁合金 18kg 左右；到 1980 年，大众公司共生产了 1900 万辆甲壳虫汽车，用镁合金铸件共达 38 万 t，创批量生产镁合金的最高纪录，只是后来由于镁的价格上涨才停止了使用。长期以来，尤其是 20 世纪 90 年代以来，德国在镁合金领域一直在世界上处于领先地位，著名的奔驰汽车公司最早将镁合金压铸件应用于汽车座椅支架，奥迪汽车公司第一个推出镁合金压铸仪表板，可以说德国是推动镁合金压铸发展的先驱与主力军。近年来，汽车用镁合金又有新的进展，除了整体式镁合金铸造座椅外，在 1997 年梅塞德斯-奔驰的 SLK 车型上，燃料箱和行李箱之间的隔板也采用质量为 3.19kg 的镁合金代替 6kg 的钢件。大众汽车公司 2002 年推出的每百 km 耗油（柴油）1L 的双座微型概念车，该车净重为 260kg，其中镁合金占 35kg。图 6-9 为该车中铝合金与镁合金结构件的构成图。2004 年 6 月，德国宝马公司发布了采用镁合金的直列 6 缸发动机，如图 6-10 所示，曲轴（Crank Shaft）箱内部采用铝合金，外部采用镁合金，排量为 3.0L，最大输出功率为 190kW（258PS），最大转矩为 300N·m，是全球最轻的直列 6 缸发动机，新型发动机重 161kg，通过使用镁合金，使其降低了 7%（10kg）。曲轴自身重量在使用普通铸铁时可控制到原来的 57%，比使用铝合时轻 24%。

图 6-8　德国甲壳虫汽车

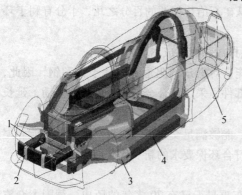

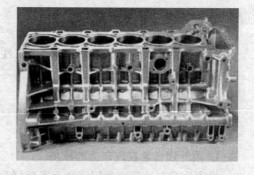

图 6-9　1L 车中铝合金与镁合金结构件的组成　　　图 6-10　宝马镁合金的直列 6 缸发动机
1—Al 型材　2—Al 板材　3—Mg 铸件
4—Mg 型材　5—Mg 板材

　　美国在 1948 年至 1962 年的十余年间，采用热室压铸生产了数百万件镁合金铸件供汽车上使用。美国著名的汽车公司如福特、通用和克莱斯勒等公司在过去的十几年里一直致力于新型镁合金和镁合金离合器壳体、转向柱架、进气管及照明夹持器等汽车零部件的开发和应用，替代效果十分明显，促进了镁合金的发展。1992 年，美国三大汽车公司采用镁合金压铸的零件分别为 30 个（福特）、45 个（通用）和 20 个（克莱斯勒），到 1993 年，几乎增加了 1 倍，三大汽车公司镁合金铸件用量占北美镁的总消耗量的 70%，达 14282t；其中福特消耗最多，为 8258t，通用为 3436t，克莱斯勒为 2588t。通用汽车公司于 1997 年成功地开发出镁合金汽车轮毂，福特汽车公司也于 1997 年采用半固态压铸技术生产出镁合金赛车离合器片与汽车传动零件。福特公司的 F-15 货车和

克莱斯勒微型货车镁合金配件用量分别为15kg和6kg。福特汽车公司Aerostar Mimi-Vans
牌汽车的中座以及后座（仅此每年需要100t以上的镁合金AM60），Ranger型轻型货车
的离合器壳体和制动踏板支撑托架，通用公司的气缸盖、滤清器壳体等10种零件都是
镁合金制成的。除了传统汽车外，镁合金在电动汽车上的使用也已进入研究阶段，福特
公司1998年推出的P2000系列（见图6-11）的Diata混合动力轻质概念车使用了103kg
镁合金，这是目前单车使用镁合金的最高纪录。

日本镁合金的开发与应用也十分迅速，1990
年每辆汽车用镁量仅5kg，而1997~1998年度对
汽车用镁压铸件需求大幅度增加，由1996-1997
年度镁压铸件的2450t，增至1997~1998年度的
3300t。20世纪80年代末期，日本开发出镁合金
低压铸造装置，为镁合金的开发与应用提供了保

图6-11　福特P2000轻质概念车

证。由此，经过研究相继开发了一系列镁合金压铸产品，如丰田汽车公司首先制造出镁
合金汽车轮毂、转向轴系统、凸轮罩等零部件，2001年，丰田推出的4座轻量小型概
念车ES3（见图6-12），在前排座椅后部采用以镁合金为框架的网状结构。目前，日本
的各家汽车公司都生产和应用了大量的镁合金壳体类压铸件。2004年3月，日本独立
行政法人产业技术综合研究所利用阻燃性镁合金挤压材料制作而成的汽车顶箱，与市场
上FRP纤维强化塑料产品相比，重量大约可减轻25%。

澳大利亚CAST公司于2004年9月成功研制
出可在高温下使用、能够用于制造汽车发动机的
镁合金AM-SCI，这种合金可使发动机重量减轻
70%，该合金已在德国大众汽车上进行了5.6万
km运行试验，美国福特汽车公司于2004年底率
先使用该合金生产福特2.5L DURATEC发动机。

图6-12　丰田4座轻量小型概念车ES3

20世纪70年代以来，各国尤其是发达国家
对汽车的节能和尾气排放提出了越来越严格的限制，汽车轻量化呼声很强烈。1993年
欧洲汽车制造商提出"3L汽油轿车"的新概念；美国提出了"PNGV"（新一代交通工
具）的合作计划。其目标是生产出消费者可承受的每百公里耗油3升的轿车，且整车至
少80%以上的部件可以回收。这些要求迫使汽车制造商采用更多高新技术，生产重量
轻、耗油少、符合环保要求的新一代汽车。单车用镁合金的质量已经成为衡量汽车性能
的标准之一，1999年全球单车平均用镁合金铸件3kg，欧美单车用镁量较高，如"甲壳
虫"单车用镁量已经超过20kg，预计20年后平均单车用镁量会超过100kg。

2. 国内镁合金在汽车上的应用

在我国采用铸造镁合金已有40多年的历史，但主要用于航空航天工业的飞机机轮、
壳体、机座等等，在汽车行业则起步较晚，目前仅有十余家企业从事镁合金压铸件的生
产和研究。我国研究者通过在AZ系合金中加入钙、硅、锑、锡、铋、稀土等元素，研
制成功一系列新型高温抗蠕变镁合金。通过这些合金元素的微合金化作用，使AZ91D

合金从原来只应用于汽车的结构部件（阀套、离合器壳体、方向盘轴、凸轮罩、制动托板支架等）扩大到高温部件（齿轮箱、曲轴箱、发动机壳体、油底壳等）。上汽、一汽、二汽以及长安汽车公司在研究和开发镁合金在汽车领域应用发挥了重要作用。

上汽在国内最早将镁合金应用在汽车上。20 世纪 90 年代初，上海大众公司首先在桑塔纳轿车上采用镁合金变速器壳体、壳盖和离合器外壳。目前桑塔纳轿车镁合金变速器外壳年用镁量达 2000t 以上，镁合金汽车压铸件生产和应用技术已经十分成熟。镁合金踏板支架压铸件已经开始批量生产供货。电动汽车镁合金电机壳体零件通过了台架试验，正在进行装车试验。目前桑塔纳轿车使用镁合金量约 8.5kg/辆。

一汽开发了抗蠕变镁合金，可用于制造高温负载条件下汽车动力系统部件；还成功开发出气缸盖罩盖、脚踏板、方向盘、增压器壳体、传动箱罩盖等镁合金压铸件，并已应用于生产。一汽奥迪生产的 Audi A6/2.8（见图 6-13）采用高技术控制系统集中使用镁合金材料，减轻了 27kg 重量。

二汽结合我国汽车零部件压铸生产企业设备现状，开发研究镁合金冷室压铸工艺生产汽车零件的全套技术。研发的镁合金零部件包括载重汽车脚踏板、变速器上盖、制动阀壳体、真空助力器隔板、发动机汽室罩盖、富康轿车用的方向盘芯、缸体罩盖、进气管、门锁芯壳、转向支架等系列产品。东风研发和生产的镁合金压铸件与其他材料相比的减重情况见表 6-12。

图 6-13　一汽 Audi A6/2.8 轿车

目前，东风已有 8 种镁合金脚踏板安装在东风"天龙"系列重型货车上，至 2003 年底用镁量已达 300t 以上。

表 6-12　东风汽车公司开发和生产的镁合金压铸件

零件名称	原用材料	质量/kg	应用车型	年产量/万件	镁件质量/kg
变速器上盖	铝合金	2.5	中型车	15	1.6
中间隔板	铝合金	2.0	轻型车	6	1.4
发动机气缸盖罩盖	铝合金	2.4	轻型车	5	1.6
方向盘	钢结构	4.0	微轿	6	0.9
离合器壳	铝合金	4.0	轿车	6	2.8
变速器壳	铝合金	4.8	轿车	6	3.3
发动机支架	铝合金	1.5	轿车	6	0.9
阀体零件	锌合金	2.5	轻型车	10	0.7
脚踏板	钢件	5.0	轻型车	10	1.1

长安汽车集团生产的"长安之星"微型车（见图 6-14）上实现了单车用镁合金 8kg，这一水平刷新了国内领先水平，达到国际先进水平。生产的变速器、上下箱体延伸体和缸罩等 7 种零件已通过台架试验和道路试验。2004 年已大批量装车进入市场销售。

我国汽车产业目前已进入一个高速增长的时期。2005 年我国全年汽车产销累计 570 万辆，2006 年我国汽车需求增长 15%～20%，按每车用镁 2kg 保守用量估计，我国汽车用镁量就能达到 1.3 万 t 的规模。如能达到单车用镁量 15kg，我国汽车用镁可达 10 万 t。2012 年我国汽车产销都已经超过 1900 万辆，为镁合金的应用提供了巨大的应用潜力和应用平台。除了直接生产汽车的行业

图 6-14 长安汽车"长安之星"微型车

外，其他行业正在建设或已经建设了镁合金零部件出口基地，如重庆博奥、深圳力劲、浙江岱山、威海万丰等已开始接受国外汽车零部件订单。随着进入 WTO 后，我国汽车工业特别是汽车零部件产业逐步融入全球采购体系，利用国内镁资源优势所形成的价格优势，有望形成世界有影响力的镁合金零部件生产基地。欧洲汽车生产商正日益把亚洲尤其是我国作为采购便宜部件的重要地区。

3. 汽车用镁合金现状及展望

目前，原材料生产商正在扩大其产能，我国正计划将汽车用镁合金的产量从 5000t 提高到 15 万 t，在德国镁制件的年产量已达到 3000t。北美在镁和镁合金应用方面处于世界领先地位。近年来，欧洲的汽车公司也越来越重视镁的开发和应用，其增长速度已超过美国列世界第一（见表 6-13）。

表 6-13 全球市场汽车用镁状况

	美国	欧洲	日本
现状	用镁量较高（主要是因为"特殊车型"的份额较高）	镁制件比例较低，但汽车公司正积极从事大量的研发工作	用镁量较少，更多地通过混合动力汽车而不是通过新材料的使用来降低 CO_2 的排放
平均每辆车的用镁量	3kg	1kg	<0.5kg
OEM 用镁量	通用 28000t（平均 3.6kg/辆）福特 20000t（平均 2.7kg/辆）戴-克 10000t（平均 2.3kg/辆）	大众公司每辆汽车用镁量最高 德国汽车公司比法国、西班牙和意大利等国的汽车公司用镁更积极	丰田和日产：结构件（如仪表盘）主要还是采用钢管架

（续）

	美国	欧洲	日本
用镁量较高的车型	通用： 大型厢式 Sabana/Express 26.3kg 微型厢式车 Safari/Astron 16.7kg 别克 Park Avenue 9.5kg 阿尔法·罗密欧 156 9.3kg 福特： F150 皮卡 14.9kg 戴-克： SL 20.0kg，SLK 7.7kg 克莱斯勒皮卡 5.8kg	大众/奥迪： 帕萨特，奥迪 A4/A6 约 14kg 保时捷： Boxster 约 10kg	没有用镁量较大的整车车型，只在汽车低温区域（如方向盘）有少量应用
应用前景	增长率比欧洲稍低（12000t）	潜力最大，增长率非常高（12000t）	增长率与欧洲相近，但时间上可能滞后

几乎所有 OEM 都在其最新产品中越来越多地使用镁合金材料。但是各公司的应用范围却有所不同（见表6-14）。

表 6-14　各品牌汽车用镁情况

	通用	福特	戴-克	大众奥迪	宝马	保时捷
仪表板/横梁	别克 Park Avenue、雪佛兰 Savana、旁迪克、凯迪拉克	捷豹/沃尔沃、福特林肯 Explorer	奔驰 A 级、E 级，斯玛尔特，道奇 Viper	奥迪 A8	Mini、劳斯莱斯	—
转向部件	欧宝 Astra/Zafira	福特 Ranger，福特 500，水星 Mintego	道奇 Viper	路波，帕萨特	5 系,7 系	—
分动器	GMT 800 雪佛兰 Silverado	捷豹/沃尔沃，林肯	—	—	—	—
曲轴箱	—	—	—	—	V6 发动机（镁铝合金）	—
气缸盖罩盖	—	—	—	A8	—	—
进气歧管	北星发动机	—	CL,克莱斯勒 Crossfire V6 发动机	帕萨特 A4/A6/A8	V8 发动机	

（续）

	通用	福特	戴-克	大众奥迪	宝马	保时捷
凸轮轴盖	—	捷 豹/沃 尔沃、林肯 Triton V8/V10 发动机	吉普 Liberty	—	—	—
制动踏板	—	—	—	—	—	—
后盖板	—	—	—	大众路波（镁铝合金）	—	—
软顶篷	—	—	SL	—	宝马帐篷车	Boxter Carrera RS
车身	—	—	—	1L 概念车	—	—
车前端	—	福特卡皮 F-150	—	—	—	—
车轮	Alfa Brera Corvette	—	—	—	—	Carrera GT
燃油箱	—	—	S 级,CL,SLK	—	—	—
副仪表板	—	—	—	—	—	Carrera GT
车门	—	—	CL	—	—	—
座椅托架	阿尔法 158	—	SL V级	—	—	—

　　长期来看，汽车行业用镁增长点主要集中在车身、底盘和动力系统。表6-15、表6-16 分别列出了汽车工业用镁合金量的三个增长阶段和可能使用镁制品的 15 种汽车零部件的用量。

表 6-15　汽车工业用镁合金量现状与增长预测

第一阶段(2005～2008 年)	第二阶段(2008～2010 年)	第三阶段(2010 年后)
平均每辆汽车 2～5kg	平均每辆汽车 10～50kg	平均每辆汽车 50～100kg
压铸镁合金材料 小型、轻负载的零部件 主要用于小批量特殊车辆，生产较少的替代种类（价格高，设计经验少） 主要用于汽车内部零部件，驱动系的零部件（小型件，车驾结构件）	压铸镁合金、砂型镁合金铸件 耐热、承载零部件（发动机缸体、结构件） 用于大量生产车辆 可替代品种多（价格下降，经验增加） 应用范围大：自动减速器（约15kg）、缸体（约25kg）、车驾（约10kg） 可替代其他大型零部件（如座椅等）	镁合金型材、镁合金板材、车内外板材 压铸镁合金车驾（例如 A 立柱） 挤压镁合金工件底盘/车架（车轮悬架机构、轮辋）

表 6-16　15 种汽车零件的镁合金用量

序号	零件名称	每车用量/kg	序号	零件名称	每车用量/kg
1	变速器壳体	4.8	9	转向支轴架	1.4
2	离合器壳体	4.0	10	仪表板	4.0
3	座椅骨架	8.0	11	车门框	8.0
4	转向盘芯	1.0	12	车顶架	2.7
5	气缸盖罩盖	0.8	13	防护板	3.0
6	进气管	1.5	14	气缸体	7.0
7	车轮毂	16	15	气门	0.5
8	门锁芯壳	1.4			

　　汽车用镁合金零件绝大部分是压铸件，对减少汽车质量、提高燃料经济性、保护环境、提高安全性和驾驶性、增强竞争能力等方面效果显著，在汽车行业应用大有潜力。汽车中镁合金主要适宜制作壳体和支架类的零部件。用镁合金制造壳体类零件，不仅可以减轻重量，而且由于镁合金的阻尼衰减能力强，因而可以降低汽车运行时的噪声。目前各汽车公司生产的壳体类零件有曲轴箱、气缸箱、传动轴外壳、变速器壳体、离合器壳体、滤清器壳体、阀盖、阀板、驾驶室仪表板等。虽然镁合金不能用作汽车上强受力部件，但却可以用作支架类次受力结构部件，如方向盘、风扇架、转向支架、挡泥板支架、制动支架、灯托架、制动器及离合器踏板托架、座椅架、轮毂等。镁合金作为结构件还有其突出的优点，由于比强度高，因此可以在相同质量下获得较高的强

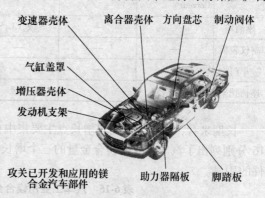

图 6-15　已经开发和应用的镁合金汽车部件

度，而且阻尼性能良好并具有很高的抗冲击韧性，尤其适用于制造经常承受冲击的部件。如转向轴经常承受较大的转矩，座椅架和轮毂长时间承受冲击，采用阻尼性良好的镁合金后，既减轻了汽车的自重，又提高了汽车行驶过程中的平稳性和安全性。到目前为止，已经开发和应用的镁合金汽车部件如图 6-15 所示，在汽车上得到了广泛运用，特别是在高档轿车和"特殊用途的车辆"中。大排量汽车中的用镁量也呈增长态势。在跑车、厢式车、SUV 等车型中，虽然镁制件的成本较高，但由于其质量轻，能够抵消成本高的缺点。图 6-16 为镁合金汽车部分零件。

　　目前镁合金在汽车工业上的应用状况是，每辆车在 0.5 ~ 17kg 之间变化，平均使用量是每辆车 3kg。德国大众汽车公司帕萨特车目前用镁量为 14kg，占车重的 1%，不久将可能增至 30 ~ 50kg。镁合金在大众公司的汽车上主要应用是在驱动设备和内部结构件上。随着技术的发展，镁合金结构件应用的数量将会增加。奥迪 A6 轿车单车的镁合

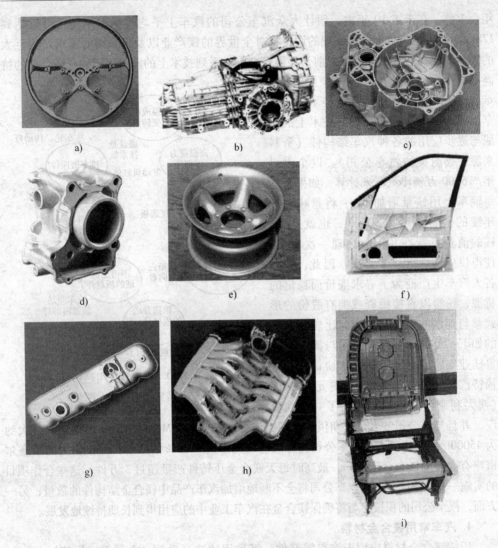

图 6-16　镁合金汽车零部件

a）汽车方向盘　b）变速器壳体　c）离合器壳体　d）发动机缸体
e）轮毂　f）汽车车门　g）气缸罩盖　h）进气歧管　i）座椅架

金压铸件总用量目前已达 14.2kg，其未来的目标是将单车的镁合金总用量增至 50 ~ 80kg。美国通用和福特汽车公司预计在今后的 20 年内每辆汽车的镁合金用量将从目前的 3kg 提高到 100kg。2004 年 4 月，大众汽车公司首次正式推出了新研制成功的超级经济型轿车，属于迷你型，其燃油效率达到了每百公里耗油少于 1 升。该车型也是大众公司"甲壳虫"车型的延伸产品。它的原材料采用镁合金和碳纤维制成，该车的最高时速可达 120km；整车框架由镁合金制成，镁合金框架外裹有用于加强的塑料表皮。

德国大众汽车公司汽车材料研究中心主任弗里德里希博士在 2001 年国际镁协 58 届

年会上称，在未来 10 年内，预计大众汽车公司的汽车上平均每辆车用镁量可以达到 178kg，如果这个目标能够实现的话，将对全世界的镁产业以及未来镁的需求产生巨大的影响。但在这一目标实现之前，还需要克服一系列技术上的障碍，比如，镁合金的抗高温蠕变性能以及在铸造技术上的诸多难题。图 6-17 说明了镁加工技术随着汽车工业的发展所需要克服的技术上的挑战与逐步应用的各种汽车结构件（资料来源：德国奥迪汽车公司）。以全世界年产 5000 万辆小汽车来计算，如果平均每辆车上用镁量增加 1kg，将意味着当年镁的消费将增加 50000t。也就是说，镁的消费可能在几年内出现一次突变，使得供应远远落后于需求。因此，欧美各大汽车生产商为了寻求廉价而稳定的货源，纷纷以直接投资或拥有股份的形式参与到镁的生产项目中，比较有影响的如下：美国通用汽车公司与挪威海德鲁镁业集团签订了长期合作协议；美国福特汽车公司投资 4000 万美元为 AMC（澳大利亚镁业集团）建立了一个试验

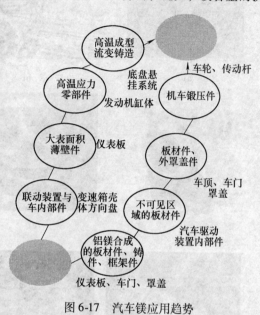

图 6-17　汽车镁应用趋势及需克服的技术示图

厂，并且与该公司签署了长期供货合同，该合同几乎占 AMC 目前约一半的产能，大约为 45000t/年；德国大众汽车公司拥有以色列死海镁厂 35% 的股份，并在德国的卡塞尔市建有大型的镁合金压铸厂，最高时每天镁合金压铸件产量超过 3 万件。这些合作项目的实施一方面表明了各大汽车公司将会不断地增加汽车产品中镁合金结构件的数量；另一方面，汽车公司的积极参与将确保镁合金在汽车工业中的应用得到长期持续地发展。

4. 汽车常用镁合金材料

压铸镁合金材料应用于汽车零部件，可采用铸造（砂型、金属型、压铸）、挤压、轧制、锻造方法成形。按照 ASTM 标准，汽车行业使用最多的铸造镁合金是牌号为 AZ91 的镁合金材料，它主要由 Mg、Al、Zn 三种元素组成，其中铝质量分数为 9%，锌质量分数为 1%。AZ91 是具有代表性的力学性能、耐腐蚀性和铸造性能均良好的镁合金。近年来开发出的 AZ91D、AZ91E、AZ91HP 等高纯耐腐蚀镁合金，利用注射成形工艺制造汽车结构用零部件，使其性价比有了很大的提高，且零件表面细腻，组织中形成呈环状的 Mg-Al 金属化合物，提高了耐腐蚀性。德国大众公司的 VW passat 轿车的变速器壳体就是批量采用 AZ91HP 材料制造的。此外，还有新开发的 AM50、AM60 等铝镁合金材料，具有优异的延展性，也多采用压铸工艺制造汽车车身结构零部件，如整个车门部件可采用 AM60 真空压铸而成。AM50、AM60 也可以用来制造汽车的转向轮芯等。目前汽车用镁合金的大致成分和一般性能见表 6-17。AZ91D（Mg-9Al-0.7Zn-0.2Mn）和

AM60B（Mg-6Al-0.2Mn）是室温应用的压铸镁合金。AZ91D 常用于离合器支架、转向盘轴、凸轮盖支架等，AM60B 常用于座位支架和仪表板。AS41A 过去常用于空冷型汽车发动机的曲轴和风扇套及电动机支架，最近 GM 公司用于叶片定子和离合器活塞。

表 6-17　汽车用镁合金的成分和性能

合　金	大致成分 （质量分数,%）	屈服强度 /MPa	抗拉强度 /MPa	断后伸长率 （%）	冲击韧性 /J
AZ91	9Al，0.7Zn	150	230	3	1.5
AM60	6Al，0.3Mn	115	205	6	—
AM50	5Al，0.3Mn	25	207	6	—
ZA102	2Al，10Zn	172	221	3	—
AS41	4Al，1Si	150	220	4	2.8
AS21	2Al，1Si	130	240	9	—
AE41	4Al，1RE	103	234	15	4.3
AE42	4Al，2RE	110	244	17	4.5

　　汽车上使用的镁压铸件对减轻质量和提高性能的影响是十分显著的。大众汽车公司的变速器用镁合金铸件，质量减轻 4.5kg；丰田汽车的方向盘加装安全气囊后质量增加，采用 AM60B 镁合金压铸件后，质量比过去的钢制品、铝制品分别减少了 45% 和 15%，并减少了转向系振动；奔驰公司用 AM20 和 AM50 的压铸座椅架，质量比过去的冲压-焊接钢结构件也大大减少；通用 EV1 型车用镁制仪表板将 20 个冲压及塑料零件组合成一个压铸件，不但减轻 3.6kg，而且增加了刚性，减少了装配工作量；福特公司用镁合金 AM60 生产车座椅支架安装在微型货车上，取代钢制支架，使座椅质量从 4kg 降为 1kg；而用 AZ91D 制作锁套，比用锌合金减少 75% 的质量；其货车离合器壳改用 AZ91D 镁合金压铸件不但无大气腐蚀问题，且耐海水腐蚀性也比铝合金壳体好，延长了使用寿命。

6.2.2　镁合金在摩托车上的应用

　　镁合金制造摩托车发动机、轮毂、减速器、后扶手及减振系统等部件，不仅能减轻整车质量、提高整车加速和制动性能，还能降低行驶振动、排污量、噪声及油耗，可提高驾乘舒适度，同时镁合金便于回收利用。与汽车工业使用镁合金一样，摩托车使用镁合金的历史久远。相比之下，应用镁合金减轻质量，以达到降低油耗、减轻污染物排放的目的更为明显。同样，镁合金由于具有极佳的减振性能，在驱动部件和传动部件上应用镁合金对于提高摩托车的舒适度至关重要。

1. 国外镁合金在摩托车上的应用

　　镁合金应用于摩托车起源于 20 世纪 30 年代的欧洲。由于欧洲人一贯崇尚运动，每年摩托车大赛很多，为了追求超凡的驾驶体验，他们采用了大量先进技术用于摩托车的生产。1938 年英国伯明翰首次将镁合金运用到名叫"金星"摩托车变速壳的生产上，随后的 1939 年，英国 AJS 公司推出了名为"超级动力"的摩托车赛车，其曲轴箱体是用镁合金制造的。除了发动机部件之外，自 20 世纪 70 年代之后出现了其他镁合金部件，如轮毂、制动盘、离合器外壳等。这些部件大多数由厂家根据自己的型号生产，只有轮毂、前叉夹和制动盘实现了专业化生产。从 20 世纪 80 年代开始，摩托车镁合金用量不断增加，镁合金的应用规模更大、层次更高，应用部件多达 50 余种，涵盖了发动机系统、传动系统、悬架系统、框架以及各类附件。最有代表性的 Ducati749~999 系列摩托车采用的镁合金部件包括：轮毂、前叉夹、单侧摇臂、双侧摇臂、发动机盖、离合器边盖、凸轮箱盖、摇杆箱盖、发动机后盖、调速观察板盖、内气缸盖、阀门盖、镜架、气帽等。图 6-18 为 Ducati999 摩托车。镁合金摩托车部件最精美的要算意大利的奥古斯塔（MV Agusta），做工考究、设计精美，图 6-19 为该公司 2004 年推出的 F4 系列1000 型摩托车。

图 6-18　Ducati 999 摩托

图 6-19　MV Agusta F4-1000 摩托

　　美国的摩托公司在全球是最多的。国外的著名摩托制造商在美国设有分公司，带动了镁合金部件在美国的推广。如美国贝奥（Buell）公司 2002 年生产的"霹雳 XB9R"型摩托车（见图 6-20），其前灯梁、前照灯壳、仪表盘以及大量电镀配件和装饰件都是由镁合金制成。

　　日本摩托车厂商对于镁合金部件的采用完全依照欧美模式，最早也是从发动机入手，再扩展到其他部件。虽然种类不及欧洲多，但应用规模毫

图 6-20　Buell 2002 XB9R 摩托

不逊色。其中最成功的是川崎（Kawasaki）ZX 系列，几乎包括摩托车所有镁合金部件。仅 ZX-6 发动机就采用了镁合金气缸、机油箱面板、离合器盖、油泵盖，整个发动机减重达 4kg（见图 6-21）。本田公司的 RC51 系列（见图 6-22），将镁合金用于发动机部件，包括离合器盖、气缸盖、左右曲轴箱盖，其他部件如后轮悬架、机油箱及隔板、油冷器阀门盖等都采用了镁合金。

图 6-21　Kawasaki ZX-6 摩托

图 6-22　Honda RC51 摩托

2. 国内镁合金在摩托车上的应用

我国摩托车工业发展迅速，提高现有摩托车的技术含量和使用性能，促进摩托车产品的更新换代和绿色环保化是必然趋势。自 1997 年起，我国摩托车产量首次突破 1000 万辆，占世界摩托车总产量的 43.6%。2005 年我国摩托车年需求量约为 1200～1300 万辆，此外，非交通用摩托车，如越野、雪地、沙滩用摩托车、高尔夫场地用摩托年需求也在日益增长。但国产四冲程及二冲程摩托车约有一半不能直接满足欧洲 I 号排放标准，而且振动、噪声不是很理想。重庆镁业科技股份有限公司承担了"镁合金在摩托车上的应用""十五"国家科技攻关专题，取得了重大进展，最终形成了具有自主知识产权的核心技术体系，已成功试制了型号为LX150 的"镁合金绿色概念摩托车"（见图 6-23）。其中，发动机曲轴箱体、箱盖及摩托车前后轮毂、尾盖、后扶手等 12 个零部件采用镁合金材料，特别是摩托车轮毂用镁合金制

图 6-23　重庆生产的镁合金摩托车

造，减轻质量效果非常明显，仅轮毂就可以减轻质量 3kg，整辆摩托车减轻质量 6kg 左右，从而使摩托车的 CO、NO_x 排放降低约 70%，可达到并超过欧洲 I 号排放标准。该车的研制成功引起了世界各国的极大关注，同时也为绿色环保摩托车的发展指明了方向。采用镁合金制造了发动机左右曲轴箱体、箱盖、尾盖、前后轮毂、后制动盖及后扶手等零件，开创了我国摩托车大量采用镁合金的先例，实现了材料的合理替代。该公司在成功开发绿色概念摩托车之后就大力投入镁合金摩托车部件的推广应用，至 2003 年底已累计生产发动机镁合金部件 70 万件，已装车 21 万余辆，取得了很好的经济效益和社会效益。图 6-24 是上海交通大学轻合金精密成型国家工程研究中心开发的耐热镁合金气缸套、重庆镁业生产的右曲轴箱体等摩托车零件。

2000 年以来，镁合金在摩托车上的应用一直处于快速发展阶段。目前，镁合金在国产摩托车上的用量平均每辆不足 3kg，但是摩托车使用镁合金的量正以年均增长 1%

a)　　　　　　　　　　　　　　　　　　b)

图 6-24　镁合金摩托车零件
a）气缸套　b）右曲轴箱体

~2%的速度发展，镁合金的开发与应用已成为摩托车材料技术发展的一个重要方向。现阶段，镁合金主要用于制造摩托车发动机箱体、箱盖、消声器、车轮及一些覆盖件等。

目前，摩托车行业常用的镁合金材料以铸造镁合金为主，如 AM、AZ、AS 系列铸造镁合金，其中以 AZ91D 用量最大。制约镁合金在摩托车上大量使用的最主要因素仍是技术问题。以结构件为例，由于对镁合金的特性缺乏深入的了解，镁合金件的防蚀技术未取得突破，镁合金的性能数据（尤其是工艺性能数据）缺乏，镁合金零件的设计、使用经验不足等，使镁合金在摩托车上的用量暂时还难与铝合金匹敌。但是随着上述问题的解决，镁合金在摩托车上的应用潜力很大，前景非常光明。

6.2.3　镁合金在自行车上的应用

自行车是人力驱动的工具，质量的减轻带来的效果非常显著。镁合金应用在自行车上，不仅质量轻、刚度大、加速性及稳定性好；而且还可吸收冲击与振动，骑行轻快舒适，不易疲劳。不仅如此，镁合金应用在自行车上还有以下独特的优异性能：突出的抗疲劳特性，更好的动力学性能，更好的承受力（相对于塑料件），更佳的减振特性（相对于钢铝等材料）。

1. 国外镁合金在自行车上的应用

国外自行车使用镁合金的厂商有 Annondale、Pinarello、Paketa、Saracen Kili 等全球著名的自行车制造商，其中，Pinarello 公司是世界三大顶级自行车厂商之一。Paketa 公司生产的 "15" 型镁合金自行车框架仅有 1190g（见图 6-25）。目前国外镁合金自行车部件包括轮毂、车把夹、脚踏板、制动器、前把、框架等十几个部件。Kirk 公司在 20 世纪 90 年代初期组织了镁合金自行车架的压力铸造生产。但生产镁合金车架的主要问题是难以得到优质焊缝，焊缝疲劳强度及可靠性不高。但是在最近几年，人们已经能够保证焊接件有稳定的高可靠性，完成了批量生产镁合金车架的工作。已经可以批量生产各种类型的镁合金自行车架。

图 6-25　Paketa 公司生产的镁合金自行车架及自行车

2. 国内镁合金在自行车上的应用

1999 年，我国相关研发单位与自行车及其零部件厂商开始投入镁合金自行车的开发工作，目前所生产的镁合金自行车整车重量最低可达 8kg 以下。台湾的自行车厂商已将镁合金大量运用于跑车、登山车、折叠车等高级车种，折叠式镁合金自行车重量可降低至 6.4kg。作为我国第一家批量生产镁合金自行车的企业，北京首特钢远东镁合金公司引进德国富来公司的大型冷热室压铸设备，压铸自行车的整体车架、接头及关键零件，所生产的名为"运动美"的自行车通过了国家自行车检测中心的检验，上海交通大学轻合金精密成形国家工程中心（上海美格力轻合金有限公司）与自行车厂家联合研制的山地自行车，如图 6-26 所示，其整体车架和车轮均为镁合金。轻便型车自身质量仅 8kg，最重的前后避振整体车架也只有 15kg。

图 6-26　镁合金山地车

我国是自行车生产和消费的头号大国，目前年生产能力约 6500 万辆。仅考虑车架及两个轮圈采用镁合金替代铝合金，重量便可从原先的 3.12kg 减至 2.08kg，减重达到 1.04kg。按照每辆自行车平均用镁 1.0kg 计算，新增自行车用镁合金量将超过 6.5 万 t。因此，自行车行业对镁合金的需求量也是十分可观的。

6.3　钛合金在机械工程中的应用

6.3.1　前言

　　众所周知，钛合金以高的比强度、高模量和优良的耐蚀性已成为航天航空、航海、军事等工业不可缺少的结构材料。多年来，汽车制造商和材料界都一直试图使钛进入汽车工业市场，但因成本问题始终未获成功。随着能耗的短缺、环境意识的加强，人们把更多的注意力集中在民用工业上，尤其是汽车工业上。美国、日本和欧洲国家先后颁布了有关生态法规，并制订了更高的燃油效率（Corporate Average Fuel Efficiency）标准。这些成为目前发展汽车制造业用钛的强大推动力。这是因为使用钛可减轻汽车重量，降低燃料消耗，降低发动机的噪声和振动，延长寿命。为此，许多发达国家和著名的汽车制造商都积极开发并增加在汽车用钛方面的研究投入，并已取得了很大的进展。

　　钛及钛合金具有密度小、比强度高和耐蚀性好等特性，在机械工程中，尤其是在汽车行业也具有很大的应用潜力，可以用作发动机气门、承座、气门弹簧、连杆以及半轴、螺栓、紧固件、悬簧和排气系统元件等。在汽车行业用钛后，可极大地减轻汽车重量、降低其燃料消耗、提高汽车工作效率、改善环境和降低噪声等。早在20多年前，赛车发动机就使用钛气门和连杆减轻重量，从而降低转矩和功率输出，改善了有关部件偏转等性能。目前的赛车几乎都使用了钛材。近年来，已制造出纯钛汽车排气系统和商业样机、Timetal-62S 和 Timetal-LCB 轮轴、连杆、P/M 排气气门等。就潜在的材料需求而论，汽车用钛是一个非常具有吸引力的市场。但是，长期以来汽车一直是钢、铝、铜、塑料等的天下，钛想进入汽车市场，除了自身的性能优势外，还必须进一步降低成本至汽车行业可以承受的水平才行。

　　根据设计和材料特性，钛在新一代汽车上的应用主要分布在发动机部件和底盘部件上。在发动机系统用钛可制作气门、气门弹簧、气门弹簧承座和连杆等元件，在底盘部件用钛主要为弹簧、排气系统、半轴和紧固件等，这些都是汽车上的关键部件，其用钛量不可小看。

　　在应用研究方面，近年已取得很大进展。1996 年在 Las Vegas 召开的国际钛协会展览会上展示了 Timet 公司用工业纯钛制造的汽车排气系统，随后 Chrysler 和 GM 公司制出了纯钛排气系统的商用样机，大规模的生产评估正在进行；同时 GM 公司还在进行 Timetal-62S 和 Timetal-LCB 轮轴的研究，并正在考虑把这种合金投入批量生产。另外，美国的高性能汽车 NSX Acura 也使用了钛制连杆，这是批量生产汽车连杆用钛的一个实例。在日本最初使用钛的汽车是"日产 R382"型汽车，目前已在新型丰田轿车采用了 P/M 钛制气门，而连杆的应用也在评估之中。另外，美国 Allied Signal 公司制造出了本迪克斯牌表面钛涂层汽车制动片，也即将上市，预计每年产销几百万件，美国两大汽车公司（Ford 和 GM）还研究出新型 γ-TiAl 气门，并正在评估，据称改进后的气门不久将在汽车上使用。

汽车用钛是一个非常庞大的市场，一旦钛在汽车工业中得到广泛应用，那钛材的用量将远远超过目前在航天航空工业中的用量。以每辆汽车4缸发动机使用3.6kg计算，可使发动机自重减轻2.3kg，如果全世界每年有100万辆汽车使用这种发动机，钛合金用量将达到3600t。现在美国每年可生产1500~1600万辆汽车，若每辆车上有1~1.5kg的钛部件，则美国的钛市场交货量将翻近1倍，达到15000多吨。

6.3.2　汽车中使用钛的部件

汽车的构成主要由发动机部分、排气系统、车体及结构部分和传动部分等组成。新一代汽车设计更注重减轻质量、降低燃料消耗、降低发动机噪声和震动、减少环境污染，同时，因速度的提高对安全性也提出了更高要求。在这种需求下，作为高尖端领域使用的钛受到了设计者们的青睐。日本和美国在钛应用到汽车方面一直走在前列。1956年，美国GM公司和其供货商装配了一种车型为Finebird Ⅱ的涡轮发动机陈列车，其车体是全钛的，主要用作展览。从此以后，GM公司就非常想在发动机中使用钛，包括气门和连杆。

1. 排气系统

传统的尾喷管/回气管组件是采用不锈钢制造的，而钛具有良好的耐卤盐和含硫排放废气腐蚀的性能，在 Chevrolet Corvette Z06 中使用后，其排气系统避免了点蚀，在焊接处也不会出现锈蚀，同时质量是传统材料的60%，可提高加速能力，并具备较短的制动距离。美国最大的钛材制造商 Timet 一直与北美排气系统制造商 Arvin Meritor 合作制造和开发排气系统部件。富士重工株式会社（SUBRAU），采用工业纯钛制作的排气管的价格比不锈钢管的成本增加4~5倍，采用由新日铁生产的工业纯钛材限量生产了440台车用排气管。

2. 发动机部分

发动机是汽车动力来源，提高汽车动力除了采用和更新发动机的类型外，通常选择合适的材料也可起到事半功倍的效果。在日本，1998 年丰田双门敞篷轿车上采用 Ti-6Al-4V/TiB 材料粉末冶金法制得的进气阀，采用 Ti-Al-Zr-Sn-Nb-Mo-Si/TiB 材料制成的排气阀，质量减小了1/2，这类材料在加入 Nb 和 Si 后提高了抗氧化性和抗蠕变性能，并且密度小、导热性能良好、在540℃以上的条件下强度高于常用合金、有良好的耐磨性。与钢相比，钛的弹性模量低，密度小适合制作弹簧，美国与德国 VW 公司协作开发了发动机用钛制阀簧。意大利法拉利 2003 Enzo 型超级汽车的 V12 发动机采用了钛合金制造的发动机连杆，使其助推速度在 3.9s 内可达62km/h。

(1) 阀　钛发动机阀门比传统的不锈钢阀门轻约45%，采用钛后，转矩降低，使某些发动机节油2%~3%，阀门噪声降低5~10dB。一般进气阀的最大受力区的温度约为300℃，而排气阀的温度会高达760℃。现在大量用于赛车和生产发动机样机中的材料是 Ti-6Al-4V（进气阀）和 Ti-6Al-2Sn-4Zr-2Mo-0.1Si（进气阀和排气阀）。排气阀采用特殊热处理（β 相温度区加工接着加以控制的冷却），使之具有极好的力学性能。如果排气阀的工作环境温度较高，排出气体中氧含量增大，用普通钛合金做阀门寿命会有影响。这时需用 γ 钛铝化合物，它具有工作温度更高，重量更轻的优点。一旦其生产工艺开发完善后，钛铝化合物阀门会比目前高温领域使用的镍基超合金便宜。钛阀门可采用与钢阀门类似的加工方法，阀头用热锻，阀杆用摩擦焊固定上去，然后阀门进行机加工。不同的是阀杆的防磨表面，钢阀是用热处理硬化，镀一层坚硬的铬；钛阀最常用的是火焰喷涂钼工艺。

（2）阀簧承座　阀簧承座的重量对阀门系列的惯性质量起作用，减少重量和减少阀和其他部件重量一样重要。疲劳是其主要设计原则，钛已在赛车上应用多年，其承座一般是从棒材上用机械加工法生产。在大量生产应用时这样做并不节省成本。因此，目前在工艺开发上重点放在粉末冶金法和热/冷成形上。

（3）阀簧　钛可使阀簧减轻可观的重量，除此之外，为避免弹簧共振引起的疲劳，尽可能提高共振频率是很重要的，而钛的共振频率比具有相同运行参数的钢簧高 40% 以上，因而能够避免共振。

（4）连杆　重量减轻的连杆加上轻的活塞和活塞销可以显著改善车辆的噪声、振动与舒适性（NVH），并且，对提高发动机性能和节油具有潜力。钛连杆具有承受大振动力的优点，可在高负载下工作。连杆用坯料可用棒坯高温锻造或用粉末冶金致密成形。到目前为止，Ti-6Al-4V 已成为生产连杆的主要合金，通过等离子渗碳/CrN 覆层改性、离子注入、喷丸表面强化处理技术，可以提高连杆的抗疲劳性能。为了降低成本，开发了主要成分为 Ti-3Al-2V 的钛合金，通过使稀土金属（REM）的硫化物在其中弥散分布而赋予其易切削性，钛连杆，与以前的钢制连杆相比，质量减小了 30%。1994 年，本田汽车公司 Acura 部门在 NSX 赛车中使用锻造钛连杆，用于 3.0L24 气门-6 发动机中。钛气门、弹簧应用于三菱汽车公司制造的 4 缸发动机中。Porsche AG 公司也使用了钛连杆。

3. 传动与减震部分

国际上钛制造商与汽车制造商联合，对汽车中的传动和减震部分使用钛的可行性进行了深入的研究并已投入批量生产，先后在减震缓冲器用弹簧和中心杆，如图 6-27a 所示。从动轴、驱动齿轮配件和传动连杆等上，使用的钛合金主要有低成本的 β 型钛合金弹簧和高强合金系列，α + β 型钛合金系列结构件，如图 6-27b 所示。宝鸡有色金属加工厂也向日本提供了汽车传动部件样品，如图 6-27c 所示。汽车用减震弹簧也在研制中。

4. 车体框架部分

钛具有高的比强度、良好的耐蚀性（尤其在沿海地区耐海水的侵蚀）以及低的密度，是制造车体框架的良好材料。在日本，汽车制造商采用纯钛级的焊接管制造框架，如图 6-28 所示。这类框架给在高速公路上高速行驶的驾车者和赛车手们足够的安全感。制造车体框架目前所采用的钛管材执行标准为 JIS 4635—2001，牌号为 TTP340W，管材规格为 $\phi 31.88mm \times 1mm \times 4000mm$，化学成分：$w(N) \leqslant 0.03\%$，$w(C) \leqslant 0.08\%$，$w(H) \leqslant 0.013\%$，$w(O) \leqslant 0.20\%$，$w(Fe) \leqslant 0.25\%$，$R_m = 340 \sim 510MPa$，$A \geqslant 23\%$。

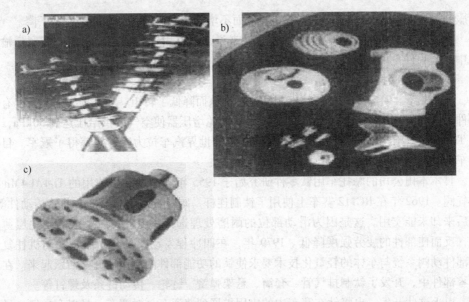

图 6-27 汽车用钛部件

a) 减震缓冲器用弹簧和中心杆 b) 汽车用钛合金构件 c) 钛合金制汽车传动部件

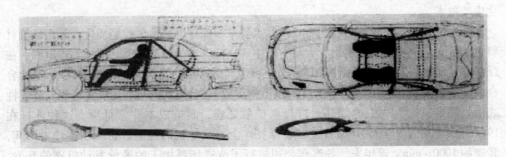

图 6-28 纯钛管制造的车体框架

5. 底盘部件

（1）弹簧 钛是理想的弹簧材料，因为它具有高的比强度和低的弹性模量。钛簧和钢簧比又轻又小，密度和弹性模量只有钢簧的一半，而强度却几乎一样。因此，钛簧比钢簧轻 70%。β 型钛合金如 Ti-3Al-8V-6Cr-4Mo-4Zr 和 Timetal LCB，因为强度高被认为是弹簧应用中的最佳选择。钛悬簧比相应的钢簧轻 52%。对于汽车中的 4 个悬置弹簧来说，总重量可减轻约 11kg。钛耐蚀性好，不需要涂层，使重量进一步减轻。钛簧的生产与钢簧类似，可以采用相同的设备进行热或冷加工。唯一不同的是，钛绕簧后不进行热处理而进行时效硬化处理。虽然钛簧价格之高仍使一般汽车应用望而却步，但盘状悬簧仍是钛的最大潜在市场。

（2）半轴 钛的强度水平能满足车轴和半轴市场的要求，如 Timetal 62S 含铁和铝，屈服强度 896 ~ 965MPa，钛轴可减重 50% 而不增加体积或直径，但刚度有所下降。

（3）**紧固件**　对于许多类型的紧固件来说，都可用钛取代钢。在未来轻型运输工具中钛紧固件是可行或必需的。

6. 赛车及摩托车用钛

从历史看，赛车率先使用了钛气门和连杆，从而降低了转矩、功率损失，改善了有关部件振动等特性。日本三菱公司研制的 TiAl 涡轮增压器使空气的供给压达到 50kPa，装配 TiAl 涡轮增压器的三菱赛车参加了 1999 年的世界汽车拉力赛，并获得了冠军。目前赛车几乎都使用了钛材。

日本本田公司的摩托车用钛零件研究始于 1955 年赛车发动机使用的 Ti-4Al-4Mn 吸排气阀。1962 年在 RC112 赛车上使用了钛制连杆、阀弹簧护筒、挺杆、凸轮传动件等，但后来却未能实用。这是因为滑动部位的耐磨处理选择了氮化，所形成的硬化层薄而脆，反而使部件的疲劳强度降低。1979 年，在四冲程发动机的赛车中，发动机往复运动部件动阀系统与车体的轻量化技术要求使钛的功能部件的应用研究又活跃起来。在车体零部件中，开发了钛制排气管、套筒、悬架弹簧、链轮、传动链条及螺钉等。

以上这些开发，也将钛在赛车中的应用扩展到普通车。对赛车，是以车最轻、最强为原则设计选择最佳材料和表面处理的开发为主要着眼点，不断改进，从中探讨面向大量生产的普通车的适宜的规格。在普通车的研究中，则主要是材料及表面处理的低成本化生产技术。

普通摩托车零件对钛材料化有以下几点要求：保持可靠耐久的轻质化；采用廉价材料达到可大量生产的低成本化；大量生产中确立低成本的制造体系。依据上述原则，在摩托车发动机中应用的钛零件主要有连杆和进气阀。新开发的改进型 Ti-6Al-4V 基钛合金，专用于发动机连杆。通过等离子凝壳炉熔炼，使钛废料的再利用成为可能。耐磨性表面处理是通过大气中的加热，进行氧扩散处理，制造成本非常低廉。这种连杆在 1987 年最先用于 VFR750R 型普通二轮摩托车上，发动机的性能评价为功率约 1.5kW，转速约 1000r/min。近年来，各汽车公司进行了改进坯料加工的廉价发动机阀的开发，并且大量生产。由于海绵钛占材料价格的三分之一，为降低成本，本田公司利用等外海绵钛来制造加工，开发出了 Ti-6Al-4V 基廉价合金。在阀的坯料制造中，对传统工艺进行了改进。一般来说，如果要用锻造法制出阀的伞部，则要使用与阀的杆部直径相当的棒材，将导致价格较高。本田公司采用挤压锻造法，用廉价的棒材获得了阀的锻造坯。耐磨处理采用大气氧化扩散处理，同时还简化了前处理工序，因而大大降低了零件成本。这种阀在 2002 年样车 CRF450R 上采用，虽然伞径大，但仍比传统耐热钢质量小40% 以上，发动机既轻又紧凑。两轮普通摩托车车体部件的排气管和回气管是车体的大型构件，材料使用量多，与发动机零件相比，更要求低成本化。以两种纯钛为基础，开发了新的廉价材料，使用的原料仍是杂质较多的等外海绵钛。以压力弯曲成形、焊接性和零件所要求的服役特性来确定化学成分和力学性能。这些零件已在 2002 年的模型车 CBR954RR Fire Blade 和 CRF 450R 上采用。为兼顾大型两轮摩托车在低排放、低噪声与发动机高输出的技术要求，有时在排气管的汇集部加装排气联动的可变控制阀装置，采用钛阀和阀体来减重。该阀体和阀形状复杂，考虑到生产性和耐热性，可选择 LEVI-CAST 法（日本大同特殊钢公司开发）。这种方法适用于活性、高熔点金属，是综合了可悬浮熔炼的冷坩埚炉和控制熔炼室和铸型室的气体压力、向铸模内抽吸的负压精密铸造技术。熔体铸造时的输送时间仅需 1～2min，生产效率高，铸造缺陷少，精度高，成本较低。因可变控制阀直接接触 800℃ 的高温排气，所以必须注意抗高温蠕变特性。以铸造时的残留 β 相控制再结晶晶粒，使韧性和抗高温蠕变兼顾。

6.3.3　汽车用钛的可能性

1. 性能

图 6-29 给出了一些适合制作汽车部件的具有特殊性能的不同金属材料性能。在此图中，对常用的双相（α + β）Ti-6Al-4V 钛合金与高强度热处理钢 34CrMo4、高强度 AlZnMn 铝合金 Al7075 以及高强度锻造镁合金 AZ80 进行比较，图中带条纹的柱状图表示比弹性模量，带点的柱状图表示单位密度的疲劳强度。由图 6-29 可见，当合金组织成分设计成获得最大强度或疲劳强度时，钛合金的性能明显优于其他金属材料。但是当合金成分设计为最优刚度时，由灰色柱状图可以看出，钛合金与其他金属材料相比，没有什么优势。因此，可能应用到钛合金的是底盘和发动机。

图 6-30 是钛合金与其他材料的造价比较。由图可以看出，应用钛合金的成本远远高于其他金属材料。只有当技术优势迫切需要时，采用钛合金才是切实可行的。

图 6-31 给出了一些可能采用钛合金的汽车部件。表 6-18 列出了一些钛制汽车部件，表 6-19 列

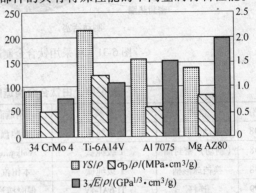

图 6-29　两相（α + β）型钛合金与锻造钢、高强铝合金和高强锻造镁合金的性能比较（屈服强度、疲劳强度、弹性模量）

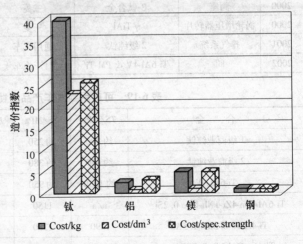

图 6-30　钛与铝、镁、钢的成本比较

出了应用到汽车产品中的钛合金材料。已经开发了大部分的部件，但是并未运用到实际汽车产品中去。究其原因，除了

钛合金材料成本太高之外，制造这些部件的工艺成本过高则是主要决定因素。钛合金部件的研发必须考虑到整个产品生产链。

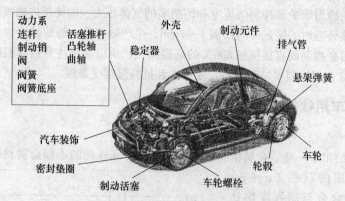

图 6-31　可采用钛合金制造的汽车部件

表 6-18　由钛合金制造的汽车部件

年份	部件	材料	制造商	模型	年消耗量
1998	制动导杆销	2 级纯钛	奔驰汽车	S-Class	约 8t/yr
1998	（制动）密封圈	1 级纯钛	Volkswagen	全部	约 40 t/yr
1998	换档球形柄	1 级纯钛	本田汽车	S2000 Roadster	n/a
1999	连杆	Ti-6Al-4V	保时捷汽车	GT3	约 1 t/yr
1999	阀	Ti-6Al-4V & PM-Ti	丰田汽车	Altezza 6 cyl.	n/a
1999	涡轮增压器转片	Ti-6Al-4V	奔驰汽车	Diesel truck	n/a
2000	悬簧	LCB	Volkswagen	Lupo FS1	3 ~ 4 t/yr
2000	阀座	β-钛合金	三菱	All1. 81-4 cyl.	n/a
2000	涡轮增压器转片	γ-TiAl	三菱	Lancer	n/a
2001	排气系统	2 级纯钛	通用汽车	Corvette Z06	>150 t/yr
2002	阀	Ti-6Al-4V & PM-Ti	日产汽车	Infinity Q 45	n/a

表 6-19　可应用到汽车产品的钛合金材料

合　　金	TS/MPa	YS/MPa	EI（%）	可能的应用
1 级商业纯钛	约 300	约 250	30	回气管、密封圈
2 级商业纯钛	约 450	约 380	22	排气系统、设计元素
Ti-6Al-4V	约 1050	约 950	10	连杆、进口阀、轮毂
Ti-6Al-4Sn-4Zr-1Nb-1Mo-0. 2Si[①]	n/a	1150	4	排气阀
Ti-4. 5Fe-6. 8Mo-1. 5Al[②]	1290	1380	10	悬簧、阀簧、螺栓
γTi-46, 8Al-1Cr-0. 2Si（cast）	525	410	约 2	阀、涡轮增压器转片、活塞销

① 　PM 粉末冶金合金，含 5 Vol. % TiB 增强体，弹性模量约为 150GPa。

② 　β 型钛合金，低成本 β 钛合金（LCB）。

2. 潜在用途

(1) 动力系统应用　现在制造商倾向于在发动机上使用更加昂贵的材料，这样有利于减轻旋转质量，更重要的是减轻振荡质量。最常见的例子就是连杆。目前市场上许多超级跑车的部件都使用钛合金连杆或用钛合金做替代品，例如本田 NSX、法拉利及表 6-18 中列出的保时捷 911 GT3 型车。然而，通常容易被疏忽的是，连杆仅三分之一的重量集中在振动质量上。另外，连杆的设计多考虑疲劳强度，尤其是在大的轭结点处，硬度是至关重要的，因为它处于循环载荷下做椭圆性运动，会迅速导致磨损以致最终轴承外壳断裂。与机轴、活塞销、大的轴承相比，钛合金连杆在这个区域非常敏感，因为其较低的热胀系数，因此，必须保持其清洁。由于这些原因，同钢连杆相比，重量的减轻只能占到 20%，尽管锻造钛合金（例如 Ti-6Al-4V）可以达到比 45 钢或 70 钢更高的强度。

钛合金连杆的制造商必须考虑到相当部分的额外费用，因为钛合金的耐磨性较差，必须在相应部位进行涂层，例如 PVD-CrN 涂层等，如图 6-32 所示。另外，对钛合金进行切削加工比较困难（例如钻螺纹跳动），如果要求加工精度高的场合，则必须采用特殊的加工方法。

动力系统对轻质材料有应用需求的还有阀类部件，尤其是高速旋转的汽油发动机，振动质量决定了发动机的最大速度。轻质阀可使重量减轻，这对能耗和发动机性能有很大影响，可使重量得到第二次减轻，例如阀簧。对阀类材料性能要求更高的原因还在于：除了承受较高的热负荷，排气温度达到 900℃，阀座和阀盘之间为循环接触，因此，

图 6-32　汽车和摩托车生
产中应用钛合金的例子

1—连杆(Ti-6Al-4V, Ducati)　2—进气阀，排气阀
(TiB 颗粒增强的近 α 钛合金)　3—γTiAl 阀未涂层/涂层
4—制动销(2 级, 奔驰汽车)　5—制动压管用密封环
(1 级, Volkswagen)　6—凸缘螺钉(Ronal
和 BBS, Ti-6Al-4V)

阀轴偶尔还会受到弯曲载荷。这些复杂载荷导致了对阀类材料的蠕变抗力、长期稳定性、塑性和抗氧化性的要求提高。分析发现，有可能代替目前阀用钢材的有 SiN 陶瓷、γ 钛铝和高温钛合金，这些材料均能使质量减小 40% ~ 50%。过去对 SiN 陶瓷阀成功地进行过测试，但是，未能找到使用的有效途径，这是因为 SiN 陶瓷的塑性较差，并且缺少有效的质量控制方法。

目前，有两种不同的替代品在相互竞争。丰田汽车公司已经研制出钛合金阀（见图 6-32），但是对进气阀，Ti-6Al-4V 合金性能能够满足使用要求。对于承受更高热应力的排气阀，可以采用 TiB 颗粒增强近 α 型钛合金 Timetal834（Ti-6Al-4Sn-4Zr-1Nb-1Mo-

0. 2Si-0. 3O)，通过粉末冶金方法制得。其生产过程是，先把 TiH_2 和 TiB_2 粉末同钛合金粉末混合到一起，然后压实，通过在 1300℃ 真空烧结，TiB 颗粒原位生成。然后在 1200℃ 热挤压得到棒材之后可锻造成阀。阀盘经过热处理、抛光最后氧化以提高抗磨损能力。通过这个方法，体积分数为 5% 的 TiB 在晶粒尺寸约为 $25\mu m$ 的细晶双相组织中生成。用 TiB 颗粒增强的优点在于可以提高室温和高温性能，同时弹性模量可增加到 150GPa。自从 1999 年以来，这些阀已经应用在丰田 Altezza 的 6 缸发动机上。

为了有效生产轻质阀，德国汽车工业把更大的希望放在 γ-钛铝合金的使用上（见图 6-32）。γ-钛铝这种材料的优点是具有较低的密度、好的高温强度、优良的抗氧化能力、优异的抗蠕变能力，热胀系数为 $11.5 \times 10^{-6} K^{-1}$，这些特性更能与钢相媲美。缺点是低的室温塑性，不易机械加工，因此，在成本合理的基础上，阀的生产只可能通过铸造来完成，而在手柄处容易形成缩孔。现在，这个问题已经可以控制。尽管由挤压材料制造的阀的质量较好，但是由于成本高的问题，这些阀长期以来只能用在赛车上。由德国政府支持的一些关于铸造钛铝阀的研究项目已经形成了一种成熟技术，即可以通过离心铸造制造钛铝阀。

目前，无论从经济角度还是从技术角度都还不能定论是颗粒增强钛合金阀还是钛铝阀能在市场上获得成功，但是，可以肯定的是，使用轻质阀与传统钢阀的优势在于确保质量减小40% ~ 50%。这样一来，就可以使转速每分钟增加500转。如果质量减小不完全转化为转速增加，则使燃料消耗增加，阀簧质量减小15% ~20%。

阀簧可以比较容易地由钛合金制得，并广泛应用于赛车上。阀簧和传统的钢阀接合，质量可以减小大约40%；和钛铝阀接合时，质量可减小70%。这种质量减小可使振动降低。对这种弹簧来说，必须使用 β 型钛合金，而直径 2 ~ 3mm 的细线是非常贵的，因此，除了赛车以外其他都不可能用这种阀簧。

自从 2000 年以来，三菱公司开始在排气侧使用一少部分由 γ 钛铝制造的涡轮增压器转片。这一做法在很大程度上依赖于是否能够找到经济的生产方法。钛合金在动力系统的其他应用都不被看好。有一些尝试也失败了，这主要是因为钛合金的弹性模量低（机轴、活塞销）、耐磨性能差（方向盘、凸轮轴），或者是因为以较低成本使用铝合金或镁合金就可以获得相同或较好的质量优势。

（2）在底盘中的应用 钛材料在底盘中最富有技术性的应用是悬簧。钛在底盘部件中的第一次应用并没有引起人们注意。从 1998 年开始，出于腐蚀防护的目的，由钛制造的密封圈就应用在所有大众汽车中铝制制动卡钳与制动线连接凸缘处。当时选用的是 1 级商业纯钛，目的是当紧固螺母时，垫圈可以自由地变形以确保连接处的密封性。同样也是出于耐蚀的目的，奔驰汽车公司同年将 2 级商业纯钛应用到 S-系列的制动导向销中。这样做是因为在设计时，销子完全包入铸造制动卡钳中以至于它们不能再移动。因此，部件的可操作性对汽车的寿命有很大影响。

在底盘应用中，除了可获得单纯的重量减轻外，还可以获得其他益处时，轻质材料的使用就变得倍受瞩目。这就是为什么大家对减轻"未装弹簧的质量"，如车轮、制动器、车轮架、车轮轴承、轴簧等感兴趣，因为这些东西的质量减轻意味着驾驶的舒适度提高。质量减轻可以更容易适应路面的不平，因此，许多底盘部件也适合用钛材料制造。当然，价格高还是主要的障碍。仅仅做最小的组织调整，锻造部件如转向关节、导轮支架、吊环和轮毂都适于采用双相 α + β 型钛合金，如 Ti64 或 Ti62222。除了材料成本高外，同便宜的锻造钢相比，另一个缺点是难于锻造，不易加工成复杂的汽车部件，如多臂的转向关节等。

通常具有轴的弹簧的质量 m 可由下式确定：

$$m \approx \frac{\rho \cdot G}{\tau_f^2} \left(\frac{2 \cdot F_{\max}^2}{C} \right) \tag{6-1}$$

式中　F——弹簧速度；

　　　C——通过车的质量和调整的固定值。

因此，弹簧重量只受材料密度 ρ、剪切模量 G 和在扭转载荷下的疲劳强度 τ_f 影响。由此可以得出，如果要使质量减小 40% ~ 50%，可以通过使用高强度的 β 型钛合金，只有这样才可以在 800MPa 范围内获得必需的扭转疲劳强度。但是，最近几年，钢制弹簧的性能也得到了很大提高，钛与钢可以竞争的点也就只剩下能否让材料质量大幅度的减轻，如图 6-33 所示。优化的力学性能并不足以判断在汽车产品中是否选用钛悬簧。

为了达到这个目的，弹簧生产商必须以产品需求为目的。这意味着钛簧线必须能冷缠到自动线圈机器上，然后在弹簧生产厂进行时效和喷丸处理。为了满足这些要求，大众公司经过技术攻关，终于在 1999 年在世界上首次在 Lupo FSI 后车轴中应用了钛弹簧，如图 6-34 所示。

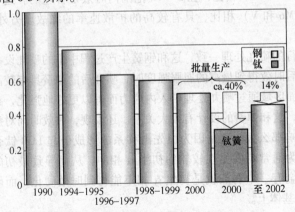

图 6-33　在悬簧质量上最近的一些成果

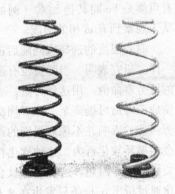

图 6-34　Lupo FSI 的后车轴弹簧
（左：钢制；右：低成本钛合金）

同其他 β 型钛合金相比，Timetal 公司的低成本 β 型钛合金（TIMETAL LCB：Ti-4.5Fe-6.8Mo-1.5Al）的成本较低。使用这种合金可使原材料的成本降低，特别是在非航空航天应用时具有更显著优势。对于其他 β 型钛合金（如 Beta-C，β-21s）来说，由于含有比较贵的合金元素，如 Cr、Nb、Zr 和 Mo，在成本上不能与 LCB 相比；同时，LCB 还具有高的强度，可在相对较短的时效时间内，使抗拉强度达 1350MPa。

　　因此，要通过弹簧生产厂家，并与钛材料生产厂家相结合，以优化交货状态的组织，使簧线能在冷状态下弯曲加工而不受损伤。同时，应互相协调热处理和喷丸处理参数。性能优化将导致交货状态的产品具有如图 6-35 所示的组织。低成本 β 型钛合金具有较好的塑性，这是因为其拥有非常细的变形组织，晶粒尺寸大约 3μm 左右。在轧制时，当簧线温度降到 β 相转变点以下，将形成初生 α 相（α_p），腐蚀后呈黑色。亮的区域由过饱和态的 β 相组成。绕簧后进行的热处理可使 β 相通过析出二次 α 相（α_s）得到硬化。这些析出相是针状的，不连续的，尺寸大约为 20nm × 100nm。析出相的尺寸和数量是由时效的温度和时

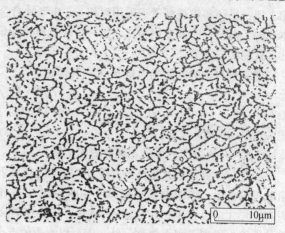

图 6-35　用于卷簧供货状态的
低成本钛合金（LCB）的组织

间决定的。由于大部分 β 相趋向于不均匀析出，因此，在较低时效温度长时间时效是有益的。为追求弹簧的生产效率，减少时效时间。通过对时效时间和温度参数的优化研究发现，低成本钛合金同 β-C 和 Ti-15-333 相比，在 2 ~ 4h 范围内时效是合理的。这很有可能是 Fe 同其他元素（例如 Mo 和 V）相比，具有较高的扩散速率的缘故。另外，从未观察到有 ω 相的形成。

　　时效温度的选择应同随后进行的喷丸处理一致，这和钢簧生产过程中用的喷丸设备一样。研究表明，当弹簧没有最后时效得到最高的屈服强度时，喷丸后的弹簧具有较高的疲劳寿命值。用这种方法，表面区域通过喷丸处理引入内应力而得以更好地强化，致使疲劳寿命可提高至 1×10^6 周次，这和弹簧的设计有很大关系。还发现，时效时间对疲劳强度的影响并不像对强度的影响那么大。这是因为由先滑移系的形成引起 LCB 钛合金的循环软化行为，这种软化行为通常易发生在较软的初生 α 相中，从而导致最初的裂纹形成。因此，这种 β 型钛合金有一个弱点就是初生 α 相不能得到时效硬化，而硬化通过析出 α_s 板条只发生在 β 相基体上。

　　通过以上对 Lupo FSI 钛悬簧生产的介绍，可以看出对于钛簧的生产已经有了一套可行的方法。但是，对于悬簧和簧线的生产厂家来说，应更加注重提高合金性能和生产过程的优化。

　　（3）排气系统的应用　钛在汽车领域的另一有吸引力的应用是排气系统。这是因为使用相对不太昂贵的钛的半成品可以大大减轻重量。例如，在 Golf 车型里面半成品钛在发动机里约占 7 ~ 9kg。使用钛后的另一个优势是，大大地提高了排气系统的寿命。第一个在排气系统应用钛合金是在 2001 年，面向北美市场的新型 Corvette Z06 汽车。

　　目前高质量的排气系统是由 1.4301 不锈钢（18X5CrNi-10，SAE-No. 304 S15）制造

的，钛只能替代气体温度不太高的排气系统的部分部件。一旦发动机排气区域气体的温度超过 900℃，钛只能用在催化转化器后面部位，那里的气体温度最高只有 750 ~ 800℃。在柴油汽车中，温度更低，在回气管中最高只有 600℃。

基于性能和成本考虑，认为可以采用 2 级商业纯钛，因为其可以同时兼顾到强度和冷成形性能。2 级纯钛在室温的屈服强度几乎是不锈钢的两倍。如果有必要的话，可以采用塑性更好的 1 级纯钛来制造更复杂的铸造部件。在这些条件下必须考虑商业纯钛的强度和冷成形性能是由间隙原子，如氧间隙原子等的含量确定的。因为这些元素的影响作用随温度升高而减小，在使用过程中，不同纯度等级的钛，在高温下的强度差异会减小。

在空气中的氧化试验表明，温度仅达 500℃ 就会导致由于表面氧化而褪色，而其本身的组织并不受影响。在 600℃ 长期使用时，就会观察到一层近 20μm 厚的 TiO_2 氧化膜和初始晶粒粗化现象；如果在 700℃ 下长期使用，将会观察到晶粒严重粗化，清晰的 α 相形成，初始氧化层剥落而导致厚度减小。尽管塑性损失、晶粒粗化，但其抗拉强度和屈服强度仍保留在较高水平。

在实际应用中，很少提及热负荷的影响，钛通常只与一侧的排出气体相接触，汽车的速度增加，则排出气体的温度也升高，这意味着需要更强的冷却气流。另外，汽油发动机的排出气体仅含有 1% 左右的自由氧气；柴油发动机的排出气体中氧含量较高一些（大约 10%），但是柴油发动机的气体温度较低。在回气管的内壁，较高温度的排出气体将成为应用的障碍，因此，如果必要的话，可以考虑使用由高温钛合金制造的单盘。

要将钛合金材料应用于汽车排气系统的关键是低成本技术：利用目前钢制品的工装模具和设备是一个努力方向，尤其是管道偏差、封装和有预先包装的回气管的结合，以及最终的组合安装等技术。目前，管道弯曲和包装过的回气管的生产技术已经是比较成熟的技术，这可以从新型号 Chevroler Corvette Z06 车引入了钛的排气系统得到证实。但是，对于钛板的拉深技术的研究还在开展之中，这项技术和焊接技术是降低钛排气系统价格的关键技术。钛加工的缺点还有，由于其较低的弹性模量而易于在和工装模具接触处产生磨损，这将降低拉深部件的尺寸稳定性。

在单纯拉伸载荷作用下，商业纯钛板（1 级和 2 级）显示了令人吃惊的深冲性能。即便是 2 级钛也具有最大深冲率（$\beta = 2.5$），超过了不锈钢 1.4301。但是其伸长行为很差，在实际部件的生产中，容易出现局部裂纹，导致撕裂。由于钛在变形流动过程中受到障碍，使钛的磨损更为明显。因此，对于深冲过程的工艺优化，以及对润滑剂性能和模具材料都提出了更高的要求。对商业纯钛和普通模具钢 1.2379（X15512CrVMo-1，SAE-No. D2，B. S. BD2）之间摩擦系数的测量表明，采用传统的不同润滑剂（主要是石蜡基的、肥皂基的或油基润滑剂、石墨油或铜胶）时，摩擦系数之间的差异很小，而采用含 MoS_2 或石墨的深冲润滑剂时，摩擦系数则明显不同。此外，深冲完后表面粘附物的去除是件非常费时又污染环境的工作，采用深冲箔则是一种很好的解决途径，既可以获得最佳的摩擦系数，与深冲润滑剂相比，还节省工时，如图 6-36 所示。采用不同模具钢或涂覆钢的试验表明，钛板的冲压加工差异不大，但是，使用塑料或硬木制作的工具，则可以使冲压加工变得容易得多，这是因为塑料表面有自润滑作用，而木头有吸收润滑剂的能力。

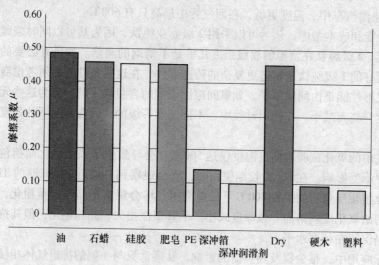

图 6-36　不同润滑剂和模具材料对商业
纯钛板深冲行为即摩擦系数的影响

目前最困难的生产技术问题是焊接技术，其关键问题是需要确保焊缝同保护气体（如氩气）在回气管上的焊接管的反向屏蔽，因为整个系统的完全冲洗将会造成很大的额外费用，尤其是对较大的排气系统，必须找到合适的方法，例如，合适的护盖，有了它可以避免反向屏蔽气体的使用。一般来讲，设计钛排气系统时应尽量减少焊接点的数量。

6.3.4　其他应用

1. 在眼镜行业的应用

自 20 世纪 80 年代初期，日本福井公司研制出钛眼镜架后，由于其出色的综合性能，经过 20 多年的考验，金属钛得到了眼镜行业的认同，钛制镜架已成为主流产品和行业发展的方向。钛之所以应用于眼镜行业，主要是其具有优异的耐蚀性、良好的生物相容性能、高比强度、低热胀系数和无磁性等特点。

钛合金虽有很多种牌号，但在眼镜框行业常用的材料牌号并不多，主要有表 6-20 所列几种和少量的 NiTi 形状记忆合金。针对眼镜框应具备良好的成形、切削、钻孔等加工和着色性能的要求，会有更多的钛合金得到开发应用。纯钛 Gr. 2 主要用来制造镜腿、铰链、鼻梁、鼻托足等零件；Gr. 4 纯钛用来做螺钉等加工车削零件；Gr. 9（3Al/2.5V）钛合金用作镜圈型材；β 型钛钛合金、NiTi 合金用来制造对弹性要求高的零件，但这两种材料价格昂贵，而且不容易加工。由于钛具有一系列独特的优异性能，钛眼镜架一经问世就一直受到了市场追捧。

表 6-20　眼镜框行业常用的钛材牌号及化学成分（质量分数,%）

合金牌号	Al	V	N, 最大	C, 最大	H, 最大	Fe, 最大	O, 最大	Ti
ASTMGr. 2	—	—	0.03	0.10	0.01	0.30	0.25	余量
ASTMGr. 3	—	—	0.05	0.10	0.01	0.30	0.35	余量
ASTMGr. 4	—	—	0.05	0.10	0.01	0.50	0.40	余量
ASTMGr. 9 (3Al/2.5V)	2.5 ~ 3.5	2.0 ~ 3.0	0.02	0.10	0.01	0.25	0.15	余量
β-Ti 22V/4Al	3.5 ~ 4.5	20 ~ 23	0.05	0.10	0.015	1.00	0.20	余量
NiTi	—	—	—	—	—	—	—	余量

2. 在手表和照相机外壳上的应用

钛开始用于手表，大约是在 20 世纪 70 年代到 20 世纪 80 年代初，Omega 公司推出的防水体育用手表；Hoya 公司的附有计时功能的体育用表；IWC 公司的防水且附计时功能的体育用表，它们的共同点都是属于高档体育用表。日本的钛手表是由西铁城和精工两大手表厂家在同一时期投入市场的，当时有西铁城的防水室外用手表，精工的附计时功能的体育用手表，与其他国家一样，这些手表属于中高档体育用手表。为了提高钛制手表的耐指纹性及耐擦伤性等，都涂以无机或无机加有机的膜，呈浅暗灰色。

现今，已经有成熟的采用钛材制作壳体和表带的低成本加工技术，并用在了从中档到大众化的体育用手表上，加上钛表面技术的发展，扩大了钛在手表行业中的应用领域。采用硬度高的钛合金或进行氮化处理以提高硬度，比采用钛喷丸处理加涂层的成本要高，因而各公司在用高强钛合金的商品上采用了"精钛""硬精钛""亮钛"等名称。手表上用钛的另一个优势是钛对皮肤没有过敏反应，1990 年在日本西铁城公司与中央病院皮肤科的医师共同对 100 位有金属过敏反应的患者进行了试验，结果是佩戴钛手表的皮肤过敏病症为零。据 2001 年的统计，钛手表在日本的总销售中约占 6%，其中 70% 为体育用手表，20% 为实用普及型手表。但在其他国家，钛手表已占一半，而且价格也逐渐便宜，如在德国手表市场上，最便宜的约为 3000 日元，也有益于身体健康，所以快速推广了无皮肤过敏反应的钛手表。今后将继续降低成本，开发易冲压、切削、表面抛光等加工性能好的钛材，不断推广从中档到普及型的钛手表。

钛首次用于照相机零件是 1953 年日本光学公司（以下简称日光）在尼康 F 牌单镜头反光照相机上用钛，用作布帘式快门帘。过去采用绸布上涂橡胶的快门帘，它在太阳光下棱镜聚焦时易引起穿孔事故。日光公司的经两年的试验研究，终于在 F 牌照相机上采用约 25μm 厚的纯钛箔快门帘，该门帘要求耐高温、耐持久、耐老化、质轻、弯曲强度高、耐冲击等，钛可以说是基本上满足这些要求的最合适的材料。为了防止前帘和后帘在左右行走时的碰撞或起皱，在钛箔上进行了压花处理。后来日本佳能公司在 1971 年发售的 F1 品牌单镜头反光照相机上、日本 Minolta 在 X-1 品牌（1973 年）、旭光在 LX 品牌（1980 年）、京陶在 RTSⅡ品牌（1982 年）、奥林巴斯在 PEN 品牌（1993 年）和 F3 品牌上（2000 年）都相继使用了钛箔快门帘。其中，日光的 FM2（1987 年）采用钛箔快门帘提高了快门速度，当时的最高速度达到 1/4000s，而且闪光灯的同步速度也提高到 1/125s，钛箔表面进行了氮化处理。而奥林巴斯的 PEN-F 上的快门帘具有独创的结构，不是一般采用的横行走式或竖行走式，而是采取旋转式快门，即以圆弧状钛箔的旋转调节焦点平面上的遮光和曝光量。日光公司在 F2 相机上用钛制作取景镜架（1971年），当时改进照相机是为了提高快门速度，除了快门帘移动速度外，还应提高处于快门帘前的取景镜在曝光的一瞬间的弹跳速度。在世界上，日光公司首次采用钛制作照相机外装。早在 1978 年专为日本的植村直已到北极考察而制造的，其上下盖、前后盖均为钛的冲压件。由于这种相机结实耐用，作为 "FF2Ti" 品牌在新闻报道界销售了数千台。1982～2000 年面向普通大众又发售了 F3T，1983 年面向新闻报道的 F3P 照相机上都采用了钛制外装。此外，还有日光的 FM2T（1993 年）、京陶的超高级 CoN Tax T2（1990 年）、日光的 35Ti（1993 年）、28Ti（1994 年）、Minolta 的 TC-1（1996 年）、富士的 APS（1997 年）、京陶的 G1（1994 年）和 G2（1996 年）照相机上都采用了钛制外装。

　　作为照相机外壳材料，除上述性能外，还要求表面均匀一致及抗污染。在解决了钛在冲压加工性、焊接性、磨削性及耐污性等方面的一些问题之后，1990 年 12 月推出了首架全钛外壳的袖珍型照相机。现在每月用作外壳材料的钛已达 2t 以上，制作的零件有前后盖、上下盖和镜头保护盖。工业纯钛有很好的深冲性，但在凸肚成形上有一些问题，增大晶粒度和减少氧含量可以得到改善，但晶粒过大时又会使成形表面粗糙。纯度高时，深冲性能会恶化，需要适当控制轧制和成品热处理工艺。深冲性能提高时，钛的弯曲性能倾向于变差，因此，加工时应该综合考虑这些性能，为了得到良好的综合加工性能，热处理温度要比一般情况下高些，所用气氛为大气气氛，热处理之后应该酸洗，酸洗时要注意表面状况，采取相应的对策。

　　通过选择氧含量适中、屈服强度高或强度/弹性模量小的材料，并且，适当控制轧制和热处理条件，可以提供各性能均衡的纯钛板材。这是钛制照相机外壳能够实用化的一个重要原因。但是，即使如此，在成形加工时也会出现表面波浪、拉伸折皱、变形等问题；也不能完全防止冷焊、粘着等缺陷。这主要是因为钛的导热性差、与氧或其他金属的亲和力大以及特殊的晶体结构。表面镀铜虽能防止焊合，但因成本高、工序复杂而未能采用。用一种组合式的双向液压成形法可以提高膨胀性、深冲性及减轻焊合问题，例如，照相机上盖的成形，由传统冲压法的 18 道工序减少到 8 道工序。

　　一般认为钛容易被指纹污染，通常的清洁处理虽能防止指纹污染，但使钛失去了其独特的表面特色。用一种无机材料薄膜涂覆在钛的表面可以同时满足这两方面的要求。涂膜厚度约为 1μm，涂覆后进行 1～2 次加温硬化处理，也可以采用离子镀方法处理表面。因为钛的热导率低且与氧的亲和性强，故抛磨时易在局部形成厚氧化膜，致使无法抛光。因此，要采用极低的抛光速度或在冷却剂中抛光及用软木抛光，这一工序往往成为增加钛外壳成本的一大因素。

　　用钛外装的照相机在 20 世纪 90 年代达到全盛期，后来就每况愈下，几乎所有公司都中止了生产，在 2002 年的世界照相机展览会上，共展出 167 种相机，钛制相机仅有 11 种，而且都是高档相机，现在照相机的主流已经变为数码相机了，数码相机的外观形式又不断变化，因此，钛材在相机外装上的应用更难以增加。今后应把目光转移到相机的内部部件上，例如，提高棱镜的倍率、分辨率和小型化是一个要解决的课题，目前流行采用非球面棱镜头，而这种镜头对应力敏感性比球面镜头大，因此，其棱镜架或镜筒内部若能采用钛材，其热膨胀比铝合金和工程塑料小，也许有一定的使用价值。

3. 在船舶上的应用

核潜艇是最早应用钛的船舶，苏联于 1978 年开始建造钛制核潜艇，其排水量达8100t，潜航深度为 750m。日本于 1989 年曾建造了载人深潜调查船，其耐压舱用钛合金制造，成功地进行了海下 6500m 的深海调查。另外，10000m 级无人深潜器的耐压容器也使用了钛合金。

作为一般的民用钛船，最早的一艘是 1985 年 5 月建造的赛艇，除座舱外，全部用钛材制造，总重 2.8t，全长 17m，宽 4m，高 2.5m，1997 年 3 月日本建造的排水量为5.3t 的钛船，全长 12.55m，宽 4.06m，高 2.25m，使用 JIS H2 类纯钛 1.7t，还有部分构件使用了 Ti-6Al-4V 合金，获得了日本小型船舶检验机构的检验证书。1998 年 10 月和 1999 年 6 月，日本又有两艘钛渔船下水，一艘全长 12.5m，宽 2.8m，总吨位 4.6t，使用了 3t JIS H2 类钛材；另一艘全长 14m，宽 2.8m，吃水深度 0.8m，总吨位 4.5t。这些日本制造的钛船，船底板和侧板等厚度都在 2~4mm 范围，只有赛艇使用了 4~15mm厚的船壳。在船舶上除了用钛作主要构件和船壳外，还有钛制的桅杆、发动机排气管、推进器、转轴和方向舵等许多船用部件。

在舰艇上使用得较多的钛合金铸件是海水泵与球阀。20 世纪 80 年代美国更换舰艇甲板上的海水泵，采用铸造钛合金泵代替，一次订货达数百万美元。

铸造钛合金在船用推进器上得到了应用，包括大型气垫船、水翼船、摩托艇所用的螺旋推进器。铸造钛合金推进器强度高、起动惯性小、抗空泡腐蚀性好、使用寿命长，是替代铜制螺旋桨的更新换代产品。以气垫船为例，一双铜制推进器的使用寿命只有三个月，改用铸造钛合金后，工作一年后还可以继续使用。

20 世纪 60 年代我国研制的第一代潜用全液压伸缩天线使用了 TC10 钛合金管材，20 世纪 80 年代至 20 世纪 90 年代初，研制出了新一代潜用液压伸缩天线，20 世纪 90 年代研制出了更新一代的短波大功率发信伸缩天线，20 世纪末、21 世纪初，研制出了均采用 TC10 钛合金的管材，内部也是 TA3 的钛管。

舰艇严酷的工作环境需要性能优良的材料。用钛材制造舰船通信天线和其他器材，能充分发挥装备的技术性能，大大提高装备的可靠性、延长使用寿命和提高舰艇的战斗力。美国 Timet 与美国海军联合开发了一种具有强度适中、韧性高、焊接性能好的近 α型钛合金，命名为 Timetal 5111，其名义化学成分为 Ti-5Al-1Zr-1Sn-1V-0.8Mo-0.1Si。该合金突出的特点是具有良好的断裂韧度及抗应力腐蚀性能，同时还具有良好的抗蠕变性能，其冲击韧性为 Ti-6Al-4V 的 3 倍，并且易焊接，可以进行大规格型材的焊接，主要用于舰船制造和海洋工程。在 Timetal 5111 合金基础上添加 0.05% Pd（质量分数），创制出了 Timetal 5111Pd 合金，其耐缝隙腐蚀性能好，能够达到一种合金多种用途的目的。

　　由上述钛船的实际例子，可以看到用钛制造船舶有以下优点：质轻：钛的密度比铝和玻璃钢都大，但因其强度高、可减薄板厚，故总重量降低；高速化：使用同样功率的发动机可提高船速；耐蚀：外表面不需任何防腐涂料；再利用比玻璃钢容易得多；船的稳定性好、纵横摇摆小、急转弯时倾斜小、中高速航行时舵行小；振动及噪声小；耐用时间长；废料回收容易，燃料费用低，二氧化碳排放少，有利于环境保护。基于这些优点，钛合金应用在小型高速船舶上具有更好的效果，如警备艇、消防艇、游渔船、渔船等。

参 考 文 献

[1]　武仲河，战中学，孙全喜，等. 铝合金在汽车工业中的应用与发展前景 [J]. 内蒙古科技与经济，2008，(9)：59~60.

[2]　张少华. 铝合金在汽车上应用的进展 [J]. 汽车工业研究，2003，(3)：36~39.

[3]　孙丹丹，李文东. 铝合金在汽车中的应用 [J]. 山东内燃机，2003，(1)：34-36.

[4]　甘卫平，许可勤，范洪涛. 汽车车身铝化的研究及其发展 [J]. 轻合金加工技术，2003，(6)：14~15，20.

[5]　丁向群，何国求，陈成澍，等. 6000 系汽车车用铝合金的研究应用进展 [J]. 材料科学与工程学报，2005，(2)：302-305.

[6]　关绍康，姚波，王迎新. 汽车铝合金车身板材的研究现状及发展趋势 [J]. 机械工程材料，2001，(5)：12~14，18.

[7]　刘静安. 大力发展铝合金零部件产业促进汽车工业的现代化进程 [J]. 铝加工，2005，(3)：8~17.

[8]　王慧玲. 高速铁路客车铝合金车体的研究 [D]. 大连：大连铁道学院，2003.

[9]　牛得田. 铝合金车体在轨道车辆上的应用及展望 [J]. 机车车辆工艺，2003，(3)：1~2.

[10]　柏延武，高红义. 铝合金在铁道车辆上应用的探讨 [J]. 铁路采购与物流，2009，(3)：41~44.

[11]　王炎金，丁国华，王俊玖. 铝合金车体制造技术在中国的发展现状和展望 [J]. 焊接，2004，(10)：5~7.

[12]　金龙兵，赵刚，冯正海，等. 高速列车用中强可焊 Al-Zn-Mg 合金材料 [J]. 轻合金加工技术，2010，(12)：47~51.

[13]　张国荣，潘连明，耿海，等. 高速列车铝合金齿轮箱箱体的研制 [J]. 机车电传动，2003，(S1)：9~10，27.

[14]　林学丰. 铝合金在舰船中的应用 [J]. 铝加工，2003，(1)：10~11.

[15]　魏梅红，刘徽平. 船舶用耐蚀铝合金的研究进展 [J]. 轻合金加工技术，2006，(12)：6~8.

[16]　李敬勇，李标峰. 铝合金焊接船及其发展 [J]. 材料开发与应用，1994，(3)：34~36.

[17]　王珏. 铝合金在造船中的应用与发展 [J]. 轻金属，1994，(4)：49~54.

[18]　赵勇，李敬勇，严铿. 铝合金在舰船建造中的应用与发展 [J]. 中外船舶科技，2005，(1)：9~11.

[19]　何梅琼. 铝合金在造船业中的应用与发展 [J]. 世界有色金属，2005，(11)：26~28.

[20]　黄晓艳，刘波. 舰船用结构材料的现状与发展 [J]. 船舶，2004，(3)：21～24.

[21]　黄敏，刘铭，张坤，等. 铝及铝合金焊丝的研究与发展现状 [J]. 有色金属加工，2008，(2)：9～12.

[22]　焦好军. 航天铝合金焊丝的现状和展望 [J]. 焊接，2008，(3)：17～20.

[23]　Michael M. Avedesian and Hugh Baker. ASM Specialty Handbook—Magnesium and Magnesium Alloys [M]. Materials Park, OH：ASM International，1999.

[24]　陈振华. 镁合金 [M]. 北京：化学工业出版社，2004.

[25]　张津，章宗和. 镁合金及应用 [M]. 北京：化学工业出版社，2004.

[26]　刘正，张奎，曾小勤. 镁基轻质合金理论基础及应用 [M]. 北京：机械工业出版社，2002.

[27]　许并社，李照明. 镁冶炼与镁合金熔炼工艺 [M]. 北京：化学工业出版社，2006.

[28]　胡忠. 铝镁合金铸造工艺及质量控制 [M]. 北京：航空工业出版社，1990.

[29]　丁文江. 镁合金科学与技术 [M]. 北京：科学出版社，2007.

[30]　袁成祺. 铸造铝合金镁合金标准手册 [M]. 北京：中国环境科学出版社，1994.

[31]　工程材料实用手册编辑委员会. 工程材料实用手册：第 3 卷（铝合金 镁合金）[M]. 北京：中国标准出版社，2002.

[32]　陈振华. 变形镁合金 [M]. 北京：化学工业出版社，2005.

[33]　黎文献. 镁及镁合金 [M]. 长沙：中南大学出版社，2005.

[34]　宋光铃. 镁合金腐蚀与防护 [M]. 北京：化学工业出版社，2006.

[35]　潘复生，韩恩厚. 高性能变形镁合金及加工技术 [M]. 北京：科学出版社，2007.

[36]　耿浩然. 铸造铝、镁合金 [M]. 北京：化学工业出版社，2007.

[37]　徐河，刘静安，谢水生. 镁合金制备与加工技术 [M]. 北京：冶金工业出版社，2007.

[38]　刘楚明，朱秀荣，周海涛. 镁合金相图集 [M]. 长沙：中南大学出版社，2006.

[39]　陈振华. 耐热镁合金 [M]. 北京：化学工业出版社，2007.

[40]　Leyens Christoph, Peters Manfred. Titanium and Titanium Alloys：Fundamentals and Applications [M]. Weinheim：WILEY-VCH，2003.

[41]　吴引江，周廉，兰涛. 钛在汽车工业上的开发与应用 [J]. 金属世界，2000，(6)：2-3.

[42]　吴引江，周廉，兰涛. 钛在汽车工业上的开发与应用现状（I）钛及钛合金 [J]. 钛工业进展，2000，(1)：23-26.

[43]　杨世杰，金勇，钱均，等. 钛在汽车上的应用与展望 [J]. 汽车工艺与材料，2002，(8)：44-46.

[44]　张延生. 钛及钛合金在汽车工业中的应用 [J]. 钛工业进展，2004，21 (1)：16-18.

[45]　张小明. 钛在摩托车和轿车中的应用 [J]. 稀有金属快报，2002，(11)：20-22.

[46]　李建. 钛金属在眼镜行业的应用 [J]. 中国眼镜科技杂志，2004，(5)：82.

[47]　张小明. 钛在船舶上的应用进展 [J]. 稀有金属快报，2000，(10)：1-2.

[48]　吴全兴. 钛在手表和照相机上的应用现状及前景 [J]. 稀有金属快报，2003，(9)：9-10.

[49]　张喜燕，赵永庆，白晨光. 钛合金及其应用 [M]. 北京：化学工业出版社，2005.

[50]　Gerd Lütjering，JamesC. Williams. Titanium（Engineering Materials and Processes）2nd edition [M]. Leipzig：Springer，2007.

第 7 章 轻合金在电子电气工程中的应用

7.1 铝合金在电子电气工程中的应用

虽然铝线的导电性比铜线差，但由于铝及铝合金的密度比铜及铜合金低很多，且价格上也比铜及铜合金具有明显优势，因此早在 20 世纪 60 年代，北美就开始采用钢芯铝线作架空输配电线，从而使铝代替铜作为导电和输电载体成为一种发展趋势。

20 世纪 80 年代，巴西电气工业用铝量的年平均增长速度接近 15%，1980 年—1985 年印度电气工业用铝量以 60% 的速度增长。我国台湾省电气工业的用铝量由 1975 年的 1175t 增加到 1990 年的 20000t。在工业化国家中预计新输电系统将继续使用铝线和铝缆。在工业发达地区总的说来，电气工业用铝量的平均年增长率大约为 5%。

我国煤炭和水力资源十分丰富，因此近十几年来，电力工业发展非常迅速。我国的铜业资源比较贫乏，因此铝材成了电力（电气）工业的主要材料，2006 年的铝导体用材就达 107 万 t，且平均年增长率超过 10%。IT 行业的飞速发展与普及，也大大推动了铝材在电子工业上的应用。目前在邮电通信设备、电子仪器及其零部件、磁盘基板和壳体、各种电容器、光学器材、磁鼓以及家用电器等方面都大量使用铝材。人们已经相继研制开发出了多种不同品种、不同性能、不同用途的新型铝合金材料，仍在不断地拓宽着铝材的应用领域和消费量。

7.1.1 铝及铝合金在导线上的应用

架空输电线的基本要求：要有良好的电导率，具有一定的强度以支持其自身的重力及外来的自然荷重（风荷载、冰荷载等）。铜、铝是架空输电线最理想的导线材料，性能比较见表 7-1。

表 7-1　导线材料的性能比较

材料	铜	铝	铝合金	铝包钢	镀锌钢丝
相对电导率	100	61	53	20	9
强度	100	39	71	321	318
相对质量	100	30	30	74	87

铝比铜有更高的强度重量比以及更好的导电性能与重量比，即某一特定的强度及电导率可以从较轻的质量中获得。

1876 年，英国人柯利在博尔顿架设了世界上第一根架空铝线。1908 年美国铝业公司的胡普斯（W. Hoopes）发明钢芯铝绞线（ACSR），1909 年架设于尼亚加拉大瀑布上空。随后，架空高压输电线逐渐为钢芯铝绞线所取代。1955 年以后铝材广泛用作配电线。

目前，全世界生产的铝有约 14% 用作电工材料，其中电力导体几乎都是铝的，但室内导线用量仍有限。铝化率最高的是美国，达 35% 左右。我国电工部门的用铝量约占全国铝总消耗量的四分之一，作为导体用铝材的 79% ~ 85% 是架空导线和地线，9% ~ 10% 为架空绝缘电缆，11% ~ 12% 为扁线、母线、编织线及漆包线等其他导线。

最普通的铝导体合金（1350）所能提供的最小电导率达到国际退火铜标准（IACS）的 61.8%，抗拉强度在 55 ~ 124MPa。

钢芯铝绞线的电阻由铝的横截面大小决定，而抗拉强度则取决于复合的钢芯，它提供总强度的 55% ~ 60%。钢芯铝绞线结构按强度使用，它的强度与质量比通常是具有相等电阻的铜线的两倍。使用钢芯铝绞线电缆线容许配置较长的挡杆及较少的矮电杆或铁塔。高压输电线中铝导线的性能见表 7-2。

表 7-2　高压输电线中铝导线的性能

材　　料	电阻率/$\Omega \cdot mm^2 \cdot m^{-1}$	R_m/MPa	温度特性/℃	
			标称温度	短路时允许温度
铝（硬态）	2.82×10^{-8}	170 ~ 200	70	130
铝合金	3.25×10^{-7}	295	80	155
钢芯铝	2.30×10^{-7}（钢），2.82×10^{-8}（铝）	1530（钢），163 ~ 197（铝）	—	—

下面着重介绍铝及铝合金在导线上的应用。

1. 铝包钢芯导线

铝导体可以采用轧制、挤压、铸造或锻造方法生产。纯铝线由于其强度较低，一般只在低压线路上应用。普通形状的铝导线由单线或多根线（绞合线、成束线或多层线绳）组成。每一种线均可用于架空或其他张紧与非张紧用途。在高、中压线路中需采用钢芯铝绞线（ACSR）。钢芯铝绞线由围绕高强度的镀锌或镀铝的钢芯导线作同心配置的一层或多层的绞合铝线组成（见图 7-1），而钢芯导线本身可以是一根单线作同心圆配置的绞合线。带有钢芯的铝导线是通过挤压方式生产的。挤压时，导线通过挤压模上孔，围绕钢芯周围的铝随钢芯一道被挤出，铝包裹在钢芯周围形成导缆，并挤压至最终尺寸，也可以用拉拔成形，即将导线穿进一根预制尺寸较大一些的铝管，然后通过减径和拔模挤压该铝管至最终尺寸。

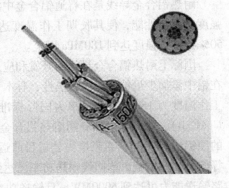

图 7-1　钢芯导线截面示意图

与钢芯铝绞线相比，在线路上用铝合金绞线有以下优点：

1）普通钢芯铝绞线的内层铝单丝与镀锌钢丝直接接触，在外界水汽和污染浸渍下两种金属之间产生电位腐蚀，加速了钢芯的老化。而铝包钢芯铝绞线的钢丝被铝层包裹而不与铝股接触，避免了电位腐蚀，且与空气中的水汽隔绝，进一步提高了抗腐蚀能力，延长了导线使用寿命。

2）铝包钢芯比镀锌钢芯、稀土锌铝合金镀层钢芯和镀铝钢芯的抗腐蚀能力分别提高 11 倍、515 倍和 211 倍，可见采用铝包钢芯对延长钢芯使用寿命有显著效果。

3）采用 20% IACS 的铝包钢芯可使铝包钢芯铝绞线的铝截面比钢芯铝绞线增加，导线电导率增加。

4）铝包钢芯铝绞线与钢芯铝绞线相比，水平荷载相同，最大使用张力相差不大，但由于单位自重轻，弧垂略小，施放档距略大。

导线的导电性能与铝钢比有直接的关系，铝钢比越高，导电性能越好。由于铝包钢绞线用包覆铝层的加强钢线取代了镀锌钢线，铝的总面积增加，电导率也会相应增加，电阻下降。

2. 耐热铝合金导线

随着我国经济的快速发展，对电力的需求急剧增长，对送电线路要求向大电流、超高压方向发展，这就要求增大导线的输电容量（允许载流量）。而导线的允许电流与允许温升、导线直径和电导的平方根成正比。要达到较大容量，可以增加导线外径（增大标称截面积）和降低导线电阻率，但导线电阻率不可能无限制降低，增加导线外径会大大增加杆塔的水平、垂直和纵向荷载，从而加大单基铁塔的尺寸和质量，相应的基础工程量、线路走廊也大为增加，因此，这两种方法缺乏经济可行性。而将导线的允许工作温度提升是可行的，并且较为经济。但当输电线大容量传输时，导线工作温度急剧上升，普通钢芯铝绞线中使用的电工硬铝线在不到 100℃ 时即开始软化，导线强度损失较大，运行安全得不到保证，因此需要一种可以耐受高温，且在高温运行时强度损失较小的导线。耐热铝合金导线的研究和应用就是在这种背景下产生的。

耐热铝合金导线是在普通铝合金中添加锆、钇等元素，提高铝的再结晶温度、蠕变强度及耐热性能，使其长期工作温度达到 150℃，载流量较相同规格铝线提高 40% ~ 50%，抗拉强度达到 180MPa 以上。

国际上耐热铝合金导线的开发和应用已有数十年历史。美国于 20 世纪 50 年代提出在铝中添加少量锆以提高耐热性，日本于 20 世纪 60 年代进行了系统的研究，并开发出工作温度为 150℃，电导率为国际标准退火铜 58%（IACS）的钢芯耐热铝合金绞线（TACSR），它的导电部分用耐热铝合金线（TAl）代替了传统钢芯铝绞线（ACSR）中的硬铝线（HAl）。东京电力公司目前运行的超高压电网就大量采用了耐热铝合金导线等综合技术措施，单回线输送功率已达到自然功率的 2 ~ 3 倍，同塔双回 500kV 送电线路输送能力可达到 6000MW，且输送功率基本不受系统的稳定性限制。

在耐热铝合金导线系列中还有导体部分用超耐热铝合金线（UTAl 和 ZTAl）的钢芯超耐热铝合金绞线（UTACSR 和 ZTACSR）、用高强度耐热铝合金线（KTAl）的钢芯高强度耐热铝合金绞线（KTACSR）等线种。

由于耐热导线的电导率较低、线损较大和弧垂问题，耐热导线依然较难应用于长距离输电线路。耐热铝合金导线要满足弛度的要求，一般会采用较大的使用应力，安全系数的减小会造成导线平均运行张力的增加，使导线的防振性能降低。如何在耐热导线弛度和防振性能间取舍，采取何种合理的防振措施，又是一个重要的课题。

与传统的铝合金导线相比，耐热铝合金导线具有耐高温、载流量大、节约工程投资的优点，尤其适合城市送电线路的增容改造，但也有线损大、运行经验不足，配套产品不齐的缺点。耐热铝合金导线在发达国家的应用已经较为普遍，在我国还处在起步阶段，要达到发达国家的水平还需要相当长的一段时间。

3. 高强度铝合金导线

高强度铝合金导线内层采用高强度铝合金单线作芯线，外层按标准规定采用铝线同心绞合。由于铝合金线的耐蚀性比普通钢绞线要好，所以它和铝包钢芯铝绞线一样，特别适合在易腐蚀的地区使用。

与传统的钢芯铝绞线相比，高强度铝合金导线直流电阻基本相同，虽然高强度铝合金导线的总拉断力比钢芯铝绞线略小，但铝合金导线的单位质量比钢芯铝绞线低 15%。同时，在相同拉力条件下，铝合金导线的弧垂比钢芯铝绞线小。

4. 汇流母线导体

美国商用母线采用四种汇流母线导体材料：矩形棒材、实心圆棒、管材与结构型材。近年来，为了提高导电强度，减轻材料质量，各种形状和断面铝合金管母线用量也大大增加。铝合金管母线主要用于大型水力和火力发电站作输电用，主要合金有纯铝、6063 和 6010 等电工铝合金，一般采用无缝铝管。

电解铝厂和再生铝厂的高电流母线使用连续铸造的铝棒。高压开关中的管形电流夹板和导电部件，也采用铝的铸件或锻件。

7.1.2　铝及铝合金在变压器及电机等中的应用

1. 铝及铝合金在变压器中的应用

在 1950 年以前，铝绕组已在变压器（主要是配电变压器）中应用。绕组额定功率通常小于 2.5 MV·A，额定电压为 3.6~36kV，作为油浸式或空冷式变压器使用。铝绕组同样可在非常小（几伏安）和较大（25~63 MV·A）额定功率变压器上应用。

目前设计的大功率变压器中，几种结构部件也是用铝制造的，包括夹线板、外壳、电磁屏蔽表面等，这样可降低附加损耗。铝线圈广泛用于干式电力变压器，并适用于磁悬浮式恒流变压器的二次感应线圈。它的使用可减轻质量，并使感应线圈浮动在电磁悬浮之上，与此密切联系的用途是，可用于制造保护变压器过载的电抗器实体装置。

铝在变压器绕组中应用的经济性是由铝、铜绕组价格比来决定的。从制造费用考虑，如果铜绕组额定功率降低后的制造费用仍比相同额定功率的铝绕组变压器高，采用铝则较经济。铜绕组最经济的电流密度为 2.5~3.5A/mm²，铝绕组为 1.5A/mm²。

空气冷却式变压器中，绕组占去了变压器空间的大部分，因而采用铝绕组是经济的，生产费用也少。从载荷及尺寸角度出发，最好的铝绕组材料是半硬状态的线材，其电导率为 $35 \times 10^6 S/m$，断后伸长率为12%，抗拉强度为110MPa，硬度200HBW。

近年来，额定功率达4MV·A的干式或油浸式变压器已采用铝箔绕组，其优点是绕组中散热性好、抗短路电流高，改善冲击电压引起的电压分布且这种绕组制作易于自动化。

在干式变压器上，大部分高压和低压线圈是用铝带材制作的；而在油浸式变压器上仅有低压线圈是用铝带材制作的。与导电量等同的铜线圈相比，铝的优点是价格适宜、质量轻、温升小；缺点是线圈间隙较大。带材线圈与线状线圈相比其优点是占有体积小、卷绕技术简单、可消除或减小轴向短路电流、导热性好，对绝缘的要求不高。使用铝带经济的原因，不仅是因为原材料便宜，重要的是大量生产的轧制半成品也比较便宜，但总体来看，用于变压器的带材还是比较少的一部分。

近年来，美国有近150万台的变压器在低压侧装有铝线圈。变压器不仅要求有大的功率，同时还要求噪声低。为实现这个要求，可将高压、低压铝带线圈浇注上树脂，制成干式变压器。另外，磁铁起重机、扬声器、电磁离合器、磁场线圈和最近用于架空索道的磁垫都装有铝带线圈，个别的也用铝圆形和扁形线圈，如用于汽车的启动器和专用变压器。

线圈对带材的技术要求主要是有高的导电性能、好的加工性能，具有能满足使用要求的尺寸公差、适当的棱边状态和表面粗糙度。考虑到线圈应具有尽可能高的导电性能和加工性能，唯一可以选用的材料是纯铝（E-Al 或 Al99.5）。在特殊情况下，例如厚度较小的阳极氧化带材，要使用半硬或硬状态的纯铝。这样可避免由阳极氧化形成的脆性氧化膜，因为在缠绕圈时带材产生较大变形时，氧化膜会出现裂纹。

线圈使用的带材厚度为0.2~0.4mm，宽度为20~1500mm。在大多数情况下，通过厚度计算的偏差平均值为近似的补充允许尺寸偏差，因此可以精确地计算线圈电阻并预先确定线圈间隙。带材的剪切毛刺和表面上的外来粒子可能破坏绝缘，因此必须根据带材的边缘类型、边部状态、原始剪切情况进行清理，带材进行原始剪切时要使剪切毛刺垂直于带材表面，并使其小于50μm。

线圈的电气连接是通过冷挤压焊接、气体保护焊接或在带材的端头进行压合。最常用的方法是冷挤压焊接。冷挤压焊接适用于以下材料之间的组合：Al-Al、Al-Cu 和 Cu-Cu。大截面的导线用熔化焊接或感应焊接。

目前，由于线圈的多样性，铝线圈所需要的带材规格很多，且所需要的每种带材数量也不多，因此用于线圈的带材质量和带材规格的标准化工作是十分重要的。

2. 铝及铝合金在电机中的应用

电机转子是电机的重要部件，转子质量对电机的三相电流平衡、功率、转速、温升、损耗、寿命等性能都有很大的影响。长期以来，我国电机行业普遍存在电机转子压铸设备水平低，造成电机转子铸铝质量不稳定、废品率高、浪费大、工作环境差、工人劳动强度大等问题。

电机用铝主要是铸造线圈和结构部件。铝结构部件，如定子底座和端罩等，可以经济地用压力铸造，电机外壳和支架则用铝合金挤压型材。铝结构部件在特定环境必须能耐蚀，例如，在天然或人造纤维纺织用的电机，以及在飞机发动机的配套电机。其他的应用有直流电机的励磁线圈、电机的定子线圈和变压器的同步电机转子，由于铝的密度为铜的1/3，因此铝绕组可大大减小转子离心力，运转中线圈承受的负载小，可减少其所占空间，留出更多的空间来安装线圈。如图 7-2 所示的是叶片全部使用铝合金制造的外转子风机。

电机上用的线材主要包括圆线、扁线、漆包线、玻璃纤维和其他绝缘线，目前转子线圈也已能够采用铝合金制造。

3. 铝及铝合金在配电装置中的应用

世界第一台铝合金制造的六氟化硫绝缘高压配电装置于 1965 年在汉诺威商品交易会上展出。从那以后，这样的装置被大批生产和使用，非常适合在大城市应用。如图 7-3 所示的是使用六氟化硫的互感器铝合金壳体，在目前广泛使用的装置上，气压为 0.4 ~0.6MPa。

图 7-2　叶片全部使用铝
合金制造的外转子风机

图 7-3　使用六氟化硫的
互感器铝合金壳体

该装置的导电体和外壳主要用纯铝和铝合金制造，有个别导线管是用铜管制造的，外壳是铸造铝合金制造的。导电体主要由挤压圆管组成，圆管的外径一般要比封口管内径小，其系数 e = 2.718。按此比例，可在导线表面上达到尽可能小的电磁场强度。为了避免在局部出现电磁场强度升高现象，对导体管有着较高的质量要求，如外径公差、包括圆度、线性偏差、型材表面的最大表面粗糙度、封口前的表面保护和操作等。在封闭管内，用片状环氧树脂制成的支座绝缘子来固定导电体。各结构元件相互之间的电气连接方法是导电体间通过电镀铜插件连接，外壳则在凸缘上用螺栓连接。

7.1.3　铝及铝合金在电容中的应用

近十几年来，通信产品、计算机、家电等整机市场的急剧扩大，作为电器产品中不可缺少的元件之一，铝质电解电容器以其性能优良、价格低廉等特点，得到了很大的应用与发展。据估算，铝质电解电容器的产值约占所有类型电容器产值的 50%。铝电解电容器关键材料的电极箔也越来越受到人们的重视，并以极快的速度发展。同时，随着对铝电解电容器的小型化、高性能化、片式化的要求越来越迫切，对电极箔的制造也提出了更高的技术和质量要求。

我国对电解电容器铝箔的需求近几年内大约以 15% 的平均年增幅上升，年需求铝箔在 3 万 t 以上，我国已成为世界铝电解电容器用铝箔的主要生产和消费地之一。

电解电容器用铝箔分为阳极箔（正极箔）和阴极箔（负极箔）。图 7-4 所示为电解电容器的结构。

如图 7-4 所示，电容器中起阴极作用的是电解质糊体，铝负极箔只是阴极的引箔。在电容器行业中习惯把负极箔称作阴极箔。由于阴极箔表面氧化膜很薄，等效电路中的电容 CC 比阳极箔与电解质糊体构成的电容 CA 大许多，对于高压电容器来说，提高阴极箔表面积影响不大，但对低压电容器有较大的影响。

电解电容器铝箔选用的化学成分为阳极用箔采用 99.98% 以上的高纯度铝箔，厚度为 40~110μm。阴极用箔目前有三种类型：工业纯铝（铝的质量分数为 99.3%~99.8%）、Al-Cu 系合金、Al-Mn 系合金。厚度为 15~60μm。

电解电容器用铝箔属于电子铝箔的范

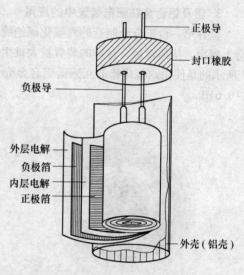

图 7-4　电解电容器的结构

畴，这是一种在极性条件下工作的腐蚀材料。不同极性的电子铝箔具有不同的腐蚀类型。高压阳极箔为柱孔状腐蚀，它在高压下工作时仍保持较高的比体积；低压阳极箔为海绵状腐蚀，在低压下保持较高的比体积；中压段的阳极箔为虫蛀状腐蚀，在中压段保持较高的比体积。

电子铝箔是一种腐蚀材料，要求具有腐蚀核心和腐蚀通道。腐蚀核心是保证材料产生腐蚀的必要条件，而且是产生局部腐蚀。腐蚀通道是腐蚀介质向内扩散，使腐蚀过程顺利进行。如果腐蚀通道不畅通，则腐蚀产物停留在表面而成为灰粉。

由于阴极箔是一种腐蚀材料，人们选择材料时要考虑其表面既要有良好的耐蚀性，又要有局部腐蚀的特性。基于上述考虑，可选用 1×××纯铝系、3×××的 Al-Mn 系合金，或者 5×××系的 Al-Mg 合金。上述三种材料基本上呈均匀腐蚀，理论上都可用作负极箔基材，目前实际应用的是纯铝系和 Al-Mn 系，如 2301 合金实际上应属纯铝系，我国牌号为 8A01；常用的还有 3003 Al-Mn 系合金以及纯铝系。但不论是哪种阴极用箔，都必须有其质量评估参数，具体包括以下内容：比电容；腐蚀表面无灰粉；腐蚀过程中减薄不严重甚至不减薄；有一定强度，折弯强度好；水合稳定性要好，比电容减少以小于 10% 为宜；残留氯离子要小于 1.0mg/m²；残留铜小于 15mg/m² 为宜；胶带粘合力不低于 0.98N/cm。图 7-5 所示为阴极箔和阳极箔生产的简单工艺流程图。

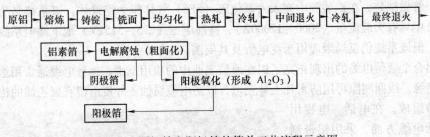

图 7-5　阴极箔和阳极箔的简单工艺流程示意图

铝电解电容器主要利用铝箔再氧化处理后呈现优异的介电性能，因此其技术要求和生产过程与传统的包装铝箔有显著的差异。技术难点主要集中于高压和低压阳极铝箔的生产。根据电容器的电容量公式可知，只有增加铝箔的面积才能获得高的电容量值。然而简单地增加面积虽然可以增加电容量，但同时也增加了电容器的体积，不符合电器产品小型化发展的要求。借助特殊的电化学腐蚀技术，可以在铝箔表面腐蚀出大量的隧道和凹坑，进而可以在不增加甚至减少铝箔质量的前提下，极大地增加铝箔的表面积，为大幅度地提高再氧化后氧化铝介电薄膜的面积进而生产出高比电容的化成箔提供了途径。

为了顺利实现上述电化学腐蚀技术，工业生产上除了严格控制光箔的外形尺寸和加工质量外，还对其织构有严格的要求。其中高压阳极铝箔技术指标之一是 95% 以上的 {100} 面占有率或立方织构占有率；低压阳极铝箔技术指标包括尽可能严格的多方面控制铝箔内部织构的均匀性。另外，阳极铝箔的生产必须采用高纯度的铝锭。

目前，国际先进的电解电容器用铝箔生产技术突出表现在能够按照腐蚀、化学处理的需要精确地控制光箔的表面状态和内部织构，能够以偏析法生产高纯铝锭或生产出较低纯度的优质铝箔以降低生产成本，能够生产大规格的铝箔卷以提高生产效率，能够开发高均匀性腐蚀发孔技术以及高介电常数氧化箔化成技术以大幅度提高比电容等。我国电解电容器铝箔的表面质量仍落后于国际品牌，具体表现在表面粗糙度及均匀性、氧化膜厚度及均匀性、表面组织结构的均匀性、残留油渍等多方面的控制水平尚存在不足。

除电解电容器外，铝箔电容器还可用于电力电容器。电力电容器主要用于供电系统无功率的补偿，其需要量正随着发电量的增加而加大。

7.1.4　铝及铝合金在通信设施中的应用

1. 通信电缆

实心低压绝缘电缆问世之后，铝电缆获得了大规模工业应用。0.6～1kV 实心绝缘铝电缆的生产成本是唯一能够和由三股铝相电缆或作为中性线使用的铝护皮浸渍纸绝缘电缆相竞争的产品。

日本率先开发出称为"气体绝缘"的地下输电系统。它采用直径 100~350mm 的 6063、5052、5005 等铝合金的挤压管作导体，而采用直径 340~700mm 的 6063 或 5052 的挤压管做铠装，在铠装管中充入六氟化硫（SF6）气体作为绝缘体，该系统是为满足大城市中具有大载流量（2000~12000A）、特高电压（275~525kV）地下输电系统而设计的，但该系统仍仅局限应用于变电所及其周围。

铝合金通信电缆的出现拓宽了铝在通信工业中的应用范围，这种电缆通常用泡沫聚乙烯绝缘。线间间隙再用防水凡士林充填，以防电缆腐蚀。外皮由覆有聚乙烯的铝带和聚乙烯组成。在电话、电视用的同轴电缆方面，采用铝带制造同轴电缆的情况也日益增多，一般采用宽 45~160mm、厚 0.6~1.8mm 的铝带（取决于电缆规格），电视电缆线对包皮厚度有严格限制，在轧制此种铝带时应严格避免由于支撑辊和工作辊偏心所引起的厚度变化。

图 7-6　铝合金卫星天线

2. 天线

截至目前，全世界大约发射了 10000 多颗广播和气象等卫星，在地面接收卫星发回电波的接收装置均是铝制抛物面天线。抛物面天线，多数是用 6063 挤压型材与 5A02 合金板材制造的，这两种合金的耐蚀性、导电性都良好并具有中等强度。如图 7-6 所示的是铝合金卫星天线。

3. 波导管

用通信卫星进行电视转播目前已相当普遍，电视广播等均为微波传送，需用波导管。波导管通常制成矩形截面管。用于波导管的材料需要良好导电性、耐蚀性、切削性、焊接性和尺寸精度，常用 1050A、3A21、6063 合金挤压，并进行铬酸阳极氧化处理或涂防蚀涂料。

7.1.5　铝及铝合金在电子部件中的应用

近年来，铝在电子仪器及其零部件中的应用已相当普及，这种发展势头在很大程度上与磁的记忆装置、半导体和 IC 集成电路技术的进步紧密相关。电子仪器及其附件上用的铝，主要取决于各种材料制造技术和精密加工方法的发展程度。

1. 磁盘基板

在电子计算机用的材料中，铝材用量约占 9.5%，其中板材占 18%，管、棒、型材占 58%，铸件占 24%。

铝合金是制造大型计算机存储磁盘基板的良好材料。将带磁膜的基盘安在数枚芯轴上，则外存储磁盘以 1400~3600r/min 高速旋转，浮动磁头在进行记录、再生和消去时磁头与磁盘间的浮动间隙仅为 2μm。在这样条件下工作的磁盘既要有足够的刚度与强度，又要有良好的尺寸稳定性及高的耐蚀性，同时还要求非磁性、低密度、高耐热的特性。高表面精度基板大多用含 3%~5%（质量分数）Mg 与少量 Mn、Ti、Be 等元素的铝合金经高精度磨削而成。

为了使基板具有最好的综合性能，即最小的内应力、最高的耐蚀性、车削后最小的垂直偏差度及良好的室温力学性能，退火组织应为细小的等轴晶。因此，退火温度不宜超过 450℃。铸造前，必须加强熔体净化，减少夹杂物与氢含量。

为了减小金属间化合物的尺寸，除降低杂质元素含量等措施外，提高铸造冷却速度是很有效的。表 7-3 列出了磁盘基用的铝合金化学成分。

表 7-3　磁盘基用的铝合金化学成分

合　　金	化学成分（质量分数,%）							
	Mg	Mn	Cr	Ti	Fe	Si	Cu	Al
AA5086	3.5~4.5	—	—	—	0.40	0.50	0.10	余量
NLM5086	3.5~4.5	0.2~0.7	0.05~0.25	0.15	0.08	0.05	0.03	余量
NLMM4M	3.7~4.7	0.2~0.3	0.05~0.10	0.03	Fe+S≤0.06	—	—	余量
NLMS3M	3.7~4.7				0.004	0.005	0.001	余量

随着计算机的小型化、高密度化，磁盘已从 φ355.6mm 向 φ215.9mm、φ88.9mm 和 φ76.2mm 方向发展。一般磁盘铝基片用 5086 合金，要求高纯化，严格控制 Mn、Cr 等微量元素和改善热处理条件，消除粗大的金属间化合物和非金属夹杂。计算机磁盘铝合金基板如图 7-7 所示。

神户制钢开发的"新 AD"系列高密度磁盘用铝合金，它采用急冷新技术，使影响磁记录效果的金属间化合物弥散，这样可不使用高纯度材料也能得到相当于高纯度材料的记录特性。如果此时再使用高纯度材料，其记录特性会提高 3 倍。

对于磁盘外壳而言，要求所使用的铝材有良好的刚性、非磁性、导电性、加工性，壳体内部温度应均

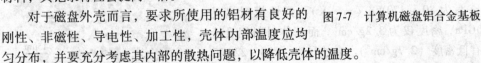

图 7-7　计算机磁盘铝合金基板

匀分布，并要充分考虑其内部的散热问题，以降低壳体的温度。

2. 感光磁鼓

数码照相机、复印机和激光印刷机用的感光磁鼓是铝制的，其支架也是采用铝合金管。感光磁鼓性能的好坏直接影响印刷与复印的质量，是复印机和激光印刷机的关键部件。磁鼓用的铝合金要求非金属夹杂物、金属间化合物和其他内部缺陷都很少，因为杂质会严重影响磁鼓的成像。由此可见，磁鼓材料和磁盘材料一样，熔体都需要进行严格

处理，并用精密车床加工出要求的表面，或进行拉深加工制成所要的磁鼓。据测算，一台激光印刷机正常运转每年需 7 个磁鼓，而磁鼓所用的铝材用量也必然随之增加。

过去磁带式录像机一直使用 Al-Cu 系铸件和 Al-Si 系压铸件。日本住友公司开发出具有精密切削性和耐蚀性的 Al-Cu-Ni-Mg 系的冷锻合金 2218 和含微量 Pb、Sn 的 Al-Si-Cu-Mg 合金 TS80。随着 8mm 录像磁带小型化和轻量化以及对耐蚀性和切削性要求的提高，在 Al-8% Si 合金中添加 Cu、Mn、Mg 等元素而得到改进型合金及过共晶 Al-Si 合金的冷锻材料、急冷粉末烧结挤压材料等已得到应用。如图 7-8 所示的是 Al-Si 合金感光鼓。

图 7-8　Al-Si 合金感光鼓

3. 铝基复合材料在封装部件中的应用

封装作为微电路的一个组成部分起着电路支撑、密封、内外电路连接、散热和屏蔽等作用，对电路的性能和可靠性具有重要影响。在微电子技术高速发展的今天，芯片的集成度和频率以及微电路的组装密度不断提高，电路质量和体积要求更小，由此引发的电路积热已成为电路设计者最关心的问题之一。毫无疑问，电路散热的任务主要由封装来担负，不仅要求封装有良好的散热性，新一代封装还必须具有与 Si、GaAs 接近的热胀系数以及高强度、轻重量、低成本等特性。比如，封装常用的 Cu、Al 材料有良好的热导率，然而它们与半导体之间较大的热胀系数差异会产生过大的热应力，降低封装的可靠性。又如，一些新的封装材料，例如 AlN、Cu/W 等，尽管有优良的物理、力学性能，但是它们相对昂贵的价格以及不易加工成复杂形状等缺点限制了其使用。

在封装需求的推动下，一些发达国家开始研究复合型封装材料，其中最引人注目的是 SiC 作增强体的 Al 基复合材料，这种新材料以其卓越的性能开始应用于电子封装领域。

(1) SiC/Al 复合材料特性　SiC/Al 复合材料是由 Al 或 Al 合金与多形态的 SiC 颗粒所复合组成的，图 7-9 所示为典型的 SiC/Al 复合材料断面显微照片。作为增强体，SiC 颗粒具有性能优异、成本低等优点，其线胀系数（CTE）为 $4.7 \times 10^{-6} K^{-1}$，热导率为 80 ~ 170W/（m·K），弹性模量高达 450GPa，密度仅为 $3.2g/cm^3$。而基体材料铝合金具有低密度（$2.7g/cm^3$）、高热导率 [170 ~ 220W/（m·K）]、价格低廉以及热加工容易等优点，其缺点是热胀系数较高。将 SiC 颗粒与 Al 合金复合成为颗粒增强铝基复合材料后，材料具有了铝和

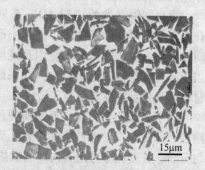

图 7-9　典型 SiC/Al 复合材料的显微组织

SiC 各自的优点，即高热导率、低热胀系数、高强度、低密度、可导电等，这些特性几乎代表了理想封装材料的所有性能要求。SiC/Al 复合材料的特性取决于 SiC 含量、粒度

分布及 Al 合金性能等因素，在封装应用中研究最多的是 SiC 含量占 60% ~ 75%（体积分数）的 SiC/Al 复合材料，在这一范围里，材料性能/价格比最佳。适合作复合材料基体的 Al 合金种类很多，常用的牌号有 6061、6063。

表 7-4 列举了 SiC-Al 复合材料和几种常用封装材料的物理性能，从中可见，SiC-Al 复合材料的热导率与 Cu-W 相当，是可伐合金（Kovar）的 10 倍。在热膨胀性能方面，SiC-Al 复合材料与 GaAs、BeO、Al_2O_3 较为匹配，可允许在其上直接安装大功率芯片。值得注意的是，SiC-Al 复合材料的热胀系数 CTE 可以通过 SiC 的加入量来调整，用这种方法可以获得精确的热匹配，从而使相邻材料界面的热应力最小。在密度上，SiC-Al 复合材料接近 Al，不到 Cu-W 的 1/5，这使 SiC-Al 复合材料在重量敏感应用领域中具有很大优势。对于封装材料，CTE 和热导率的温度特性十分重要，研究发现，SiC-Al 复合材料的热导率随温度升高而下降，温度从室温升到 200℃，热导率将下降 20%。

表 7-4　SiC-Al 复合材料和几种常用封装材料的物理性能

材料	组份(质量分数,%)	密度/(g/cm³)	CTE (25 ~ 150℃)/$10^{-6}K^{-1}$	热导率/[W/(m·K)]
Al-SiC	Al + 50 ~ 67SiC	3.0	6.5 ~ 9	160
AlN	98 纯度	3.3	4.5	200
CuW	W + 11 ~ 20Cu	15.65 ~ 17.00	6.5 ~ 8.3	180 ~ 200
CuMo	Mo + 15 ~ 20Cu	10	7.0 ~ 8.0	160 ~ 170
Al-Si	60Al-40Si	2.53	15.4	126
可伐	Fe-Ni	8.1	5.2	11 ~ 17
Cu	—	8.96	17.8	398
Al	—	2.70	23.6	238
Si	—	2.30	4.2	151
GaAs	—	5.32	6.5	54
Al_2O_3	—	3.60	6.7	17
BeO	—	2.90	7.6	250

受陶瓷增强材料的影响，SiC-Al 复合材料的电阻率比大多数金属要高一个数量级。SiC-Al 复合材料的力学性能十分优异，其弹性模量是 Cu 的两倍，抗弯强度和抗拉强度也很好，因此保证了封装结构的牢固性。优异的力学性能同时也有利于封装的散热，这是因为 SiC-Al 复合材料散热板可以比 Cu 做得更薄，减小了热阻。另一方面，高的弹性模量有利于减小散热板的变形，使封装与安装面贴合更紧密。与陶瓷不同，SiC-Al 复合材料具有一定抗裂性，其中的 Al 起到抑制裂纹扩展的作用，其抗振性也很理想，含 75% SiC 的复合材料的减振比可达 5.867×10^{-3}，是 Al 的 2 倍，在航空电子装置中用它作芯材的标准电子模块（SEM-E）共振频率达 600Hz，比使用 Cu-W 时高 1 倍，这一点对于工作在强烈振动环境下的大尺寸封装尤为重要。

（2）SiC-Al 复合材料封装的制造　根据用途，SiC-Al 复合材料封装的结构和制造方法有许多种。封装通常由三部分组成：复合材料底座、封焊框和引脚组件。这三部分事先单独加工、电镀，而后通过焊接的方法进行封装。

采用浸渍渗透法制备的 SiC-Al 复合材料的表面有一层完整的 Al 合金层，其厚度一般在 0.13～0.25mm，因此可以像对待单纯的 Al 合金一样对其进行电镀。为了利于焊接，复合材料的表面一般镀 Au/Ni。如图 7-10 所示的是 Al/SiC 复合材料制造的封装器件。在某些情况下还必须对复合材料进行机械加工，SiC 将暴露于表面，此时电镀问题会变得复杂。为解决此问题，CPS 和 T1 公司研制了一种能对 SiC 和 Al 合金同时起作用的电镀活化剂，也获得了良好的镀层和外观质量。

图 7-10　SiC-Al 复合材料
复合材料制造的封装器件

封装焊接一般使用 AuSn 和 AuGe 焊料。为减小焊接带来的应力，焊框材料与复合材料的热胀系数应尽量接近，比较理想的焊框材料有 48 号合金、Ti 金属等。SiC-Al 复合材料封装适合于采用激光焊、平行缝焊工艺进行封盖。

（3）SiC-Al 复合材料的应用情况　由于具有物理、力学、加工性能等综合优点，在国外 SiC-Al 复合材料已从试验阶段走入实用化阶段，主要用于军用功率混合集成电路（HIC）、微波、毫米波集成电路（MMIC），多芯片组件（MCM）和大电流功率模块的封装和散热片。在高性能飞机的相控阵雷达中使用 SiC-Al 复合材料封装后，电路组件的体积和质量大幅度降低，并提高了可靠性。如图 7-11 所示的是相控阵雷达用 SiC-Al 复合材料部件。近几年，法国 Egide-Xerarn 公司研制生产了一系列 SiC-Al 复合材料（70% SiC）气密封装外壳，最大外形尺寸达 220mm×220mm，这类封装已在军用机载电子设备中的微波 MCM 上获得应用。随着制造技术的发展成熟，生产规模的扩大，复合材料制造成本将进一步降低，商业应用的前景将更加光明。

图 7-11　相控阵雷达用
SiC-Al 复合材料部件

4. 在印刷 PS 版中的应用

铝合金 PS 版是指胶印用的预涂平版印刷版，即铝合金薄板（0.3mm）经预处理后预先涂上感光液而形成的印刷版。在 19 世纪就开始了涂感光胶的平版印刷研究，在 1946 年才正式投入市场。1951 年，美国 3M 公司等公司研究了铝板表面处理工艺，铝板基的 PS 版开始应用，1956 年 PS 版在美国的应用率达到 70%，日本 1964 年建立了 PS

版生产线，1975 年 PS 版应用率达到 50%，现在已达到 95%。我国开始应用的 PS 版印刷，多为纸型。现在已采用铝板基的 PS 版，但由于生产厂家不多，货源所限，铝合金 PS 版满足不了需求。由于我国从国外进口了大量电子分色机，有电子分色机的印刷厂更迫切要求使用印刷性能好的铝板基 PS 版，对铝合金的 PS 版有了更多的市场需求。

铝合金 PS 版属于铝的功能材料，属于附加值较高的深加工铝材产品，也是发展前景看好的产品。发展铝合金 PS 版，关键的问题是开发高质量的铝薄板（厚 0.3mm），要求表面光洁，无划伤及金相组织上的缺陷，高的平整度和小的尺寸公差（厚差 < 2%），以及相应的感光液预涂工艺技术及其装备。

5. 在其他电子设备上的新应用

挤压型材和冲压薄板可用于雷达天线，挤压管和轧制管也可用于电视天线，拉制或冲压的密封外套可用于电容器与屏蔽件，真空蒸发高纯度镀膜用于阴极射线管。除磁性能外，电性能并非主要要求的应用实例有电子设备的底盘、飞机设备用的旋制压力容器、蚀刻铭牌，以及诸如螺栓、螺钉和螺母之类的金属零件。此外，翅形型材可用于电子组件以利于散热。

7.1.6　铝及铝合金在家用电器上的应用

1. 铝箔在空调中的应用

热泵型冷暖兼用空调机主要由压缩机、蒸发器、冷凝器和膨胀阀组成，用制冷剂做传热介质。蒸发器或冷凝器一般由厚度为 0.10 ~ 0.20mm 的铝箔冲制成散热片，并与铜管组成"穿过散热片"型的热交换器。如图 7-12 为典型的铝制散热片。

图 7-12　典型的铝制散热片

为了节省能源，保护环境，空调机热交换器正在向高性能化、小型化、轻量化方向发展，它要求散热片材料表面具有更高的使用性能。未处理的散热片表面容易受海洋地区的氯离子和工业区的酸性雨等腐蚀，还由于表面水的润湿性不良，凝结的水珠不易脱落掉，使空调机的通风阻力增加，能耗和噪声增大，降低了空调机的性能。在这种情况下，铝加工业开发了空调机散热片用的具有亲水性和耐蚀性涂膜的铝箔材。

散热片成形方法有两种：一种是深冲成形法，另一种是变薄拉伸成形法。散热片用铝箔制造，一般选用导热性高、塑性好、成形性优良的 1050、1100、1200、1330 和 1350 等工业纯铝。深冲成形采用塑性较高的 O、H22 和 H24 状态铝箔，变薄拉伸成形采用薄而硬的 H26 状态铝箔。材质不同，在成形过程中的翻边性能和深冲性能也不同，表 7-5 是日本用于制造铝箔的常见铝材及成形性能。

表 7-5　日本用于制造铝箔的常见铝材及成形性能

成形方法	牌号	纯度	状态	翻边性能	深冲性能	强度
深冲成形	KS1050	>99.5	O，H22，H24	良好	好	较低
	KS1100	>99.0	O，H22，H24	好	良好	较低
	KS1200	>99.0	O，H22，H24	良好	良好	较低
变薄拉伸成形	KS1330	>99.0	H26	良好	良好	较高
	KS1350	>99.5	H26	良好	好	较高

　　散热片成形过程中，在扩口的环口外缘切线方向需要材料有较高的塑性去承受较大的拉伸；为了提高热效率，在散热片成形过程中起波纹或纵向切口并使之隆起的加工，也要求材料有较高的塑性。如果材料的塑性不足，成形过程中塑性变形较大的部位将会破裂。

　　改变散热片的形状，通过起波纹、切百叶窗口，使散热片的形状复杂化。并在散热片材料表面涂上亲水、耐蚀性的涂膜，可减少空调机的能耗，提高热交换效率。利用薄而硬的铝箔制成小孔径、窄片距的散热片，并将其与内孔带有沟槽的小孔径铜管组装成热交换器，这样可实现空调机的高性能化、小型化、轻量化。

　　散热片用深冲类型的铝箔已经从过去的 0.15mm 厚变为目前采用的 0.11mm 厚，薄型只有 0.10mm 厚。在热处理状态方面，由采用 O 状态箔发展到选用 H26 状态箔。为了得到高强度和高延伸的材料，一种方法是通过在工业纯铝中加入微量的 Zr、Mn 等元素，生产薄而硬的 H26 状态箔材。如日本已广泛应用加微量 Zr、Mn 的 1050 工业纯铝生产散热片箔材。加拿大铝业公司新开发的"Fin255"材料则属于 Al-Fe-Mn 系合金，经热轧和冷轧之后，棒状化合物破碎和分散起弥散强化作用，退火后得到细晶组织。这类合金有较高的抗拉强度、较低的屈服强度和较高的塑性，具有良好的成形性，这类合金有 8006 和 8007 合金。新开发的还有 8079 合金，它们的化学成分、力学性能见表 7-6 和表 7-7。

表 7-6　8006 和 8007 合金的化学成分

合金	化学成分（质量分数,%）						
	Cu	Mg	Mn	Fe	Si	Zn	Al
8006	≤0.30	0.10	0.3~1.0	1.2~2.0	≤0.40	≤0.10	余量
8007	≤0.05	—	—	0.7~1.3	0.05~0.30	≤0.10	余量

表 7-7　8006 和 8079 合金箔材的力学性能

合　金	状　态	$R_{p0.2}$/MPa	A（%）
8006	O	50 ~ 70	20 ~ 28
	H22	80 ~ 110	18 ~ 24
	H24	100 ~ 140	15 ~ 22
	H26	110 ~ 150	12 ~ 20
8079	O	50 ~ 65	18 ~ 25
	H22	75 ~ 110	16 ~ 22
	H24	90 ~ 120	14 ~ 20
	H26	105 ~ 140	10 ~ 18

下面简单介绍亲水性散热片箔材所要求的性能。

（1）亲水性　热泵式冷暖兼用空调机的热交换器，在制冷运转中，由于散热片表面温度比空气露点低，空气中的水分凝结吸附在其表面上，呈半圆形的小珠或者在散热片之间"架桥"，阻塞散热片之间的空气通路，通风阻力增加，噪声增大。室外热交换器暖房运转时，冷凝水在散热片表面变成霜吸附着，除霜时，熔化的水残留在散热片表面上，并且当水结成冰时，导致通风阻力增大。结果造成除霜时间增加，暖房运转时间缩短，能耗增高。当片距在 2mm 以下时，"架桥"现象更加显著。因此，铝加工行业开发了表面具有亲水性涂膜的铝箔。这种涂膜对水的润湿性大，能使冷凝水均匀分散在散热片表面而流走，从而消除水珠"架桥"现象。日本铝加工行业开发的亲水膜已经形成了系列化产品。应当指出，为了消除冷凝水的吸附，也可以在散热片材表面涂上有强烈疏水性的涂膜。

（2）耐蚀性　室内热交换器中未涂膜的铝散热片，在运行中，由于冷凝水使散热片处于湿状态，停机时又处于干燥状态。干湿交替使散热片易受腐蚀，腐蚀层产生裂纹而脱落，被空调机的空气吹出成为飞散的白色粉末，污染环境，有害健康。室外空调机热交换器中未涂膜的散热片，受海洋地区的大气和工业区的酸雨作用会加速其腐蚀。因此，加强散热片的防腐蚀处理是非常必要的。

（3）其他性能　在制造热交换器的过程中，有涂层的散热片材料要经过冲压成形、装配、溶剂脱脂清洗和钎焊等工序。因此，除亲水性和耐蚀性外，涂层还应具有其他的特性，即耐冲压性、良好的成形性、对模具的不磨损性，以及耐溶解性和钎焊时不变黄、无臭味等。

铝加工厂将铝卷材经过脱脂处理后进行表面亲水涂膜处理，制成预涂层散热片材料。亲水涂膜的种类有不含二氧化硅的有机系亲水性树脂涂膜、含二氧化硅的复合亲水性涂膜、无机系的水玻璃特殊亲水性涂膜和二氧化硅型软铝石亲水性涂膜。疏水性的涂膜有铬酸盐涂膜、丙烯基系树脂涂膜和热塑性树脂涂膜等。

2. 在其他电器中的应用

铝及其合金在很多电器中都有着广泛的用途，既能保持外表美观，又能减轻电器的质量。下面列举几种铝合金在家用电器中常见的应用。

（1）视频磁带录像机（VTR）　录像机传带用的圆筒需用线胀系数小、耐磨性好、易切削加工与无切削应变的铝材制造，可选用 4A11 合金或 2218 合金。

（2）盒式磁带录音机　录音机外壳的装饰板可用经过表面处理（预阳极氧化、印刷）的 1050AHX4 铝合金制造。

（3）电饭煲　制造电饭煲可选用 1100 与 3A21 合金，制造电饭煲需使用涂氯树脂的铝板，在涂氯树脂之前，先用电化学法或化学法使铝板表面粗糙增加表面积，以增大与树脂的结合力。

（4）冰箱与冷藏柜　它们的内外壁板为铝板，色调柔和，耐蚀性好。铝板间材料（氨基甲乙酸树脂发泡材料）增至铝板厚度的 50～100 倍时，壁板材料的热导率几乎不影响绝热性能。通常使用的铝板为 3A21、3005、3105 合金等，表面经阳极氧化与涂漆处理。

7.2　镁合金在电子器材中的应用

随着声像计算机通信业的飞速发展和数字化技术的进步，各类数字化电子产品不断出现，电子器件正向高度集成化和轻薄小型化方向发展，出现了各种便携式电子器材。如便携式电脑、手提电话、小型摄录像机等，对电子器材壳体提出了越来越高的要求，采用工程塑料来制造电子器材壳体已经难以满足这些要求。镁合金具有密度小、比强度和比刚度高，以及薄壁铸造性能良好等优点，同时，由于镁合金导热性好、电磁屏蔽能力强、减振性好和可以回收利用等，因此近年来在电子器材中的应用正以高达 25% 的年增长速度得到快速的增长，显示出了诱人的发展前景。

7.2.1　镁合金制造电子器材壳体的优越性

3C 产品——Computer、Communication、Consumer Electronic Products（计算机、通信、消费类电子产品）是当今全球发展最快的产业，数字化技术导致了各类数字化产品不断涌现。电子器材的外壳结构一般不需要承受大载荷，要求发挥其结构性功能，在使用条件下能够保护内部电子、光学等元件避免损坏。通常要求质量小、刚度好、耐冲击性佳、电磁相容性符合标准、散热能力强、成形加工性好、表面美观耐用、无易燃性、成本低、易于回收和符合环保要求等。镁合金与传统 3C 产品所使用的材料相比，其优越性表现在下面几个方面。

1. 轻量化

目前，电子器材外壳一般采用工程塑料（PC、PC-ABS、PBT-ABS、Nylon-PPE 或碳纤维增强塑料等）制造。但是，当塑料件在壁厚接近 1mm 后，其刚度、抗冲击性、抗挠曲变形的能力则大大降低，一般的塑料已无法满足要求。此时，镁合金则具有明显的优势。镁合金密度虽为塑料的 1.5 倍，但塑料在刚度、散热性以及可回收方面均不及镁合金。表 7-8 列出了几种材料的壁厚和质量的比较结果，表中以便携式电脑外壳常用的 PC-ABS 塑料为标准，采用不同材料以获得与 1.6mm 厚的 PC-ABS 相同强度所必需的壁厚与材料的质量比。由表 7-8 可见，采用铝合金所需壁厚为 0.53mm，质量为 PC/ABS 的 78%，采用镁合金的质量仅为 PC/ABS 的 59%。目前完整配备的高级商用笔记本电脑平均质量大约为 3.6kg，其中机壳系统约占 30%，采用镁合金机壳至少可以减轻 0.45kg。此外，镁合金的比强度高于铝合金，比刚度、疲劳强度与铝合金相当，比阻尼容量是铝的 10~25 倍，用在便携式设备上可以减少外界振动对内部精密电子、光学元件的干扰。

表 7-8　几种材料的壁厚、质量的比较

材　　　料	密度/(g/cm³)	弯曲弹性/GPa	必需壁厚/mm	质量比(%)
PC/ABS	1.14	2.4	1.6	100
PC/GF(15%)	1.34	4.9	1.26	93
碳纤维增强热塑性树脂 CFRP(CF13%)	1.32	7.1	1.11	91
碳纤维增强热塑性树脂 CFRP(CF30%)	1.5	14.0	0.89	73
镁合金	1.8	47.0	0.59	59
铝合金	2.7	67.0	0.53	78

2. 辅助散热

由于芯片的运算速度越来越快，导致发热功率密度的不断升高，因此必须把系统内产生的热量迅速散发到大气中，使元件的温度维持在可靠的范围内，确保系统的稳定性和延长零件的寿命。目前常用的散热方式有自然冷却、强制气冷、直接或间接液冷、汽化冷却等，笔记本型计算机大多采用自然冷却和强制气冷。由于辐射散热只占 20% 左右，并且箱体空间有限，一般要靠风扇强制对流，因此应该将散热的重点放在热传导散热和强制气冷上。例如，将高发热元件做成贴壁设计，将热量传导至大面积的金属底板散热。

3. 电磁相容性（electro-magnetic compatibility，简称 EMC）

个人计算机、移动电话等使用时将发出高频率电磁波，如果电磁波穿过机体外壳，则会引起干扰信号、降低通信和运算的质量。同时，还会对人体健康造成危害。在发达国家，检验 GSM 手机的权威组织 FTA 在认证手机质量时，第一和最重要的标准就是手机电磁辐射对人体的健康安全性，此标准通不过则禁止上市。目前，解决电磁干扰的主要有两种途径：抑制干扰源；电磁屏蔽处理。其中，电磁屏蔽可以通过材料选择和加工处理来解决。

对电子器材外壳目前主要采用的电磁屏蔽方式为：喷导电漆；表面镀层；金属喷涂；塑料内添加导电材料；铺金属箔或金属板。但是，这些方法存在原料或设备成本高、操作复杂、污染环境、屏蔽效果不佳等问题。由于金属本身就是良导体，采用镁合金制造电子器材外壳不需要作导电处理就能获得很好的屏蔽效果。

4. 成本

电子器材壳体成本构成中，原材料所占比例最低，主要是模具（材料、加工）、二次加工（抛光、攻螺纹孔等）及后处理（表面处理、涂装）等所产生的费用。例如，注射成形镁合金制品的成本构成：原材料与成形各占 10%；二次加工与后处理各占 30%、50%。据资料介绍，解决电磁屏蔽所需的费用要占一部塑料壳体手机总成本的 10% 以上，采用镁合金则可以节省下这笔费用，并且，镁合金优异的切削加工性也有助于降低生产成本。

5. 环境保护

在环保意识高涨的环境下，镁合金与无法回收的加碳/金属粉的塑料，或是与含有毒阻燃剂的阻燃塑料相比，具有很大的优势。只要花费相当于新料价钱的 4%，即可将镁合金制品及废料回收利用，所以被称为对环境友好的材料。随着对环境保护呼声的日益高涨，各国政府都在制定相应的环境保护法规。例如，日本 1998 年 6 月公布了"家电回收法"，规定自 2001 年起，电视、洗衣机、冰箱、空调必须强制回收，松下电器公司 1998 年 3 月率先推出铝、镁合金外壳的 53cm 电视机即是顺应这一潮流的产品。可以预见，今后这类产品将会越来越多，无疑给市场竞争提供了新的机遇。

6. 其他优点

1）减振性能良好。镁合金的比阻尼容量为铝合金的 10 ~ 25 倍，锌合金的 1.5 倍，可大大减少噪声及振动，用在可便携式设备上有助于减少外界振动源对内部精密电子、光学组件的干扰。

2）耐蚀性佳。盐雾试验表明，高纯镁合金的耐蚀性为碳钢的 8 倍，铝合金的 4 倍，超过塑料 10 倍以上。

3）质感极佳。镁合金外观及触摸质感佳，对于工业设计师以及消费者都具有不可阻挡的诱惑。

7. 2. 2　镁合金在电子器材的应用实例

镁合金材料经过成形应用的新领域中，在欧美率先用于汽车零配件以减轻质量，随之向电子、电气行业扩展。在亚洲，我国台湾省至今仍以镁合金为主体制造笔记本计算机壳体。日本由于家电循环利用法的促进，在数码相机、CD 机外壳、计算机零部件等方面已普遍应用镁合金。在电子、电气领域使用镁合金总量近年来大幅度稳步增长。1998 年用量 1000t，在此基础上每年递增 500t。

国内目前虽在起步阶段，但整个电子、电气行业市场广阔，发展速度快，加之已普遍认识到使用镁材料的优点，并着手开发研究。在制造零部件方面，从压铸到塑性成形都有一定工业基础，到 2005 年镁合金用量达到 14520t（见表 7-9）。

表 7-9　国内电子市场镁合金用量

产品	1999 年 /万件	2000 年 /万件	产品用镁合金比例 （%）	单件镁合金用量 /kg	2005 年镁合金用量 /t
笔记本计算机	86	1800	70	0.70	8820
手机	1736	6000	50	0.02	600
照相机	5073	8500	30	0.10	2550
摄录机及其他	432	8500	30	0.10	2550

表 7-10 列出了不同便捷式电器产品对镁合金性能的要求。镁合金在声像、计算机、通信器材中的应用主要集中在世界著名公司的产品上，表 7-11、表 7-12、表 7-13 分别列出了日本和欧美等国家的应用状况。这些应用主要可以分为下面三类。

表 7-10　不同便捷式电器产品对镁合金性能的要求

产品	性能						
	密度	强度	耐热	散热	电磁屏蔽	尺寸精度	回收
照相机	✓	✓				✓	✓
摄影机	✓			✓	✓	✓	✓
数码相机	✓	✓				✓	✓
微型唱片播放器	✓	✓			✓	✓	✓
个人数字助理（PDAs）	✓	✓		✓	✓	✓	✓
笔记本电脑	✓	✓					
移动电话	✓	✓		✓			
硬盘驱动器	✓	✓				✓	✓
CD-ROM 驱动器	✓	✓				✓	✓
电视机	✓		✓		✓	✓	✓
等离子显示器	✓	✓		✓	✓	✓	✓
LCD 投影仪	✓	✓		✓	✓	✓	✓
散热器	✓			✓			

表 7-11　镁合金电子器材部件在日本的应用

公　司	产　品	上市时间
佳能	CV11 数码摄像机	1998
卡西欧	A-20 掌上型计算机	1998
	QV-70 数码照相机	1998
富士	DS 300，DS-330 数码相机	1997 ~ 1998
IBM（日本）	PS55T22SX 笔记本计算机	1992
	Think Pad 系列笔记本计算机	1993
建伍	DMC-G5 微型激光唱机	1996
京瓷	Contax RTS Ⅱ 单眼照相机	1990
三菱	Pedion 笔记本计算机	1997
NEC	光碟机	1997
	MobioNX 笔记本计算机	1997
	LaVieNX 笔记本计算机	1998
尼康	8X32SE，CF 双眼望远镜	1998

（续）

公　司	产　品	上市时间
奥林巴斯	D-220，320L 数码照相机	1998
	D1000 数码录音机	1998
松下	V41 笔记本计算机	1994
	CF-25，CF-35，CF-60，CF61 笔记本计算机	1997
	SJ-MJ5，SJ-MI7 型激光唱机	1997
	NV-DS5，DS7，C1，DJ100 数码摄像机	1997～1998
	ToughBook27，45，71 笔记本计算机	1998
	Let sootem/sz1 笔记本计算机	1998
	53cm 电视机	1998
理光	GR-1 照相机	1998
三洋	VPC-X300 数码照相机	1998
夏普	MD-SS70 微型激光唱机	1998
	VL-PD1，VL-EF1 数码照相机	1997～1998
	Mebius 笔记本计算机，PC-PJ 笔记本计算机	1998
索尼	DCR VX1000，VX9000，DSF-220 数码照相机	1995～1998
	MZ-E50，ME-E35 微型激光唱机	1996～1998
	DCR-PC7，CCD-CRI，DSC-MD1 数码照相机	1996～1998
	DCR-PC10，DCR-PC100 数码照相机	1997
	CCD-TR555Hi8 摄像机	1997
	MDR-F1 立体声耳机	1997
	TCD-D100DAT 随身听	1997
	VAIOPCG-505 系列笔记本计算机	1997
	DNW-A220 便携式摄像机	1998
	VPL-SC50U 液晶摄像机	1998
东芝	T4799，T4900 笔记本计算机	1993
	Teara，Portage7000CT 系列笔记本计算机	1996～1998
	Libretto50，Portage300 笔记本计算机	1997
	Dynabook SS3000 笔记本计算机	1998
JVC	GR-DVL，DVX，DVY 数码摄像机	1997～1998

表 7-12　镁合金电子器材部件在欧美的应用

公　司	产　品	上市时间
Absolu Technologies	多媒体数码公用电话	1996

（续）

公　司	产　品	上市时间
苹果	Powet Book Duo	1993
康柏	Armada4100，3500，7400 系列笔记本计算机	1996～1998
爱立信	CF 系列 GSM 移动电话	1997
Field Works	FW5000 笔记本计算机	1997
捷威	Solo3100 笔记本计算机	1998
惠普	Omnibook Sojourn 笔记本计算机	1998
Husky	FC-486 笔记本计算机	1995
IBM	影碟机、笔记本计算机	1987
	ThinkPad710T 笔记本计算机	1993
	RS/6000-N40 笔记本计算机	1994
Itronix	X-C6000Cross County	1995
Kontron Electronik	IP Lite，IN Life 工程及笔记本计算机	1997
诺基亚	2190PCS-1900GSM 移动电话	1996
宝丽莱	PDC-2000 数码照相机	1997
Proxima	UltraLigt LS I 液晶摄像机	1998
Stealth Computer	Warrior LR 笔记本计算机	1996
Tadpole Technology	P1000 笔记本计算机	1994
	ALPHAbook1 笔记本计算机	1995
	SPARCbook Server	1996
Telxon	PTC-1194 笔记本计算机	1998
Tem Instruments	Travel mate6000 笔记本计算机	1998

表 7-13　日本电子器件使用镁合金的情况和成形方法

产　品	时　间	生产商	机械名	使用部件数	成形方法
专业摄像机	1980	索尼		框体中心	
	1983	索尼		5～10	压铸
	1996	索尼			压铸，触变铸造
	1996.2	索尼	DSR-200	3	压铸，触变铸造
	1998.2	索尼	DSR-300	9	压铸，触变铸造
	1998.2	松下	Cam Reco（AJ-D700）		压铸
	1998.11	JVC	DY-90	5	压铸
便携式 CD（MD）	1996.10	索尼	MZ-E50	3	压铸，触变铸造
	1997.12	松下	MJ-S17/MJ-S15		触变铸造
	1998.9	索尼	MZ-E36/E55	2	压铸

（续）

产　品	时　间	生产商	机械名	使用部件数	成形方法
民用数码摄像机	1996	索尼	CDN-VX1000	5	压铸
	1997.1	索尼	DCR-PC7	3	压铸
	1997.11	夏普	VL-PD1	6	压铸，触变铸造
	1998.1	松下	NV-DJ100	1	触变铸造
	1998.1	JVC	GR-DV PV（PRO-Q）		触变铸造
	1998.1	索尼	DCR-PC10	3	压铸
	1998.1	夏普	［EVA］VL-EF1	3	压铸
	1998.4	佳能	CV11	3	压铸
	1998.5	JVC	GR-DVX	1	压铸
	1998.6	索尼	TRV-900	3	压铸
	1998.7	索尼	PC-1	3	压铸
	1998.7~9	松下	NV-C1/C2		压铸
	1998.9	日立	VM-D1		压铸
	1998.9	索尼	TRV-900	4	触变铸造
数码照相机	1997.4	富士	PS-300	3	触变铸造
液晶显示器	1998.5	索尼	PortProL（VPL-X600J）	6	触变铸造
	1998.7	爱普生	ELP-5600		压铸，触变铸造
	1998.10	索尼	VPL-SC50J	4	触变铸造
移动电话	1998.7	NEC	Mob. Phone（N206）	框体	压铸，触变铸造
录像机	1994.2	索尼	PNW-A220	6	触变铸造
电视机	1998.9	松下	TV（TH-21MA9）	2	触变铸造
笔记本计算机	~1996	日本 IBM	Think Pad	框体	压铸
	1997.1	东芝	Libretto 50，70，100	2~3	触变铸造
	1997.5	松下	CF-35	1	触变铸造
			PRO-NOT	3	压铸
	1997.7	三菱	EPEDDION	2	压铸，触变铸造
	1997.11	NEC	MOBIO NK	2	触变铸造
	1997.11	东芝	Portage 300		触变铸造
	1997.11	索尼	Vaio PCG-505	4	压铸，触变铸造
	1998.6	松下	Let' not	1	触变铸造
	1998.6	NEC	Lavie NX LB20/30A	2	触变铸造
	1998.6	夏普	Mabius PJ-1	1	触变铸造
	1998.8	东芝	Dyna Book SS6000	3	压铸

（续）

产 品	时 间	生产商	机械名	使用部件数	成形方法
笔记本计算机	1998.8	东芝	Dyna Book SS3000	3	压铸
	1998.8	东芝	Dyna Book SS1000	2	触变铸造
	1998.9	日立	Salo 3100XL	1	触变铸造
	1998.9	索尼	Via PCG C1	2	压铸
	1998.11	卡西欧	Casio	2	触变铸造

1. 便携式计算机

以往便携式计算机生产厂商如东芝公司，为了便于改善塑料外壳的性能，通过填充氧化镁或采用铝合金生产，这显然无法与镁合金压铸外壳相比。IBM（日本）公司经过多年的努力，在 1991~1995 年采用镁合金压铸了 7 种便携式计算机外壳，如壁厚 1mm 的准笔记本计算机外壳，尺寸为 226.1mm×165.1mm×10.2mm；壁厚为 1.3mm 的笔记本计算机外壳，尺寸为 289.6mm×223.5mm×22.9mm；壁厚为 2.0mm 的折叠式计算机外壳，尺寸为 387.5mm×304.8mm×43.2mm。与此同时，几乎所有日本计算机厂商都将目光转移到了镁合金笔记本计算机外壳上，如今运用镁合金最普遍的是笔记本计算机。索尼公司更是独树一帜，其笔记本计算机外壳壁厚为 1mm，质量仅为 20g（见图 7-13）。1997 年 3 月，松下公司上市的镁合金外壳便携式计算机 CF-25 和 Mark Ⅱ 十分畅销。Next 型计算机机壳上原先的 ABS 塑料件改为镁合金压铸件后，尺寸精度、刚度和散热性都获得了改善。日本中西（Tosei）公司采用 AZ91D 镁合金压铸便携式计算机外壳（共 4 件）已经大量向索尼等公司供货，产品供不应求。据权威预测，今后 330mm 以上的笔记本型计算机显示器外壳都将采用镁合金制作。对于这方面的应用来说，需要进一步做的工作是，改善表面质量，降低生产成本。图 7-14 所示为上海交通大学轻合金精密成形国家工程研究中心制备的便携式计算机的镁合金外壳。

图 7-13 镁合金外壳笔记本计算机

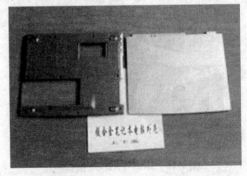

图 7-14 镁合金笔记本计算机外壳

虽然各主要 PC 生产商一直在试图使用镁合金制造笔记本计算机，但是，由于一个钢模生产一定数量的镁质机壳之后就会被磨损，而采用复合钢模的成本又太高，无法满足大批量笔记本计算机制造的要求。转机来自我国台湾省的 Waffer 科技公司和 Catcher 科技公司等模具制造商，他们已分别将每个钢模的铸造产量提高到 5 万件，从而提高了镁合金铸件的生产规模，同时节约了成本，使得全球笔记本计算机制造商们再次考虑用镁合金取代塑料的问题。

2. 通信器材

在移动通信方面，目前，塑料壳体的移动电话通话质量不高。为了解决这一问题，有的移动电话在塑料壳中增加了金属衬垫，以达到抗干扰的目的。采用镁合金制造移动电话外壳后，电磁相容性大大改善，通信过程中电磁波的散失减少，提高了移动电话的通信质量，并且减少了电磁波对人体的伤害。此外还提高了外壳的强度和刚度不易损坏，满足了轻巧、美观、实用的要求。例如，Ericsson CF288 移动电话，其尺寸为 105mm × 49mm × 24mm。外壳为镁合金，带电池的质量为 135g。日本移动电话市场占有率最高的京瓷公司将原来的 PC/ABS 塑料外壳改为镁合金，据估计，外壳厚度可望减至 0.5mm 以内。图 7-15 所示为镁合金外壳移动电话。

图 7-15　镁合金移动手机外壳

3. 摄录像器材

1995 年索尼公司成功地研制出了世界上第一台数字摄像集成系统 VTR 并投放市场，这套系统适用于户外摄像，外壳采用镁合金压铸，它以结构紧凑、质量小、强度高、手感好、功能多而声名卓著。压铸镁合金薄壁复杂形状铸件用在了制造索尼便携式数字摄像机 DCR-VX1000（见图 7-16）壳体，该壳体是一种无大梁的结构，有 5 个压铸件包括主框架、机械室和磁带室等这些铸件用 AZ91D 镁合金热室压铸最后涂上一层丙烯酸树脂仿皮涂层，图 7-17 所示为数码照相机的镁合金壳体。

图 7-16　DCR-VX1000 摄像机

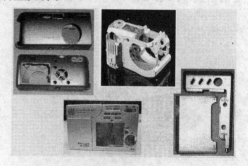

图 7-17　数码照相机的镁合金壳体

4. 数码视听产品

索尼公司推出的 TCD-D100 数码随身听（见图 7-18），机壳为镁合金压铸件，机身尺寸为 2.9mm × 7.9mm × 11.7mm，带电池质量为 377g。松下公司推出的 SJ-MJ7 微型激

光唱机（见图7-19），镁合金机壳壁厚0.4~0.6mm，主机长宽为81.2×72.9mm，不含
MD碟片质量为125g。索尼的MZ-E50新型微型唱机
（见图7-20），其外壳采用镁合金半固态注射成形，壁
厚仅为0.6mm，含电池和MD碟片总质量为120g，光
学读写头也用镁合金取代了过去的锌合金。

　　此外，美国White Metal Casting公司用AZ91镁合
金生产了雷达定位壳体压铸件，质量与原先的塑料壳
体相等，而刚度、强度、耐冲击性得到了很大的改善。
镁合金用于制造计算机硬盘底座也已经作了论证。镁
合金在数码照相机、军事电子通信器材中也正在不断
得到应用。

图7-18　TCD-D100数码随身听

图7-19　SJ-MJ7微型激光唱机

图7-20　MZ-E50新型微型唱机

参 考 文 献

［1］　孙德勤，潘琰峰，高健，等. 高强耐热全铝合金导线的研究与开发［J］. 轻合金加工技术，
　　　2006，（8）：5-8.

［2］　刘真云，马立群，丁毅. 新型耐热铝合金架空导线的发展和应用［J］. 电线电缆，2008，
　　　（3）：25-27.

［3］　薄通. 500kV线路采用铝合金导线的探讨［J］. 电力建设，2001，（1）：8-12.

［4］　黄豪士. OPGW用铝合金线的性能与选用［J］. 电力系统通信，2004，（9）：27-31.

［5］　尤传永. 耐热铝合金导线的耐热机理及其在输电线路中的应用［J］. 电线电缆，2004，
　　　（4）：3-7

［6］　方浩. 铝包钢绞线、铝合金导线的性能介绍［J］. 华东电力，2003，（9）：63-66.

［7］　吴迈生. 浅析国产铝合金导线发展前景［J］. 湖南电力，2004，（6）：55-58.

［8］　何桂明，汤涛，李如振. 高强度全铝合金导线在输电线路中的应用［J］. 山东电力技术，
　　　2004，（3）.

［9］　汪良宣. 稀土铝合金导体材料在电线电缆中的应用概况［J］. 中国稀土学报，1995，（S1）：

404-407.

[10]　谢才模. 稀土铝绞线及钢芯稀土铝绞线的研制及应用 [J]. 中国稀土学报, 1995, (S1): 431-434.

[11]　李有观. 电机铁芯用高强度磁性铝 [J]. 轻合金加工技术, 2004, (3): 67.

[12]　李成凯, 张守峰. 吊扇电机转子的铸铝 [J]. 微特电机, 2005, (8): 40-41, 44.

[13]　王朝宗. 中型电机大型离心铸铝转子制造 [J]. 电机技术, 1999, (4): 38-41.

[14]　姚素萍, 李俊生, 姚水泮. 影响电机铸铝转子质量的主要因素 [J]. 电机技术, 2002, (2): 55~57.

[15]　韩良. 110kV 铝绕组变压器增容改造方案和经济技术比较 [J]. 电力设备, 2004, (3): 36~40.

[16]　孟繁平, 徐涛. 干式变压器用铸轧 1060 合金铝带材生产工艺研究 [J]. 科技论坛, 2007, (9): 14.

[17]　谭惠忠, 钱国庆, 王文宝, 等. 铝电解电容器用铝箔的研究 [J]. 电化学, 2010, (4): 441~445.

[18]　郑洪, 林顺岩. 电解电容器用铝箔的研究进展 [J]. 铝加工, 2005, (2): 18~22.

[19]　余忠, 杨邦朝. 电容器用铝箔阳极氧化膜的改性研究 [J]. 功能材料, 1999, (4): 382~384.

[20]　吕亚平, 毛卫民, 何业东, 等. 退火工艺对低压铝箔氧化膜和比电容的影响 [J]. 材料热处理学报, 2007, (5): 78~81.

[21]　毛卫民, 何业东. 国产电解电容器用铝箔的发展与展望 [J]. 世界有色金属, 2004, (8): 23~27.

[22]　杨宏, 毛卫民. 铝电解电容器铝箔的研究现状和技术发展 [J]. 材料导报, 2005, (9): 1~4.

[23]　蒋恒, 毛卫民, 杨平, 等. 低压阳极铝箔表面状态对铝箔点蚀行为的影响 [J]. 材料工程, 2005, (2): 22~25.

[24]　王银华, 杜国栋, 许金强, 等. 中高压铝电解电容器阳极箔研究进展 [J]. 电子元件与材料, 2006, (6): 1~5.

[25]　郭建, 刘秀波. SiC 颗粒加热预处理工艺对 SiC/Al 复合材料制备的影响 [J]. 材料热处理学报, 2006, (1): 20~22.

[26]　黄强, 顾明元, 金燕萍. 电子封装材料的研究现状 [J]. 材料导报, 2000, (9): 28~32.

[27]　郑小红, 胡明, 周国柱. 新型电子封装材料的研究现状及展望 [J]. 佳木斯大学学报: 自然科学版, 2005, (3): 460~464.

[28]　田大垒, 王杏, 关荣锋. 电子封装用 SiCp/Al 复合材料的研究现状及展望 [J]. 电子与封装, 2007, (3): 11~15.

[29]　庞国华. 提高空调器散热片用铝箔性能的途径 [J]. 轻合金加工技术, 2002, (11): 40~41.

[30]　初丛海. 用 8011 和 1100 合金铸轧坯生产的 H22 状态空调箔的性能差异 [J]. 轻合金加工技术, 2004, (9): 26~27, 32.

[31]　庞国华. 关于空调器散热片对铝箔力学性能要求的讨论 [J]. 轻合金加工技术, 2003,

（3）：18 ~ 28.

[32]　Michael M. Avedesian and Hugh Baker. ASM Specialty Handbook—Magnesium and Magnesium Alloys [M]. Materials Park, OH: ASM International, 1999.

[33]　陈振华. 镁合金 [M]. 北京：化学工业出版社，2004.

[34]　张津，章宗和等. 镁合金及应用 [M]. 北京：化学工业出版社，2004.

[35]　刘正，张奎，曾小勤. 镁基轻质合金理论基础及应用 [M]. 北京：机械工业出版社，2002.

[36]　许并社，李照明. 镁冶炼与镁合金熔炼工艺 [M]. 北京：化学工业出版社，2006.

[37]　胡忠. 铝镁合金铸造工艺及质量控制 [M]. 北京：航空工业出版社，1990.

[38]　丁文江. 镁合金科学与技术 [M]. 北京：科学出版社，2007.

[39]　袁成祺. 铸造铝合金镁合金标准手册. 北京：中国环境科学出版社，1994.

[40]　工程材料实用手册编辑委员会. 工程材料实用手册：第 3 卷（铝合金 镁合金）[M]. 北京：中国标准出版社，2002.

[41]　陈振华. 变形镁合金 [M]. 北京：化学工业出版社，2005.

[42]　黎文献. 镁及镁合金 [M]. 长沙：中南大学出版社，2005.

[43]　宋光铃. 镁合金腐蚀与防护 [M]. 北京：化学工业出版社，2006.

[44]　潘复生，韩恩厚. 高性能变形镁合金及加工技术 [M]. 北京：科学出版社，2007.

[45]　耿浩然. 铸造铝、镁合金 [M]. 北京：化学工业出版社，2007.

[46]　徐河，刘静安，谢水生. 镁合金制备与加工技术 [M]. 北京：冶金工业出版社，2007.

[47]　刘楚明，朱秀荣，周海涛. 镁合金相图集 [M]. 长沙：中南大学出版社，2006.

[48]　陈振华. 耐热镁合金 [M]. 北京：化学工业出版社，2007.

第8章 轻合金在化工中的应用

8.1 铝合金在化工中的应用

铝及铝合金在石油及化学工业中首先被用来制备各种化工容器、管道等，以储存和输送那些和铝不发生化学反应的或者只有轻微腐蚀的化学药品。如液化天然气、浓硝酸、乙二醇、冰醋酸、乙醛等。由于铝合金无低温冷脆性，更有利于储运液氧、液氮等低温物品。

下面重点介绍铝合金在化工中常见的应用情况。

8.1.1 铝合金在容器中的应用

用来制备化工容器的铝合金有纯铝、防锈铝等耐蚀性较好的铝合金。在各种铝合金容器中，有立式、卧式等种类，也可分为球形和矩形等，其中球罐使用量最大，因为它比同体积的矩形容器要节省原材料40%，而且能够承受的外力也要大很多。仅在我国，据估计，每年要制造化工容器1万多个，而铝合金种类的要占30%左右。据报道，世界上最大的铝合金容器用来储存 - 162℃下的液化天然气，使用了3500t铝板。

1. 普通储罐

典型的铝制石油化工容器有液化天然气贮槽、液化石油气贮槽、浓硝酸贮槽、乙二醇贮槽、冰醋酸贮槽、醋酸贮槽、甲醛贮槽、福尔马林贮槽、吸硝塔、漂白塔、分解塔、苯甲酸精馏塔、混合罐、精馏锅等。

上述容器的主体结构件大多是用工业纯铝、精铝及防锈铝合金制成。由于设备的工作压力及温度不同，需选用不同的材料。例如，工作压力较低（小于30MPa）或常压的抗蚀容器宜用工业纯铝1060及1050A制造。而压力较高的常温或低温容器则多用防锈铝合金5A02、5A03、5A06制造。工作压力较高的大型容器，如单独采用上述铝材制造，由于其强度低，需用厚板，很不经济，因此，常用衬铝的碳钢或低合金钢板制造。为了改善铝制容器的受力情况，防止变形，较大容器的内部及外部还需用加强圈。加强圈应有一定的刚性，一般用角铝、工字铝及槽铝等。通常采用间断焊接，因为连续焊容易引起筒体变形。外部的加强圈每侧间断焊的总长不得短于容器壁厚的12倍。

图8-1是一种用工业纯铝制造的浓硝酸罐，容积为60m³，工作温度为30℃，压力为硝酸静压。铝制立式化工槽的直径与高度之比一般为1∶1.2 ~ 1.5，与卧式容器相比，立式占地少、单位容积的铝材用量少、容积大。因此，条件许可时，应尽可能地采用立式容器。

2. 储罐顶盖

国外从 20 世纪 50 年代起, 在石油化工储运系统和建筑行业中, 已开始大量使用各种形式的钢制和铝制网壳。目前, 欧美等国 85% 的大型储罐顶盖均采用了各种形式的网壳。我国从 20 世纪 80 年代末开始研制、开发用于大型储罐顶盖的网壳结构, 并在 20 世纪 90 年代初首次将短程线网壳技术应用于大型储罐顶盖上。

我国自行开发的大型储罐铝网壳顶盖结构也于 2003 年开始应用, 2 台直径 50m 的铝网壳当年 9 月在珠海某油料储库安装完成, 4 台直径 60m 的铝网壳也于 2003 年底在上海建成。这些工程的完工标志着我国自行研究开发的大型储罐顶盖网壳技术上了一个新台阶。

铝网壳所选用的材料因其特有的自重轻和高耐蚀性, 因而大量用于对钢材有强腐蚀环境的储罐、废水处理池和料仓等的顶盖上, 它具有以下特点:

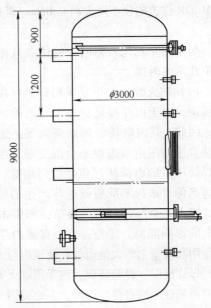

图 8-1 工业纯铝制造的浓硝酸罐

1) 采用铝网壳与铝合金顶板后, 重量大大减轻, 使罐、池及其基础承载相应减少。如直径 30~60m 的铝顶盖是钢网壳顶盖重量的 1/9~1/4。

2) 铝合金材料具有良好的抗腐蚀能力, 故不必对铝网壳顶盖部分进行防腐处理, 节约了防腐费用和工程间接费用。在使用期内也不需进行维护, 节约了大量的检、维修费用。国外已建成近 30 多年的铝网壳仍然在安全使用。

3) 铝反射的辐射热可达 95%, 因此, 铝网壳顶盖用于拱顶罐上时, 能减少易挥发性介质的挥发损失。

4) 铝合金材料强度在低温下反而比常温下高, 是低温工况下的理想材料。如 1460 铝锂合金在 20℃ 条件下测试其焊接后的抗拉强度为 284MPa, 在 -196℃ 时抗拉强度为 318MPa。故用铝网壳及顶板后, 可在整个使用期内省去为防止材料低温脆性增设的保温材料和费用。

5) 用铝网壳及顶板后, 设置在罐顶上的附件, 如平台、扶梯、透光孔、量油孔、通气阀等也可相应改用铝合金材料, 与网壳同步制造。

6) 铝合金顶盖通过网壳上的支座直接与储罐壁上倒扣的槽钢连接, 通过特殊的密封构造来保证铝和钢的密封连接, 同时也增加了罐壁板的稳定性。

根据美国 TEMCOR 公司介绍, 该公司已在世界各地制造了 6500 余个铝合金球穹顶。1977 年建造了铝合金球穹顶的石油罐, 1982 年 TEMCOR 公司建成了当今世界上最大的直径达 127m 的坐落在地面上的单层铝合金穹顶。所有这些铝合金穹顶结构至今仍在正常使用中，它们经受了恶劣的自然条件考验，诸如中东地区沙漠的炎热、太平洋岛屿上每小时风速为 330km 的飓风，以及南极地带 1500kg/m^2 的非均匀负荷。图 8-2 是TEMCOR 建造的位于澳大利亚 Botany 港的两个直径 32m 和两个直径 47m 的铝合金储油罐。

与钢网壳相比，铝网壳的优点具体体现在以下几个方面：

图 8-2　铝合金储油罐

（1）防火性　无论是采用铝制穹顶还是钢质罐顶，由于内浮顶是在一个封闭的导电结构内，因此，其内电场必须始终为零。这意味着即使直接的闪电雷击也不会改变浮顶电势，并足以使产生的电荷从浮顶排放到罐壁。这是由于著名的"法拉第屏蔽效应"产生的结果，因此，罐内完全与外部电气事故，如雷击或静电放电的影响隔离。此外，由于有罐内浮盘的密封作用和罐壁上的大量通气孔使罐内与大气相通换气，使罐内浮盘以上的气体空间很难达到爆炸极限。经验证明，内浮顶罐火灾意外的可能性比无固定顶的外浮顶罐火灾或爆炸的可能性小数百倍。因此，不论美国 API650 标准，还是我国新颁布的石油库设计规范，都允许在内浮顶油罐上采用铝网壳顶盖。铝网壳顶由于其采用了蒙皮铝合金薄板，即使发生火灾，其铝板可以很快融化或被人工快速去除部分铝板（紧急时刻可用斧头劈开），为消防提供通道，因此，火灾可以很快被扑灭。

（2）耐蚀性和洁净性　铝合金网壳罐顶，具有优良耐蚀性，免除了人在罐顶上行走因钢顶板腐蚀而掉进罐内的危险。加了铝合金网壳顶盖的外浮顶油罐，可以防止油品的日晒雨淋、风沙侵袭，不仅可降低油品损失，而且可防止油品受水、沙、杂物污染。因此，在美国许多石油公司已将大部分外浮顶油罐加装了铝合金罐顶。

（3）铝网壳的经济性　采用国内自行开发的铝合金结构比钢质结构可以节省工程投资，这个节省部分不仅仅是罐顶盖部分，而且由于铝合金顶盖重量轻，也由此减少了对罐壁和基础方面的投资。同时，由于可以不因维护而停工，因此，采用铝合金网壳结构罐顶，其综合经济效益非常显著。

铝合金顶盖结构需采用精密机床和模板加工，其螺栓间尺寸偏差小于 0.5mm，1 台 50m 的铝网壳，现场安装仅需 5~6 天。图 8-3 所示为 2004 年在上海建成的直径 60m 罐顶铝网壳。

图 8-3　在上海建成的
直径 60m 罐顶铝网壳

3. 铝合金内浮盘

炼油厂、油库的油品在储存过程中每年由于蒸发而损失的数量是相当可观的，为了减少油品在储存过程中的蒸发损失，减少其对环境的污染，许多炼油厂、油库纷纷采取有效措施降低油品损耗。比较普遍和有效的一种方法是在已经建成的非浮顶罐（如拱顶罐）内加装装配式铝合金内浮盘。下面就以 FGZLFD1 型组装式铝浮盘为例介绍这种装置在化工储罐中的应用。

FGZLFD1 型组装式铝浮盘是一种用于石油化工储罐内的浮动式装置。它漂浮在油罐内的液面上，随着液位高低变化而浮动。收料时，油品（储存介质）从罐底的进油口内进油，此时，铝浮盘处于静止状态，铝浮盘下的气体通过铝浮顶上的安全通气阀排出。当油品的液位高度达到铝浮顶的浮子 1/2 位置时，铝浮顶在浮子产生的浮力作用下，开始起浮至漂浮的油面上，随着液面的上升，同时铝浮顶上的安全通气阀自动关闭，铝浮顶漂浮在油品的表面上，处于正常的工作状态，有效地减少了油气空间。发料时，铝浮顶随着液面的下降而下降，当达到安全通气阀杆接到罐底时，安全通气阀自动打开，避免铝浮盘下产生真空现象，直至油品输完为止。此时，铝浮顶处于罐底静止状态，即非工作状态。

FGZLFD1 型组装式铝浮盘的铝浮顶其骨架采用放射蜂窝结构，骨架梁均采用槽型或工字型铝合金型材，浮子采用热挤压成形铝合金无缝管型材，相互连接构成若干个正六边形结构整体。骨架上面为防锈铝合金盖板。浮顶周边选用舌型丁腈橡胶或囊式氟橡胶密封胶带，浮顶上配有安全静电导出线、安全呼吸阀装置、安全防旋转装置、量油孔等，保证铝浮顶运行使用中的安全、平稳、可靠。其结构示意如图 8-4 所示。

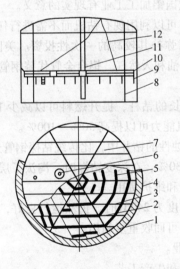

图 8-4　FGZLFD1 型组装式铝浮盘的结构示意图

1—圈梁　2—径向梁　3—副梁　4—外圈浮子　5—内圈浮子
6—安全通气装置　7—铝盖板　8—防转装置　9—支腿
10—密封橡胶带　11—量油孔　12—静电导出线

FGZLFD1 型组装式铝浮盘突破传统的浮顶结构形式，具有以下优点：采用放射蜂窝骨架结构，构成正六边形，将浮子内嵌连接在骨架梁槽内，使浮顶整体浮力分布均匀，浮顶的直径可任意扩大而保持单位面积压强不变。运行平稳。浮顶能自身产生阻尼作用，降低冲击波，浮顶运行平稳性能好。浮子采用热挤压成形铝合金无缝管型材，仅两端堆焊制成，比其他的铝浮盘的焊接浮子减少了纵向焊缝，从而大大降低了因焊缝缺陷带来的泄露隐患，油气空间小。浮子小型化，同时采用内嵌连接，油气空间比传统铝浮盘的油气空间小得多，因而其油气蒸发损耗大大小于传统浮顶。使用安全，维护方便。浮顶全部采用零件组装，全部用螺栓或铆钉连接，且浮子上面与铝盖板相贴，故浮顶表面可行走自如，维护检修非常方便，导电性能好，运行使用安全可靠。

8.1.2 铝合金在石油化工中的应用

1. 钻探管

石油开采常采用钢质钻探管。美国雷诺金属公司自 60 年代起开始研制铝合金钻探管取得成功并获得了专利，产品以其优良的钻探特性广泛应用于石油钻探，特别是海洋和沙漠石油开采中。我国海洋石油丰富，海洋石油已成为我国石油工业的重要组成部分。陆上石油工业随着塔里木盆地石油钻探开发成功，正向沙漠地区延伸，因此，在我国铝钻探管的开发具有很大的市场。近年来，我国铝加工业发展迅速，铝加工材已广泛应用于国民经济各部门，但铝材在我国石油开采工业上的应用尚属空白，借鉴国外研究开发成功的经验，填补这一空白领域，对我国铝加工工业有现实的意义。

采用铝钻探管替代钢钻探管进行钻探，可以利用现有钻机而不需进行任何改造。实际使用证明，可以大大节约操作费用，足以弥补其较高的一次性投资。美国早在 20 世纪 60 年代就开始采用 2014 铝合金管钻探石油和天然气。铝合金管代替钢管具有以下优点：

1）质量轻，用同样的设备可以提升更长的钻杆，提升燃料可以减少 15% ~ 20%，每台设备运送的总长度可以增加 60%，钻机能力可以提高 50% ~ 100%。

2）可靠性好，不会发生火花，在有腐蚀性的钻井中，比传统钻探钢管还要耐用。

3）钻探性能良好，钻井深度可以增加 30%，在深度钻探时，淘汰了层叠组合式钻具；减少了误动作所造成的损失，降低停工和维护费用。

4）耐热性强，可钻到 8000 米，井底温度为 240℃时，仍然运行良好，可提高近海钻机的稳定性；钻探管的运行时间延长，并可回收重复利用。

5）低温性能好，在各种环境均可以作业。

下面以雷诺铝钻探管为例，介绍其性能和生产工艺。

雷诺铝钻探管 2014-T6 的化学成分见表 8-1。

表 8-1　铝钻探管 2014-T6 的化学成分（质量分数,%）

Cu	Si	Mg	Mn	Fe	Cr	Zn	Ti	其他杂质		Al
								单个	总和	
3.9 ~ 5.0	0.5 ~ 1.2	0.2 ~ 0.8	0.4 ~ 1.2	≤0.7	0.1	0.25	0.2	0.05	0.15	余量

图 8-5 是常见的铝合金的钻探管的结构形式。

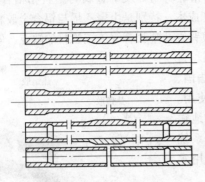

图 8-5　铝合金的钻探管的结构形式

铝钻探管的生产采用变断面挤压法生产，其优点是铝合金管管身无缝，可对管子长度公差进行准确的控制。由于铝钻探管的长度较长，且具有内径不变、外径变化的变断面特性，因此，挤压生产需要大吨位挤压机和专门设计的模具及挤压轴和穿孔芯杆，挤压机的吨位一般应在 50MN 以上。铝钻探管生产的关键在于铝合金管的变断面挤压，变断面的挤压成形主要分为四个阶段。挤压后的铝合金管，经过立式淬火炉淬火及人工时效热处理后，进行两端管螺纹机加工，再经吹扫清洗检查后，在管内壁挂涂 "DRIL-COTE" 这类坚韧、有弹性、中性化学表面涂层，以延长铝钻探管的工作寿命并保持它的液压效率。

铝钻探管的生产工艺流程：熔炼—半连续铸造—均匀化处理—变断面挤压—立式淬火—拉伸矫直—人工时效—精密锯切—管头螺纹加工—吹扫清洗—检查—管接头装配—管内壁挂涂—包装—入库。

目前，阻碍铝合金管在石油钻探中大量应用的主要因素，一是人们对使用性能不熟悉，二是其成本比钢管约高 50%。但从长远来看，其综合成本会低于钢管，其应用前景是非常广阔的。

2. 铝塑复合管

铝塑复合管是一种综合性能优于金属管道和非金属管道的新型复合材料管道，不易脆裂，其耐受内外压力性能、线胀系数以及致密性、渗氧率等方面具有金属管道的优异性能，其耐腐蚀、寿命长、流阻小等方面又具有特种塑料管道的性能。因此，铝塑复合管已成为各种改性塑料管道、镀锌管道的替代品，可作民用燃气输送的理想管道，其结构如图 8-6 所示。

（1）在输送酸碱液中的应用　输送酸碱等有严重腐蚀性的液体时，需要经久耐用、安全可靠的输送管材。近年来虽然开发了不锈钢管道、橡胶管道、玻璃内衬管道等新型管材，较好地解决了管材腐蚀问题，但仍然存在不足。如不锈钢价格高，橡胶等材料易老化，玻璃内衬易碎等，有的还造成滴漏等浪费，留下安全隐患。

　　20 世纪 80 年代末，欧美一些国家相继研制开发了金属与塑料相粘合的复合管材，因其具有良好的使用性能和较低的生产成本，特别是由聚乙烯与铝合金胶粘而成的铝塑复合管，既消除了铜管、不锈钢管、镀锌管及塑胶管等传统管材的缺点，安装又十分简便，在世界管材市场得到了迅速发展。目前，在德国、美国、加拿大、英国、法国、荷兰、日本等国家和我国已得到广泛使用。这种管材可满足工业生产中安全可靠地输送各种液体的需要，可以在城镇供水系统中替代镀锌铁管，以改善水质，保证用水的清洁纯净。

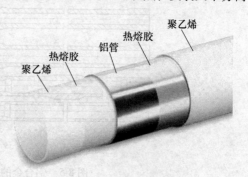

图 8-6　铝塑复合管的结构

　　铝塑管的内层和外层均为高密度聚乙烯（PE），中间层为铝合金。聚乙烯是一种化学性能稳定、耐腐蚀、耐高温、无毒无臭的高分子聚合物，铝合金则能提高管材的抗拉强度和抗压强度，聚乙烯和铝管之间用特殊的粘结剂紧密结合。

　　铝塑复合管是一种新型管材，具有以下优点：

1）耐酸碱等化学物质的腐蚀，不会生锈。

2）清洁卫生，安全无毒。

3）耐高温、高压，不会发生渗透现象。

4）保温性能好，在较冷的环境中不会发生霜冻。

5）重量轻、运输方便、施工简便、价格便宜，使用寿命在 50 年以上。

6）可用简单金属探测器探测出埋于地下或混凝土中的管子的位置，便于检修。

　　（2）在燃气输送管中的应用　燃气是一种可燃烧介质，不允许这种介质的泄漏或渗漏。铝塑复合管是以金属管道为骨架主干，内外涂覆聚乙烯塑料的复合管材，外层聚乙烯仅有 0.4mm 厚。铝管是良好的导热、导电材料，即便有局部明火产生热源，但由于外层可燃聚乙烯很薄，铝合金管壁有良好的导热、纵向散热性能，自身熔点为 660℃，使局部明火热量很难集中，减少了着火危险。因此，铝塑复合管比纯聚乙烯管在阻燃性能方面有很大的提高。

　　铝塑复合管既有光滑的聚乙烯层，又有严密的粘结层，中间有致密的金属层，这样严密的组合，是不可能泄漏和渗漏的，并且，采用了密封性能和拉拔性能良好的管接头方式。铝塑复合管的持久耐压指标 2.7MPa，爆破耐压 7.0MPa，选择的工作压力是 0.4MPa，其设计安全系数是 7 倍以上。因此，爆破、失效破裂可能性也不大。

　　燃气对管道的侵蚀，特别是人工煤气中冷凝液所含苯及其他芳香烃成分对管道的侵蚀。铝塑复合管由于中间层是金属铝管，即便内层聚乙烯饱和吸收苯类芳香烃族化合物达 9%，造成屈服强度降低，但是铝管的强度以及外层聚乙烯由于铝管的隔离，并未吸收芳香烃类化合物，不会产生"溶胀"，强度依然不会降低。由于中间铝管的强力保护，内层聚乙烯吸收苯后，无法形成大面积溶胀空间，无法形成较大管环应力，因此，也不可能加速脆化破坏现象。铝塑复合管的良好结构正好弥补了聚乙烯管的不足。

发达国家和地区在燃气输送管方面，早在 20 世纪 70 年代初就已推广采用特种塑料管替代镀锌金属管。英国、澳大利亚、美国加利福尼亚等煤气公司，以及我国台湾的欣欣瓦斯公司、新海瓦斯公司都在 20 世纪 80 年代末采用铝塑复合管作为家庭燃气配管。日本经过一些地区大地震验证，铝塑复合管作民用燃气输送时，因其既具有刚度、抗压强度，又具有韧性和塑性变形能力，表现出极佳的抗震性能，抵御机械破坏能力。因此，日本各城市的煤气业已决定大面积使用铝塑复合管作为煤气管。瑞士 F. A. E. S 公司所生产的铝塑复合管，在 1993 年即获得瑞士煤气和供水工业公司（SSIGE）和煤气技监部门（TPG）认可，用于民用煤气的地面安装和地下埋入安装。

澳大利亚标准 AS4176 "聚乙烯/铝和交联聚乙烯/铝复合管"规定复合管用于输送煤气时，可分为 500 等级，其工作压力不超过 500kPa，工作温度在 -20 ~ 35℃范围。美国材料与试验协会 ASTM FI335 "铝塑复合压力管"中也指出铝塑复合管可用于包括燃气的各种气体输送。

8.1.3　铝合金在热交换器中的应用

热交换器是化工生产的主要单元设备，其结构主要有列管式和盘管式两种，其设计使用温度一般为 200℃以下，公称压力一般为 1 ~ 2.5MPa。由于化工行业连续生产的特点，对热交换器的基本要求是换热效率高，加工性和焊接性能好，耐蚀性强，使用寿命长，投资尽可能低。目前除部分中小化肥厂的碳化水箱（换热器）采用 L2 工业纯铝管制作外，国内化工行业绝大多数管式换热器还是采用不锈钢管。一般化学介质对碳钢热交换器的腐蚀作用是去氧极化腐蚀，在碳钢管表面形成许多微电池，微电池的阳极与阴极分别发生氧化与还原反应，最终生成基本不溶于水的红棕色的 Fe $(OH)_3$，沉积在管壁上，造成穿孔失效。

与碳钢热交换器的腐蚀作用不同，化学介质对铝制热交换器的腐蚀作用主要是应力腐蚀开裂（SCC）和磨蚀。虽然工业纯铝的导热性能很好，加工、焊接性能优良，一般情况下耐蚀性强，投资较省，但用纯铝管制作的热交换器使用寿命不长，一般为 0.5 ~ 1 年，主要原因是力学性能偏低，耐磨性能差，在碱性溶液中耐蚀性不够好，因而工业纯铝管材难以取代不锈钢管在化工热交换器上占主导地位。

近年来，5454 合金（Al-2.4% ~ 3.0% Mg-0.5% ~ 1.0% Mn-0.05% ~ 0.20% Cr）已被用在化工热交换器及管道上。5454 合金具有强度高、抗疲劳性能好，耐蚀性和焊接性能优良等特点，一般使用寿命 2 年以上。5454 合金是不可热处理强化合金，20℃时的密度为 2.68g/cm³，它在碱性介质中的耐蚀性明显高于工业纯铝，露天使用往往不需要采用涂层处理。

5454 合金熔炼温度为 720 ~ 760℃，铸造温度为 710 ~ 730℃，均匀化温度为 480℃，管材挤压温度为 420~480℃。由于一般厂家均采用平面分流模挤压 5454 合金管,故应该采用高温挤压工艺,以降低挤压力并提高焊缝质量,挤压速度也应严格控制,一般以管材表面不出现横向裂纹为宜,同时挤压过程一般不允许润滑模具。5454 挤压管材还可以通过冷作硬化(冷拉伸)的方法进一步提高其强度,但 Al-Mg 系合金加工硬化后在室温长期放置时,易产生所谓"时效软化"现象,表现形式是屈服强度会有所下降,而断后伸长率却有所提高。为防止这种变化,经冷加工后的 5454 合金管材需进行 130~170℃稳定化处理,使 β 相沿晶内和晶界均匀析出,5454 合金管材力学性能趋于稳定,耐蚀性改善。

8.1.4　铝合金在化工防腐中的应用

化工企业中的许多金属设备表面不断与大气中的氧气、水蒸气、酸雾以及酸碱盐等物质接触而发生反应,使金属产生腐蚀:当一种金属与另一种比它不活泼的金属在一起,并与电解质溶液接触时(潮湿空气中的氧气、水蒸气、酸雾起着电解质溶液作用),就形成了原电池,这时活泼金属为阳极,不活泼金属为阴极,阳极上进行氧化反应,因此,较活泼金属遭受腐蚀。化工企业中的设备大多数是由碳素钢制作而成,碳素钢中含有石墨、Fe_3C 等不活泼物质,在潮湿空气中钢铁表面形成无数微电池,此时铁为阳极,不活泼杂质为阴极,因此遭受腐蚀。

铝是自钝化作用很强的金属,阳极活性差,且易发生孔蚀,故纯铝不能做牺牲阳极。在铝基中添加锌、锡、汞、硅等元素,使铝合金活化,不形成致密的氧化铝。研究表明,在铝中单独添加锌、镉、镁、钡,可以降低铝的电位;单独添加汞、锡、铟、镓等元素,则铝的电位降低更显著,但单独添加某种元素并不能改善铝阳极的电流效率,一般需要添加两种或两种以上的合金元素,才能全面改善铝阳极的性能。以下是几种常见的应用在化工防腐的铝合金。

1) Al-Zn-Hg 系合金。美国于 20 世纪 60 年代首先研制成功这种阳极,这种阳极具有较好的电化学性能,但汞具有毒性,所以含汞的铝基阳极逐渐被淘汰。

2) Al-Zn-In 系合金。铟含量一般为 0.01%~0.05%(质量分数),可改善 Al 的活性。这类阳极从 Al-Zn-In 三元合金开始就具有实用价值。为了改善铝阳极性能,在三元合金基础上还可以加入镉、锡、硅、镁等元素,组成四元、五元合金。

3) Al-Zn-Mg 系合金。苏联研制过含10%Zn(质量分数)、含10%Mg(质量分数)的铝基阳极,工作电位 -0.871~-0.951V(SCE),电流效率65%~77.5%。英国研制含铟的 Al-Zn-Mg 合金BA780 也是很好的阳极材料。

此外,对铝阳极的影响因素还有杂质和 PH 值等。

目前,世界各国每年使用牺牲阳极总重量已达几十万吨,其中铝阳极的用量已超过一半,并仍在继续增长。这为铝合金产品在化工行业中的应用开辟了一个新的空间。图8-7 是两种常用的铝合金阳极。

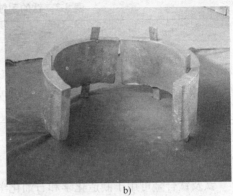

a)　　　　　　　　　　　　　　　　b)

图 8-7　铝合金阳极

a）海水冷却系统用铝合金阳极　b）埋地管线用铝合金阳极

8.2　钛合金在化工中的应用

8.2.1　前言

钛及钛合金具有极好的耐蚀性，早期钛在化工中的应用包括阳极化处理设备、潮湿氯气和硝酸装置。化工、冶金、造纸、制碱、石油和农药工业是使用钛铸件的最早行业，也是除航空航天工业以外钛铸件应用量最大的领域。这些场合使用的钛铸件主要是耐腐泵、阀门、叶轮，它们大部分是在腐蚀性很强的液体介质中运转的。在腐蚀性气体介质中使用的风机通常也装配铸造钛合金叶轮。钛合金在化工领域的应用，取得了良好的技术经济效果。如在铁合金厂，抽送铬-硫酸溶液的不锈钢泵，使用寿命只有 1 年，改用钛泵运转 600 天后，仍呈金属光泽，未发现腐蚀现象。另外，制碱厂氨盐水溶液中工作的铸铁叶轮寿命一般只有 1 个月，而铸钛叶轮使用 4 年，仍未受腐蚀。天津碱厂使用钛阀 560 套，每年经济效益在 11 万元以上。钛及钛合金在湿氯的气氛下，可以长期正常工作。

钛在海水、盐水、卤水、碱金属、碱金属氯化物、无机类铵盐、钾盐、湿氯气、次氯酸盐等无机介质中具有很强耐蚀性。某些钛合金对不同的介质具有很强的耐蚀性能。表 8-2 列出了钛的耐蚀介质和不耐蚀介质。据统计，我国已有 220 个氯碱厂，近 50 个纯碱厂，1000 多家化肥厂和 10 余家盐厂和盐化厂使用了钛材。截至 1998 年，全国就有近 30 家电厂的 94 台机组使用了钛冷凝管，钛管总用量近 3400t。

和海洋与腐蚀相关的应用领域还包括海水淡化。海水淡化设备中的盐水加热器和蒸发器大量使用钛制管板和管道。日本 Sasakura 工程公司是著名的海水淡化设备制造厂家，多年来已成为日本国内和包括中东国家在内的多个国家建成 200 多套海水淡化装置，而所有淡化用的冷凝器、给水加热器、卤水预热器和热回收系统全部使用钛管。

表 8-2　钛的耐蚀介质和不耐蚀介质

耐腐蚀的介质	不耐腐蚀的介质
海水、湿氯气、二氧化氯、硝酸、铬酸、醋酸、氯化铁、氯化铜、熔融硫、氯化烃类、次氯酸钠、含氯漂白剂、乳酸、苯二甲酸、尿素、浓度低于3%（质量分数）的盐酸、浓度低于4%（质量分数）的硫酸	发烟硝酸、氢氟酸、浓度大于3%（质量分数）的盐酸、浓度大于4%（质量分数）的硫酸、不充气的沸腾甲酸、沸腾浓氯化铝、磷酸、草酸、干氯气、氟化物溶液、液溴

8.2.2　钛制设备的发展

钛及钛合金可用于制造化学和石油化学工业中的各种设备，这是因为钛及钛合金具有优异的力学性能、良好的耐蚀性、生物惰性等特点。腐蚀问题是化学工业中最突出的问题之一，利用各种新型耐腐蚀材料，是解决腐蚀问题的最有效方法。因为工业纯钛的力学性能和耐蚀性取决于氧、氮及铁之类杂质的含量，所以，要根据力学和腐蚀化学要求选择具有各种不同强度性能的钛及钛合金。杂质成分对钛的加工或应用时的可塑性有影响。压力容器应用的钛材有较高的强度要求，但是用作衬里及零部件时要经受较大的变形，因而要选择具有杂质含量少、强度较低而塑性高的钛材。工业纯钛在高温下能经受长期静载荷的作用，但是超过250℃时就可能发生蠕变，不宜制造压力容器。计算参数指出，应用工业纯钛制造的压力容器的工作温度大多数限制在250℃以下。现在少数反应器及特殊情况下钛制容器壁厚超过10mm，但大多数采用钢制设备敷以钛衬里，并根据载荷大小及设备规格确定衬里厚为1~2mm，容器底部要选择较厚的钛板。

钛合金能有效地代替下述各种稀缺的材料：镍基合金（蒙乃尔合金或耐腐蚀耐热合金）、高合金钢、$Cr_{18}Ni_{10}Ti$ 型不锈钢、各种稀有金属、各种有色金属（钽、铌、铂、铜和锡）、各种塑料。分析证明，在化学工业中应用各种钛合金可以降低整体费用，但是原始投资成本比较高。除了苏联曾制造钛合金设备之外，美国、日本、英国、德国、瑞士、意大利也广泛采用钛合金制造的设备。捷克斯洛伐克以及保加利亚、罗马尼亚在钛的应用方面也取得了成功的经验。广泛应用钛的实例，最有代表性的是1960年美国化学工业耗用大约100t钛的铸件（占总耗量的3%），而1970~1971年大约为1000~1200t。最近30年，部分化学工业在钛铸件的总耗量中已达到7.5%~9.0%的占比。1971年美国化学工业对钛铸件的消耗量达到了3000t（占工业应用钛总量的65%左右，但不包括航空工业）。在日本，化学工业消耗的钛铸件占所有钛铸件的95%。而西欧一些国家占30%~60%。钛及钛合金的耐腐蚀特性使其应用的范围十分广泛，涉及的化工产品多达数十种。

因为钛是比较新的结构材料，已经知道某些钛合金设备与浓度为200g/L的硫酸介质相接触，8年未损坏。甚至在80℃条件下，在有铜盐、镍盐、铁盐的介质中也没有被腐蚀破坏。钛合金在90℃温度条件下、20%（质量分数）浓度的硫酸中的腐蚀速度为0.5mm/年。同时，泵在生产中长期输送含有5%~15%（质量分数）浓度的盐酸及氯化铁、氯化铝、氯化镁的混合物时仍能正常运转而不被破坏。钛在潮湿的氯气中、氯的氧化物中、含有氯的有机化合物中具有高的耐蚀性，而在同样条件下钢及高合金钢则遭受到腐蚀和产生龟裂。BT1-0 牌号的钛合金在化学工业中获得了广泛应用，在大多数情况下它具有较好的耐蚀性，并被推荐在不超过 350℃ 的条件下使用。AT-3 钛合金也同样在化学工业中具有广阔的应用前景，同其他批量生产的钛合金（包括 BT1-0）相比具有较好的耐蚀性，并具有较高的（同 BT1-0 牌号钛合金相比较）耐磨损性能。对于含有沸腾温度下的浓盐酸及浓硫酸介质、乙酸介质和磷酸介质等建议采用含有合金元素钯和钼的钛合金制造化工容器类设备，这些合金在还原性介质中具有高的耐蚀性，对防止裂纹和其他类型的局部腐蚀较有效。对 4200 及 4201 钛合金性质的研究以及由这两种合金制造的设备进行的工业试验证明，可应用到下列化学品的生产之中：四氯烷烃、糠醛、氨基酸、甲酸甲基醚、己内酰胺等。

尽管钛材价格比较贵，但和其他金属材料相比却有比强度高等优点，因此，在 20 世纪 50 年代初期，钛开始工业生产后，多用于航空等军事工业，钛作为化学工业生产设备的结构材料则始于 20 世纪 50 年代中期，1954 年美国钛金属公司将钛用作装二氧化氯混合器的衬里，以防止氯化矿浆渣的腐蚀和磨损。1956 年西德 Krupp 公司已经具有了应用钛制硝酸冷凝器以及水和硝酸混合蒸气喷嘴的经验。日本在 1957 年将工业纯钛作为一种耐腐蚀材料用于化学工业，解决了某些设备存在的严重腐蚀问题。英国的一些公司早在 1959 年就已经掌握了用钛来制作板式热交换器的技术。苏联从 1960 年开始采用钛制设备和管道，1970 年以后，钛制设备在化学工业的应用得到了显著推广。特别是近年来，随着钛的耐蚀性和耐腐蚀钛合金的研究，钛制设备在化学工业中的应用增长率在不断提高，也获得了较快的发展。

钛材在我国的应用始于 20 世纪 60 年代中期，但当时只作为设备的内衬件或零部件（如温度计套管、电解制取高纯镍和钴用的阴极母板等）。1970 年由钛复合钢板制造的二甲苯氧化塔投入生产。1972 年以后，几乎有 70% ~ 80% 用于化工、轻工等行业，如氯碱工业相继使用钛制湿氯冷却器和涂钌钛制阳极板来代替石墨冷却器和石墨阳极；漂白工业的钛制亚氯酸钠漂白机由进口改为自制；造纸工业用的二氧化氯反应器、热交换器、氨水泵；电化学工业中电镀镍、电镀工业硬铬等用的阳极及其加热器、电抛光用的阳极挂钩等，也都是使用钛和钛合金材料制造。现在国内已经有成套供应钛制换热器的制造厂。特别是 1985 年，国内对 $\phi25mm \times 0.6mm$ 薄壁焊接钛管工艺取得成功，同年又研制出新的爆炸复合工艺制成钛钢复合管，使钛制设备的制造水平发展到了一个新的阶段。近年来钛制设备的应用日益增加，发展尤为迅速。

8.2.3 常用牌号及产品形式

1. 牌号

石油化工中常使用的钛及钛合金主要是工业纯钛和低合金化钛合金，即国家标准 GB/T 3620.1—2007 规定的 TA1、TA2、TA3、TA9（Ti-Pd）和 TA10（Ti-Mo-Ni）。

2. 产品形式

由于钛及钛合金具有良好的加工工艺性能和焊接性能，可保证设备的制造质量，因此，在石油化工中使用的钛设备，其用材形式广泛，主要选用钛板、带、管、锻件、铸件、钛复合材等。

8.2.4　钛制设备的应用

化工生产所用设备大多在各种类型的腐蚀介质作用条件下工作，设备用材的腐蚀及耐蚀性是设备设计和使用中必须考虑的问题。钛制设备在化工生产中的应用主要有下面几个方面。

1. 在石油化工中的应用

随着工业现代化的发展，钛作为一种新型金属材料正得到广泛应用。在石油化工中，一般情况下工业纯钛主要用于制造高耐蚀性和高强度的设备；钛钯、钛钼镍合金用于制造低氧、低 pH 值和高温氯化物环境中使用的设备，应用实践证明，钛及钛合金是石油化工工业发展中不可替代的金属结构材料。

（1）对苯二甲酸设备　对苯二甲酸是合成纤维涤纶的重要原料，主要用对二甲苯氧化法生产，工业上有低温氧化法（东丽法）和高温氧化法（阿莫柯法）两种工艺。精对苯二甲酸（PTA）是聚酯或涤纶的原料，我国引进美国阿莫柯及日本三井油化技术，生产能力已达 78 万 t/年左右，其中包括扬子石化、上海石化、燕山石化、济南化纤等，涤纶是我国化纤工业的最主要产品，其主要原料或单体为精对苯二甲酸，它是由对二甲苯在醋酸、溴化物等强氧化剂，在 160 ~ 230℃ 的高温作用下进行氧化反应而生成的，而且上述生成的粗对苯二甲酸要通过 280℃、6.8MPa 条件下加氢反应精制。由于不锈钢不能抵抗上述介质的强腐蚀，或为了保证获得精对苯二甲酸粒子，对铁离子含量严格控制，因此钛及其复合材料倍受青睐。据统计，一套 22.5 万 t/年的精对苯二甲酸装置采用钛和钛复合板设备和管道达 820t，除大量采用钛复合板设备外，也使用钛衬里、整体钛设备，主要有氧化反应器、加氢反应器、醋酸蒸馏塔、溶解器等大型塔器，以及冷凝器、冷却器、贮罐、泵、阀等。

经调查，燕山石化聚酯厂由德国引进的该装置（3.5 万 t/年）采用钛设备共有 19 台，一般来说钛本身耐蚀性好，但前些年由于工艺问题，泄漏及不锈钢设备的腐蚀原因而影响生产，但近年由于适当控制与降低反应温度，使生产趋于正常，仅发现醋酸精馏塔钛塔板有开裂现象。上海石化涤纶二厂由日本引进精对苯二甲酸装置（22.5 万 t/年）共有钛设备 20 台、钛泵 13 台、钛阀 103 只与大量钛管道，经十余年使用基本情况良好，但发现在加氢反应器、加热预热器，钛与不锈钢混合结构造成电偶腐蚀，在第二薄膜蒸发器中，高温含溴醋酸对钛材及其焊缝的侵蚀与开裂。一些原先采用超低碳含钼不锈钢的某些设备、管道和阀门，由于严重腐蚀已用钛材更新，如四溴乙烷管道、风机叶轮、蝶阀等。氧化反应器底部钛复合板焊缝因泄漏已多次焊补。扬子石化公司由德国引进的精对苯二甲酸装置（45 万 t/年），是目前世界上最大的装置之一。其相应的关键钛设备有 56 台，250 只阀门与管件采用钛制造，使用情况良好。

国内唯一的一套东丽法装置是上海石化涤纶厂由日本引进的 2.5 万 t/年对苯二甲酸装置。由于氧化反应温度较低，关键设备氧化塔等采用超低碳含钼不锈钢，但规定温度超过135℃、接触醋酸的设备采用钛材，共有高温加热器、高温洗涤罐和冷凝器3台钛设备。脱水塔直径2.4m、高15.2m的下半段因317L不锈钢严重腐蚀，由广州重型机器厂用整体钛制造下塔段与原不锈钢上塔段用法兰连接。

(2) 乙烯氧化生成乙醛设备　乙醛大量用于合成醋酸、丁醇等化工产品，乙烯直接氧化法生产乙醛，是以氯化钯、氯化铜的稀盐酸溶液为催化剂，通空气或氧化制取，反应温度100~150℃，溶液的pH值为1.2~1.5，工况条件苛刻，有强烈腐蚀性，采用不锈钢材质制造的氧化塔、精馏塔、管道、泵、阀等主要设备发生严重腐蚀，不能胜任。1974年，苏州溶剂厂采用了钛制氧化塔、换热器等设备，获得了良好的效果。在上海石化总厂1976年从德国引进的装置中，第一、第二冷凝器闪蒸塔、脱气罐、过滤器、输送泵、阀等采用的是钛制设备。在催化剂再生器顶部接管法兰面，选用的是耐高温氯化物腐蚀的 Ti-0.3Mo-0.8Ni 钛合金材料。1980年，上海石化总厂二厂采用了国产钛制大型乙醛液冷却器，进料温度110℃，催化剂中含有 Cl⁻，生产过程中该冷却器显示出了极耐腐蚀的特点。

(3) 乙醛氧化生成醋酸系统　醋酸是香料、燃料、医药、合成纤维的原料，也是重要的氧化反应溶剂。醋酸的制取工艺有乙醛氧化法、烷烃氧化法、甲醇低压羰基合成法等。上海石化总厂二厂在醋酸装置中选用了钛制脱高沸塔塔顶冷凝器、钛制醋酸回收塔，解决了氧化法工艺中设备受高温醋酸或含甲酸的醋酸的强烈腐蚀问题。上海试剂一厂在烷烃氧化法中，采用钛制作氧化液进出料的阀，获得良好效果。四川维尼纶厂在年产9万t醋酸乙烯的生产装置中，使用钛制醋酸精馏塔、钛制醋酸蒸发器、钛制再沸器，5年的使用结果表明，这些设备没有发生腐蚀现象，因而该厂将醋酸精馏系统中受醋酸腐蚀的管道、泵、阀均改为由钛材制造，由于钛设备的应用，每年可节约费用500多万元。

(4) 顺酐生成设备　顺酐主要用于合成聚酯树脂、农药、油漆和塑料工业。它的生产是用苯作为原料制取顺酸水溶液，然后加共沸剂二甲苯恒沸脱水、精馏得到顺酐结晶。设备主要受100~145℃顺酸溶液（最大浓度70%）的腐蚀，采用1Cr18Ni9Ti、1Cr17Mo2Ti等不锈钢材料制成。仅一周时间设备就被腐蚀成洞，最长使用时间也仅1~2个月就需大修，致使设备造价高昂。将顺酐生产中腐蚀最为严重的酸水吸收塔、恒沸塔、蒸发器改为全钛设备后运行了5年进行检查，其腐蚀率仅为0.014mm/年，而且顺酐产量大幅度提高，成本下降了二分之一，为企业带来了巨大的经济效益。

(5) 次氯酸设备　在以氧气、精丙烯为主要原料生产环氧丙烷中，其中的次氯酸化设备和次氯酸尾气处理设备，原来均采用钢套内衬防腐涂层，由于接触介质是腐蚀性极强的次氯酸、氯酸、稀盐酸、二氯丙烷等，所以钢套无论衬耐酸胶泥、搪瓷玻璃，还是喷聚三氟乙烯，都因腐蚀、溶解和振动等原因，在短时间内连壳体一起被腐蚀击穿。沈阳石油化工厂在使用了衬钛尾气吸收塔、衬钛混合器、衬钛次氯酸塔和钛烟囱等各种钛管件后，大大改善了生产面貌，不仅无泄漏，也无污染，预计整套设备使用寿命可达20年。

(6) 己二酸生成设备　己二酸是生产尼龙-66盐的主要化工原料，己二酸生产过程中的主要腐蚀介质是硝酸、磷酸和己二酸。用低碳不锈钢材料制造的设备，腐蚀严重，特别是己二酸装置硝酸回收工序的几台重要设备，腐蚀更为严重，故障多，寿命短，检修频繁，影响了己二酸的产量，将关键设备硝酸蒸馏塔塔底再沸器和硝酸二次蒸发器改用工业纯钛和钛钢复合板制作后，经过 4 年平稳运行，材料表面无明显腐蚀现象，管板上的切削刀痕仍清晰可见，从而在根本上解决了腐蚀问题。

（7）环氧丙烷设备　环氧丙烷也叫作氧化丙烯或甲基环氧丙烷，其化学性质活泼，在碱金属氢氧化物或路易斯酸（Lewis 酸）等催化剂的作用下，可与水、硫化物、卤化物、二氧化碳等分别发生醚化反应、酯化反应、异构化反应、聚合反应等，生成一系列有机化合物，是丙烯的三大衍生物之一。上海高桥石化公司三厂，从日本引进了先进技术及部分设备，采用氯醇法工艺生产，主要原料为液氯和丙烯，生产中，由于氯化反应，设备发生严重腐蚀。该厂对丙烯分配管、氯醇进料预热管、氯醇进料混合器、氯丙醇泵、氯醇贮存泵、阀门、氯酸液管道等，都选用了钛材制造，从而解决了腐蚀问题。另外，锦西、天津大沽、金陵石化等厂，对氯醇塔、氯醇换热器及氯醇给料泵等主体生产设备，均使用钛及钛合金材料制作，取得明显的防腐蚀效果。

（8）丙酮设备　丙酮是重要的溶剂，也是有机合成原料，主要用于合成环氧树脂、氯仿、有机玻璃、聚碳酸酯等。丙酮的生产工艺有几种，其中以丙烯直接氧化法最为经济。在丙烯直接氧化制取丙酮的生产中，其合成和精馏设备，管道受到沸腾的氯化钯、氯化铜、醋酸钠、盐酸溶液催化剂等强烈的腐蚀，1972 年做了钛挂片腐蚀试验，表明 TC4 钛合金的年腐蚀率仅为 0.002mm，为不锈钢的百分之一。所以，1977 年，益阳红旗化工厂的丙酮生产线采用了钛制文氏混合器、氧化加热器、氧化分离器、羰化反应器、闪蒸塔、贫氧空气冷凝器、催化剂再生器、循环泵等设备，投运后获得极佳的使用效果。

（9）己内酰胺装置　己内酰胺是生产锦纶 6 的重要单体。己内酰胺装置接触羟胺硫酸盐、羟胺二磺酸盐强腐蚀介质的换热器原来用石墨制造，因易碎影响生产。岳阳石化锦纶厂与化工部化机院采用钛材共同试验，结果表明钛在羟胺系统是耐蚀的，腐蚀率为 0.02mm/年。从 1980～1982 年先后用纯钛制造了一台卧式固定板式列管换热器-羟胺换热器，三台立式列管填料函式换热器-羟胺加热器、羟胺冷却器、二盐水解中间加热器。投入使用以来，基本情况良好，但钛焊缝常发现腐蚀穿孔，每年均需焊补。三台直径 2.8m 的二盐水解器顶盖，原用碳钢衬铅，后改用钛板情况良好。

（10）其他石化设备　对甲苯酸钠生产反应釜的搅拌器，氯烃生产中的二氯甲烷精馏塔，三氯乙烷换热器、冷凝器、分馏塔，三氯乙烯的冷凝器，过氯乙烯的换热器等，都使用了钛制设备。氯乙醇生产，采用乙烯次氯酸化法，其氯化塔的氯气喷头、乙烯喷头、导管等，使用钛制件替代碳钢、不锈钢制件解决了腐蚀问题。在环氧氯乙烷、环氧氯丙烷、己内酰胺等产品的生产中，也都选用了钛设备和部件。

综上所述，钛及钛合金是石油化工设备中防腐的理想金属结构材料，对解决设备腐蚀或控制其腐蚀大有作为，是必不可少的防腐材料，在保证设备长期安全运行，提高生产效率，降低生产成本和环保等方面起着举足轻重的作用。

2. 在化肥工业中的应用

目前在化肥生产中，主要在尿素及联碱生产两个方面需要使用钛材解决腐蚀问题。

(1) 尿素　由于合成尿素生产过程中的介质——氨基甲酸铵及过量氨、尿素以及水的液态混合物在高温高压下腐蚀性很强，尿素生产中的合成塔、二氧化碳汽提塔、一段分离器等与熔融尿素介质接触的高压设备用材必须采用钛材。实际使用也表明，钛材在尿素介质中比不锈钢有更好的抗局部腐蚀性能。尿素汽提塔也是我国目前自行设计、制造的较重型的钛衬里设备。

(2) 联碱　联碱厂都要受到高浓度氯化铵溶液对金属材料的强烈腐蚀问题的困扰，采用涂料保护效果不甚理想，只有采用钛材才能解决联碱生产中的设备腐蚀问题。此外，钛和钛合金可以用作化工装置（如氢氮气高压压缩机等）的阀片、弹簧及电化学阴极保护的阳极材料，以提高其耐疲劳腐蚀和使用寿命。氯碱工业由于钛在湿氯气、氯化物、含氯溶液中具有优良的耐蚀性，不会发生点腐蚀及应力腐蚀现象，这是一般不锈钢都不能比拟的，也正是钛在制氯工业及与氯化物接触的许多工业部门中被大量用作设备耐蚀材料的原因，它解决了氯碱厂多年来存在的共同性腐蚀问题。因此，氯碱工业是钛制设备应用最多的部门之一，主要的钛制设备有湿氯冷却器、电解槽的金属阳极、脱氯塔加热管、含氯淡盐水真空脱氯用泵和阀门等。

3. 在纯碱工业中的应用

纯碱即碳酸钠，是最基本的化工原料之一，广泛应用于冶金、石油、化肥、化纤、燃料、纺织、玻璃、纸浆、食品和肥皂等工业中。生产纯碱的方法主要有天然碱法和以盐为原料的氨碱法、联碱法（伴生氯化铵），生产介质中的 Na^+、CO_3^{2-}、Cl^- 等对钢制、铸铁制设备及管道有很强的腐蚀性。尤其是联碱法生产氯化铵，其 Cl^- 浓度更高，腐蚀更为严重。由于钛对 Cl^- 的耐蚀性优于常用的不锈钢和其他有色金属，钛在纯碱生产的各种主体设备上得到大范围的推广使用，钛材的使用，使我国的制碱工业装备、纯碱产量、质量在很短的时间内位居世界前列。

(1) 钛材适合纯碱工业应用的特性

1）耐腐蚀。钛材在氨母液中的年腐蚀率几乎为零。在外冷器液氨侧挂片测得的腐蚀率为 0.0001mm/年。最早的钛外冷器使用 17 年后，仍无腐蚀现象。

2）钛换热管传热效果好。钛管材的热导率仅为碳钢热导率的 1/4 ~ 1/3，但当其用于外冷器时，总热导率比碳钢外冷器高。这是因为碳钢外冷器的换热管内需进行反复多次防腐处理，形成一层较厚的漆膜，它的热阻很高，尤其是使用一段时间，漆膜遭局部破坏后，管壁开始锈蚀，传热效果迅速恶化。钛管材因具有优良的耐蚀性，表面非常光滑，不容易被介质污染，也不容易结垢，流体的边界滞流层很薄，钛管管壁仅 1.5 ~ 2mm 厚，热阻很小。根据专家推算，钛外冷器的总传热系数是相同操作条件下碳钢外冷器总传热系数的 1.6 ~ 1.8 倍。运行一个班次后，碳钢外冷器的堵管数约占总管数的三分之一左右，钛外冷器的堵管数则不足总数的四分之一，且比碳钢的堵管易于清洗。钛外冷器、钛预热器等钛设备投入生产运行后很少维修，5 ~ 6 年安排一次全面检查，仅对碳钢部分进行防腐再处理和更换保温层，材料的平均年维修费用不足万元。

3）设备寿命长，经济效益好。钛材因耐腐蚀，使用寿命可达碳钢的十倍以上，运行期间经济效益好。如氨冷凝器应用纯钛管代替铸铁管，每年可增加收益 15.63 万元，具体详见表 8-3。

表 8-3　钛管与铸铁管冷凝器投资、运行对比

项　目	钛　管	铸铁管	项　目	钛　管	铸铁管
设备费用/元	18000	24000	平均每吨纯碱节约蒸气/t	0.3	0.15
使用寿命/年	>20	2	年节约价值/万元	33.66	15.33
折旧费用/（元/年）	9000	12000			
全年节约/元	3000	0	年收益/万元	15.33	0
生产能力/[（t/（台·天）]	400	400	全年总收益/万元	15.63	0

注：表中设备价格是 1979 年价，使用寿命按 20 年算；蒸气单价 7 元/t。

（2）钛在纯碱工业中的具体应用

1）钛板式换热器。大连化学工业公司碱厂重碱车间氨碱法的氨盐水冷却排管，原使用淋洒式铸铁排管，改用国产钛伞板冷却器后，换热效率提高 6 倍，重量减少 32.5 倍，占地面积节约 2 倍，空间节省 9 倍，冷却水节省 3 倍，并消除了海水蒸气以及海水淋洒造成的环境污染和设备腐蚀。伞板冷却器落成后，改用先进的钛板式换热器，效果同样明显。该厂还在氨碱法的 CO_2 透平压缩机油冷却器中，尝试用钛板式换热器代替铜板冷却器成功后，将氨碱法的 CO_2 透平压缩机油冷却器全部改造成了钛板式换热器。

天津碱厂 1981 年针对制碱生产中两项关键冷却设备——蒸氨塔铸铁水箱及吸氨塔铸铁排管进行重点改造，使用了 14 台钛板式换热器，于 1982 年 5 月～6 月投产。经运行至今，效果明显，效益显著，蒸氨采用钛板式换热器后，由于重量降低 32 倍，高度降低 8 倍，一次投资节约 34 万元，而且减低了 2 层厂房，利于防震。现在很多大碱厂在吸氨、蒸氨、氨盐水冷却等部位已全部用上国产钛板式换热器。

2）钛外冷器及钛母液预热器。外冷器是用于冷却结晶器内氯化铵母液的重要换热设备，是纯碱行业作业条件最恶劣、腐蚀最严重的设备，该设备是一种管壳式热交换器，管间通 0℃ 左右的冷冻盐水，管内循环母液，母液中除含高浓度的 NH_4^+，Cl^-，Na^+，CO_3^{2-} 离子外，同时还夹带有大量细小的氯化铵结晶，且流速较高，所以对设备除化学腐蚀外，还有较强的磨损。1970 年，上海浦东化工厂的 4 台外冷器，均采用 20 号钢无缝管及碳钢壳体制成，器内列管虽经防腐处理，但因氯化铵母液腐蚀性强，在生产中，运行不到 1 年，就出现列管泄漏，虽然采取了防腐补漏措施，但腐蚀、磨蚀不断加剧，多次处理后被迫报废。1975 年，为彻底解决外冷器的防腐问题，上海浦东化工厂在宝鸡有色金属加工厂的支持下，首次在纯碱行业将该厂制造的两台钛设备投入使用，使用 17 年后，情况表明钛外冷器的效果非常好。天津碱厂、青岛碱厂和连云港碱厂等大型碱厂纷纷借鉴有关经验，都陆续使用了钛外冷器，获得了较大的经济效益。湖北双环化工集团，在联碱工艺中使用钛列管外冷器，寿命为碳钢外冷器的 7.2 倍，单台钛设备 18 年中创经济效益 1251.36 万元。

　　由于钛材价格较高，为减少纯碱企业负担，宝鸡有色金属加工厂又开发出了钛钢复合板制造的钛外冷器。自贡鸿鹤化工总厂使用了该厂用钛钢复合板制造的钛外冷器，单台外冷器的投资仅为碳钢外冷器的 3.5 倍左右，而使用寿命达碳钢外冷器的 10 倍以上。自贡化工厂 12 台碳钢外冷器改用钛外冷器后，年设备费用可减少 36 万元，同时减少了设备的维修和更新次数，基本上消除了氨的泄漏，减少了环境污染。设备面貌得以改善，工人的劳动强度降低。由于钛管表面非常光滑，不易结疤，流体阻力小，生产的连续性增强，实现了增产节能降耗的目的。因而钛外冷器的使用也取得了良好的社会效益。

　　母液预热器是精铵生产中的重要设备，它的作用是将母液预热，提高温度，加速蒸发浓缩。各碱厂在预热器的选材上，先后试用过铸铁管、经防腐处理的碳钢管、不锈钢管作传热元件都不理想，直至选用钛材后，才取得了令人满意的效果。使用多年后的钛预热器经检查，不腐蚀、不磨损、表面光洁如新，高浓度的氯化铵母液仅仅在管壁结了一层薄薄的疤片，用水一冲即脱落，不用人工除疤，提高了生产效率。

　　3）纯钛管作为碳化塔冷却小管。碳化塔是纯碱生产的关键设备，塔内氨盐水与 CO_2 反应进行碳酸化，生成碳酸氢钠。碳化塔的下部有冷却箱，冷却箱内装有冷却小管，1979 年以前，冷却小管的材质都是铸铁的，使用 2 年左右即有部分腐蚀穿孔，3 年即需更换，对生产影响很大。大连化学工业公司碱厂于 20 世纪 80 年代初试用了宝鸡有色金属加工厂生产的纯钛管，解决了冷却小管的腐蚀问题，这是我国纯碱工业第一次碳化塔冷却小管采用纯钛管代替铸铁管。随后，天津碱厂等各大碱厂也都用该厂生产的纯钛管代替了原来的铸铁管。钛管作为吸收塔和氨碱蒸氨铸铁冷凝器的冷却水管使用也取得了成功。

　　4）钛铸件。大连化学工业公司碱厂新碱车间的 CO_2 透平压缩机叶轮原系 35CrMoV 低合金钢制造。使用过程中，叶轮一、三级进口叶片受 CO_2 水雾腐蚀与冲蚀。短时间内即不能使用，叶轮经防腐处理，运转 3 个月则需检修，运转 1 年就需更换。用精铸 TC4 钛合金代替原来的钢叶轮运转 5 年后检查，各级叶轮进口叶片完好，预计使用寿命可达 20 年以上。1973 年该厂在碱泵上首先试用成功后，1977 年逐步推广应用取代原来的铝铸铁叶轮，它能耐母液的冲刷，使用寿命可提高 40 倍以上，使生产得以安全平稳长周期运行，取得了良好的经济和社会效益。

　　5）钛泵阀。联碱生产工艺中的多种卤水和母液，腐蚀性强，过去一直采用 8S 碱泵，它的叶轮是铝硅铸铁，泵壳为铝铸铁。虽然这种材料比一般的铸铁耐腐蚀，但依然存在腐蚀，尤其对碳氨和热氨，泵的腐蚀仍然很严重，母液的跑冒滴漏问题得不到解决，不仅使物料消耗增加，而且使环境恶化，不利于绿色生产。20 世纪 80 年代开始使用钛泵后，延长了泵的使用寿命，节约了设备年更换费用和检修费用。钛泵结构紧凑，密封可靠，拆装方便，防止了泵的滴漏，改善了环境。

　　纯碱生产用的阀门很多，看起来不重要，但常常是稳产、高产、安全生产的关键，原来的铸铁球阀，经常滴漏，为彻底改变生产面貌，天津碱厂从 1985 年开始先后使用了几百套钛合金球阀，经过几年的使用，不仅耐蚀性好，使用寿命长，而且密封性能好，开关灵活，深受工人欢迎。据生产车间统计，钛球阀比铸铁球阀延长寿命 10 ~ 12

倍，其价格仅相当于 2 个铸铁球阀，经济效益也相当可观。

4. 钛在海洋油/气环境中的应用

近年来，钛在北海油、气生产装置和设施上的应用日益增长，仅属挪威区域的平台和海底油、气田就已使用了上千吨钛。除了工业纯钛外，Ti-6Al-4V 钛合金也可以作为钻探立管和应力接头材料。从 20 世纪 70 年代氯化系统和热交换器不到几百公斤的用量到现在，海洋应用量和种类在成倍增加。如工业纯钛用于灭火系统、钻套、镇水系统、锚定系统的管道、海水管道系统、立管；Ti-6Al-4V 钛合金用于应力接头和钻井立管等；Ti-3Al-2.5V 钛合金用作增压管道。每架平台水面以上管道系统钛的消耗量为 50 ~ 150t。深海生产的立管系统，每个就需要 500t 以上的钛合金。

(1) 低压水系统　1980 年在挪威 Stanfjord 安装应用钛材制造的镇水管道系统标志着钛在供水领域应用的新开端。1990 年 Elf Petroleum AS 公司对 Frigg 集水系统进行了成本分析，通过实际使用成本的计算发现，安装的 76 ~ 102mm 和 152 ~ 254mm 钛材管道的成本与不锈钢的相同，对于较小直径的钛管甚至比玻璃纤维增强环氧树脂管的安装成本还要便宜。1994 年在 Frigg 的某试点工程中的一条 $\phi152mm \times 200mm$，2MPa 的海水管道，其安装成本比碳钢的低 20%。挪威的 Aker Verdal 公司倾注了相当的精力开发钛管道系统的冷弯曲工艺，省了 80% 以上的焊接工作量，而且购买弯头、连接件和法兰的焊接都减到了最少，法兰接头是通过管端冷扩口加工而成的。钛管质量轻使安装容易进行，安装后钛管不需要表面处理、喷丸及涂漆，因此，成本大大降低。

(2) 灭火水系统　钛具有极好的抗冲击性和损伤容限使之能在爆炸、火灾或其他灾害环境中应用具有优势，灭火系统生产厂家为许多海上油、气田采用冷弯曲工艺，以最低成本制造和安装了钛材喷水灭火和集水系统。

(3) 高压系统　将钛合金应用于从油、气井传输油、气到平台的升降直管和流体输送管道是热门的研究课题。Heidrun 的压力直管平台安装了世界上第一个钛合金（Ti-6Al-4V ELI）钻井立管。采用钛合金后，可以大大减少水上重量，降低压力水平而且不需要传统的钢制浮漂部件及昂贵、笨重的挠性接头。表 8-4 是 34MPa、203mm 钛合金流体输送管/立管与传统硬管（超双相钢和挠性管的性能及价格）比较。

加钯或钌的 Ti-6Al-4V ELI 钛合金在高温情况下可抗缝隙腐蚀或沉积侵蚀，其强度、韧性等综合性能好，其工作寿命至少有希望达到 30 年，这也是其他合金可望而不可即的。仅以未来市场 10 个以上不同地点的海上油、气田为例，海水深度均超过 305m，在今后的 5 ~ 7 年里，为这些油、气田提供和生产立管需要 5000t 钛合金。

表 8-4　钛合金流体输送管与传统管道比较

	屈服强度 /MPa	壁厚 /mm	最小弯曲半径 /m	质量 /(kg/m)	价格 /(美元/m)
5 级钛 ELI	827	5	15	14.5	508
超双相钢	550	12	42	62.2	584
挠性管道	—	45	2	148.5	1500

(4) 热交换器　钛用作海洋管壳式和低压板式热交换器已有多年历史，如图 8-8 和图 8-9 所示。制造高压压缩气冷却用管壳式交换器时，需要将厚壁管及背靠回转管与管板焊接起来，现在可以利用扩散焊工艺或超塑性成形技术制造高压小型板式热交换器。

钛合金具有很好的耐蚀性、安全性、可靠性及不用维护等优点，已经广泛用作海洋用加工设备和元部件，例如，挪威 Heidrun 油田用于立管的增压管线、容器、化学配料系统、泵和阀、液压取样筒、仪表、紧固件、弹簧、阳极和淡化设备等。

图 8-8　列管式换热器

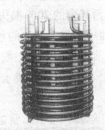

图 8-9　管式换热器、壳式换热器和叶轮机

8.2.5　化工设备用钛腐蚀介质及腐蚀环境分析

从力学性能考虑，工业纯钛设备使用温度不应高于230℃，钛合金设备不高于300℃，钛基复合材料设备可使用至350℃。这里只讨论低于230℃轻油腐蚀环境，即 $H_2S\text{-}HCl\text{-}H_2O$（常减压塔顶冷凝冷却系统）、$H_2S\text{-}HCN\text{-}H_2O$（催化裂化吸收解吸系统）、$H_2S\text{-}CO_2\text{-}H_2O$（脱硫再生塔顶冷凝系统）、$H_2S\text{-}CO_2\text{-}RNH_2\text{-}H_2O$（脱硫溶剂再生塔底系

统）、$H_2S-NH_3-H_2O$（酸性水汽提冷却系统）以及工业冷却水等腐蚀环境，不讨论高温 H_2S、H_2 及 H_2S+H_2 与环烷酸等腐蚀环境。因为高温重油腐蚀环境常用 CrMo 钢、CrB、188 钢等就可满足使用条件，一般就不宜采用钛材。

1. 咸水、半咸水与污水

化工厂生产离不开冷却水，钛对包括海水、半咸水与污水等腐蚀性冷却水具有优异的耐蚀性，这是钛在化工厂最初应用的原因。较多的化工厂靠近淡水源头，为防止与减轻碳钢腐蚀，必须要进行水处理。然而对某些淡水，虽经严格的水处理，钢管的寿命也不长，必须使用更耐蚀的管材。为节约用水，化工厂需要对生产污水回用，但污水有较大的腐蚀性，采用钛材就可以满足要求。在国外，由于有相关环境保护法律，不允许采用含铬含磷的传统水处理方法，因此常常采用海水或咸水作冷却水，钛材就成为防止和消除冷却器水侧腐蚀的首选。节约淡水相当重要，因为对于一般化工厂来说，80% 的水是循环使用的，而其余的 20% 损失于蒸发、空气冷却与设备泄漏。如平均每天加工原油 10 万桶的炼油厂，每天损失的水超过 $11000m^3$，一般难于获得这样大的淡水需要量，因此，为扩大炼油规模，最好在滨海建设炼油厂，这样不仅便于原油进口，而且应用钛制海水冷却器后，就可以节省淡水。据称，日本炼化企业热交换器冷却水约半数使用海水。

Cr_2 钛合金在海水中几乎无腐蚀，可用到 113 ~ 121℃ 以下温度。在大多数情况下，甚至在紧密的缝隙内，也不必担心腐蚀；但高于 113 ~ 121℃ 时，推荐采用 Ticode12 钛合金，以防止在氯化物沉积的垢下和潜在的缝隙内可能的缝隙腐蚀，Ticode12 钛合金在海水中使用温度可达 260℃。

又如美国 Amuay 炼铜厂几乎所有的换热器均用咸水作为冷却介质，由于铜合金经常发生腐蚀泄漏，有 60 余台设备采用了钛管代替铜管，不仅抗咸水腐蚀，而且抗含 H_2S 物料腐蚀，主要用于电站凝汽器、压缩机润滑油冷却器、酸性水冷却器、$K_2CO_3-CO_2$ 或 MEA 再生塔顶冷却器等。冷却器水速为（0.9 ~ 3.6）m/s，当水速为上限时，铜合金管端会发生冲蚀，为防止冲蚀，采用钛管套保护比整体调换钛管更为经济。

2. 硫化氢

原油中的硫，大部分以化合物形式存在，微量以 H_2S 存在，在油田不能脱除，而在化工厂通过高温加热，常压减压蒸馏原油，使一些硫化物变成 H_2S，通过加氢处理和某些催化反应也形成了 H_2S。钛特别抗炼油厂冷却器温度较高湿 H_2S 的硫化与点蚀，也不会产生硫化物环境的应力腐蚀开裂（SSCC）。30 年来，由于加工高硫原油，炼油厂塔顶冷凝系统的油气中含有高浓度 H_2S，钛显出优异的耐蚀性。一个处理含 3% ~ 5% 硫（质量分数）的原油的炼油厂，采用钛彻底解决了塔顶冷凝气的腐蚀。用钛取代铜镍合金管束可消除结垢和免去清洗。但在热的含 H_2S/Cl^- 的油气中，当与某些活泼金属电偶连接时，钛会发生吸氢和可能的氢脆。为防止发生这种情况，应避免在高于 77℃ 的 H_2S/Cl^- 环境中钛同碳钢连接，可与钛相容的材料包括铜、铜镍和不锈钢（但要保持钝态）。

3. 二氧化硫

在硫酸烯烃异化工艺生产中要形成二氧化硫，钛具有很好的抵抗含硫气体和 SO_2 与冷凝水结合形成硫酸造成的硫化腐蚀能力，在湿 SO_2 再沸器脱除 SO_2 过程中的使用寿命超过 10 年，显示出相当好的耐蚀性。

4. 二氧化碳

二氧化碳存在于原油和天然气或溶解于洗涤水和汽提水中。例如，不能满足在含胺给水处理的表面冷凝器的湿 CO_2 的腐蚀问题，而钛对干 CO_2 或湿 CO_2 具有相当好的耐蚀性。例如，在表面冷凝器的气体分离部位，一般材料会造成蒸气凝结物腐蚀，但钛具有相当好的耐蚀性。

5. 氯化氢

原油一般含少量盐水，盐水难于在油田去除，只能在炼油厂脱盐除去，但又不能全部除尽，当加热蒸馏，加氢处理和某些催化反应而分解盐中的氯化物时均会形成氯化氢。钛在湿热的 HCl 且 pH 值小于 1.5 的情况下会产生腐蚀，但在工艺介质中如有氧化性抑制剂如 Fe^{3+}、Cu^{2+}、Ni^{2+} 或 HNO_3 存在时，则是耐腐蚀的。在塔顶系统油气中的 HCl 量一般通过深度脱盐和注氨或胺来控制，以保护碳钢。但由于采油过程带来的有机氯，深度脱盐无法脱除，在油品加热过程中会生成 HCl，这就需要采用钛等耐蚀合金。

6. 氨

原油中由各种有机氮化合物分解会产生氨，为中和酸在工艺中也需要添加氨。钛的耐氨温度达到 149℃，如果有足够的水同时存在，就可以保持钝化状态，钛在原油蒸馏塔顶冷凝器和酸性水氨汽提塔冷凝器中应用效果良好。钛在沸点浓氢氧化铵（直至 70%）中几乎不腐蚀。

7. 氯化铵

当氨与氯化氢反应时会形成氯化铵，并以固体沉积于设备中，这是引起蒸馏塔顶及其冷凝冷却系统腐蚀的原因之一。氯化铵沉积对工业纯钛在高于 93℃ 时会引起缝隙腐蚀，经水洗可去除氯化铵结垢（是炼油厂的常规操作工艺）。当沉积不可避免和温度超过 93℃ 时，对管式冷却器推荐采用 Ticode12 钛合金，Ticode12 钛合金能够抵抗超过 176.5℃ 温度时氯化铵沉积的缝隙腐蚀。

8. 氧

虽然在大多数工艺流程中氧很少存在，但在许多原料中会从空气中带入。例如，存在于原油中，或通过负压设备泄漏而进入，也有用水蒸气或水在汽提和水洗时接触空气而溶解于油品中。氧一般促进钛的进一步钝化，有利于维持其保护性氧化膜。充气的腐蚀性溶液比未充气的耐蚀性更好。

9. 氢

钛通常适合应用于温度高至 315℃、中等氢分压及水分存在的场合，然而在某种环境下可能导致氢脆。例如，表面氧化膜擦伤和超过吸收 $(8 \sim 9) \times 10^{-2}\%$ 氢时，根据经验和实验数据表明，水或其他钝化剂可以促进钛表面氧化，可减少吸氢的可能性，表面污染，特别是钛进入表面氧化膜。钛表面铁污染最好的去除方法是采用常温 35% HNO_3

+5% HF（质量分数）溶液经 3～5min 酸洗；阳极化和热氧化也显示对形成表面氧化膜有利，常被用于临氢钛设备投用前处理。试验与使用经验证明，在所有会发生氢脆的情况下，上述方法都是可行的，但应当避免无水条件，如有 2% 或更多水分，一般对避免吸氢是有效的。并不推荐钛用于纯氢环境。

8.2.6　钛在化工装置中的应用分析

国外化工厂最早用钛管作冷却器，由于壳程走腐蚀性油气，管程走污染海水，不适采用常用传统金属材料。随着炼油工艺的发展与降低成本的考虑，钛不仅应用于海水腐蚀部位，而且也适用于不用海水冷却的工艺热交换器。下面介绍钛应用于有关装置的情况。

1. 原油蒸馏钛管

用于原油蒸馏塔顶冷凝冷却系统，可以防止氯化物和硫化物腐蚀，即防止 HCl-H_2S-H_2O 环境腐蚀。在原油蒸馏中，高沸点重油通过加热与分馏得到一系列轻油产品。但在蒸馏过程中，加热高于 121℃ 使氯化物形成 HCl，高于 260℃ 使有机硫化物形成 H_2S。这样经过回流与分离，轻质烃、水蒸气、H_2S 与 HCl 积聚在塔顶并冷凝，如图 8-10 所示。经现场挂片试验证实，钛在塔顶换热器与冷凝器的腐蚀性几乎为零。据报道，钛管最早于 1960 年应用于原油蒸馏塔顶冷凝器，自那时起一直应用良好。钛管束与管板组合，在美国和英国已经使用多

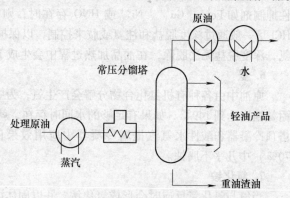

图 8-10　原油蒸馏示意图

年，包括加热原油的换热器和利用污水冷却的最终产品冷凝器，其气体温度均超过 149℃。在上述应用中，用钛取代蒙乃尔（Monel）合金、CuNi 合金、铝黄铜与碳钢。在某些塔顶冷凝器，当气体温度超过 121～149℃ 时发现有垢下腐蚀，如用水冲洗不能消除盐结垢，推荐用 Ticode12 钛合金管代替 Cr_2 钛合金。日本业内人士佐藤史郎认为钛在常减压蒸馏装置冷凝冷却系统不会发生全面腐蚀，完全不受原油中硫含量与 pH 值是否调整的影响。

2. 加氢脱硫

在加氢脱硫工艺中，在温度达 343℃ 时，原料通过加氢发生催化反应，使有机硫化合物裂解形成 H_2S，加氢反应器流出物经冷却并从产物蒸气中分离出残余氢，气相产物中包括 H_2S、HCl、NH_3 和水蒸气，通常经蒸馏从产品蒸气中分离，如图 8-11 所示。钛管可用于反应器顶冷凝器防止氯化物与硫化物腐蚀，也可用于脱硫塔流出物冷却器、其进口温度为 204℃，压力为 4.92MPa。一些装置也可应用于半咸水和出口温度为 49℃ 的混合水冷却。在这些实际应用中钛可代替海军黄铜。

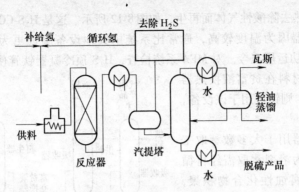

图 8-11　基本的加氢脱硫工艺

美国 Getty Oil 公司曾于 1972 年大量采用钛管作换热器，详见表 8-5。其耐蚀性根本不存在问题。其中在 H_2 分压 652mmHg（1mmHg = 133.32Pa），温度 160℃ 的流体中使用钛管是引人注目的，见表 8-6。

表 8-5　Getty Oil 公司 Delaware 炼油厂钛管使用经验（使用条件）

项　目	内　容
换热器数	26 台（14 种）
换热器管子数	35403 根
冷却水	河海水 $x[Cl^- = (50 \sim 12000) \times 10^{-4}\%, PH = 6.5 \sim 9.8]$
壳侧流体温度/℃	54 ~ 204
压力/MPa	0.01 ~ 3.87
H_2S 浓度（摩尔分数）（%）	<42.6
H_2 浓度（摩尔分数）（%）	<20

表 8-6　Getty Oil 公司 Delaware 炼厂钛管使用经验（壳侧流体中的 H_2 分压和温度）

流体中 H_2 浓度（摩尔分数）（%）	流体压力/MPa	H_2 分压/133.32Pa	流体温度/℃
11	0.084	151	93
11	0.703	652	160
20	0.084	275	93
0.6	0.141	11	166
0.6	0.141	11	135
0.6	0.141	11	204

3. 酸性气体去除

从炼油工艺气体中去除酸性气体（H_2S，CO_2），最常用的方法之一是用乙醇胺溶液吸收。其代表性系统是应用单乙醇胺（MEA）或二乙醇胺（DEA）吸收 H_2S 与 CO_2，其富溶液通过加热去除酸性气体而再生，如图8-12所示。这是 H_2S-CO_2-RNH_2-H_2O 腐蚀环境，其中再沸器因为温度较高，通常比系统中其他设备腐蚀更为严重。钛管可作 MEA 再沸器已成功运用至今。对 MEA 系统检查，H_2S 顶冷凝器钛管使用 6 年没有腐蚀迹象。如果现用材料在贫富液换热器中使用寿命较短，则钛可用于该设备。

4. 溶剂萃取

钛管式换热器用于大多数萃取工艺是有利的。因为溶剂萃取需经再循环处理，会引起腐蚀性化合物积聚，对一般材料会造成严重腐蚀。一般来说，该工艺采用溶剂和产品流出物混合，通过接触器，然后经过分离塔，借助闪蒸或汽提，从供料/溶剂混合物中分离出一种或多种产品流出物，而闪蒸出的溶剂蒸气要冷凝，更重要的

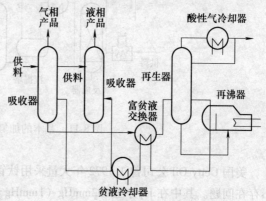

图 8-12 典型的酸性气去除系统

需经再生，以重复使用。虽然溶剂来料中没有 H_2S 等的腐蚀性含量，但在循环使用过程中被氧化分解变质形成酸性物质，能产生强烈腐蚀作用；另外微量 H_2S 或其他污染物在再循环中积聚也可达到腐蚀性水平。在该工艺中引起腐蚀的主要有冷却器、冷冻器与再生设备。丙烷脱蜡器中的冷凝器和 SO_2 萃取系统中湿 SO_2 再沸器采用钛材已有多年。

5. 酸性水汽提装置

钛管极耐 H_2S-NH_3-H_2O 环境腐蚀，已用于氨和硫化氢汽提塔顶冷凝器。钛的硬度和坚韧的氧化膜可解决冲蚀问题，而采用较软的铝会引起早期管子损坏。钛的使用提高了酸性水汽提装置运转的稳定性。在包括 MEA 和酸性水汽提塔顶冷凝器中，已报道钛管发生氢脆的个别事例。这是由于在高含量的 H_2S 介质且温度高于77℃环境中，钛同碳钢或不锈钢接触造成电偶腐蚀。如 Amuay 炼铜厂十台空冷器，管板为 316 同钛管胀接，在温度122℃、流速6m/s 的含 H_2S-NH_3-H_2O 腐蚀环境中，引起 316 不锈钢电偶腐蚀，导致钛管口氢脆。为消除这种失效现象，在换热器设计中，一是采用全钛结构，二是采用与钛能相容的合金，包括铜镍合金、Monel、Lnconel625 与 Hastelloyc。国外某公司对酸性水汽提装置 x（H_2S）>0.4%、x（NH_3）>0.15%、x（CN^-）>0.001% 严重腐蚀环境的汽提塔顶空冷器推荐采用带铝翅片的钛管。

6. 催化裂化

原料油中的硫化物在催化裂化中产生 H_2S，同时一些氮化物也裂解，有 10% ~15% 转化为氨，有 1% ~2% 转化为氰化氢，从而在有水存在的吸收解吸系统构成了 H_2S-HCN-H_2O 腐蚀环境。该部位温度为 40~50℃，压力为 1.6MPa，对碳钢会发生均匀腐蚀，氢鼓泡与应力腐蚀开裂，对奥氏体不锈钢会发生应力腐蚀开裂，对 CuNi 合金硫化与脱镍腐蚀。美国特拉华葛底炼厂在催化裂化装置的分馏器冷凝器、二次冷凝器、脱丁烷塔冷凝器等使用了钛管束，取代传统金属，效果很好，没有发现腐蚀现象。

为了有效地挖掘材料的潜力，提高化工生产设备的使用寿命和可靠性，保证安全生产，往往需要应用钛和钛合金材料。由于钛和钛合金不但对腐蚀介质具有很好的耐蚀性，而且还具有良好的力学性能和较好的加工工艺性能等，因此，在化学工业中的应用将会更加广泛。

参 考 文 献

[1] 赖盛，方小芳，刘宗良. 大型拱顶储罐和内浮顶罐顶盖形式及用材探讨 [J]. 石油化工设备技术，2003，(2)：8～10，21.

[2] 赖盛，方小芳，刘宗良. 大型储罐顶盖结构形式及铝合金网壳的应用 [J]. 石油化工设备技术，2004，(5)：10～14，67.

[3] 杨显丽. 装配式铝浮盘的特点及应注意的问题 [J]. 油气储运，1997，(12)：50.

[4] 王克田，李志军. FGZLFD I 型组装式铝浮盘在储油罐中的应用 [J]. 炼油与化工，2005，(1)：45.

[5] 刘静安，李建湘. 铝合金钻探管的特点及其应用与发展 [J]. 铝加工，2008，(3)：4～7.

[6] 毕琳. 铝钻探管的生产和应用 [J]. 轻合金加工技术，1999：43～45.

[7] 魏世丞，韩庆，魏绪钧. 复合材料管研究现状 [J]. 材料导报，2003，(9)：64～67.

[8] 铝塑复合管用途广 [J]. 铝加工，2005，(4)：26.

[9] 韦恩润. 我国铝塑复合管现状及发展 [J]. 新型建筑材料，1999，(9)：15.

[10] 刘全叶. 铝塑复合管生产现状及发展思考 [J]. 房材与应用，2000，(6)：21～22.

[11] 贺毅，哈丽毕努：艾合买提，巴吾东：依不拉音. 铝塑复合管的生产工艺及发展前景 [J]. 新疆职业大学学报，2008，(1)：69～72.

[12] 王文英. 国内外铝塑复合管材的生产及市场 [J]. 化工新型材料，1999，(1)：28～31.

[13] 唐宝忠，孙国强. 化工热交换器用铝合金管 [J]. 轻合金加工技术，1994，(3)：36～37.

[14] 温涛. 5454 铝合金在化工热交换器中的应用 [J]. 特种铸造及有色合金，2000，(6)：64～65.

[15] 张传合，韩千永，田淑君. 5454 铝合金热挤压管加工工艺性能及耐磨性能试验研究 [J]. 郑州工业大学学报，1997，(3)：78～83.

[16] 孙强. 5454 铝合金 H2n 及 O 状态板材生产工艺研究 [J]. 轻合金加工技术，2008，(6)：18～20.

[17] 龙晋明，郭忠诚，樊爱民，等. 牺牲阳极材料及其在金属防腐工程中的应用 [J]. 云南冶金，2002，(3)：142～148.

[18] 翟秀静，符岩，郎晓珍，等. 添加元素对铝基牺牲阳极的影响 [J]. 有色金属，2006，(1)：42～45.

[19] 孔小东，朱梅五，丁振斌，等. 铝合金牺牲阳极研究进展 [J]. 稀有金属，2003，(3)：376～381.

[20] 侯德龙，宋月清，李德富，等. 铝基牺牲阳极材料的研究与开发 [J]. 稀有金属，2009，(1)：96～100.

[21] K H 马图哈. 材料科学与技术丛书：第 8 卷（非铁合金的结构与性能）[M]. 丁道云，等译. 北京：科学出版社，1999.

[22]　周彦邦. 钛合金铸造概论 [M]. 北京：航空工业出版社，2000.

[23]　张喜燕，赵永庆，白晨光. 钛合金及其应用 [M]. 北京：化学工业出版社，2005.

[24]　黄嘉琥. 化工设备设计全书：钛制化工设备 [M]. 北京：化学工业出版社，2002.

[25]　赵树萍. 钛及其合金在化学及石油化学工业中的应用 [J]. 石油化工腐蚀与防护，2002，19 (1)：46-46.

[26]　杨世杰. 钛在纯碱工业中的应用 [J]. 钛工业进展，2003，20 (4-5)：95-97.

[27]　王瑾. 钛在海洋工程上的应用现状及前景展望 [J]. 中国金属通报，2006，(39-40)：25-28.

[28]　余存烨. 钛在炼油化工行业的应用前景 [J]. 钛工业进展，2004，21 (3)：9-13.

[29]　陈正云. 钛在石油化工中的应用 [J]. 钛工业进展，2000，(4)：35-37.

第 9 章　轻合金在建筑中的应用

9.1　铝合金在建筑中的应用

9.1.1　建筑用铝的发展

铝及铝合金在建筑上的应用已经有 100 多年的历史，早在 1896 年，加拿大蒙特利尔市的人寿保险大厦就安装了铝制飞檐；1897 年和 1903 年，罗马的两座文化设施也采用铝制屋顶；铝作为受力部件的第一次应用是在 1933 年美国匹茨堡市的桥梁，由槽钢组成大梁，通道使用铝板，使用寿命长达 34 年。

随着我国建筑业的发展，铝材的用量也不断增加。2009 年，我国仅建筑铝型材用量就达 496 万 t，2010 年铝建筑材消费量已经突破 600 万 t。目前仅铝门窗幕墙行业就已经形成了以 100 多家大型企业为主体，以 50 多家产值过亿元的骨干企业为代表的产业集群体系，我国已成为全世界第一的建筑门窗、建筑幕墙生产使用大国。

9.1.2　建筑用铝的特点及分类

建筑上采用铝合金构件有许多优点：减轻建筑结构的质量；减少运输费用和建筑安装的工作量；提高结构的使用寿命；可以改善地震地区的使用条件；扩大活动结构的范围；提高地面结构工件的可靠性。

建筑铝结构有三种基本类型，即围护用铝结构、半承重型铝结构及承重型铝结构。

1. 围护型

指各种建筑物的门面和室内装饰广泛使用的铝结构。通常把门、窗、护墙、隔墙和天棚吊顶等的框架称作围护结构中的线结构；把屋面、顶棚、各类墙体、遮阳装置等称作围护结构中的面结构。线结构使用铝型材，面结构使用铝薄板，如平板、波纹板、压型板、蜂窝板等。

2. 半承重型

随着围护结构尺寸的扩大和负载的增加，一些需起到围护和承重的双重作用，这类结构称为半承重结构，这种结构广泛用于跨度大于 6m 的屋顶盖板和整体墙板，无中间构架屋顶，盛各种液体的罐、池等。

3. 承重型

从单层房屋的构架到大跨度屋盖都可使用铝结构承重件。从安全和技术经济的合理性考虑，往往采用钢玄柱和铝横梁的混合结构。表 9-1 列举了这些结构中常用的铝合金牌号及其状态。

表 9-1　　建筑用铝合金牌号及状态

结构类型	合金性质		合金牌号，状态
	强度	耐蚀性	
围护型	低	高	1035，1200，3A21，5A02M
	中	高	6061T6，6063T5，3A21M，5A02M
半承重型	低	高	3A21M，5A02M，6A02T4
	中	高	3A21M，5A02M，6A02T4，6A02T6
	高	高	5A05M，5A06M，6A02-1T6，6A02-2T6
承重型	中	中，高	2A11T4，5A05M，5A06M，6A02T6，2A14T6，6A02-2T4
	高	中，高	2A14T6，6A02-2T6，2A14T4，7A04T6，2A12T4

9.1.3　围护型铝结构的应用实例

1. 铝合金门窗

1972 年起，欧洲因能源日趋紧张，人们开始关注对门窗的改造。法国、瑞士、奥地利、原联邦德国等国相继研究出节能型铝门窗。节能办法是采用有断热桥的多空腔复合铝型材，取代原来的全铝空心材，并采用隔热的中空玻璃取代过去的单层玻璃。目前，欧洲市场的门窗中，铝合金窗约占 30%。为使铝窗质量得到保证，德国法兰克福-美茵铝窗幕墙质量协会、埃森（Essen）铝窗质量协会、罗森海姆（Rosenheim）窗技术研究所以及制窗企业、铝型材企业、配件企业等单位还共同研究编制了"拉尔铝窗质量标准"（Ral-Gutezeichen）。美国使用铝窗的比例占 1/2 以上，其铝型材多采用表面喷漆，成本低，效率高。日本铝型材制品使用范围也很广泛，如高楼大厦的门窗、幕墙、内外装修、桥梁和地铁上的护栏、护板、民宅院落的隔扇栅栏、广告招牌的装饰等，大都采用铝合金材料制成。如图 9-1 所示的是铝合金建筑围栏。

在房屋结构中，铝合金门多位于两根立柱之间，采用 6063 合金安装在铝方管上；也可安装在弹簧门

图 9-1　铝合金建筑围栏

上，该门上端与铝方管相连，下端与地基相连。考虑到美观的需要，一般铝合金门窗和铝管都会经过阳极化处理，外观为银白或其他颜色。

2. 铝合金幕墙

建筑业的进步，使得楼房越来越高，因此对楼房的墙体、室内外装饰的要求也越来越高。低层建筑可以用砖和水泥作墙体，但在高层建筑中，为了满足风压值的要求，墙

体必须加厚，传统材料因重量太大而无法应用，铝合金玻璃幕墙则可以解决这一问题。

单层铝板幕墙是一种非常典型的幕墙材料，它采用单层 3mm 厚纯铝板或 2.5mm 厚 AA3003 铝板。单层铝板易折弯加工成复杂的形状，强度高且寿命长（可达 50 年）。它的出现使铝板幕墙的加工形式和安装构造形式丰富了许多。单层铝板的表面多为静电粉末喷涂和氟碳喷涂，后者耐紫外线性能优于前者，价格比前者高。国外的外墙用单层铝板有的采用 AA5754 铝合金，其厚度为 2.0mm，表面经氟碳喷涂，称为氟碳树脂预涂幕墙铝合金板。其中 AA5754 合金比 AA3003 合金板的抗拉强度、屈服强度高出将近 1/2，而断后伸长率也比 AA3003 大。近年，国外还开发了表面喷涂陶瓷的铝板，称陶瓷铝板，但因其重量略重和加工性差等其他原因，国内很少采用。

9.1.4　铝合金在承重结构中的应用

铝合金作为承重结构，已经在很多场合中成为取代钢、木的首选材料。铝合金作为承重结构材料的主要优点主要有以下几个方面：

1）强度较高、重量更轻，可以减轻建筑物的总重量。

2）外观美观，有与不锈钢材料及其他金属材料截然不同的光泽与质感，而造价又低于不锈钢结构。

3）耐蚀性好、免维护，尤其适用于一些在较强腐蚀环境下服役的建筑结构，例如游泳场馆、化工行业和煤炭行业的厂房和仓库、以及海洋性气候条件下的结构等。

4）易回收，再处理成本低，再利用率高，不仅回收剩余价值高，而且利于环保。

5）无磁性，适用于航天航空、天文台及雷达站等有特殊场合的要求。

6）塑性好，可有效地应用于各种产品形式，如挤压、轧制、锻造及铸造等。

1. 铝合金在房屋承重中的应用

在框架结构中，由于铝的弹性模量很低，常采用钢立柱与铝横梁的混合结构。例如，比利时的安特卫普市中的一个库房的骨架是由钢铝混合框架制成的，采用铝件的原因，是严重的海洋性气候和地下土质松软，要求减轻整体结构的重量，整个结构中所用铝材的尺寸为 250m×3m，由 14 个双绞式框架组成横梁，立柱采用钢铁，铝合金结构的跨度为 80m。

近年来，大型空间建筑的网壳结构已大量使用铝合金构件，如丰田汽车博物馆（见图 9-2）、康涅狄格大学及夏威夷大学竞技场、贝尔竞技中心和加利福尼亚州长滩盖云杉古柏的 126149m² 圆盖等。

我国这些年也建造了一批铝合金网壳结构屋盖。如 1996 年建成的天津市平津战役纪念馆就是我国首幢铝合金三角形网格单层球面网壳；作为上海八运会的体育馆之一的上海国际体操中心主馆，采用铝合金扇形三向型-葵花三向型网格单层球面网壳，1999 年还建成了上海杂技馆，也采用了铝合金扇形三向型-葵花三向型网格单层球面网壳。此外，上海浦东游泳馆屋盖也采用了铝合金网壳结构，所不同的是，它是一种双层圆柱面正方四角锥网壳；作为上海 APEC 会议主会场的上海科技馆巨型椭球体网壳结构的长轴 67m、短轴 51m、球高 416m，其外形复杂，属国内外建筑所罕见（见图 9-3）。

图 9-2　丰田汽车博物馆

图 9-3　上海市科技馆巨型椭球体网壳结构

　　铝合金球体系统为无支柱的、沿周边支撑的净跨结构，其构架采用铝合金的构件和节点组成单层格构结构，铝构件和节点排列在球形弧面上。结构件排列所成的三角形空间结构采用玻璃板加以闭合。结构件的连接是采用螺栓或铆栓将工字铝型材的翼缘与铝合金节点板紧固在一起。结构体系的标准节点如图 9-4 中所示。

　　铝合金球体结构中所有金属构件为铝合金或奥氏体不锈钢。位于安装支架以上的铝合金结构不论任

图 9-4　上海科技馆球体结构中的铝合金节点

何位置均不得使用镀锌、镀漆或电镀的钢构件。选择铝合金作为屋顶的施工材料可快速装配结构构件和玻璃屋面构件，轻质单一的铝合金梁构件还可以保证良好的装配效果，其结构体系的主要特征如下：

1）允许预制，安装快速。

2）梁结构件的顶、底角撑板的连接可保证接点处较大的力矩传递，结构梁是热压企口对称工字截面，采取连接板和压板体系连接。

3）无弯曲刚度的板，通过薄膜作用将周围荷载转移到梁上，板也能稳定在梁的顶部法兰上防止梁朝次轴方向侧向压屈。

4）所有结构构件是 6061-T6 铝合金，连接板也是铝合金，全部铝合金建筑可提供非常可靠的耐蚀性。

2. 铝合金在桥梁中的应用

随着铝合金性能的不断提高，铝合金作为桥梁构件在人行桥、汽车桥和铁路桥中均得到了应用。铝合金在大气的影响下，在表面能形成一层氧化层，可起到防腐蚀的作用。与钢材相比，重量较轻的铝材还具有以下优点：由于负荷较轻，可以减少下部结构的建造费用，较大的构件可以在工厂预制；较轻的预制件的运输和吊装也较为容易。20世纪五六十年代北美洲修建了许多铝桥，由于具有耐蚀性，无须涂油漆便能抵御环境的影响，因此，这种轻金属桥很容易维护。

1950 年加拿大在阿尔维达建成了当时世界上最长的铝拱桥。该桥跨越魁北克的塞石奈河，跨度为 90m，车行道全长 150m，所用铝合金为铝铜镁系合金，桥梁自重较轻，与钢材建造相比质量减轻了 56%。

1956 年德国建成了腹杆主桁架桥，桥的跨度结构件是 Al-Mg-Si 合金铆接的，其质量为钢的 30%。1953 年美国利用铝合金主梁焊接公路高架桥，桥长为 66m。1960 年吉普汽车运输公司设计了跨度为 32.4m 的公路桥，桥跨的结构件是用 2024 合金铆接的。1956 年加拿大在寒根河上建成了拱式桥，主跨用 2024 合金，采用无铰拱跨式和铆接方式，用铝总量达到 187t。我国首座全铝合金结构城市人行过街天桥建于 2007 年的杭州，此桥主跨 19.5m、桥宽 3.5m、总长 35.1m，整体结构轻盈、简洁，通透感强（见图 9-5）。

在几十年的铝桥建设中，虽然也有全铝结构桥梁，但铝桥面板的应用还是占了绝大多数，轻质是其最大特点。桥梁结构的承载能力在很大一部分用来承载其自身的重量。对于钢筋混凝土组合桥梁来说，承载的大部分是混凝土面板的重量，而更换轻质的铝桥面板可以做到不需要加强主体结构或基础就能增加结构的有效承载能力。

铝桥面板具有以下特点：

1）重量轻，有比混凝土更大的强度重量比，铝的轻质使构建预制和大量装配构件的运输变得容易。

2）铝桥面板的性能同混凝土相近，但在负弯矩区具有更高的承载力。

3）铝桥面板在寒冷地区有着特殊的优势，冬季融化的雪水是造成钢筋混凝土桥腐蚀的一个重要原因，然而铝桥面就可以完全避免这个问题。

图 9-5　杭州全铝合金结构城市人行过街天桥

　　铝桥面板是由多孔挤压型材连接在一起的，其主要组合形式包括单孔、双孔组合结构及桁架式组合结构。型材之间的连接主要有铆接、螺栓连接和焊接三种，由于焊接结构简单、省工省料而得到广泛应用。

　　铝合金在铁路桥中的应用目前还非常有限，1946 年美国在格拉斯河上建造了一座跨度为 29.72m 的铁路桥。跨式结构是铝桥梁的较理想的一种形式。混凝土板铺设在薄壳的实体腹板上，每对薄壳上部采用小圆拱连接，下部同立墙连接，立墙的下部为整体水平板。

9.1.5　隔热保温铝合金

　　隔热铝型材的生产成本比普通铝型材的高，增加了贯穿氧化、喷涂、穿条等工序。通过穿条断桥连接，可以将氧化银白色料与彩色喷涂料、砂面料与着色料相连接，增加型材的装饰感。

　　隔热穿条铝型材是由铝合金型材和热塑性混合材料隔热条组合而成的。滚压式隔热铝合金型材是以隔热性能好的高密度聚酰胺 PA66 胶条，或聚氯乙烯硬质塑料胶条经穿条滚压加工，使铝、塑连成一体。发泡式隔热铝型材是利用隔热条把内、外层铝型材连接嵌装成一体，在形成的隔热腔内填充聚氨酯泡沫，成为隔热铝合金型材的"冷桥"，达到保温、节能的功效，如图 9-6 所示。

　　隔热铝合金型材正越来越多地取代传统的单

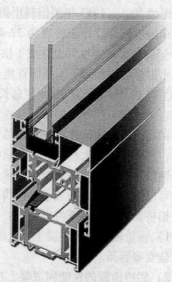

图 9-6　隔热铝合金型材结构示意图

一的门窗型材，成为保温隔热铝幕墙型材的主要产品，它的推广使用在节能和环保方面对我国经济建设具有重要作用。

9.1.6　铝合金在建筑施工中的应用

铝合金建筑模板工程在国际上的应用已经较为普遍，主要用其作模板体系的支架、主次龙骨等。但因为它一次性投资费用较大，国内施工单位想用它却受限于没有资金投入，所以铝合金梁在国内还较难推广，目前采用的铝合金梁主要是英国 SGB 模板公司提供的。

目前，我国已经在主次龙骨方面做了很多尝试。它的特点是质量轻、刚度大，在有效的荷载控制下不易变形。因其刚度大、强度高，作主次龙骨时其间距大，省工省料，可大大提高施工工效。

在主次龙骨上部凹嵌入木方条，木方条上口与铝合金龙骨上口齐平，这样便于上部模板与铝梁的固定；木条侧面与铝梁侧面用自动螺钉固定（在加工好的铝合金梁侧有预留的小洞）。主次龙骨连接采用钢卡子（即两相互垂直的 8 型卡子或楔形卡），通过卡在主次龙骨的翻边处来固定主次龙骨。这样次龙骨就可以很牢靠地固定在主龙骨上，同时，在次龙骨上铺木模板时次龙骨也非常稳定，不会侧翻，整个支撑体系也就安全了。

在原北京世界金融中心（现中国人寿大厦）及北京中日友好老年康复中心（见图 9-7）无梁楼盖工程中，利用铝合金龙骨浇筑出来的混凝土底面平整且无挠曲现象出现，这样的布置使得支撑很少，少用了龙骨，不但节约了人工费用，施工过程还安全。

在以上两个工程中，因都是采取的台模技术施工，主龙骨是固定在支架上，次龙骨用卡子固定在主龙骨上，模板自攻螺钉钉在次龙骨的木方条中。拆模时，依靠支撑体系的自重将模板坠下，形成模板支撑体系的整拆整运，这样木模板不易损坏，使用寿命更长。铝合金主次龙骨结合台模技术施工，不但可以节约大量

图 9-7　原北京世界金融中心无梁楼盖施工时采用了铝合金模板

的模板费用，同时也使结构施工速度加快，节约大量成本。综上所述，铝合金龙骨在建筑企业中应该有很好的发展前景，应该广泛推广运用。综合起来看，它主要有如下优点：

1）铝合金龙骨轻，属于绿色环保产品，可替代大量木料（使用的木料极少，而且所用木料不易受损，随铝合金梁多次周转使用），龙骨即使坏了也可回收再造，不会污染环境。

2）铝合金龙骨强度高不变形，截面形式固定统一，不像木料遇水要翘曲，木料的几何尺寸加工后到现场常常不能满足要求，截面形式相对不很标准，而铝全金梁则不易变形，便于模板方案设计者掌握。

3）铝合金龙骨周转次数多，在施工工地上不像木料由操作者随意锯削，这样就基本上无损耗，可以多次周转使用，美中不足的是铝合金龙骨里面嵌的木方条在被水浸泡后容易腐烂，不过更换了腐烂的木方条后可继续投入使用，如果使用妥当，周转使用次数会进一步提高。

4）铝合金梁除了做平面模板体的主次龙骨外，也可做立面模板（墙体模板）的背楞，效果同样较好，这样可以替代目前流行的钢模板。采用铝合金梁作背楞的立面模板较轻，不需要太大的起重设备，也降低了操作者的劳动强度，使现场变得更加安全。

5）采用铝合金梁后，因为龙骨间距大，支撑间距也大，可减少材料投入，提高施工工效，大大降低施工成本。

9.2　钛合金在建筑中的应用

9.2.1　前言

法国建筑师安德鲁应邀参加中国国家大剧院设计竞赛，方案一举中标。一石激起千层浪，建筑界对该方案展开了旷日持久的广泛争议。争议的焦点是那个被设计者诩为特色的巨型穹隆。批评者认为，这个形象不合国情，造价太高，且表面容易脏污；而赞誉者曰："大剧院的造型完全由曲线组成，宛若水中仙阁。灰色的钛金属板和玻璃组成的立面与昼夜的光芒交相辉映，这两种材料的颜色在不同的时间里变幻莫测，是技术与艺术的完美结合。"不论怎样，方案中所采用的大剧院覆层材料——"高科技"金属"钛"以这种尴尬的方式亮相，引起建筑界的关注。本章就钛及钛合金的特性及其在建筑方面的应用实践和前景作一介绍。

在欧洲，早期人们用镀锌钢板制成教堂等建筑物的屋顶。但近几年来不锈钢、铝以及钛等金属材料进入了建筑行业，这些材料被用来做屋顶、屋内装饰、幕墙玻璃的边框以及门窗等，在这些方面使用的材料不仅要求具有一定的强度和良好的耐蚀性，而且还要有良好的装饰性。钛材的本色是灰白色，经过镜面抛光或光亮处理后装饰性很好，特别是制成彩色钛板，其装饰性优于不锈钢和铝材，因此钛在建筑行业上的应用引起了国内外学者的重视。

在各种各样建筑应用中，钛是上乘的选择。这些应用包括外部复层、幕墙、屋顶复层、柱子表面、拱内面、封檐板、天篷、内部复层、灯具以及艺术品、雕塑和纪念物等。因为性能好，钛梁大大小于钢梁，使得建筑师能够实现其审美视觉的需求。航空合金钛板被用来加工成阿布扎比机场的结构梁，机场外部包覆钛板和玻璃。从1997年10月弗兰克设计的古根海姆博物馆开展以来，在世界上不断地用钛来包覆新的商用或住宅项目。古根海姆博物馆已成为建筑钛应用在世界上的一个典范并打开了未来项目之门。

钛在建筑上的实际应用已在美国、加拿大、苏格兰、英格兰、德国、比利时、秘鲁等国实现，一些新的项目正在瑞典、新加坡和埃及建设中。建筑钛具有抗腐蚀、强度高、质量轻、持久性强好等综合性能，与其他金属相比，钛材寿命长。它还具有独特的反射能力，通过创造性的设计使其特征能得到更大的发挥，使钛显得高度实用。

1. 优异的耐蚀性能

建筑钛可以抗城市污染、酸雨、火山灰残留物、工业辐射和其他极端侵蚀性大气条件的腐蚀。钛不会因为紫外线而老化或褪色。钛对酸雨和含硫酸、硫化氢等的腐蚀气体具有优异的耐蚀性，适用于大城市和工业区。钛没有应力、点蚀、间隙腐蚀及其他类型腐蚀。

2. 热胀系数低

钛与其他建筑金属材料相比，热胀系数最低。实际上它与玻璃、水泥、砖和石头这些材料非常相似，使设计突出钛和玻璃的特点，钛在建筑项目的设计细节上优于其他金属材料。钛可以被轧成沿屋顶全长连续的板，没有接缝来补偿热胀冷缩，所以钛的热应力非常低，一般来说，钛的热应力是不锈钢的1/2，是铝的1/3。

3. 与环境的协调性

由于钛的相对惰性，100%的可以回收而不会降低级别，因此不会污染环境，被认为符合环境要求。其他金属容易受到环境污染物侵蚀或腐蚀，浸出金属离子进入下水中引起环境问题。钛在所有建筑金属中最不活泼，具有使用寿命最长的优势。在阿姆斯特丹的 Soheepvaart Maritime 博物馆装的钛复层是一个重要的例子，建筑师和政府都以对环境的责任心选择了项目所使用的钛材。

4. 质量轻和强度高

钛的密度约为 $4.51 g/cm^3$，是钢的60%，铜的一半，铝的1.7倍，作为这样一种质量轻的金属，它施加在结构上的载荷较少。钛可以用传统金属成形的方法加工。钛具有优异的强度，而且没有防腐蚀费用，通过设计可使工程进一步减少重量。钛不仅耐久还抗振动，在剧烈运动（地震）时钛抗振性能好，并能抵抗雹暴不受损害。

5. 生命周期

保证墙面抗100年的腐蚀。当钛被用作房顶或外墙包层时，它的原材料成本比其他金属高。生产和安装价格与其他金属差不多，因此，从加工到安装好的钛只比不锈钢贵10%。钛优异的耐蚀性避免了修理和不断维护的需要，从总的生命周期成本来讲，钛明显优于其他金属，这种优点在高度腐蚀环境（如滨海城市和工业区）中更为突出。考虑到钛的长寿命周期，它的长期成本性能胜过所有其他建筑金属。

大多数钛合金被开发应用到航空领域，因为那里最重要的考虑因素是力学性能。工业应用时，耐蚀性是关键因素。对建筑应用来讲，美学和抗腐蚀是现代建筑的建筑师和设计师首要考虑的问题。商业纯钛产品（1级和2级钛）是最常作为建筑应用的材料。专门加工和处理成建筑用的钛材，其美学效果和不需要表面处理是很突出的优势。

应当说，国家大剧院屋盖选用钛材，乃是严谨的科学之举；而对穹顶技术性能的优虑，正可以看出钛金属材料在建筑界还比较陌生，它所具有的优越性还没有被广泛认识。随着科学技术的进步，钛的成本不断降低（目前钛的价格是不锈钢价格的 10 多倍），钛材在建筑领域的用量也会有大幅度的增长，钛金属材料的优越性以及使用钛材料可带来的经济和社会效益将越来越为人所知。钛材在建筑领域有着广阔的应用前景。

9.2.2　钛作为建材的应用实例

钛在建筑方面的应用，日本走在世界的前列，他们首先在建筑上大面积使用钛材。

1. 钛屋顶

世界上最早的钛制屋顶是东邦钛业公司于 1972 年 12 月完成的早吸日女神社的屋顶，使用了 0.3mm 厚的钛板，面积约 150m²。早吸日女神社位于海滨地区，近邻别府温泉，气候潮湿，所以使用了耐蚀性好的钛作屋顶。该屋顶到现在历经 30 多年，已不同于刚竣工时的原貌，表面光泽黯淡，在一定光线下呈紫色，主要部分色泽微有变化（因钛的耐蚀性极好，估计可能是水垢造成的），但强度依旧。关于色泽的变化有必要进一步进行科学调查，作为世界上最早的钛屋顶，其外观变化不大，可能是因为历经的时间还不算太长，但仍是建筑科学技术史上宝贵的文化财富。

此后，1974 年和 1975 年使用钛材的建筑物相继出现，并且面积不断地增大。1987 年建成的静冈县真光教神殿的屋顶和龙骨均采用钛材，面积高达 35000m²。据日本建筑行业统计，全日本 1986 年使用钛材的建筑物为 12 座，1987 年为 28 座，1990 年发展为 42 座，总重量为 58.6t，面积为 16356.8m²，累积到 1990 年底，共有 240 座建筑使用了钛材，总重量为 400t。从建筑物的类型来看，主要是神社和寺庙等较普通的建筑。

东京电力株式会社的电力馆建于 1984 年，其目的是展示其发电量。电力馆的屋顶呈圆形，使用的钛板为 0.3mm 厚，总面积 720m²。抛光后呈并不耀眼的黄金色，设计风格为菱形铺法与一字形铺法相结合。电力馆的屋顶面积并不大，但却为以后的大面积用钛作屋顶建材奠定了基础（如 1993 年建的福冈圆屋顶），近看历经风风雨雨的钛屋顶光泽并未消失，但屋顶有从上到下延伸的细长的污物（一般认为是水垢）和三角窗下部的黑色污物，每年进行一次清理不仅花费大且清除不彻底。圆形屋顶的顶部安装有环状的配管，这是屋顶施工时为融化积雪而设计的。电力馆虽有几多变化，但看起来依旧素雅、沉稳。

2. 钛外壁

三荣金属总社大楼建于 1986 年，整个外壁使用的钛材超过 1000m²，在钛建材领域，无论是在日本还是在世界上均属首创。当初设计时打算采用铝，但因大楼建在高速公路旁，易被腐蚀，因此决定使用金属钛。由于全部用钛造价太高，最后使用了把 10mm 厚的硅酸钙板压接于 0.6mm 厚的钛板上的复合板，这样既降低了成本又确保了外壁的平坦度，为了把墙壁间的色调差减到最小，复合板组合时对色调进行了分组，因而外壁色彩斑斓，至今已过几十年，但大楼依旧光彩夺目。

3. 钛锌金属板屋顶

建筑师在设计建筑方案时，常常有这样的烦恼：当他产生一个独特的创意，想在建筑造型、色彩、空间造型和材料运用方面有所创新时，往往苦于思考在实际施工中有哪些切实可行的施工方法和材料可以实现他的设计意图。能够表现建筑物风格的，除了表现空间造型线条外，最具表现力的恐怕就要数具有特异造型的屋顶了，这也是目前的流行趋势。就目前而言，国内应用于屋顶面的材料，主要是瓦片、彩钢板（主要运用在工业厂房、临时设施方面）、铝板。而这些材料可用于弯弧造型的只有铝板，但目前在施工中所采用的方法多为以硅胶嵌缝防水系统为主，其屋面的使用期限往往受限于硅胶的寿命和铝板涂漆的使用寿命。

钛锌金属板可以实现任何造型，如弯弧、椭圆、坡顶或多种特异造型的组合，如球形、凹形、弯顶等，同时又是具有自然美观色彩的环保性产品。钛锌金属板是在金属锌中加入少量钛和铜之后形成的锌合金（锌的质量分数约为 99.995%）。由于加入了钛，使钛锌合金的抗蠕变性得到改善，即长期使用过程中，变形也很小，同时由于铜的加入，增加了钛锌合金的抗拉强度，两者的共同作用，使钛锌金属板的热胀系数得以降低。在自然大气环境下，钛锌表面会慢慢形成一层碳酸锌保护膜，能自动愈合面层划痕，阻止外界对金属的进一步腐蚀，保证钛锌长期的使用寿命，一般可以达 80 年以上。这也就是为什么钛锌被称为自保性耐腐蚀金属的原因。

钛锌金属板在自然的阳光下呈吸引人的浅灰色或浅灰-蓝颜色，使用在建筑屋面上，与周围环境非常协调，并且由于它是金属，屋面效果具有金属特有的质感，非常符合现代人对现代建筑的审美心理需求。钛锌金属板是一种轻质屋面材料，它的密度是 $7.18 \mathrm{g/cm^3}$。典型的屋面板厚度一般采用 0.7mm 或 0.8mm。根据建筑物所处的地理位置和周围环境来确定。由于它优越的拉伸性能，在实际施工时，可以将钛锌板折叠、扭转，使其在转角、边缘、立边等位置不必将钛锌板剪断，起到良好的结构性放水、排水效果。

钛锌板的生产从熔炼开始，到加工成最后的卷材，是在一条生产线上完成的，其过程全部采用计算机监控，保证最终产品的质量。目前应用钛锌板的屋面施工技术是欧洲和北美已应用上百年的立边咬合接口屋面技术，其特点是屋面系统轻，有通风循环理念、结构性放水、采用专业机械进行连接部位的咬口，为建筑师设计特殊造型的梦想创造了充分的条件，也为钛锌板的应用提供了良好的技术支持。因为钛锌板具有优异技术性能和不污染环境的环保特性，所以被世界各国大量地运用到本国的标志性建筑、办公设施、别墅上。如德国的古特斯劳游泳池凹型屋顶、德国汉诺威展馆信息中心、92 国际博览会加拿大馆、葡萄牙里斯本 98 世界博览会乌托邦会展中心等。因此，钛锌金属板的运用会随着对建筑造型要求不断提高而越来越广泛地受到建筑师和业主青睐。

4. 钛纪念碑

日本西部气体总社于 1988 年完工的花气塔使用了 3.0mm 厚的抛光钛板，这座由菊花清文设计的花气塔即雕刻纪念碑，白天镜面辉映天空，夜幕下燃气灯灯火明亮，暖意融融。特别是在夜间，气体中的种种金属盐相互混合，燃烧时发生颜色反应，令人赏心悦目。建塔时，考虑到气体燃烧时产生硫酸气等腐蚀性气体，喷嘴周围部件易被腐蚀，因此，选择了耐蚀性好的钛作为建筑材料。据花气塔的管理人员说，至今镜面仍保持得洁净如玉。的确，这座耸立于十字路口的花气塔，虽经历二十余年，但仍干净非凡。

5. 建筑用镀膜玻璃

20 世纪 90 年代中期，美国研制出钛金安全薄膜。这种透明薄膜由高强度塑料、碳素纤维及金属钛以特殊结构复合而成。它特别对玻璃具有优良的保护功能，贴上钛金安全薄膜后的玻璃，强度可提高 4 倍以上，钛膜安全玻璃具有防弹、防爆的功能，以及很好的抗紫外线功能和优良的隔热、保温性能。钛膜安全玻璃同时还具有防腐蚀、耐酸碱的功能，并可承受 -70℃ 至 150℃ 的温度变化而性能不变。它集安全性、节能性、装饰性于一身，因而被建筑业人士看好。

在今天的每个城市里，用各种颜色的镀膜玻璃装饰的建筑物鳞次栉比，有耸立的大厦，也有小巧玲珑的酒吧，它们像一块块巨大的宝石镶嵌在地球上。北京长城饭店是我国第一个采用镀膜玻璃的高层建筑，共用去 $2000m^2$ 的镀膜玻璃，耗资 800 万美元。我国从 20 世纪 80 年代初开始研究了这项技术，时至今日，这一技术已经蓬勃发展起来了。在全国范围内出现了许多镀膜玻璃厂。镀膜玻璃的制备方法主要有两种，一种是高真空蒸发镀法，另一种是磁控溅射法。这两种制备方法均要用到钛材。

镀膜玻璃就是在玻璃的表面沉积一层纯金属或合金膜，其厚度遵守 $\lambda/4$（λ 是光线的波长）的原则，使一部分可见光和大部分红外线反射，起到隔热保温的目的。根据制备方法的不同，膜层材料也不同，高真空镀膜法的膜系为 TA1、TC4 和组合材料 TiO_2-Al-TiO_2，从实验中可知，TA1 和 TC4 是最理想的材料，但是，由于它们的熔点高达 1668℃ 以上，很难蒸发，因此现在通常采用 TiO_2-Al-TiO_2 膜系。用高真空镀膜法制备的镀膜玻璃属于中低档的产品。对于磁控溅射法来说，镀膜玻璃的膜系主要是 Ti、TiN 和 TiO_2，它们的靶材均是钛，在真空下用辉光放电使钛靶溅射，溅射出来的 Ti^+ 与反应气体 N_2 或 O_2 反应生成 TiN 或 TiO_2，沉积在镀膜玻璃上。由于钛为银白色，TiN 为金黄色，TiO_2 可以为多种颜色，因此，磁控溅射法制备的镀膜玻璃颜色品种多、膜层的耐磨性好和膜层的结合力强，这种镀膜玻璃属于高档镀膜玻璃，每年仅控磁溅射法制备镀膜玻璃用钛板量为 20～25t，钛材在建筑用镀膜玻璃上的应用前景很好。

钛在日本建材的应用实例还有：日本人引以为自豪的漫画家手冢治虫纪念馆的墙壁就采用了彩色钛，其用量为 4.1t，面积 $173m^2$；由世界著名的美国设计师恺撒佩里设计的海鹰宾馆，水晶花园的屋顶钛使用量为 1.2t，面积 $903m^2$；彩色钛纪念碑钛材用量为 0.2t，面积 $220m^2$；外形看似扬帆的首都多摩川第一换气所及高川崎第一换气所的墙壁也使用了钛，前者的使用量为 15t，面积 $3700m^2$，后者的使用面积为 $2100m^2$，是川崎市民小憩时的好景观；靠近海岸，位于火山地带的大岛支厅厅舍的墙壁使用了 2mm 厚的钛板，质感特好，使用量 6t，面积 $200m^2$，屋顶等使用量为 5.1t，面积 $623m^2$，位于海滨地区的冲绳武道馆练成栋复合曲面屋顶也使用了钛，采用了缝焊，不仅看起来美观，其水密性也好；另外，叶山国际乡村俱乐部的彩色屋顶也使用了钛。

钛在日本建筑上用钛量这么大而且需求日益增长的原因之一是钛的耐蚀性。日本人大多居住在沿海地区、火山地区和温泉区，常有腐蚀发生，再加上汽车废气造成的酸雨和重工业产生的烟尘等使环境被严重破坏，钛的最大优点之一是在上述情况下不会被腐蚀，钛与不锈钢比较，钛具有防锈、抗孔蚀、抗晶间腐蚀、抗应力腐蚀开裂的优点。第二个原因是钛的一系列独特的物理特性，如钛的密度小，作屋顶和幕墙材料可以减轻重量；钛的热胀系数低，在热膨胀和收缩方面几乎与玻璃、砖瓦和石头相等，适于作墙和顶材料；钛的弹性模量低，只是铁和不锈钢的一半，钛不但软而且易弯曲，只是成形时有点反弹；钛还可阳极化着色，呈现独特色彩，同时又属非易燃材料。第三个原因是钛具有建筑材料所需要的加工性能，钛大多是以薄板形式用作房屋顶和墙壁的。由于钛软度适中，可轧性、板材平直度均较好，表面粗糙度较低，着色也较均匀，可采用轧制成形、缝焊、折叠、钨极惰性气体保护焊（TIG 焊）、定位焊加工成屋顶，也可通过机械切割、弯曲、TIG 焊加工成墙壁。最后一点是钛的成本，以每公斤成本计算，钛大约是不锈钢的 10 倍，但钛和氟塑料预涂不锈钢房顶最初的建造成本相比，考虑到两者间密度、耐蚀性等差别，这个范围可缩小到 8 倍左右，如果再考虑到钛无须维护、修理等特点，钛的长期使用成本胜过其他做屋顶的建筑材料。

除了日本，钛在欧美的一些国家及我国的建筑方面也得到了很大的应用。1997 年，西班牙毕尔巴鄂市的古根海姆博物馆建成，被认为是面向 21 世纪的博物馆。其造型由曲面块体组合而成，用闪闪发光的钛金属饰面，是结构主义前卫建筑师盖里的又一杰作，被美国《时代》周刊称为"现代巴洛克明珠"，有诗一般的动感。

我国是世界上钛储量最多的国家之一。起初钛材仅用于航空及军工领域，20 世纪 80 年代国家确定了大力推广钛材民用的方针，又适时地采取了扶持的政策，经过几十年的发展，我国钛工业已走上了稳定发展的道路。我国最先提出应用钛材的建筑是国家大剧院，最先应用的是杭州大剧院。应用钛材的建筑还有北京设计院大门厅、杭州临平东来第一阁、上海马戏城杂技场屋顶和大连圣亚极地世界等。用于城市雕塑的有陕西省宝鸡市河滨公园内的钛雕塑"海豚与人"、河北省邢台市中心广场的钛雕塑"乾坤球"、陕西省宝鸡市步行街的钛雕塑"雄鸡报晓"等。

上海马戏城主体建筑杂技场为造型独特的金色球体建筑，其建筑形态充分体现了杂技场的建筑个性，与其相对应的娱乐城、辅助用房的建筑轮廓均呈弧形，相互烘托，使整个建筑群体显得气派、协调、独特而富有现代气息。杂技场是上海马戏城的核心部分，屋盖是一个直径为 51m 的半球体网架。为了提高强度、减小自重，这个屋盖采用了铝钛合金工字形梁、翼板及屋面板。铝钛合金网壳屋面不仅强度高，而且重量轻。球顶高度为 28.11m，最大直径为 51.25m，拥有观众座位 1638 个，表演净空高度为 17m。中心表演区旋转舞台、三块扇形升降舞台以及后部景框式舞台相结合的设计，改变了传统的单一圆形杂技舞台的模式，为杂技综合表演和未来的发展提供了有效空间。其外观如图 9-8 所示。

我国的国家大剧院建筑屋面呈半椭圆形，由具有柔和的色调和光泽的最大跨度达 212m 的钛金属覆盖（只有 0.44mm 厚）。前后两侧有两个类似三角形的玻璃幕墙切面，整个建筑漂浮于人造水面之上，

图 9-8　上海马戏城外观

行人需从一条80m长的水下通道进入演出大厅，通道两侧规划为艺术博物馆、艺术品商场等。大剧院造型新颖、前卫，构思独特，是传统与现代、浪漫与现实的结合。这座"城市中的剧院、剧院中的城市"以一颗献给新世纪的超越想象的"湖中明珠"的奇异姿态出现。其效果图如图9-9所示。

根据法国著名建筑师保罗·安德鲁的构想，国家大剧院建成后的景观如下：巨大的绿色公园内，一泓碧水环绕着椭圆形的银色大剧院，钛金属板和玻璃制成的外壳与昼夜的光芒交相辉映，色调变幻莫

图9-9　国家大剧院效果图

测。歌剧院的四周是部分透明的金色网状玻璃墙，顶上是从建筑内部能够看到的天空（见图9-10）。有人将大剧院的外形形容为"一滴晶莹的水珠"。

大剧院的屋面有36000m^2，主要由钛金属板和玻璃板拼装而成。屋面将由10000多块约2m^{2}大小的钛板拼装而成。由于安装角度总在变化，每一块钛板都是一个双曲面，面积、尺寸、曲率都不同。钛金属板的厚度只有0.44mm，既轻且薄，如同一张薄薄的纸，因此下面必须有一个由复合材料制成的衬层，每一块衬层也将切割成与上面的钛金属板同样大小，因此这个工作量和工作难度都极大。

图9-10　国家大剧院内部效果图

国家大剧院在建筑方面的确体现了国际一流的水准，开创了国内建筑的先河，进行了许多大胆的尝试，如采用钛金属板这种主要用于制造飞机等航空器的金属材料作为建筑屋面材料，大胆的椭圆形外观和四周的水面构成了一个水上明珠的建筑造型，新颖、前卫，构思独特，整体上体现了21世纪世界标志性建筑的特点，堪称传统与现代、浪漫与现实的完美结合。

杭州大剧院（见图9-11）采用钛金属屋顶，共15820m^2，采用钛复合板152t。用钛板做屋顶与传统的水泥结构相比有如下几个优点：

1）装饰性好，钛本色是灰白色，如果进行镜面抛光可以得到光亮的金属光泽，也可以用刻蚀的方法得到各种图案。

2）造型美观，根据需要可以把屋顶做成各种形状，再加上彩色钛板的色彩，会使整个建筑物成为一个完美的艺术作品。

3）耐蚀性好，由于钛的耐蚀性优良，又克服了水泥老化等的问题，可以使建筑物的寿命延长5倍以上。

4）抗震性好，由于钛的比强度大，在保证相同的隔热性下，可减轻重量70%～75%，使建筑物的重心下移，因此，提高了建筑物的整体抗震能力。

图9-11　杭州大剧院俯视效果图

5）可制成活动屋顶，如日本广岛体育馆就采用了钛钢复合结构，制成可移动式屋顶，可根据赛事的需要完全打开或局部打开。

参 考 文 献

[1]　张向娜. 铝合金隔热型材在建筑外窗、幕墙上的应用 [J]. 陕西建筑，2006（136）：41～42.

[2]　张西林. 铝合金门窗业发展现状分析 [J]. 质量指南，2002，（22）：39.

[3]　黄圻. 我国建筑幕墙及铝合金门窗的可持续发展 [J]. 中国建筑金属结构，2004，（6）：18～20.

[4]　黄圻. 2001年我国幕墙、铝合金门窗行业展望 [J]. 中国建筑金属结构，2001，（3）：9～10.

[5]　付志强. 隔热铝合金型材在建筑行业中的应用 [J]. 轻合金加工技术，2003，（4）：44～47.

[6]　蒋凤昌，闵思廉. 玻璃幕墙明框节能隔热铝型材的开发 [J]. 新型建筑材料，2001，（8）：41～42.

[7]　何振程. 隔热铝合金型材在弯曲变形情况下的受力分析 [J]. 门窗，2008，（4）：10～17.

[8]　彭艳，梁新利. 大面积铝合金吊顶施工工法 [J]. 建筑技术，1999，（9）：637～638.

[9]　蔡长赓. 铝合金结构在跨度四壳网架中的应用 [J]. 广东建材，1999，（4）：30.

[10]　姚常华，杨建国，吴利权. 铝合金结构桥梁的应用现状、前景及发展建议 [J]. 钢结构，2009，（7）：1～5.

[11]　钱鹏，叶列平. 铝合金及FRP-铝合金组合结构在结构工程中的应用 [J]. 建筑科学，2006，（5）：100～105.

[12]　陈宝春，杨亚林，孙潮. 铝桥的应用与发展 [J]. 世界桥梁，2004，（2）：68～77.

[13]　程晓东. 新型铝合金结构在城市人行天桥中的应用 [J]. 桥梁建设，2007，（6）：38～41.

[14]　石应江. 日本建筑用钛材概述 [J]. 钛工业进展，2005，22（1）：5-6.

[15]　杨红，陈纲伦. 钛金属及其在建筑上的应用 [J]. 工业建筑，2001，31（12）：81-82.

[16] 徐凯. 钛锌金属板屋顶在建筑中的应用前景 [J]. 建筑创作, 2004, (7)：134-134.

[17] 郭建军, 何瑜. 钛的新应用及展望 [J]. 世界有色金属, 2010, (1)：66-69.

[18] 丁长安. 钛在建筑业的应用越来越多 [J]. 稀有金属快报, 2001, (2)：13-14.

[19] 愈顺年, 刘正勇, 詹继发. 杭州大剧院——我国利用钛作为建筑外墙装饰材料的里程碑 [J]. 钛工业进展, 2005, 22 (1)：1-4.

[20] 陈正云, 郝斌. 钛与建筑业 [J]. 钛工业进展, 2002, (6)：22-24.

[21] 刘敏, 代丽. 一种极有前途的新型建材——钛合金 [J]. 四川建筑科学研究, 2006, 32 (6)：180-182.

[22] 张丽萍. 金属材料在建筑外立面的应用 [J]. 新型建筑材料, 2005, (7)：65-66.